权威·前沿·原创

皮书系列为

“十二五”“十三五”国家重点图书出版规划项目

智库成果出版与传播平台

黄河流域生态保护和高质量发展报告（2021）

ANNUAL REPORT ON ECOLOGICAL CONSERVATION AND HIGH-QUALITY DEVELOPMENT OF THE YELLOW RIVER BASIN (2021)

海陆统筹　东西互济

研　创 / 山东社会科学院
主　编 / 郝宪印　袁红英

社会科学文献出版社
SOCIAL SCIENCES ACADEMIC PRESS (CHINA)

图书在版编目(CIP)数据

黄河流域生态保护和高质量发展报告.2021：海陆统筹　东西互济／郝宪印，袁红英主编. -- 北京：社会科学文献出版社，2021.9
（黄河流域蓝皮书）
ISBN 978-7-5201-8710-7

Ⅰ.①黄…　Ⅱ.①郝…②袁…　Ⅲ.①黄河流域-生态环境保护-研究报告-2021　Ⅳ.①X321.22

中国版本图书馆CIP数据核字（2021）第146549号

黄河流域蓝皮书
黄河流域生态保护和高质量发展报告（2021）
——海陆统筹　东西互济

研　　创／山东社会科学院
主　　编／郝宪印　袁红英

出 版 人／王利民
责任编辑／陈　颖
文稿编辑／桂　芳
责任印制／王京美

出　　版／社会科学文献出版社·皮书出版分社（010）59367127
　　　　　地址：北京市北三环中路甲29号院华龙大厦　邮编：100029
　　　　　网址：www.ssap.com.cn
发　　行／市场营销中心（010）59367081　59367083
印　　装／天津千鹤文化传播有限公司

规　　格／开　本：787mm×1092mm　1/16
　　　　　印　张：26.75　字　数：445千字
版　　次／2021年9月第1版　2021年9月第1次印刷
书　　号／ISBN 978-7-5201-8710-7
定　　价／168.00元

本书如有印装质量问题，请与读者服务中心（010-59367028）联系

黄河流域蓝皮书（2021）
编辑委员会

主编单位　山东社会科学院

协编单位　青海省社会科学院
四川省社会科学院
甘肃省社会科学院
宁夏社会科学院
内蒙古自治区社会科学院
陕西省社会科学院
山西省社会科学院
河南省社会科学院

主编简介

郝宪印 山东社会科学院党委书记、研究员，博士生导师。曾任山东省委政研室副主任、一级巡视员，省委财经办分管日常工作的副主任（正厅级），省发展改革委党组副书记、副主任。长期以来从事经济社会发展重大问题与政府管理等领域的研究，长期参与或组织起草国家和省级重要文件、政府工作报告、领导重要讲话文稿，长期组织或参与党委政府重大课题调研，为省委省政府科学决策提供政策建议和咨询服务，有100余篇调研报告获得山东省委省政府主要领导的肯定性批示。主编《塑造区域发展新优势》《2015山东法治建设蓝皮书》《中国城市化道路》等著作，在《光明日报》《学习时报》《红旗文稿》《中国党政干部论坛》《东岳论丛》《山东社会科学》等发表理论文章50余篇。兼任山东省乡村振兴研究会会长等职。

袁红英 山东社会科学院党委副书记、院长、研究员，经济学博士，博士生导师。长期从事产业经济和财政金融政策领域研究。主持完成国家社会科学基金、国家自然科学基金、山东省社科规划等课题50余项；在《人民日报》《光明日报》《改革内参》《改革》《东岳论丛》《新华文摘》《中国社会科学文摘》等发表转载论文50余篇，出版著作10余部；获山东省社会科学优秀成果奖10余项。60余项成果获省委省政府主要领导及省以上领导肯定性批示，部分转发各县市参阅，有3项成果以省政府文件形式上报国家部委。目前兼任山东省经济领域战略咨询专家委员会委员，山东省财政学会副会长，山东省政府研究室特邀研究员，山东省财政厅特邀顾问，山东省投资咨询专家委员会委员，获“山东省金融高端人才”“山东省智库高端人才”等荣誉称号。

摘　要

“黄河流域蓝皮书”是我国黄河流域地区青海、四川、甘肃、宁夏、内蒙古、陕西、山西、河南、山东九省区社会科学院联合组织专家学者撰写的反映黄河流域改革发展的综合性年度研究报告，是研究黄河流域经济、政治、社会、文化、生态文明“五位一体”建设中面临的重大理论和现实问题的重要科研成果。

《黄河流域蓝皮书：黄河流域生态保护和高质量发展报告（2021）》由山东社会科学院主编，由总报告、综合战略篇、流域形势篇、生态保护篇、经济篇、文化篇、案例篇、附录8个部分组成。

2021年是建党100周年，是实施“十四五”规划、全面建设社会主义现代化国家新征程的开局之年，也是沿黄省区落实《黄河流域生态保护和高质量发展规划纲要》的关键起步之年。总报告以“做好黄河国家战略这篇大文章”为题，回顾梳理了黄河流域生态保护和高质量发展上升为国家重大发展战略以来，中央与地方在推动黄河国家战略方面的进展与现状，并从全流域视角系统提出黄河流域生态保护和高质量发展纵深推进的对策建议。综合战略篇聚焦黄河流域各省区战略地位和发展策略、黄河国家战略的生态文明新思维研究。流域形势篇重点分析2020～2021年沿黄省区各自的生态保护和高质量发展现状。生态保护篇重点研究了汾河流域的生态环境变迁与保护、陕西省生态保护与高质量发展的挑战。经济篇围绕黄河流域融入国内国际大循环、黄河中游地区沿线城镇带、打造黄河流域科技创新策源地等问题展开研究。文化篇展示了黄河流域青海非物质文化遗产开发、黄河流域（甘青宁段）博物馆与旅游创新融合、黄河上游地区非物质文化遗产数字化保护与传承、内蒙古黄河区域文化等方面内容。案例篇从市域和县域层面分别进行研究，介绍了济南市、东营市和东阿县关于黄河文化、黄河流域生态保护和高质量发展的情况。

关键词： 国家战略　生态保护和高质量发展　黄河流域

目 录

Ⅰ 总报告

Ⅱ 综合战略篇

Ⅲ 流域形势篇

Ⅳ 生态保护篇

Ⅴ 经济篇

Ⅵ 文化篇

Ⅶ 案例篇

Ⅷ 附录

皮书数据库阅读使用指南

总报告

General Report

B.1

做好黄河国家战略这篇大文章

——黄河流域生态保护和高质量发展报告（2021）

山东社会科学院课题组*

摘　要：本报告回顾梳理了黄河流域生态保护和高质量发展上升为国家重大发展战略以来，中央与地方在推动黄河国家战略方面的进展与现状，并从全流域视角系统提出黄河流域生态保护和高质量发展纵深推进的对策建议。在生态保护方面，提出了如何夯实生态根基，促进黄河流域全面绿色发展；在产业发展方面，分析了如何立足“碳达峰、碳中和”目标，推动黄河流域产业高质量发展；在农业农村发展方面，提出了如何发挥地域比较优势，打造黄河流域乡村振兴特色样板；在城市群建设方面，研究了如何加强互补合作，构建黄河流域城市群协同发展新格局；在文化发展方面，分析了如何延续中华历史文脉，传承弘扬黄河文化；在对外开放方面，提出

* 课题组负责人：郝宪印；课题组成员：王韧、邵帅、钱进、宋暖、曲海燕。

了如何坚持陆海统筹、东西互济，打造黄河流域对外开放新门户；在保障措施方面，研究了如何强化财政金融协同支持，保障黄河国家战略顺利实施。

关键词： 黄河国家战略 区域协作 高质量发展

两年前，黄河流域生态保护和高质量发展正式上升为国家重大发展战略，两年来，在党中央的正确领导下，沿黄各省区认真学习贯彻习近平总书记关于黄河流域生态保护和高质量发展重要讲话精神，全面落实国家《黄河流域生态保护和高质量发展规划纲要》部署要求，坚持统筹协调、融合发展，积极谋划推动国家战略落地落实。目前，黄河国家战略正处在关键起步阶段，为进一步做好这篇大文章，本报告结合最新发展形势，立足新发展格局，从多个方面提出了一系列对策建议，为开创黄河流域生态保护和高质量发展新局面提供智力支撑。

一　黄河流域生态保护和高质量发展战略的推进

自黄河流域生态保护和高质量发展上升为国家重大战略以来，沿黄省区都在认真研判自身发展定位，加快编制黄河流域发展规划，积极谋划如何推动国家战略落地落实。经过两年的努力，顶层设计与地方规划进一步完善，沿黄省区“东西联动”进一步加强，“陆海统筹”进一步贯彻，黄河流域生态保护和高质量发展不断向纵深推进。

（一）黄河国家战略进一步落实，引领高质量发展

一是国家层面顶层设计密集谋划。自 2019 年 9 月 18 日习近平总书记主持召开黄河流域生态保护和高质量发展座谈会后，黄河国家战略的顶层设计就开始紧锣密鼓地进行。2020 年 8 月 31 日中央政治局召开会议，审议《黄河流域生态保护和高质量发展规划纲要》；2020 年 10 月 6 日中共中央、国务院正式印发《黄河流域生态保护和高质量发展规划纲要》；2020 年 12 月 9 日，中共

中央政治局常委、国务院副总理韩正在北京主持召开推动黄河流域生态保护和高质量发展领导小组第一次会议；2020 年 11 月，全国人大会同水利部、国家发展改革委、黄河水利委员会启动黄河立法工作，2021 年 4 月公开征求《黄河保护立法草案（征求意见稿）》意见；2021 年 7 月，推动黄河流域生态保护和高质量发展领导小组第二次会议在山东济南召开。

此外，国家相关部委也在积极推动黄河国家战略落地。国家发展改革委 2020 年 12 月 25 日在北京组织召开黄河流域水资源节约集约利用座谈会，2020 年 12 月 30 日启动了黄河国家文化公园建设的工作部署，2021 年 3 月 12 日召开了企业和金融机构参与黄河流域生态保护和高质量发展工作座谈会。水利部 2020 年 12 月 17 日审查通过了黄河水利委员会编制的《黄河流域生态保护和高质量发展水安全保障规划》。文化和旅游部 2020 年 11 月 26 日在山西省召开黄河文化保护传承弘扬座谈会，提出了一系列重点任务。

二是重大工程项目密集开工。黄河三角洲湿地生态修复工程、引黄灌区农业节水工程、黄河战略研究院等重大工程相继启动，黄河流域生态保护和高质量发展先行区、黄河流域生态保护和高质量发展核心示范区、新旧动能转化起步区相继落地。例如，河南省郑州市紧扣“黄河流域生态保护和高质量发展核心示范区”布局 37 个重点项目，总投资 328.1 亿元，2021 年还将在黄河干支流打造 3.6 万亩生态廊道。此外，为进一步支持黄河国家战略落地，沿黄部分省区密集成立了重要科研机构，例如陕西省相继成立了黄河研究院、陕西省智慧黄河研究院，河南省成立了黄河文化与中原文献中心、黄河流域生态环境与修复实验室。

三是沿黄省际合作交流日益深化。西安市牵头与济南、太原、呼和浩特、郑州、兰州、银川 6 个沿黄省会城市，签订《黄河流域生态保护和高质量发展审批服务联盟合作协议》和《黄河流域生态保护和高质量发展审批服务联盟宣言》，标志着黄河流域省会城市企业登记等审批服务事项正式进入“跨省通办”新模式。山东也牵头推动建立沿黄流域省际对接协作机制，在产能合作、技术转移、生态保护等领域，研究提出合作路径和方式，推动建立陆海港口合作发展联盟等重大合作事项落地，联合共建黄河现代产业合作示范带和黄河科创大走廊。

（二）“东西联动”进一步加强，奏响“黄河大合唱”

习近平总书记亲自谋划、亲自部署、亲自推动黄河流域生态保护和高质量发展上升为重大国家战略，沿黄区域迎来了新时代“黄河大合唱”。黄河流经九省区，生态系统是一个有机整体，生态保护和高质量发展是新时代黄河治理的鲜明主题。在黄河流域高质量发展的大局中，黄河流域各地自然资源禀赋、经济发展条件不同，通过因地制宜、合理分工进一步增强联动与协作。在持续推进一系列国家战略规划和战略平台的进程中进行黄河治理，释放战略叠加效应的“大合唱”，统筹推进山水林田湖草综合治理、系统治理、源头治理，进一步加强“东西联动”。

黄河流域以推进“丝绸之路经济带”建设为重点，加强统一大市场建设、基础设施互联互通、区域产业对接协作、共建对外开放平台、科技创新合作、文化旅游合作、生态环境保护合作等领域合作，将黄河经济协作区建设成为国家新的经济增长极和丝绸之路经济带的示范区。一是加快基础设施互联互通。坚持基础性、战略性、先导性方向，统筹推进重大基础设施建设，构建内通外联、功能完善、便捷高效的现代基础设施体系。二是推动产业转型升级。深入实施创新驱动战略，加强区域创新协同发展，在能源开发利用、装备制造、文化旅游、商贸物流、特色农牧业、循环经济等领域拓展合作空间，完善利益共享机制，实现产业联动发展，加快构建现代产业体系。三是推进文化旅游一体化发展。依托黄河流域深厚的文化底蕴，加快形成市场体系统一开放、文化基础设施共建共享、区域管理统筹协调的文化建设和旅游开发新机制。四是扩大对内对外开放。以深度融入“一带一路”建设为引领，着力打造横贯东中西、沟通境内外的全方位对外开放格局。

山东半岛城市群、中原城市群、关中平原城市群等黄河沿“几”字形都市圈建设也正在有序推进，注重发挥中心城市的引擎作用，通过协调城市发展定位，逐步形成多中心、网络型的高质量区域发展格局。此外，黄河流域从完善联席会议制度入手，构建各方共同参与、分层分级负责、分行业分产业推进的合作机制。设立投资、金融、能源、交通、环保、水利、科技、文化、旅游等若干个行业合作工作组，并由各成员方分别牵头负责，进一步提高了各成员方的参与度，增强了工作连续性，也提高了合作的效果和项目执行度。

（三）“陆海统筹”进一步贯彻，铸就系统治理观

习近平总书记指出：“上下游、干支流、左右岸统筹谋划，共同抓好大保护，协同推进大治理。”推动黄河流域生态保护是一项系统工程，必须形成上中下游共同推进、齐抓共管的合力。“十四五”时期实施陆海统筹系统治理，就是要尊重和科学识别陆海交互影响规律及特征，不断强化陆海间规划、法规、标准、制度、政策等联动，以生态河口和美丽海湾等建设为抓手，构建黄河流域和近岸海域环境综合治理模式，实现从陆海分割管理向陆海统筹系统治理的转变。

治理黄河，重在保护，要在治理。黄河生态系统是一个有机整体，唯有坚持生态优先，推进绿色发展，更加注重保护和治理的系统性、整体性、协同性，方能实现“一江清水向东流”。统筹推进农业面源污染、工业污染、城乡生活污染防治和矿区生态环境综合整治，“一河一策”“一湖一策”，加强黄河支流及流域腹地生态环境治理，净化黄河“毛细血管”，将节约用水和污染治理成效与水资源配置相挂钩。近些年来，从黄土高原变绿到盐碱滩成鸟类“国际机场”，再到黄河湿地保护区成为“天鹅湖”，黄河流域内各省区已经形成了生态优先的发展共识。沿黄各地不断加大黄河水质保护、水土流失治理和水污染防治的工作力度，为黄河生态环境持续向好奠定了基础。

黄河流域坚持山水林田湖草综合治理、系统治理、源头治理，统筹推进各项工作，加强协同配合，推动黄河流域高质量发展，构筑系统治理合力。通过加强陆海统筹的生态环境治理体系及治理能力建设，探索建立同一流域海域范围内陆海统筹的生态环境保护制度。一是加强上游水源涵养能力。遵循自然规律、聚焦重点区域，通过自然恢复和实施重大生态保护修复工程，加快遏制生态退化趋势，恢复重要生态系统，强化水源涵养功能。二是加强中游水土保持。突出抓好黄土高原水土保持，全面保护天然林，持续巩固退耕还林还草、退牧还草成果，加大水土流失综合治理力度，稳步提升城镇化水平，改善中游地区生态面貌。三是推进下游湿地保护和生态治理。建设黄河下游绿色生态走廊，加大黄河三角洲湿地生态系统保护修复力度，促进黄河下游河道生态功能提升和入海口生态环境改善，开展滩区生态环境综合整治，促进生态保护与人口经济协调发展。四是推进水蚀、风蚀区域的综合治理，营造多树种、多层次

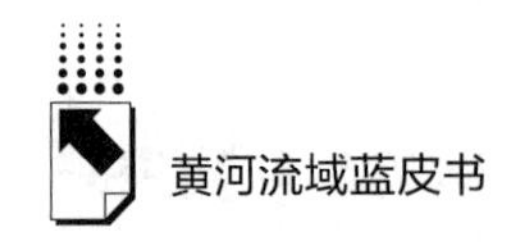

的区域性防护林体系，科学有序地推进退耕还林还草，加大退化草原治理，提升林草生态系统的质量和稳定性。

二 夯实生态保护根基，促进全面绿色发展

黄河流域地势西高东低，自西向东流经高山冰川、黄土高原、冲积平原等一系列迥然不同的地质地貌和自然环境，构成我国重要的生态屏障，同时也是我国生态脆弱区最大、脆弱生态类型最多、生态脆弱性表现最明显的区域。着力解决水资源利用、环境治理与保护、水沙关系与安全、经济社会绿色转型等困扰流域人与自然和谐共生的主要问题，夯实生态保护的根基，是黄河流域高质量发展的必要条件和必然选择。

（一）深化水权制度改革，做好以水定发展的文章

水资源短缺是黄河流域生态保护和高质量发展最主要的制约因素。造成缺水的主要原因既有先天不足的客观因素，流域产水系数低；也有后天失养的人为因素，水资源过度开发利用。流域水资源总量仅占全国水资源总量的2.6%，人均水资源量、亩均水资源量分别是全国人均、亩均水资源量的1/3和1/5；在自然水量严重不足的情况下，还承受着水资源开发利用过度的压力，水资源开发利用率高达80%，远超国际公认的40%的生态警戒线。习近平总书记在关于黄河水资源利用问题上强调："有多少汤泡多少馍。"要坚持以水定城、以水定地、以水定人、以水定产，把水资源作为最大的刚性约束，合理规划人口、城市和产业发展。

黄河流域被称为中国现代水权制度建设的发源地。新中国成立以来，按照问题导向的思路，流域在水资源利用上创造性地开展了一系列改革举措。20世纪80年代末，为解决水资源供需矛盾实施了"87分水方案"，一直沿用至今；90年代末以解决流域严重的干流断流为目的，率先开展了水量调度工作；21世纪初，以宁夏、内蒙古为主亟须大力发展工业项目的地区，通过水权转换方式将节约的农业灌溉用水指标转让给工业用水，迈出了我国水权转换的第一步，还进一步开展了水权明晰工作。党的十八大以来，随着我国对生态文明建设的重视程度达到前所未有的历史新高度，沿黄地区对水资源节约利用也进

行了一系列新的制度探索。作为黄河源头、“中华水塔”水源涵养地的青海，深入落实国家节水行动，实施水资源消耗总量和强度双控行动，健全和完善责任考核体系，连续8年完成最严格水资源管理制度“三条红线”年度目标任务，西宁、海北成为全国水生态文明城市建设试点；中游的内蒙古地区2019年通过实施《内蒙古自治区节水行动实施方案》，使黄河流域40%的旗县达到了节水型社会达标建设标准；下游入海口的山东省东营市率先启动编制黄河三角洲水资源节约集约利用专项规划等。经过全流域的共同努力，当前，黄河流域正逐步走上一条“以水定城、以水定地、以水定人、以水定产”的节水型发展之路。

“十四五”时期，继续深化流域水权制度改革要着力打破行政区划限制，以流域为单位、以水资源可利用量为约束、以沿黄城市生产生活和生态用水为主要依据，超前规划、总体布局全流域水权制度改革，建立系统性、多元化、现代化的流域水权制度体系。尤其是在水资源配置中更加重视市场机制的作用，在覆盖全流域的水权明晰、水价改革、水权市场建设上下功夫，在增强水权制度灵活性的同时促进流域水资源可持续利用。

（二）加强环境系统治理，协同建设生态安全屏障

流域上中下游共同发力、协同联动。沿黄九省区针对各段主要的环境污染与生态系统破坏问题展开专项整治。上游以涵养水源和生态系统修复为主，筑牢黄河流域生态治理和保护的第一道防线。青海专注源头治理，先后完成了三江源一期、二期，祁连山、青海湖、柴达木、河湟地区等重大生态保护工程，重点生态功能区生态恶化现象得到初步遏制，生态系统功能稳步提升，水资源总量、水质稳中向好，生物多样性资源恢复。甘肃和宁夏也积极开展上游生态环境综合整治。2020年甘肃被列为黄河流域入河排污口排查整治三个试点省份之一，建成了黄河流域生态环境基础数据库，为黄河流域精准治污、科学治污、依法治污奠定了基础。宁夏大力实施生态修复、水体污染治理、空气污染防治、土壤污染治理、植树造林、封山禁牧、退耕还林还草、荒漠化治理等一系列重大工程，截至2020年，生态环境治理取得阶段性成效，空气质量、森林覆盖率、生物多样性水平等均得到显著提升，尤其是黄河流域宁夏段出境断面连续四年保持Ⅱ类优水质，国控断面劣Ⅴ类水体和城市黑臭水体全面消除，

为中下游提供了清洁的水源。四川在生态保护的法制化建设上做出了表率，相继出台了《阿坝藏族羌族自治州实施〈四川省《中华人民共和国草原法》实施办法〉的变通规定》《阿坝藏族羌族自治州湿地保护条例》《阿坝藏族羌族自治州生态环境保护条例》《阿坝藏族羌族自治州资源管理办法》等法律法规。

中游省份重点做好防风固沙、水土保持工作，构筑泥沙入黄的中间防线。内蒙古鄂尔多斯市境内毛乌素沙地治理率已达70%，库布齐沙漠治理率达到34.7%，通过封沙育林、人工造林，阿拉善已在乌兰布和沙漠西南建起长11公里、宽2～15公里的防风阻沙林带。黄河中下游河道淤积的粗泥沙有90%来自陕西，陕西在全国率先出台《陕西省水土保持补偿费征收使用管理实施办法》，大力实施无定河、渭河、北洛河等支流生态修复工程、省级山水林田湖草生态修复工程、黄河流域废弃矿山生态修复工程和黄河粗泥沙集中来源区拦沙工程，现已建成淤地坝3.4万座，建成国家级水土保持示范园区21个、省级水土保持示范园区49个。山西地处我国荒漠化发生范围的中南边缘，是全国荒漠化监测与防治的重点地区之一。按照“三定原则”，山西省科学布局，合理实施，建设了古长城沿线防沙治沙工程、桑干河流域防沙治沙工程、洪涛山沿线防沙治沙工程、黄河沿线防沙治沙工程等百万亩重点工程，万亩以上重点工程100多处，初步形成了荒漠化防治体系和科学的治沙生态体系。

下游的河南、山东聚焦水沙调节、滩区治理和生物多样性维护，守好黄河入海的最后一道生态防线。截至2020年底，河南划定的滩区迁建居民已全部迁建完毕并对腾退地及时进行复垦和综合整治；为修复沿黄生态，河南还大力推进沿黄生态廊道建设，沿黄生态廊道已建成7.04万亩，规划新建52个湿地公园，逐步形成“一县一湿地”的生态保护格局，全面启动南太行山水林田湖草生态保护修复试点工程，完成矿山地质环境综合整治26.1万亩。山东作为黄河入海口，高度重视水沙治理和生态多样性保护工作。水沙调节是黄河口稳定的重要基础，早在20世纪90年代，“固住河口的山东经验”就为黄河下游的安澜做出了山东贡献，进入新时代，与时俱进的调水调沙方案方法、科学有效的二级悬河及滩区综合治理与环境整治都展示着山东在推动黄河长治久安上的新成就、新作为。牵住修复湿地、保护生物多样性这个牛鼻子，山东还致力于黄河流域重要湿地系统修复和保护。黄河三角洲位于山东省东营市，是世界上暖温带保存最广阔、最完善、最年轻的湿地生态系统，承担着黄河流域生态多样性保护的重任。黄河三角洲国家级自然保护区着力实施湿地修复和生物多样性保护工程；坚持自然修复为主的原则，实施退耕还湿、退养还滩；量水而行，推进生态补水工作。自然保护区内野生动植物种类不断刷新纪录。

此外，黄河流域各地区还积极寻求环境治理与保护合作。近年来，甘肃探索黄河流域横向生态保护补偿机制，与四川省共同推进若尔盖国家公园建设项目，与陕宁青蒙四省区分别签订了《跨省界河流联防联控联治合作协议》，展开跨省界河流联防联控联治合作。陕西省西安市人民政府与山东省济南市人民政府共同签署了协同实施黄河流域生态保护和高质量发展战略合作协议；陕西省与甘肃省共同签署了《陕西省人民政府甘肃省人民政府经济社会发展合作框架协议》；黄河水利委员会与沿黄九省区签订了《黄河流域河湖管理流域统筹与区域协调合作备忘录》；公安部及陕西、宁夏、青海、甘肃等省区公安机关领导代表共同签订了《西北警务协作区公安机关服务黄河流域生态保护和高质量发展警务协作机制》。

经过沿黄九省区的共同努力，黄河流域生态治理与保护迈上了一个新台阶。黄河水利委员会数据显示，进入黄河的泥沙量年均减少超 4 亿吨，黄土高原植被覆盖率超过 60%，黄河三角洲自然保护区鸟类增加到 368 种，90% 以上的河段水质保持优等。“十四五”时期，应持续促进黄河流域生态系统协同治理与联合保护，以生态为突破口，推动黄河流域一体化发展。

（三）创新绿色发展路径，筑牢高质量发展的底色

依据黄河上中下游不同地理环境的生态特征，流域各地区走出了一条特色鲜明、创新驱动、协同共进的绿色发展之路。黄河上游农牧业条件优越，风能、太阳能、水电清洁能源可开发潜力大，在生态农业和新能源开发利用上大有可为。青海因牦牛、藏系羊种群数量位居全国前列，成为国家重要的战略资源接续储备基地、高原生态农畜产品基地，青海正有序推行绿色有机农畜产品示范省建设；全省大部分区域属风能可利用区，太阳能资源储量全国第二，截至 2020 年底，青海电网总装机规模达 4030 万千瓦，新能源装机占全网装机的 60.7%，可再生能源的装机和发电量居全国首位，清洁能源供电创世界纪录。甘肃重点打造黄河上游高原特色生态农牧业、河西走廊戈壁生态农业；大力提

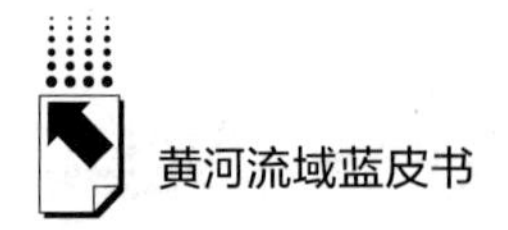

高风电装备、太阳能装备、氢能生产及装备、储能装备等制造水平。宁夏致力于打造全国重要的绿色食品加工优势区，全区 81% 的耕地面积、85% 的畜禽养殖基地、80% 的养殖水面都通过了无公害产地认证；依托丰富的太阳能、风能、水能、生物质能等新能源资源，宁夏新能源装机容量持续上升且新能源消纳利用率达到 97.6%，形成可复制可推广的经验。

中游地区煤炭等传统能源资源丰富，在生态保护和高质量发展背景下更加注重绿色生产和生活方式的形成。内蒙古不仅绿色农牧业世界闻名，而且致力于传统煤炭能源的绿色转换和新能源的开发利用。目前，煤制油、煤制天然气、煤制烯烃等现代煤化工产业规模和技术处于国内外领先水平；瞄准氢能源展开布局，出台了《内蒙古自治区氢能产业发展若干政策（试行）》（征求意见稿），在乌海、鄂尔多斯等地发展规模化风光制氢，推进氢气管网、氢运输网络和加氢站等基础设施建设，探索氢能供电供热商业模式，以建成全国最大的绿氢生产基地为重要目标。陕西在农业面源污染治理和推进生活垃圾分类方面成绩突出。根据《2020 年污染地块安全利用率核算方法》，陕西污染地块安全利用率达到 100%，国家下达陕西的 65.05 万亩受污染耕地安全利用和严格管控任务也已全部完成；全省建立起了较为完备的生活垃圾分类、运输和处理体系，确定的 9 个省级垃圾分类示范区均处于黄河流域。

下游地区包含新兴工业大省河南和唯一一个东部沿海省份山东，经济基础和科技水平更具优势，在绿色发展上超前布局，重点推进绿色基础设施建设和绿色技术与产品应用推广。2020 年，河南实施加快“两新一重”建设稳投资的措施，完成了 2 万个充电桩以及 200 座充电站的建设；通过推广应用新技术，汽车产业升级态势明显，新能源汽车占比明显提升，同时新材料产业链不断拓展延伸，还积极布局定制显示设备、智能终端、互联网汽车以及生物医药等战略新兴产业。山东大力发展新能源汽车产业，截至 2020 年，全省共有新能源汽车生产企业 26 家，新增新能源汽车（挂牌）6.62 万辆，新能源汽车保有量达 40.59 万辆，累计生产新能源汽车 43.95 万辆，位居全国第三；此外，全省还基本实现以高速公路为骨干、高等级公路为支撑的跨城际电动汽车出行保障网络，建成各类充换电站 2500 余座、充电桩 2.67 万个。

在我国“力争 2030 年前实现碳达峰，2060 年前实现碳中和”的生态目标约束下，被称为“能源流域”的黄河流域肩负着更多的责任和使命，应在节能降耗、绿色技术创新与应用、绿色生产和消费模式培养等方面加强九省区合作，为我国“碳达峰、碳中和”的尽早实现做出黄河贡献。

三　立足“碳达峰、碳中和”目标，推动黄河流域产业高质量发展

推动实现“碳达峰、碳中和”，是以习近平同志为核心的党中央统筹两个大局做出的重要战略决策，事关中华民族永续发展和构建人类命运共同体，是我国在新发展阶段推动高质量发展的必由之路。黄河流域作为我国传统的能源富集带，沿黄多个省份的能源结构以化石能源为主，资源密集型和污染密集型产业相对集中，低碳经济发展水平不高，长期以来地区经济增长与资源消耗、环境污染矛盾较为突出。因此，黄河流域各省区要紧紧抓住“碳达峰、碳中和”历史机遇，加快实现新旧动能转换，推动制造业高质量发展和资源性产业转型升级，建设特色优势突出的现代产业体系，助力黄河流域生态保护和高质量发展。

（一）在“水—碳”约束下解决“水—能”矛盾，打好黄河流域“绿色能源牌”

黄河流域是我国“水—能”矛盾最为突出的地区之一。流域总面积约为80万平方公里，但流域内含煤区面积就超过了35.7万平方公里，黄河流域的煤炭储备量占全国总量的50%以上，中国目前产煤规模最大的三个省份（内蒙古、山西和陕西）皆位于该流域内。但同时，黄河流域也是中国水资源最为稀缺的地区之一，以全国2%的水资源支持着超过全国1/3的人口和1/4的GDP，水资源开发利用率已经高达80%，远超河流水资源开发利用率的生态红线（一般认为是40%）。这种由于地缘因素导致的“水—能”禀赋不匹配对黄河流域的能源布局产生了重要影响，如何在水资源约束下保证能源安全，又如何在保证能源安全前提下完善“双碳”目标，这些都是棘手问题。

根据北京大学环境与能源学院的研究，目前沿黄部分省份单凭技术革新已经不足以解决当地的“水—能”矛盾，需加快当地能源结构转型进度。以能源领域的电力行业为例，基于现有减碳技术，黄河流域若要如期达到“碳达

峰、碳中和”目标，水资源的作用至关重要，如果发电结构不作调整，黄河流域将无法同时实现“碳中和”目标和水资源消耗“三条红线”标准。此外，从近、中期来看，鉴于经济成本、系统可靠性等因素的考量，燃煤发电继续作为黄河流域电源结构主干的可能性依旧较大。

因此，在黄河流域这样的缺水地区，要在“水—碳”约束下解决“水—能”矛盾，应打好黄河流域“绿色能源牌”。要积极推进可再生技术和储能技术改进，全面推进清洁能源开发利用科技工程。加快电力行业转型，支持风能、太阳能丰富地区构建风光水多能互补系统，探索实施零碳能源生产。与此同时，沿黄省区的规划和审批部门也应对“水—能”危机保持高度警惕，严格控制新增煤电规模，对已投建的煤电项目进行空冷技术的升级，认真落实“以水定产”政策。要加快水资源节约型社会的建设，建立水资源、水环境、水生态、水安全一体化的绿色科技工程，通过水资源高效利用技术、水权市场的建立、水资源费改税等革新的推进，确保最严格的水资源管理制度得到实施。

（二）加快战略性新兴产业和先进制造业发展，打好黄河流域“动能转换牌”

推动新旧动能转换是实现“碳达峰、碳中和”目标的重要内容，对于沿黄地区而言，在淘汰落后产能的同时，要积极培育壮大新动能，加快构建黄河流域高质量发展新引擎。瞄准智能化、绿色化、服务化发展方向，在黄河中下游产业基础较强地区搭建战略性新兴产业合作平台，推动产业体系升级和基础能力再造，打造一批世界级产业集群。推进新一代信息技术与先进制造业深度融合，实施“现代优势产业集群＋人工智能”行动，加强关键技术装备、核心支撑软件、工业互联网等系统集成应用。推广“设备换芯”“生产换线”“机器换工”，建设一批智能工程、数字化车间，培育一批“互联网＋协同制造”示范企业。对符合相关条件的先进制造业企业，在上市融资、企业债券发行等方面给予积极支持。

强化绿色低碳产业跨流域合作，共建黄河流域现代产业合作带。以产业链为纽带，依托平台型龙头企业和园区，推动沿黄省区在航空航天、电子制造、生物医药等领域加强合作，共建绿色低碳产业合作园区。鼓励能源大省之间开展煤化工、石油化工等领域绿色环保能源技术研发合作，加强农业大省之间开展粮食生产、现代高效农业合作，开展绿色循环高效农业试点示范。要运用“跨产业、跨区域、跨所有制”的系统思维，有效发挥“市场平台、资本纽带、政策引导”的作用，着力打造一批影响力、集成力、带动力强的“领航型”企业，把黄河流域更多的企业、技术、市场、资源、人才等关联起来，在更大范围内做强产业链条、做大产业集群、做优产业生态，实现更高水平的协同发展、联动发展、绿色发展。

充分发挥好黄河流域各类示范区、试验区作用，复制推广自由贸易试验区、国家级新区、国家自主创新示范区和全面创新改革试验区经验政策，积极探索新旧动能转换模式。借鉴全国承接产业转移示范区经验，拓展晋陕豫黄河金三角承接产业转移示范区发展空间，推动山东省菏泽市、聊城市与河南省商丘市、濮阳市共建产业转移示范区。将山东新旧动能转换试验区建设作为发挥山东半岛城市群龙头作用的重要抓手，总结动能转换经验并尽快在黄河流域复制推广。着力推动黄河中下游地区产业低碳发展，支持济南高标准建设新旧动能转换起步区，形成黄河流域生态保护和高质量发展的新示范。

（三）提升科技创新支撑能力，打好黄河流域“科技创新牌”

强化绿色发展领域的科技攻关，开展黄河生态环境环保科技创新。围绕加强黄河流域生态保护、促进节约用水、推动产业转型等重点领域开展科技攻关，精准破解制约瓶颈。围绕生态保护修复，加强盐碱地生态改良、湿地和滩区生态修复等领域科技创新，探索黄河三角洲生态治理修复模式。围绕污染综合治理，研发推广一批适用污染防治先进技术成果和工艺设备，开展水体污染控制与治理专项研究。围绕水资源节约集约利用，开展全流域水资源调查评估，强化水资源综合调度、高效节水技术、企业节水改造、节水设施、节水农作物新品种等领域技术攻关，推进全社会节水，发展以新材料新能源、绿色装备制造、节能环保技术等为代表的新技术、新业态和新产业。

加快科技成果转化，推动科教深度融合创新。培育线上线下相结合的科技成果交易市场，推进黄河三角洲技术交易市场等科技成果转化公共服务平台建设。鼓励支持龙头企业、高校、科研院所通过盘活闲置设施资源，建设创业孵化基地。沿海流域高校、科研机构资源丰富，可联合共建面向黄河流域生态保护和高质量发展的实验室、协同创新中心、技术创新中心、成果转移转化基地等创新平台。支持流域内西安交通大学、山东大学、郑州大学、兰州大学等高校合作，推动学科共建、人才共培、大型科学仪器共享，打造服务全流域的创新平台和人才共享机制。

在黄河中下游地区打造“碳达峰、碳中和”先行示范区，并探索开展“减碳技术＋信息技术”应用。推动黄河中下游地区产业低碳发展是整个流域实现“碳达峰、碳中和”目标任务的关键环节，要打造与黄河中下游地区定位相匹配的绿色低碳技术支撑体系，主要探索开展“减碳技术＋信息技术”应用。减碳技术支持是煤炭、石化等行业低碳转型的重点探寻方向，具体包括两项内容，即“碳汇交易”和负碳技术，负碳技术包括碳捕集、利用与封存（CCUS）和直接空气碳捕集（DAC）。目前负碳技术成本较高，可以技术引进进行小范围试点。信息技术业务主要包括三项内容：第一，数字权证，提升碳交易频率、规模、质量，催熟碳中和新兴交易市场；第二，能源管理，协助工业生产企业合理规划和利用能源，降低能源消耗；第三，排放检测，对碳排放进行全面系统检测，与数字权证结合形成绿色金融闭环。

四　立足地域差异，打造黄河流域乡村振兴特色样板

黄河流域西起巴颜喀拉山，东临渤海，南至秦岭，北抵阴山，从西向东横跨青藏高原、内蒙古高原、黄土高原和黄淮海平原四个地貌单元，是我国畜牧业与种植业农产品的重要产地。受自然条件、资源禀赋以及地理区位等因素的影响，黄河流域九省区329个县（旗、市）的农业农村呈现出具有阶梯性的差异化发展特征。从农业生产区域分工看，黄河流域上游地区以马、牛、羊等畜牧养殖业为主，黄河流域中下游地区河套灌区、汾渭平原、华北平原部分地区则是我国主要粮棉油生产基地。从农村经济发展水平看，黄河流域上、中游地区共有国家级贫困县121个，占黄河流域国家级贫困县的90.3%，经济发展水平较好的农村全部分布在黄河中、下游地区。推动黄河流域农业农村高质量发展，是在全面打赢脱贫攻坚战、开启全面建设社会主义现代化强国的时代背景下，依托乡村振兴战略，以及黄河流域生态保护和高质量发展重大国家战略，补齐黄河流域农业农村发展短板、缩小黄河流域城乡差距、提高民生福祉的重要决策。2019年习近平总书记在中央财经委员会第五次会议上强调“要支持各地区发挥比较优势，

构建高质量发展的动力系统”，在保护黄河生态与高质量发展座谈讲话中指出“沿黄河各地区要从实际出发，宜水则水、宜山则山，宜粮则粮、宜农则农、宜工则工、宜商则商，积极探索富有地域特色的高质量发展新路子”。因此，根据黄河流域不同地区农业农村发展的差异化现状，依托比较优势发展农业特色产业、因地制宜破解农村生态困境、分类施策提高农民民生福祉，打造具有地域标志的乡村振兴特色样板，是推进黄河流域农业农村现代化发展的必然选择。

（一）发挥地域比较优势，推进农业产业发展

乡村振兴，产业兴旺是重点。作为乡村产业发展的重要组成部分，农业受地理环境与资源条件等自然因素影响很大，黄河流域多样性的自然禀赋基础与历史性的种养殖传统为农业产业发展创造了先天条件。从农业生产的规模化看，在黄河流域九省区中，山东、河南是粮食、蔬菜、肉类、禽蛋生产大省，2020 年山东粮食产量 5446. 8 万吨，蔬菜产量 8434. 7 万吨、肉类产量 721. 8 万吨、禽蛋产量 480. 9 万吨；2020 年河南粮食产量 6825. 8 万吨，蔬菜产量 7000 万吨、肉类产量 538. 2 万吨、禽蛋产量 449. 4 万吨；内蒙古生牛奶产量遥遥领先，2020 年总产量为 611. 5 万吨；此外，四川省粮食、蔬菜及肉类产量亦位于前列，2020 年产量分别为 3527. 4 万吨、4813. 4 万吨及 574. 9 万吨（见图 1）。

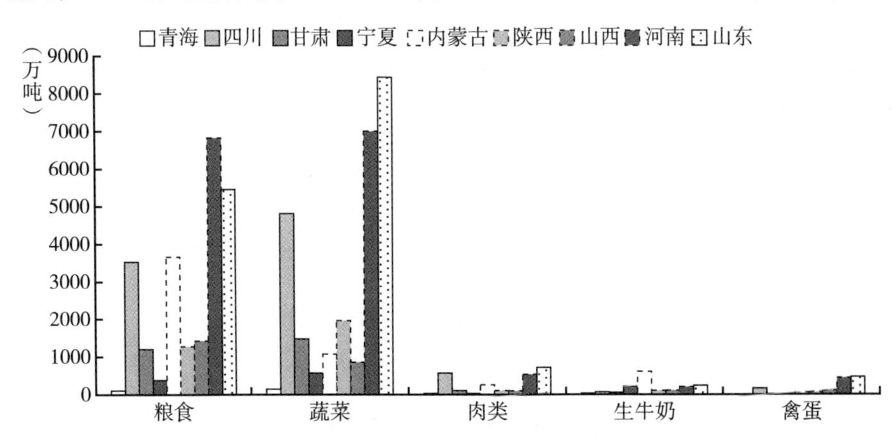

图 1　2020 年黄河流域九省区农产品产量

资料来源：2020 年青海、四川、甘肃、宁夏、内蒙古、陕西、山西、河南、山东国民经济和社会发展统计公报。

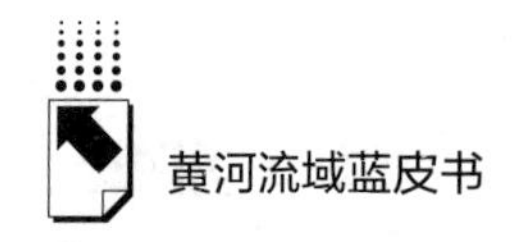

由此可以看出，山东、河南、内蒙古、四川在农产品规模化生产上占有总量优势。从农业生产的特色化看，黄河流域自西向东阶梯式的自然生态环境与历史人文因素在不同区域形成了独具特色的农产品品质。农业农村部2014年印发的《特色农产品区域分布规划（2013－2020年）》规划了特色蔬菜、果品、粮油、饮料、花卉等十大类144种特色农产品，旨在推进特色农产品优势区建设。其中，青海确定了豌豆、青稞、枸杞、细毛羊、鳟鲟鱼等12个特色农产品；四川确定了枇杷、龙眼（泸州）、燕麦、绿茶、藏猪（西部）等26个；甘肃确定了猕猴桃、蚕豆、胡麻、当归（南部）等28个；宁夏确定了荞麦、滩羊等9个；陕西确定了绿豆、糜子、芝麻、关中驴等18个；山西确定了谷子、向日葵、晋南驴等15个；河南确定了啤酒大麦、园林花卉、郏县红牛（中西部）、白术、龟鳖等14个；山东确定了芸豆、高粱、黄芪、奶山羊、海参等27个特色农产品。由此可以看出，黄河流域九省区各地均拥有具地方特色与特有品质的农产品，在特色农产品生产上具有差异化的禀赋优势。

基于黄河流域农业生产存在差异化优势，在推进农业产业发展过程中，可以充分发挥不同地区农业生产的规模化与特色化比较优势，以农产品地理标志创建为抓手，打造农产品区域性品牌。通过农产品基地建设培育农产品优势产区，以一个农产品带动一个区域产业发展，引导特色农产品向最适宜种植、养殖的区域集中，深化农业生产的结构性与功能性区域调整，发挥资源要素聚集的规模化效应，进而提高农产品市场谈判能力与竞争力。与此同时，积极推进一、二、三产业融合发展，提高农产品附加值，并在“双循环”新发展格局下，依托绿色、质优、安全以及兼具地方特色的农产品供给形成新的消费热点，进一步带动产业发展。

（二）以水为纲因地制宜，破解农村生态困境

黄河流域是我国重要的生态屏障，地貌形态复杂多样，作为中国传统的农业区，黄河流域生态保护与环境治理对于推进农业农村现代化建设具有重要意义。黄河流域生态问题聚焦于“水”，呈现出洪涝灾害频发与水资源匮乏并存的特点。从洪涝灾害的情况看，长期以来，黄河水患灾害频发，对黄河沿岸农业农村发展带来严重挑战。近十年黄河流域洪涝灾害受

灾县/市/区年均307个，年均造成的直接经济损失高达131.3亿元，年均受灾人数335.1万人，年均农作物受灾面积54.6万公顷。其中，2016年受灾县多达427个，2013年造成的直接经济损失高达311.25亿元，受灾人数亦达到658.92万人，2011年农作物受灾面积多达123.56万公顷，详见图2。

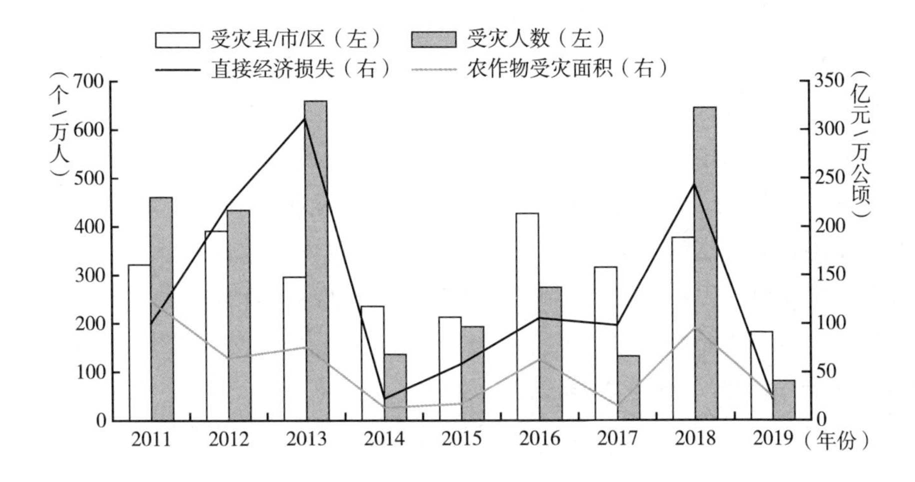

图2　2011～2019年黄河流域洪涝灾害及损失

资料来源：2011～2020年《黄河年鉴》，此处数据未包含四川省，纵坐标单位中“/”表示两个单位取其一，如100个/万人表示受灾县市区100个或受灾人数100万人，100亿元/万公顷表示直接经济损失100亿元或农作物受灾面积100万公顷。

从水资源匮乏的情况看，水量方面黄河水资源总量不到长江的7%，人均占有量仅为全国平均水平的27%；水质方面黄河流域受农业面源污染及工业、生活污水未经环保处理排放的影响，水质污染广泛存在，虽然目前已呈现出好转趋势，但水域污染治理仍然不可懈怠。2020年黄河流域监测的137个水质断面数据显示，Ⅰ～Ⅴ类水质占比分别为6.6%、56.2%、21.9%、12.4%以及2.9%，其中，Ⅰ～Ⅲ类水质断面占84.7%，比2019年上升11.7个百分点，劣Ⅴ类水质全面清零，比2019年下降8.8个百分点，比2018年下降12.4个百分点；水效方面从水源开发利用率看，黄河流域水资源存在过度开发利用，远超一般流域40%的生态警戒线。从农业生产利用率看，黄河流域九省区呈现东高西低的利用特点，东部山东、河南综合农业水资源利用效率较高，西部青海、宁夏等省利用率较低。

《乡村振兴战略规划（2018～2022年）》第二十一章从实施重要生态系统保护和修复重大工程、健全重要生态系统保护制度、健全生态保护补偿机制、发挥自然资源多重效益等四个方面对加强乡村生态保护与修复制定了相关措施。在推进黄河流域乡村振兴的过程中，生态保护要围绕“水”做好文章，践行绿水青山就是金山银山理念，尊重自然、顺应自然，根据黄河流域上中下游的生态功能分区，充分考虑农业农村在生态保护中的重要作用，因地制宜分类施策，打造不同流域的乡村振兴生态样板。黄河上游地区作为我国重要的水源涵养生态功能区，需稳定扩大退耕还林与退牧还草的实施范围，严格实施草畜平衡制度，提高上游地区的水源涵养能力；黄河中游地区生态保护重点在于水土保持，应深入推进农业节水行动，建设节水型乡村，积极开展农村水生态修复，恢复河塘行蓄能力；黄河下游地区以湿地生态保护为主，恢复湿地净化水质、蓄洪抗旱、调节气候和维护生态多样性等方面的功能，适宜发展乡村生态旅游、生态种养等绿色产业。

（三）分类指导精准施策，提高农民民生福祉

长期以来，黄河流域由于自身发展局限因素影响如自然灾害频发、农业占比较大、工业发展落后等，经济社会发展水平在全国发展格局中处于相对弱势地位。2020年黄河流域九省区平均常住居民人均可支配收入26362.44元，比全国居民人均可支配收入32189元低5826.56元；平均农村常住居民人均可支配收入14569.6元，比全国农村居民人均可支配收入17131元低2561.4元；其中，大部分省区农村常住居民人均可支配收入均低于全国水平；与此同时，青海、甘肃、陕西农村常住居民人均可支配收入亦低于黄河九省区平均农村居民人均可支配收入，详见图3。此外，从农村贫困人口收入看，2019年我国扶贫重点县人均可支配收入11524元，黄河流域扶贫重点县人均可支配收入11021.25元，低于全国平均水平，其中甘肃、青海、宁夏扶贫重点县人均可支配收入亦低于黄河流域扶贫重点县平均水平。

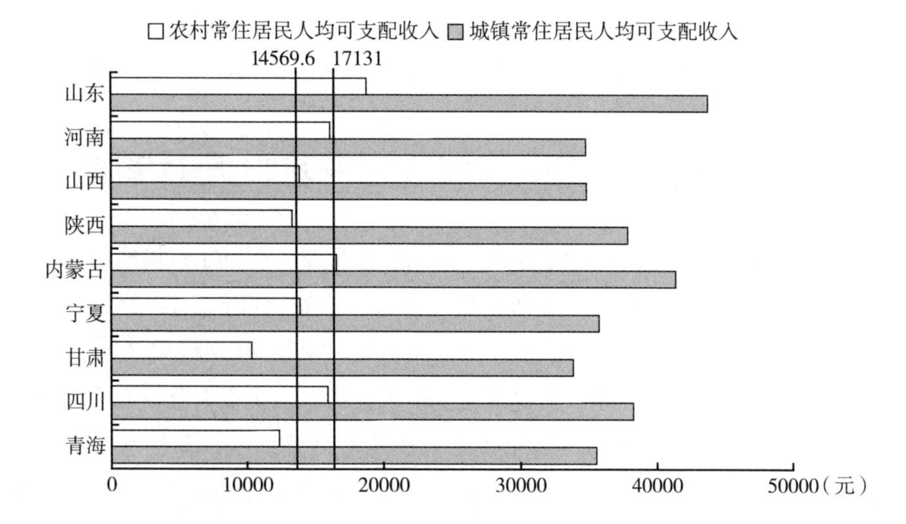

图3　2020年黄河流域九省区农村/城镇常住居民人均可支配收入

资料来源：2020年青海、四川、甘肃、宁夏、陕西、山西、内蒙古、河南、山东国民经济与社会发展统计公报。

截至2020年底，我国现行标准下农村贫困人口全部脱贫，贫困县全部摘帽，为全面建成小康社会奠定了底线保障。进入新发展阶段，我国“三农”工作重心转向全面推进乡村振兴，贫困治理开始转向农村低收入人口和欠发达地区。黄河流域乡村振兴的实现，需要根据不同县域发展现状及不同人群的发展特点分类推进。从县域差异看，黄河流域上游生态环境脆弱、自然灾害频发，贫困人口脱贫后仍然存在可预见的返贫因素干扰。除此之外，黄河流域上中游与下游县域经济发展差距较大，贫困县摘帽后仍需进一步推动其发展。因此，在巩固拓展脱贫攻坚成果与乡村振兴有效衔接期内，在西部脱贫县集中支持一批乡村振兴重点帮扶县的同时，可以采取黄河流域下游发展先进县与上游发展落后县结对帮扶的办法，重点支持脱贫县巩固拓展脱贫攻坚成果，以产业为依托提高县域自我发展能力。从人群差异看，以现有社会保障体系为基础，进一步加强对黄河流域农村低保人口、特困人口等农村低收入人口进行动态监测，并提供兜底保障，预防规模性返贫；对于有劳动能力的农村低收入人口，进一步发挥脱贫攻坚奋进致富典型的示范引领作用，激发劳动者自我发展的内生动力。依托黄河流域生态保护和修复工程建设，广泛采取以工代赈方式增加就业岗位。通过推进区域发展与提高农民收入，缩小沿黄东中西部地区城乡发展差距，从而推进黄河流域共同富裕取得实质性进展。

五　加强互补合作，构建城市群协同发展新格局

黄河流域生态保护和高质量发展上升为国家战略，明确了以城市群为重要载体的流域高质量发展布局。黄河流域分布着兰西城市群、宁夏沿黄城市群、呼包鄂榆城市群、晋中城市群、关中平原城市群、中原城市群和山东半岛城市群等七大主要城市群，覆盖沿黄九省区。由于黄河难以实现大范围通航等历史原因，一直以来，城市群之间的经济往来和要素流动不足，合作基础较为薄弱。党的十八大以来，在习近平总书记统筹推进黄河流域生态保护和高质量发展的思想指导下，沿黄地区对流域一体化发展的认识高度和重视程度快速提升，将城市群协作作为高质量发展规划的重要组成部分。例如，甘肃提出加快兰西城市群建设，打造甘青区域合作创新发展示范区，加强兰西城市群与关中平原城市群、成渝地区双城经济圈交流互动；陕西省大力实施关中平原城市群发展规划，力争将延安、榆林纳入黄河“几”字弯的都市圈规划范围；山东强化半岛城市群的龙头作用，致力于推动沿黄地区中心城市及城市群高质量发展等。

“十四五”时期是推进黄河流域生态保护和高质量发展扎实落实的关键期，流域主要城市群应从基础设施建设、龙头城市群带动、产业发展互动等方面着重固强项、补短板，构建沿黄城市群协同发展新格局。

（一）加强基础设施互联互通，畅通流域流通渠道

基础设施先行是流域城市群协同发展的基础。与长江流域相比，黄河流域在基础设施建设尤其是交通通达度和基础设施现代化水平上存在明显差距，应以黄河国家战略为契机，提升城市群基础设施水平和互联互通程度，畅通流通渠道。

构建覆盖全流域的综合交通网络。以交通基础设施通联为重要切入点，促进沿黄城市群人流、物流、信息流的自由流动。加快建设济南经郑州至西安、兰州、西宁的东西向大通道，推动郑济高铁山东段尽早通车，以省会城市和中

心城市为主要节点，加密东西向城市群城际交通网络；加快构建兰州经银川、包头至呼和浩特、太原并通达郑州的“几字形”综合运输走廊，推动黄河“几”字弯都市圈交通一体化建设；加快推进黄河流域主要城市至北京、上海等发达城市的高速铁路布局，促进黄河流域更好对接京津冀一体化、雄安新区建设、长三角一体化等国家重大区域战略。

加快新型基础设施协同建设。推动流域城市群之间新型基础设施的联通，提供更智能、更便捷的协同发展条件。加快5G网络建设，实现流域主要城市互联网协议对接；加强主要城市群之间数据资源的共享和应用；加强城际高速铁路和城市轨道交通跨区域轨道建设；推进各城市群大中城市新能源充电桩的科学布局与建设等。

强化流域能源统筹布局。大力推进传统能源合理利用和新能源开发与推广，在流域城市群之间有效配置能源资源、优化能源结构。推进西气东输等跨区域输气管道建设，完善沿黄城市群主要城市管网；加强兰西城市群、宁夏沿黄城市群等新能源资源富集区与关中平原城市群、中原城市群和山东半岛城市群等能源消耗重地在新能源开发与利用上的合作等。

（二）发挥好龙头城市群作用，带动流域高质量发展

在黄河流域生态保护和高质量发展重大国家战略中，山东半岛城市群被赋予龙头作用。黄河流域唯一沿海省份，有责任、有义务担负起更大使命，拿出“地处黄河下游、工作力争上游”的姿态和勇气，扬起山东龙头，积极参与流域合作，争取在推动黄河流域生态保护和高质量发展中做出更大贡献。

推动东西互济，打开南北开放平衡的突破口，塑造全球对外开放新高地。利用好山东新旧动能转换综合试验区、中国—上海合作组织地方经贸合作示范区、中国（山东）自由贸易试验区等高能级平台，推动错位提升、优势互补并在流域内推广适用性高的经验；以RCEP为契机抢抓山东与日韩合作新机遇，充分发挥山东在中日韩建立制度性合作中的催化剂作用，推动山东成为黄河流域向东开放的重要门户；发挥山东在西向的“一带一路”和东向的中日韩合作中的枢纽作用，开创黄河流域东西双向互动开放新格局。

推进陆海统筹，激发临海与陆上优势联动潜能，打通流域陆海新通道。尽快实现郑济高铁通车运行，推进济南、青岛与郑州、西安两大中心城市的交通

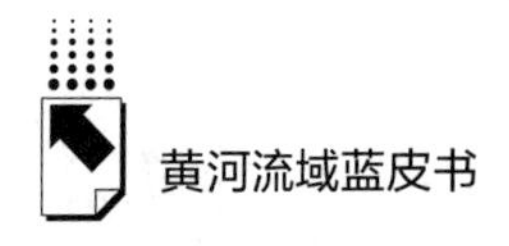

便利化，中期促进黄河流域中原城市群、关中城市群等主要城市群和山东半岛等城市群在铁路、公路、航空上更紧密地联通，显著缩短通达时间，长期推动建立覆盖全流域的海陆空交通区域网，实现交通和物流高速、高效通达；利用青岛、烟台、威海等港口优势，与沿黄大中城市广泛签订“内陆港”“无水港”协议，实现陆运与海运地“无缝对接”，为沿黄内陆地区提供便捷的海上经贸通道；以构建“双循环”新发展格局为契机，开拓海洋城市与内陆城市在海洋经济发展上合作共赢的新路径。

加强农业合作，促进流域农业资源优化整合，系统化打造新“黄河粮仓”。协同流域主要城市群根据城市群地理特征和农业基础制定指导性农业分布图，科学布局农业生产，优化土地资源配置，在流域内探索建立更加完善的粮食主产区利益补偿机制；推动流域构建安全、稳定的粮食产业链、供应链，瞄准粮食产业高质量发展这一主要目标，建立流域粮食全产业链，确保粮食产业链、供应链牢牢把握在自己手里；促成山东黄河三角洲农业高新技术产业示范区与陕西杨凌农业高新技术产业示范区、山西晋中国家农业高新技术产业示范区等流域内高水平农业创新平台间的创新协作，针对基因编辑、干细胞育种、合成生物学等国内突出技术短板，整合优质资源集中力量打好种业翻身仗。

引领城市群协同发展，提升一体化水平，培育流域高质量发展新增长极。带动黄河流域生态保护和高质量发展同京津冀协同发展、长江经济带发展、长三角一体化发展等重大国家战略的对接与融合；重视并深挖菏泽市四省交界（鲁、苏、豫、皖）的区位优势与战略优势，在流域内畅通山东半岛城市群与流域中部和西部城市的联通，跨流域打造沿黄地区与京津冀、雄安新区、长三角战略协同的重要节点；增强济南、郑州、西安等中心城市的区域合作，通过中心城市建立互利联盟的方式组成高质量发展的排头兵，进而推动都市圈、城市群协同发展，形成沿黄城市群高质量与一体化发展示范带。

（三）锚定绿色发展，提升城市群间的协作水平

黄河流域高质量发展是以生态保护为前提和基础的可持续发展，必须走生态优先绿色发展之路。沿黄城市群应锚定绿色发展，推动互补合作，引领构建流域特色优势现代产业体系。

发挥工业互联网平台优势，数字赋能传统产业发展。基于龙头城市群、领军城市群在工业互联网发展上的先发优势，积极拓展数字赋能新旧动能转换的经济飞地，以共建数字制造产业园、共建先进制造业合作示范带、协作实施数字赋能流域产业链工程等方式寻求与中原城市群、关中城市群等黄河流域主要城市群和重要制造业基地在产业链数字化转型升级上的合作。

注重培育绿色发展新动能，放大绿色发展优势。在流域主体功能区明确划分、自然资源确权、水资源产权明晰的基础上，根据不同城市群的特点探索生态产品价值实现路径，或建立纵向与横向相补充的生态补偿机制，或引入市场交易机制，或研究出台跨区域生态产品价值核算办法并开展市场化试点。

加强流域能源合作，强化能源基地资源统筹开发。一方面，协同开发传统能源，组织编制资源富集区综合能源矿产资源开发规则以指导各类能源有序开发利用，建立健全流域能源特别是传统能源输出地与输入地之间利益补偿机制；另一方面，统筹推进新能源开发，省内以打造“中国氢谷”、建设海上风电等为发展重点，流域内加强与黄河流域中西部地区新能源开发与利用合作，参与新能源技术的研发与关键技术攻关，引领建设黄河流域生态保护和高质量发展的新型能源基地。

推动全流域生态与文化旅游深度融合，高标准、国际化打造黄河流域生态文旅品牌。利用好共同而有区别的黄河文化资源和生态资源，注重优质资源的“强强联合”，协同发展生态与文化交汇融合的生态文旅产业，推动流域形成以生态风光、历史文化、红色文化为主要线索，串联和糅合上中下游文化及生态资源的黄河生态文旅带。

六　传承弘扬黄河文化，延续中华历史文脉

黄河是中华民族的母亲河，这不仅仅是一条地理意义上的河流，还是一条承载民族文化和民族精神、传播民族力量的大动脉。黄河流域经历了夏商周文化、秦文化、三晋文化、齐鲁文化等多文化融合发展，形成了完整的黄河文化体系，在不断的吐故纳新中形成了以黄河文化为核心、多元一体的中华文明。中华文明发端于黄河，繁衍于黄河，黄河文化作为精神内核，将中华民族紧紧凝聚在一起，促使中华文明逐渐走向融合。跨越数千年，奔腾不息的黄河水哺

育了华夏儿女，孕育了博大精深的中华文明，以坚不可摧的磅礴气势、勇往直前的奋斗精神塑造了中华民族自强不息的民族品格，是中华民族文化自信的重要根基与灵魂精髓所在。

2019 年 9 月 18 日，习近平总书记在黄河流域生态保护和高质量发展座谈会上指出，黄河文化是中华文明的重要组成部分，是中华民族的根和魂。要推进黄河文化遗产的系统保护，守好老祖宗留给我们的宝贵遗产。要深入挖掘黄河文化蕴含的时代价值，讲好"黄河故事"，延续历史文脉，坚定文化自信，为实现中华民族伟大复兴的中国梦凝聚精神力量。我们坚持以习近平新时代中国特色社会主义思想为指导，深入贯彻落实党的十九大与十九届二中、三中和四中全会精神，全面落实习近平总书记关于黄河流域生态保护和高质量发展的重要讲话精神，以保护为前提，大力传承弘扬黄河文化，对延续中华历史文脉、传承弘扬中华优秀传统文化、树立文化自信和价值观自信具有不可替代的作用。

（一）加强黄河文化遗产的系统保护与活化传承

坚持保护传承优先、文脉薪火相传的原则，建立相关文保部门与大学、科研机构的协作，全面挖掘梳理并系统掌握九省区黄河流域文化资源状况，完善黄河文化遗产鉴定、确认、评价的标准和程序，明确黄河文化遗产传承谱系，构建九省区黄河文化资源系统化管理机制，建立黄河流域文化遗产数字化资源库，推行跨省跨地域黄河文化遗产连片保护。联合考古、文物、文保等相关部门，加强沿黄地区文物挖掘保护，推进黄河故道、防洪堤坝等遗址遗迹的发掘，提升和凝练黄河文化数千年附着在文物、遗址遗迹资源中的文化及社会价值，夯实沿黄地区的文明基础和文化底蕴。实施沿黄革命文物保护利用工程，加大革命文物保护力度，筑牢革命文物安全底线，提升革命文物保护利用水平，传承红色基因，赓续红色血脉。加大黄河非物质文化遗产保护传承工作力度，实施黄河非遗保护利用工程，创建长效保护传承机制，对黄河非遗分类统筹实施整体性、抢救性、预防性保护，保护传承黄河文化生态的多样性，推动黄河非遗活态传承，推进黄河传统工艺创新振兴。在科学保护、严格监督管理的前提下，整合黄河文化资源，提高黄河文化遗产展示水平，注入现代元素，引入创意科技，全力推动九省区黄河文化遗产的整体系统保护与活化传承。

（二）力促黄河文化旅游高质量发展

以黄河文化的传承发展为着眼点，统筹利用沿黄九省区丰富的人文自然资源、文化旅游资源，建设体现中华优秀传统文化精髓的文旅综合体，丰富主题鲜明的黄河文化特色旅游产品体系。依托黄河水利工程、治水遗址等，着力完善黄河旅游基础设施，大力发展黄河文化生态旅游。鼓励沿黄乡镇利用黄河文化特色培育壮大乡村旅游。着力提升黄河旅游发展能级，推动特色化、品质化的提升，发展黄河智慧旅游、夜间旅游等，打造以黄河文化为主题的科技旅游产品。以沿黄城市、景区、文化遗产等为支点，培育黄河文明之旅、黄河寻根之旅、黄河红色之旅等以黄河文化为依托的旅游品牌和旅游线路。培育壮大新型旅游业态，力促黄河文化旅游与其他产业跨界融合，拓展发展空间，扩充发展容量，丰富黄河旅游内涵。推动文旅融合发展，尤其突出黄河文化元素与沿黄九省区人文发展的融合，以实现黄河文化旅游高质量发展。

（三）推动黄河文化创新传承利用

充分整合利用沿黄九省区黄河文化资源，优化文化产业发展格局，培育新型文化业态，推动黄河文化创意产业成为沿黄地区新旧动能转换的主导产业。支持沿黄中心城市和城市群打造黄河文化创意产业发展高地，鼓励沿黄中小城市、小城镇和农村打造特色文化创意产业群，支持建设一批黄河文化特点鲜明和主导产业突出的特色文化街区、特色文化乡村等，实现城乡联动发展，优化文化产业发展格局。

强化创新驱动，加快文化科技创新应用，实现黄河文化与科技深度融合。在黄河文化传承创新发展的环节中，融入互联网、物联网、虚拟现实、人工智能、5G等高新技术的应用。提升出版、影视、广播等传统业态数字化程度，加快黄河历史文化资源数字化、智慧化进程，提高黄河文化产品和服务创新能力，加速传统现代融合、线上线下融合，提升黄河文化产业发展质量，做大做强黄河文化创意产业。

坚持集聚发展，增强内生动力，发展极具代表性和竞争力的黄河文化企业，建设辐射力较强的黄河文化创意产业项目，培育内涵丰富、覆盖广泛的黄

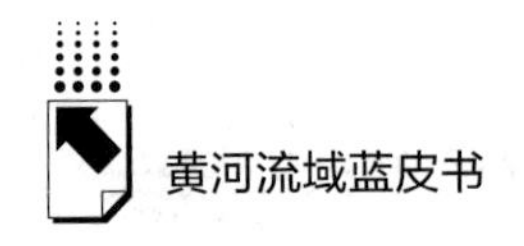

河文化品牌，建立具有鲜明特色的黄河文化创意产业园区，推动黄河文化创意产业集约化、规模化、专业化发展。

（四）讲好新时代黄河故事

坚持以社会主义核心价值观为引领，加强对黄河题材文艺创作的扶持，打造以黄河文化为主题、能够展现黄河特色与时代风貌的精品力作，生动讲述黄河故事，弘扬黄河精神，彰显黄河文化的时代价值，为新时代黄河文化传承弘扬构建有力烘托，推动黄河文化在新时代发扬光大。围绕九省区沿黄各地的历史文化资源开展黄河专题采风活动，以多种艺术形式生动讲述黄河沿岸的治黄故事、农耕故事、移民故事等，展示炎黄子孙治理黄河、开发利用黄河的伟大成就，体现母亲河这一中华民族精神纽带的强大凝聚力。加大政策扶持和资金投入，深入发掘沿黄九省区的优秀民间文艺资源，鼓励沿黄地区广泛开展群众性黄河文艺活动，培育热爱黄河文化、扎根乡土基层的群众文艺人才和团队，推动沿黄民间文化艺术生态的整体保护和创新发展，加强民间文化艺术的普及推广和交流展示，鼓励老艺术家、传承人等开展辅导培训，扩大传承人群，实现薪火相传。

加强沿黄九省区之间的交流合作，完善公共文化服务体系，搭建黄河文艺展示展映传播平台，推进公共文化资源共享。发挥新媒体优势拓展传播渠道、丰富传承载体，集中展示黄河历史文化，共同弘扬传播黄河文化。推动建设黄河文化主题展馆展厅，充实文化内容，提升展陈水平，利用科技手段，增强互动性和体验感。依托沿黄地区各级公共文化机构，开展黄河文化宣传展示、文艺展演等活动，让黄河文化可观可感。推动黄河文化教育进学校进教材进课堂，编纂出版黄河文化系列丛书，依托爱国主义教育基地、青少年教育基地、传统文化传承发展示范区等，开展丰富多彩的黄河文化实践体验活动。

（五）推进黄河文化交流合作

加强沿黄九省区文化发展协作，定期举办黄河文化论坛，联合开展黄河文化理论系统研究，推动黄河学术交流，为黄河文化保护传承弘扬打牢基础。联合九省区建立黄河流域文化发展联席会议机制，协力推进世界文化遗产申报及重大文物保护工程，共建黄河文化展馆，共搭文化资源、信息、产业平台，联办黄河非物质文化遗产展示、重大节庆活动，促进黄河文化大保护、大开发、大繁荣、大发展。

构建黄河文化对外传播体系。积极构建多类型黄河文化交流基地，打造黄河文明与世界文明对话的高端平台，推动黄河文化“走出去”，与世界文明交流互鉴。在世界平台上继续传播黄河文化，传递黄河精神，彰显黄河文化时代价值，扩大黄河文化的影响力和感召力，扩大黄河文化的国际认可度、影响力。

（六）弘扬黄河文化新时代价值

黄河流域是华夏先民早期活动的主要地域，黄河文化是中华文明中最具影响力、最具代表性的源头文化、正统文化与主体文化。华夏部落的兴衰、农耕文明的起源、封建礼制的建立、中华民族的形成等历史记载与文化传承都来自黄河文化。黄河文化中蕴含的家国一统、团结奋斗、自强不息、百折不挠等优良精神基因，最终演化为伟大的中华民族精神，成为中华儿女保家卫国、维护统一的精神支撑。黄河文化中包含的以人为本、天人合一、厚德载物等哲学思想和道德理念，塑造了华夏儿女崇高的精神追求和行为准则，成为推动国富民强人和的宝贵财富。黄河文化中蕴含的治黄文化精神，赋予了黄河文化新的时代内涵，充分体现了以人民为中心的治国理念和可持续的生态文明观，成为中国特色社会主义现代化建设的重要价值引领和精神支撑。

系统研究梳理黄河文化形成、发展演进历程，深入挖掘黄河文化所蕴含的新时代价值，全面阐释黄河文化对中华文明的涵养作用，深刻阐明沿黄三晋文化、齐鲁文化、运河文化、海洋文化、革命文化等地域文化的价值内涵，构建黄河文化思想体系、学术体系和话语体系。加大黄河文化研究支持力度，整合九省区相关研究机构，打造黄河文化研究平台，实施黄河文化研究工程，鼓励开展黄河文化、黄河精神、黄河文物、黄河文献等专项研究，推出高质量的黄河文化研究成果。推动黄河文化全面融入社会生产生活，将黄河文化蕴含的优秀思想理念转化为情感认同和行为习惯，提升对黄河文化的认知和理解，进一步增强全民族的文化自信。努力推动黄河文化的创造性转化、创新性发展，传承弘扬黄河文化精神，彰显黄河文化新时代价值，使之与现实文化相融相通，为助推中国特色社会主义经济文化建设凝聚精神力量、提供丰厚滋养。

七　坚持陆海统筹、东西互济，打造黄河流域对外开放新门户

黄河流经九个省区，全流域各地区具有不同的发展阶段和独具特色的资源禀赋，能够凸显各自的比较优势与市场潜力，在此基础上有利于形成优化的分工协作模式。进一步深化黄河流域开放发展，打造黄河流域对外开放新门户，应注重优势互补加快优化贸易结构，畅通黄河流域双循环；注重完善产业结构，提升黄河流域对外开放水平；注重提升基础设施，加强黄河流域互联互通；注重发挥平台作用，打造黄河流域开放新高地。不断促进黄河流域上中下游协同发展、东中西部互动合作、陆海统筹协调发展，共同提升经济创新力及核心竞争力，推动黄河流域迈向更高水平发展，实现更高水平的对外开放。

（一）优化贸易结构，畅通黄河流域双循环

黄河流域九省区的外向型经济具有较大的发展潜力，在推动东西双向互济、陆海内外联动方面发挥着纽带作用，沿黄地区的对外贸易是畅通全流域“双循环”的重要方式。2020 年黄河流域九省区的进出口总额为 4. 36 万亿元，占全国进出口总额 32. 16 万亿元的 13. 56% 。目前，黄河流域生态保护和高质量发展已上升为国家战略，能够促进黄河流域西部大开发形成新格局、中部实现崛起和下游发达地区形成双循环的新发展格局，进一步实现全流域新旧动能转换和高质量发展。

在沿黄九省区中，山东、四川和河南的外向型经济最显著，进出口额在九省区中居前三位，其中，2020 年山东的进出口额为 2. 20 万亿元，占整个黄河流域对外贸易额的 1/2。山东、四川和河南三省的进出口额占黄河流域对外贸易额的 84. 3% ，而青海、甘肃和宁夏的占比均不到 1% （见图 4）。

一是要积极培育贸易新业态、新模式，增强东中西区域合作，优化对外贸易结构，提升对外贸易水平，加快转变贸易合作方式，实现黄河流域货物贸易与服务贸易协调发展。积极提升服务业开放水平，进一步完善市场准入制度，加大优质服务贸易的进口与合作，完善服务贸易结构。注重服务贸易和数字贸易的有效结合，借助现有先进技术，发展新模式与新业态，支持信息技术外包

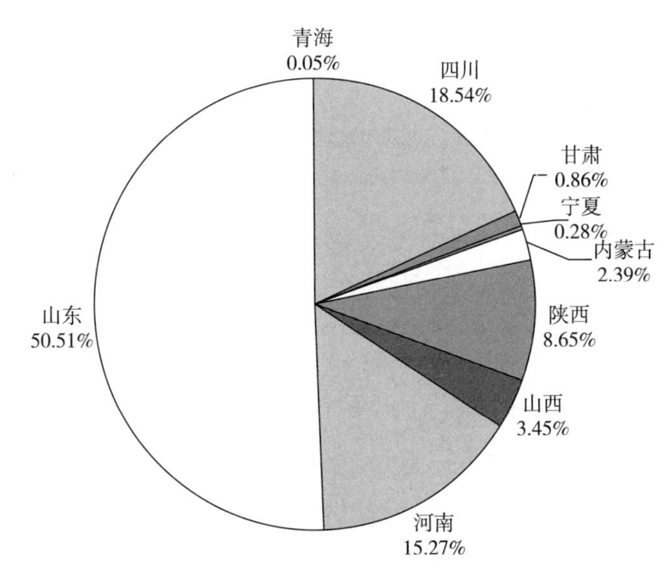

图 4　2020 年黄河流域九省区进出口额分别占全流域对外贸易总额的比重

资料来源：2020 年青海、四川、甘肃、宁夏、内蒙古、陕西、山西、河南、山东国民经济和社会发展统计公报。

发展。依托服务贸易创新发展试点地区和国家服务外包示范城市，加强服务贸易领域科技创新，进一步扩大数字服务出口规模，大力发展跨境电商业务。

二是深入实施创新驱动发展战略，优化和完善贸易结构，提升贸易水平与质量，进一步培育以技术、服务、品牌等要素为核心的对外贸易新优势。推动黄河流域对外贸易的质量变革、效率变革、动力变革，畅通黄河流域双循环，不断提高对外贸易的竞争能力与水平。将黄河流域要素质量升级作为对外开放新优势，参与国际市场大循环的高端竞争。积极推动工业互联网创新发展，运用科技手段推进工业互联网融合式发展，利用数字化打造制造业外包平台，提升高端制造业水平，发展服务型制造业等新模式。

三是着力提升全流域对外开放能力。黄河下游的河南、山东对外开放程度相对沿黄其他省区要高，但黄河流域整体对外开放水平较低，而作为黄河中游的重要地理结构“几”字弯，应进一步提升其作为黄河腹地的对外开放水平。沿黄各省区应当根据各自的区位优势、资源禀赋、贸易结构等因素，努力探索建设更高水平开放型经济新体制的路径，优化贸易合作模式和完善贸易结构，畅通黄河流域大循环。

（二）完善产业结构，提升黄河流域对外开放水平

沿黄地区在我国经济社会发展中的地位十分重要，2020 年黄河流域生产总值约占全国的 1/4，主要产业为第一产业，约占三大产业产值的 1/2。应坚持全国“一盘棋”思想，全面把握黄河流域产业发展的自身优势和发展潜力，增强产业间的协同性，优化分工与布局，应充分发挥黄河中上游地区的自然资源禀赋优势，黄河下游地区的技术、资本、市场等优势，提升黄河流域对外开放水平。

一是以全流域产业链为整体，构建区域产业协同发展服务平台，统筹和协调产业合作与有序转移。提升产业组织区域化能级，优化完善产业链结构，激发企业完善产业链的活力和动力，促进沿黄区域产业链整合，推动黄河下游产业与中上游产业有序承接，实现产业高效协同。以提升产业基础能力和产业链发展水平为核心，将黄河全流域的技术、人才、资源等比较优势转化为发展优势，加强全流域产业的分工与合作，推动各类产业进行合理的梯度转移，增强产业核心竞争力。同时，在新发展格局中倒逼产业结构的完善和发展方式的转型，推动全流域形成各具特色的产业集群。

二是强化创新驱动，完善产业链结构，提升产业链水平。支撑黄河流域高质量发展，把人流、物流、资金流、信息流循环起来，为新发展格局注入动力和活力。以沿黄国家级及省级开发区为依托，借助研发企业的技术优势，把握全球产业链重构的趋势，打造具有核心竞争力的现代产业集群。此外，还应注重加强沿黄地区与“一带一路”沿线国家和地区的产业合作，利用其资源和市场，提升产业链水平，完善产业链结构，推动全流域产业链升级。

三是拓宽产业链，提升要素集聚水平。通过产业链的带动作用，统筹国内国际两种市场和两种资源，通过要素流动带动物流业优化布局，进而推进产业链、供应链提质增效，推动传统产业转型升级。通过提升黄河流域在国际市场分工体系中的地位，进一步增强产业的国际竞争力，在合作共赢中深度融入全球产业链。

（三）提升基础设施，加强黄河流域互联互通

黄流流域拥有庞大的消费市场及生产能力，但黄河没有天然的航道，物流

运输的主要方式是陆路和航空，缺乏便捷的出海通道。推动黄河流域基础设施互联互通，亟须向内陆拓展腹地空间，形成海陆统筹的交通和物流网络。

一是高起点、高标准推动黄河流域基础设施建设，建成安全高效、绿色低碳的综合交通和物流运输体系。应充分把握黄河国家战略的重大发展机遇，利用政策带来的红利效应，贯通陆海统筹物流枢纽，打造沿黄省份便捷出海大通道，形成全流域物流运输网。通过运用国家物流枢纽节点形成的沿黄便捷运输网络，完善黄河流域物流枢纽布局，降低全流域物流成本，提升物流运输效率。进一步强化物流枢纽之间的联动，加强省际协同与配合，完善资源布局，形成集约、高效、安全的“海铁联运”通道。加快形成物流资源的集聚体系，构建统一的物流定价机制，打造以沿黄物流枢纽为节点、覆盖黄河流域的便捷贸易网络。

二是合理布局沿黄各城市群之间的交通网。完善省会城市之间的基础设施，尤其要优化沿黄城市群之间高速公路和铁路的交通布局，打通“断头路”。进一步疏通全流域交界县城的交通网，形成黄河流域陆路交通“大循环”格局。在黄河下游，重点完善山东与河南、山西两省交通网，合理利用山东的地理优势，如向海开放的海洋优势和向内陆开放的腹地优势。通过借助中国（山东）自由贸易试验区、上海合作组织国家地方经贸合作示范区等，打通黄河流域九省区融入“一路”大通道，形成沿黄城市群国内国际“双循环”格局。在黄河上游，借助四川“岷江道”交通网络建设，实现“一带”与“长江经济带”的互联互通，形成长江流域与黄河流域互动循环格局。

三是加强沿黄城市的联动性。地处黄河下游的山东半岛城市群，作为黄河入海的陆海衔接区域，在拉动整个黄河内陆区域的陆海双向内外联动方面发挥着龙头作用。地处黄河中游的西安和郑州，作为黄河流域的两个国家级中心城市，也是拉动关中城市群和中原城市群发展的重要推动力。进一步提升全流域省区与其他发达地区的交通设施联通性，增强沿黄河流域保税区、自贸区的联动性，充分利用沿海地区的各类口岸，在合作共赢中推动沿黄地区更高水平开放。

（四）发挥平台作用，打造黄河流域开放新高地

强化黄河流域的平台效应，加强各地区的互补优势，在不断深化对外开放中提升沿黄城市合作水平。加强黄河东中西部协同合作、上中下游协调发展，进一步提升区域核心竞争力，推动黄河流域高质量发展，打造对外开放新高地。

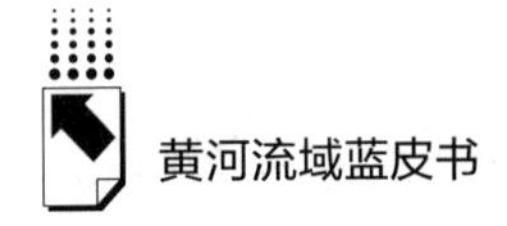

一是加强沿黄内陆城市与沿海地区的合作。郑州与青岛开展陆港合作，通过海港、水港及郑州枢纽港三港联动，打造“一带一路自贸驿站”综合体。西安与沿海城市合作紧密，目前已与青岛、宁波、连云港等沿海港口开展合作，与日韩等国家开展过境贸易，并通过中欧班列向西开拓国际市场。

二是发挥平台效应，推动黄河流域双循环。应充分利用国家新一轮扩大对外开放的有利时机，推动构建‘链上自贸’体系，推出一批可复制、可推广的自贸试验区模式。发挥黄河流域自贸试验区在制度、平台、政策等方面的辐射带动作用，探索建立省会都市圈自贸联动创新区，推行异地注册、圈内通办、一照多址等创新举措，共享自贸创新成果。依托“链上自贸”数字贸易平台、互联网医保大健康服务平台，充分利用自贸试验区创新优势与综合保税区政策优势叠加效应，为省会经济圈协同发展、高质量发展提供新动能，以制度创新推动省会经济圈一体化发展。

三是探索成立黄河流域自贸片区联盟。全力打造黄河流域对外开放门户，与沿黄设立自贸试验区的省市谋划建设黄河流域自贸试验区发展联盟，共同推进制度创新、开放合作，提升协同联动水平。依托片区内对外开放服务平台企业和出口龙头企业，打造引领黄河流域对外开放公共服务平台，在黄河流域自贸片区联盟城市强强合作中打造黄河流域开放新高地。推动优势地区创新资源和创新平台对沿黄省区开放共享，鼓励发展优势地区创新人才团队到沿黄省区创新创业，支持发展优势地区创新成果在沿黄省区落地转化。截至 2020 年底，黄河流域共有国家级自贸试验区四个，具体情况如表 1 所示。

表 1　黄河流域自贸试验区情况

自贸试验区名称	成立时间	战略定位
中国(河南)自由贸易试验区	2017.3	以制度创新为核心,以可复制可推广为基本要求,加快建设贯通南北、连接东西的现代立体交通体系和现代物流体系,将自贸试验区建设成为服务“一带一路”建设的现代综合交通枢纽、全面改革开放试验田和内陆开放型经济示范区
中国(四川)自由贸易试验区	2017.3	以制度创新为核心,以可复制可推广为基本要求,立足内陆、承东启西,服务全国、面向世界,将自贸试验区建设成为西部门户城市开发开放引领区、内陆开放战略支撑带先导区、国际开放通道枢纽区、内陆开放型经济新高地、内陆与沿海沿边沿江协同开放示范区

续表

自贸试验区名称	成立时间	战略定位
中国(陕西)自由贸易试验区	2017.3	以制度创新为核心,以可复制可推广为基本要求,全面落实党中央、国务院关于更好地发挥“一带一路”建设对西部大开发带动作用、加大西部地区门户城市开放力度的要求,努力将自贸试验区建设成为全面改革开放试验田、内陆型改革开放新高地、“一带一路”经济合作和人文交流重要支点
中国(山东)自由贸易试验区	2020.8	以制度创新为核心,以可复制可推广为基本要求,全面落实中央关于增强经济社会发展创新力、转变经济发展方式、建设海洋强国的要求,加快推进新旧发展动能接续转换、发展海洋经济,形成对外开放新高地。经过3~5年改革探索,对标国际先进规则,形成更多有国际竞争力的制度创新成果,推动经济发展质量变革、效率变革、动力变革,努力建成贸易投资便利、金融服务完善、监管安全高效、辐射带动作用突出的高标准高质量自由贸易园区

资料来源:根据相关资料整理。

八　强化财政金融协同支持，保障黄河国家战略顺利实施

黄河流域生态保护和高质量发展是一项重大系统工程，沿黄九省区都在积极谋划，制定了推进黄河国家战略的时间表、路线图，并围绕水资源节约集约利用、污染治理、弘扬黄河文化、建立现代产业体系、黄河滩区建设等确立了一系列重大工程、重大项目，可以预见黄河国家战略在起步阶段需要大量的资金支持，项目落地离不开财政保障和金融支撑。而在减税降费、疫情冲击、全球经济疲软的背景下，财政支持力度有限，要更多发挥财政金融协同作用，建立市场化、多元化投融资机制，为黄河国家战略的顺利实施提供坚强保障。

强化财政金融协同支持，应把握以下原则。一是注重系统推进，突出重点。以实施黄河流域生态保护和高质量发展战略为引领，科学制定财金协同支持方案，积极引导金融资本和工商资本投向黄河流域重点领域和薄弱环节，助推解决项目主体融资难、融资贵问题；二是以市县为主，省级引导，以沿黄各县区为单位深化财政金融政策创新融合，尊重地方首创精神，最大限度发挥省

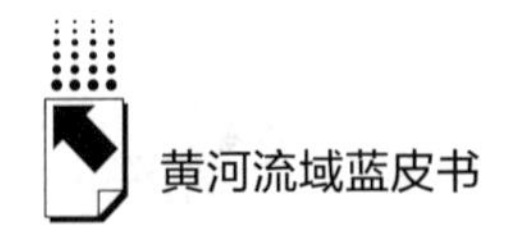

级优惠政策和财政资金支持效果；三是先行先试，示范引领，鼓励设立黄河流域财金融合试点县，通过小范围的先行先试，深入探索财政金融支持黄河流域生态保护和高质量发展的手段方式，总结成功经验和典型模式，确保形成良好的政策效果。

（一）鼓励引导金融机构加大对黄河国家战略的信贷支持

支持金融机构加大对黄河流域重点项目信贷投放，各级财政可对金融机构当年重点项目贷款增量占比给予一定奖励，引导金融机构增加黄河流域涉农类、科技类信用贷款。创新财政金融政策融合支持黄河流域生态保护和高质量发展战略制度试点，设立黄河流域财政金融协同支持示范区，及时提炼总结示范区优秀经验，条件成熟后，在全流域复制推广，努力破解黄河流域项目主体融资困难。

加快流域内国家级金融试验区建设。目前黄河流域有兰州新区绿色金融改革创新试验区、兰考县普惠金融改革试验区、临沂普惠金融服务乡村振兴改革试验区等多个国家级金融试验区，要充分发挥这些试验区的品牌影响力，强化特色金融标准制定，吸引更多金融资本支持区域发展。相关地区的省财政可统筹整合中央财政黄河流域生态保护和高质量发展专项奖补资金、中央财政深化民营和小微企业金融服务综合改革试点城市专项资金、涉农专项资金等，支持本地区的国家级金融试验区高质量发展。支持试验区内地方金融机构发行黄河流域金融专项债券，对募集资金全部投向黄河流域重点项目、投放贷款利率低于地区平均利率的金融机构，省财政可按照募集金额的适当比例给予奖励。支持黄河流域城市群内各有关市分别建立金融协调发展工作机制，推进金融产品与服务同城化，实现区域内企业授信标准统一、授信额 度共享、信贷产品通用，提升金融服务实体经济能力。

（二）充分发挥政策性金融撬动引导和风险保障作用

推动政府性融资担保机构支持黄河流域生态保护和高质量发展，对地方法人银行与“白名单”内政府性融资担保机构合作发放的符合条件涉农贷款，各地区的人民银行可足额给予再贷款报销，各地区投融资担保集团也可实行优惠再担保费率。充分发挥应急转贷基金作用，省级应急转贷基金通过增加配资、向县级合作机构让利等方式，强化应急转贷基金对黄河流域生态保护和高质量发展的支持力度，进一步降低项目主体融资成本，人民银行可对转贷合作银行优先给予再贷款再贴现支持。

发挥政策性保险在黄河流域农业方面的风险保障作用，在沿黄县区探索推广粮食作物制种保险，稳定主要粮食作物种子供给。开展整县域“保险＋期货”试点，落实好地方优势特色农产品保险以奖代补政策，省财政按照市县保费补贴情况给予一定补助。探索实施“农业保险贷”，引导金融机构和保险公司在沿黄部分试点县范围内合作开发“农业保险贷”，探索将政策性农业保险保单质押转化为经营信用额度，降低涉农主体融资成本。

（三）加强开发性金融支持黄河流域实体经济发展

开发性金融是政府间接调控金融市场发展的工具之一，它的资金筹集和运用都是市场化操作，对比财政拨款更具效率，也能让资金发挥出最大的效用，也正因为如此，开发性金融有减轻财政负担、扩大支持社会发展经济规模的功能，所以要充分发挥开发性金融机构在黄河国家战略中的金融支持作用。沿黄地方政府应加强与国家开发银行在黄河流域生态保护和高质量发展规划、行动方案编制方面的对接，引导参与重大项目的省市级产业化龙头企业，为开发性金融提供多样化支持平台和有效抓手。要推动开发性金融参与沿黄流域对外合作，依托国家开发银行与中国—东盟银联体和金砖国家银行合作机制，助力沿黄流域更多企业“走出去”。

（四）发展绿色金融助力黄河流域如期实现“碳达峰、碳中和”

完善黄河流域内绿色金融政策支持体系。建立地方法人金融机构绿色信贷业绩评价体系，对绿色信贷增量或余额占比达标的金融机构优先给予央行资金支持。探索建立绿色金融领域财税奖补政策和风险分担机制，鼓励有条件的市、县对绿色信贷进行贴息。完善绿色金融统计制度和信息披露制度，组织金融机构开展环境风险压力测试，建立绿色金融风险监测评估机制。

创新流域内绿色金融产品服务模式。建立生态产品价值实现的金融保障机制，鼓励金融机构开展绿色信贷、绿色债券、绿色保险等业务，支持生态治理、环境修复、节能环保、循环利用、新能源等绿色项目，争取“十四五”

期间绿色贷款余额占全部贷款余额的比重年均增幅不低于1个百分点。引导金融机构为黄河流域重点转型企业开展绿色技术转移转化等业务提供配套金融支持，支持发展重大环保装备融资租赁业务。鼓励实体企业通过发行绿色非金融债、碳中和债、上市等方式融资，有序发展碳债券、碳资产证券化、碳基金、碳远期、碳掉期、碳期权等碳金融产品和衍生工具，引导更多企业进入全国碳交易市场。

在流域内积极发展绿色金融组织。通过“一带一路”建设、上合示范区等区域合作机制，积极对接亚洲基础设施投资银行和金砖国家新开发银行，推动绿色金融国际合作。建设黄河流域绿色金融研究院，开展绿色金融政策、产品、市场等研究，推动绿色金融产品落地。鼓励发展投资绿色金融产品的养老基金、保险资金等绿色机构投资者。引进设立第三方绿色评级与认证机构、会计及律师事务所、环境咨询类公司等绿色金融中介机构。

（五）多措并举引导工商和社会资本参与黄河国家战略

引导PPP在黄河流域生态保护和高质量发展领域发挥更大作用。围绕流域综合治理、水安全、污染治理、黄河沿线基础设施、文化旅游等基础设施和公共服务，积极评估论证采用PPP模式，各级财政给予全流程指导和项目融资协调。用足用好黄河流域科技成果转化引导基金、新旧动能转换基金，对黄河流域重大工程和重点项目，开设基金投资项目库绿色通道，开展专项路演推介活动。对符合条件的黄河国家战略相关项目，也可量身定制项目基金。多元化引导社会资本参与乡村振兴，积极推进黄河流域生态保护和高质量发展领域的财政资金股权投资改革，强化与金融机构合作，探索投贷联动的有效方式。对工商资本投资黄河国家战略实行分级分类奖补，吸引更多资金资源投入黄河流域高质量发展。对积极运用PPP、基金、金融等市场化方式引导撬动社会资本支持黄河国家战略发展的市县，省财政可结合中央财政黄河流域生态保护和高质量发展专项资金给予奖补。

（六）进一步加强对沿黄县域经济的金融支持

“十四五”时期构建黄河流域城乡发展新格局，实施扩大内需战略，基础在县域，难点在县域，活力也在县域。当前，县级财政面临很大的压力与困难，部分县域维持“三保”已经实属不易。因此，要将沿黄县域作为金融支持的重点区域，推进县城城镇化补短板强弱项领域发展。金融机构要做好梯次对接，优先对百强县及国家级高新开发区资源进行深挖，以客户拓展和项目对接为抓手，开拓金融业务新的增长极。按照“自上而下、联动优选”的原则，围绕纳税百强、单项冠军、瞪羚企业、专精特新等清单，做好名单式营销新增一批、发展供应链融资链式拓展一批、对合格小微企业扶植转化一批、通过政采贷税务贷等大数据场景挖掘一批的“四个一批”工作，按图索骥做好对县域优质企业的支持。同时，围绕“县城城镇化补短板强弱项领域”，加强从项目入库到运营的全流程跟踪服务，实现精准投放，最大限度地支持发展。

参考文献

安树伟、张双悦：《黄河“几”字弯区域高质量发展研究》，《山西大学学报》（哲学社会科学版）2021 年第 2 期。

陈晓东、金碚：《黄河流域高质量发展的着力点》，《改革》2019 年第 11 期。

陈永耘、王茜：《立足黄河文化遗产 传承彰显黄河文化》，《中国文物报》2020 年 10 月 9 日。

樊杰、王亚飞、王怡轩：《基于地理单元的区域高质量发展研究——兼论黄河流域同长江流域发展的条件差异及重点》，《经济地理》2020 年第 1 期。

何爱平、安梦天、李雪娇：《黄河流域绿色发展效率及其提升路径研究》，《人文杂志》2021 年第 4 期。

牛家儒：《论黄河流域文化的保护传承和合理利用》，《中国市场》2021 年第 6 期。

任保平、张倩：《黄河流域高质量发展的战略设计及其支撑体系构建》，《改革》2019 年第 10 期。

冉淑青、曹林、刘晓惠：《蒙晋陕豫合作推进黄河中游沿线地区高质量发展研究》，《区域经济评论》2020 年第 6 期。

沈坤荣、金刚：《中国地方政府环境治理的政策效应——基于“河长制”演进的研究》，《中国社会科学》2018 年第 5 期。

王必达、赵城：《黄河上游区域向西开放的模式创新：“三重开放”同时启动与推进》，《中国软科学》2020 年第 9 期。

王乃岳：《深入挖掘黄河文化的时代价值》，《中国水利》2020 年第 5 期。

王长松、段蕴歆、张然：《历史时期黄河流域城市空间格局演变与影响因素》，《自然资源学报》2021 年第 1 期。

习近平：《在黄河流域生态保护和高质量发展座谈会上的讲话》，《求是》2019 年第 20 期。

张光义：《做好黄河文化传承发展大文章》，《黄河报》2017 年 7 月 25 日。

张慧、刘秋菊、史淑娟：《黄河流域农业水资源利用效率综合评估研究》，《气象与环境科学》2015 年第 2 期。

综合战略篇

Comprehensive Strategy

B.2

黄河流域各省区战略地位和发展策略研究

吴维海*

摘　要：黄河流域生态保护和高质量发展战略是我国重大战略，也是流域各省区“十四五”时期最大的发展机遇。研究流域九省区经济和生态现状，分析发展的痛点难点，提出解决生态修复和产业转型的推进路径，是当前紧要的工作任务。本文就此展开论述，并归纳了制约流域发展的四大问题，分省份提出了可操作的实施策略。

关键词：黄河流域　生态修复　高质量协同

黄河流域是连接青藏高原、黄土高原、华北平原的生态廊道，是我国重要

* 吴维海，国合华夏城市规划研究院院长，国家发改委国际合作中心原执行总监、研究员，主要研究方向为政策规划、产业规划、乡村振兴、碳中和等。

的能源、化工、原材料和基础工业基地，在我国经济社会发展和生态安全方面具有十分重要的地位[①]。2019 年 9 月 18 日，习近平总书记在郑州主持召开黄河流域生态保护和高质量发展座谈会并发表重要讲话，提出把黄河流域生态保护和高质量发展纳入国家重大战略。党中央的高度重视，为黄河流域的经济社会发展带来了重大历史发展机遇。黄河流域自西向东涉及青海、四川、甘肃、宁夏、内蒙古、陕西、山西、河南、山东九个省区，东中西部地区间资源禀赋差异较大，导致经济发展不平衡，影响了区域的协调发展。因此，在全面贯彻落实发展战略的过程中，需要特别关注九省区在流域生态保护和高质量发展中发挥的重要作用和独特的战略地位。基于此，本文在分析九省区主要经济指标、资源概况、产业现状等基础上，深入剖析九省区发展中存在的主要问题，提出对策建议。

一　黄河流域九省区发展概况

（一）经济现状

2020 年，黄河流域地区生产总值 253689. 56 亿元。其中，第一产业增加值 23325. 79 亿元，占地区生产总值的比重为 9. 19%，比全国高 1. 55 个百分点；第二产业增加值 100544. 92 亿元，比重为 39. 63%，比全国高 1. 81 个百分点；第三产业增加值 129818. 86 亿元，比重为 51. 17%，比全国低 3. 36 个百分点。

分省份看，黄河流域地区生产总值和三次产业增加值排名前三位的均为山东、河南、四川；地区生产总值排名最末位的为青海，占该流域地区生产总值比重仅为 1. 18%；第一产业增加值排名最末位的为宁夏，第二、第三产业增加值排名最末尾的都是青海（见表 1）。

此外，青海、四川、甘肃、内蒙古第一产业占比均超过 10%，远高于全国水平；宁夏、陕西、山西、河南第二产业占比均超过 40%，高于全国水平；甘肃第二产业占比不到 35%，比全国水平低 6. 19 个百分点；九省区中只有甘肃第三产业占比超过 55%，高于全国水平（见表 2）。

---

① 习近平：《在黄河流域生态保护和高质量发展座谈会上的讲话》，《求是》2019 年第 20 期。

表 1　2020 年黄河流域九省区生产总值及三次产业增加值

单位：亿元

地区名称	生产总值	第一产业增加值	第二产业增加值	第三产业增加值
青海	3005.92	334.30	1143.55	1528.07
四川	48598.80	5556.60	17571.10	25471.10
甘肃	9016.70	1198.10	2852.00	4966.50
宁夏	3748.48	279.93	1584.72	1883.83
内蒙古	17359.80	2025.10	6868.00	8466.70
陕西	26181.86	2267.54	11362.58	12551.74
山西	17651.93	946.68	7675.44	9029.81
河南	54997.07	5353.74	22875.33	26768.01
山东	73129.00	5363.80	28612.20	39153.10
九省区	253689.56	23325.79	100544.92	129818.86
全国	1015986.00	77754.00	384255.00	1015986.00

资料来源：根据国家统计局和各省区网站整理。如无特殊标注，均同此。

表 2　2020 年黄河流域九省区三次产业占比

单位：%

地区名称	第一产业占比	第二产业占比	第三产业占比
青海	11.12	38.04	50.84
四川	11.43	36.16	52.41
甘肃	13.29	31.63	55.08
宁夏	7.47	42.28	50.26
内蒙古	11.67	39.56	48.77
陕西	8.66	43.40	47.94
山西	5.36	43.48	51.15
河南	9.73	41.59	48.67
山东	7.33	39.13	53.54
九省区	9.20	39.63	51.17
全国	7.65	37.82	54.53

（二）人口现状

2019 年，九省区总人口 42180.00 万人，占全国总人口比重为 30.13%。其中，城镇人口 23999.00 万人，占全国城镇人口比重为 28.29%；乡村人口 18181.00 万人，占全国乡村人口比重为 32.96%（见表 3）。

分城市看，山东在九省区中人口数量最多，占九省区人口总量的

23.87%；其次是河南，人口占比为 22.85%；第三为四川，人口占比为 19.86%；地区排名最末位的是青海，人口占比仅为 1.44%。

表 3　2019 年黄河流域九省区人口情况

单位：万人

地区名称	人口	城镇人口	乡村人口
青海	608.00	337.00	271.00
四川	8375.00	4505.00	3870.00
甘肃	2647.00	1284.00	1363.00
宁夏	695.00	416.00	279.00
内蒙古	2540.00	1609.00	931.00
陕西	3876.00	2304.00	1572.00
山西	3729.00	2221.00	1508.00
河南	9640.00	5129.00	4511.00
山东	10070.00	6194.00	3876.00
九省区	42180.00	23999.00	18181.00
全国	140005.00	84843.00	55162.00

（三）财政税收

2020 年，八省区（河南无数据）税收收入 13765.86 亿元，占全年全国税收收入比重为 8.92%。

分城市看，山东全年税收收入 4757.60 亿元，位居第一；四川税收收入 2967.70 亿元，位居第二；青海税收收入最低，仅为 213.27 亿元。

（四）产业现状及分布概况

1. 农业

2020 年，黄河流域七省区（山东、山西无数据）粮食作物播种面积 3362.14 万公顷，占全国粮食作物播种面积的比重为 28.79%；粮食产量 17124.37 万吨，占全国粮食总产量的比重为 25.58%。

黄河流域的小麦、棉花、油料、烟叶、牲畜等主要农牧产品在全国占有重要地位。其中，青海和内蒙古是我国主要的畜牧业基地；位丁宁夏、内蒙古辖区内的河套平原，位于山西、陕西辖区内的汾渭盆地，以及位于河南、山东辖区内的黄泛平原都是我国主要的农业生产基地。

流域内的河南、山东、内蒙古等省区为全国粮食生产核心区，有 18 个地市的 53 个县被列入全国产粮大县的主产县。甘肃、宁夏、陕西、山西等省区的 12 个地市的 28 个县被列入全国产粮大县的非主产县。下游流域外引黄灌区涉及河南、山东的 13 个地市的 59 个县被列入全国产粮大县的主产县①。

2. 工业

2020 年，黄河流域六省区（青海、内蒙古、河南无数据）工业增加值 55692.71 亿元。其中，工业增加值增速位居前三的地区为宁夏、甘肃、山西，分别为 7.4%、6.2%、5.3%。

分省份来看，青海规模以上工业优势产业为有色金属（含铝产业）产业、煤化工产业、新能源产业、钢铁产业、新材料产业、生物产业、油气化工产业、盐湖化工产业、装备制造产业；内蒙古规模以上工业优势产业为能源产业、建材产业、化学工业、食品（含农畜产品加工）产业、装备制造产业；山东规模以上工业优势产业为钢铁产业、造纸产业、装备制造产业、建材产业；山西规模以上工业优势产业为建材产业、钢铁产业、有色金属（含铝产业）产业、新能源产业；河南规模以上工业优势产业为建材产业、钢铁产业、有色金属（含铝产业）产业；甘肃规模以上工业优势产业为石化产业、电力产业、有色金属（含铝产业）产业、食品（含农畜产品加工）产业。

表 4　黄河流域部分省区规模以上工业优势产业

地区名称	有色金属（含铝产业）	煤化工	油气化工	盐湖化工	化学工业	石化	装备制造	新能源	能源	建材	钢铁	新材料	生物	食品（含农畜产品加工）	电力	造纸
青海	•	• • • • •	• •	•			•	•			•	•	•			
甘肃	•					•								•	•	
内蒙古					•		•		•	•				•		
山西	•							•		•	•					

① 张会言、杨立彬、张新海：《黄河流域经济社会发展指标分析》，《人民黄河》2013 年第 10 期。

续表

地区名称	有色金属（含铝产业）	煤化工	油气化工	盐湖化工	化学工业	石化	装备制造	新能源	能源	建材	钢铁	新材料	生物	食品（含农畜产品加工）	电力	造纸
河南	•									•	•					
山东							•			•	•					•

资料来源：根据国家统计局、各省区网站及协会数据整理。

（五）对外经济

2020 年，黄河流域九省区进出口总额 43703.56 亿元，占全国进出口总额的 13.85%。其中，出口总额 25186.71 亿元，占全国出口总额的 14.61%；进口总额 18516.85 亿元，占全国进口总额的 12.93%。

分省份看，山东、四川、河南全年进出口总额位居前列，分别为 22009.40 亿元、8081.90 亿元、6654.82 亿元，三省全年进出口总额占该区域的比重超过 80%。其中，山东在九省区中处于领先地位，全年进出口总额比其他八省区总和还多。总体来讲，九省区自西向东的对外开放水平依次增强（见表 5）。

表 5　2020 年黄河流域九省区进出口情况

单位：亿元

地区名称	全年进出口总额	出口额	进口额
青海	22.80	12.30	10.50
四川	8081.90	4654.30	3427.60
甘肃	372.80	85.70	287.10
宁夏	240.62	148.92	91.70
内蒙古	1043.30	349.10	694.20
陕西	3772.12	1929.64	1842.48
山西	1505.80	877.00	628.80
河南	6654.82	4074.95	2579.87
山东	22009.40	13054.80	8954.60
九省区	43703.56	25186.71	18516.85
全国	315627.30	172373.60	143253.70

资料来源：根据国家部委和地方政府网站整理。

二　在国家发展格局中的战略定位

（一）对黄河流域的总体定位

2019 年 9 月 18 日，习近平总书记在郑州主持召开黄河流域生态保护和高质量发展座谈会提出，黄河流域构成我国重要的生态屏障，是我国重要的经济地带。

（二）对各省定位

青海。青海地处青藏高原，被誉为“三江之源”“中华水塔”，生态地位重要而特殊。2016 年 8 月，习近平总书记在青海视察时强调，“青海最大的价值在生态、最大的责任在生态、最大的潜力也在生态”①。

四川。四川是全国重要的市场腹地和内陆开放门户。

甘肃。甘肃是西北的生态屏障；《中共中央国务院关于新时代推进西部大开发形成新格局的指导意见》支持甘肃发挥丝绸之路经济带重要通道、节点作用；《国务院办公厅关于进一步支持甘肃经济社会发展的若干意见》明确，甘肃是国家向西开放、对接欧亚大陆经济共同体的战略前沿和核心通道。

宁夏。黄河流域生态保护和高质量发展先行区。

内蒙古。我国北方重要生态安全屏障。

陕西。《中共中央国务院关于新时代推进西部大开发形成新格局的指导意见》支持陕西打造内陆开放高地和开发开放枢纽。

山西。建设资源型经济转型发展示范区、打造能源革命排头兵、构建内陆地区对外开放新高地。

河南。国家重要的粮食生产和现代农业基地，全国工业化、城镇化和农业现代化协调发展示范区，全国重要的经济增长板块，全国区域协调发展的战略支点和重要的现代综合交通枢纽，华夏历史文明传承创新区。

---

① 刘宁：《牢牢把握“三个最大”省情定位 为中华民族永续发展作出青海贡献》，《学习时报》2020 年 4 月 1 日。

山东。山东要发挥半岛城市群龙头作用，推动沿黄地区中心城市及城市群高质量发展。

三　与长江经济带对比分析

（一）覆盖区域

长江经济带。覆盖上海、江苏、浙江、安徽、江西、湖北、湖南、重庆、四川、云南、贵州11个省市，面积约205.23万平方公里，占全国的21.4%。

黄河流域。涉及青海、四川、甘肃、宁夏、内蒙古、陕西、山西、河南、山东9个省区，面积约359万平方公里，占全国的38%。

（二）经济发展

近年来，随着长江经济带率先上升为国家战略，该流域涉及的11个省市在经济、科技教育、对外经济等方面均领先黄河流域省区（见图1）。

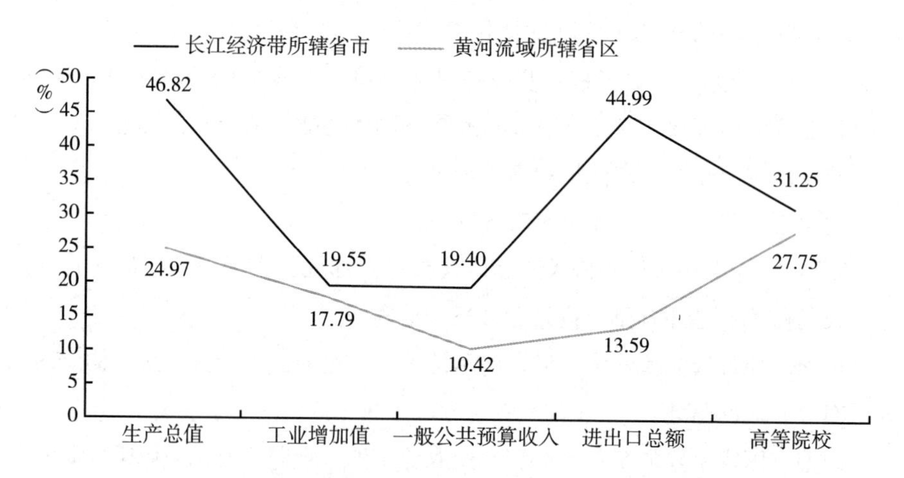

图1　2020年长江经济带涉及省市与黄河流域涉及省区指标占全国比重

（三）创新资源

长江经济带。上海、浙江、江苏研究与试验发展（R&D）经费支出占比

较高，科技创新能力在全国处于领先水平。仅高等院校数量已经占全国总量的1/3，还拥有大量知名可研院所和高技术企业，创新资源丰富。

黄河流域。相对长江经济带而言，黄河流域九省区高等院校、研究与试验发展（R&D）经费支出占比较低，整体竞争力相对较低。

（四）对外开放

从进出口总额和实际使用外资金额数据对比看，长江经济带的对外开放水平要远高于黄河流域（见表6、表7）。此外，长江经济带中的上海、浙江、江苏、重庆等省市在金融、对外航运、商贸、旅游等方面均处于全国领先水平；黄河流域所辖省区多为内陆地区，从区位条件来看，仅山东对外开放程度较高。

表6　2020年长江经济带所辖省市对外经济指标

地区名称	进出口总额(亿元)	实际使用外资(亿美元)
上海	34828.47	202.33
江苏	44500.50	283.80
浙江	33808.00	158.00
安徽	5406.40	183.10
江西	4010.10	—
湖北	4294.10	103.52
湖南	4342.20	181.00
重庆	6513.36	102.72
四川	8081.90	100.60
云南	2680.00	7.59
贵州	546.52	4.39
合计	149011.55	1327.05

资料来源：国家部委和各地网站。

表7　2020年黄河流域所辖省区对外经济指标

地区名称	进出口总额(亿元)	实际使用外资(亿美元)
青海	22.80	2.55
四川	8081.90	100.60
甘肃	372.80	8.87
宁夏	240.62	2.51
内蒙古	1043.30	18.20
陕西	3772.12	84.43

续表

地区名称	进出口总额(亿元)	实际使用外资(亿美元)
山西	1505.80	—
河南	6654.82	200.65
山东	22009.40	176.50
合计	43703.56	594.31

资料来源：根据国家部委和各省公开数据整理。

（五）总体环境

生态环境方面。长江经济带污染排放总量大、强度高，废水排放总量占全国的40%以上，单位面积化学需氧量、氨氮、二氧化硫、氮氧化物、挥发性有机物排放强度是全国平均水平的1.5～2.0倍；黄河流域水资源严重短缺，生态系统十分脆弱，长期以来以农业生产、能源开发为主的经济社会发展方式与流域资源环境特点和承载能力不相适应。

产业基础方面。长江经济带是我国重要的农业生产核心区，耕地保有量占全国耕地总面积的1/3，农业产值占全国农业总产值比重超过40%，农业产业基础稳固。长江经济带还是我国最重要的工业走廊，工业发展持续向中高端改进，不断壮大新兴产业发展，近20种工业产品产量占全国比重超过40%。此外，长江经济带服务业发展迅猛，层次水平不断提升。黄河流域受区位条件、自然气候、人文环境等多种要素影响，农业、工业、服务业及相关保障设施建设相对长江经济带较为滞后，产业层次水平较低、断层缺位现象严重、同质化程度较高。

四　发展问题

内部经济发展不均衡。黄河流域涉及的九省区中，山东地处东部地区、河南位于中部地区，内蒙古位于北部地区，其他6个省区均位于西部地区，受区位条件、资源禀赋等因素影响，内部经济自西向东极不均衡。山东的GDP总量、工业增加值、财政收入等指标比青海、宁夏、甘肃、内蒙古、陕西等省区

的总和还多。山东省的人均 GDP 高达 72619 元，远高于黄河流域的平均值。

产业层次较低且断层缺位。黄河流域西部六省区，工业产业多集中于资源型密集型产业，如有色金属、钢铁、建材（水泥）等行业，而且多为初级加工，缺少高附加值终端产品，技术密集型产业占比较低；此外，地区间或同一区域内关联产业间尚未形成有机联系，如煤化工、油气化工、盐湖化工、石化产业尚未形成一体化发展，产业亟须进行补链、强链和延链建设。

创新驱动发展水平不高。根据科技部发布的《中国区域科技创新评价报告 2018》，在综合科技创新水平指数排名前 10 位的省份中，黄河流域仅陕西和山东 2 个省入围，长江经济带有 5 个省市入围。黄河流域综合科技创新水平指数的均值为 52.83%，比长江经济带低 9.82 个百分点，仅相当于全国平均水平的 75.9%①。具体表现为研发投入少、教育水平落后、创新载体少等。

对外开放水平相对较低。近年来，黄河流域进出口和外商实际投资呈现明显上升的趋势，但与长江经济带相比差距较大。2020 年，长江经济带进出口总额为 144669.35 亿元，占全国的比重为 45.84%，黄河流域为 43703.56 亿元，仅相当于长江经济带的 30.21%，占全国比重仅为 13.85%。黄河流域实际利用外资金额为 594.31 亿美元，相当于长江经济带的 44.78%，占全国的比重为 41.16%。

五　发展策略

（一）总体策略

一要深化黄河流域与共建“一带一路”国家在能源资源、农业、装备制造、旅游、文化等领域的合作。

二要支持流域各省区建立负面清单管理制度，加强生态环境协同保护，管好“空间准入”、限制“环境准入”、优化“产业准入”，更好地推动黄河流域绿色发展。

---

① 杨丹、常歌、赵建吉：《黄河流域经济高质量发展面临难题与推进路径》，《中州学刊》2020 年第 7 期。

三要加快推动黄河流域各省区合作编制产业结构调整指导目录，加强各省区间产业联动与分工协作体系建设，实现区域协同发展。

四要立足优势，加快提升产业层级，建设现代化产业体系，夯实黄河流域高质量发展的产业支撑。

五要积极主动地融入国家创新布局，争取引进建设一批国家级综合性产业创新中心、国家级技术创新中心等平台。

六要积极推进流域碳达峰、碳中和，规划建设黄河流域碳中和示范城市和零碳产业示范园区，以零碳技术与重点项目推进流域绿色循环化发展。

（二）各省策略

要立足国家对黄河流域各省区的战略定位，从实际出发，制定相应的发展策略。

1. 青海

全面落实“青海最大的价值在生态、最大的责任在生态、最大的潜力也在生态”[①] 的战略定位，努力践行“两山理论”，主动融入国家发展战略的生态文明建设中，结合青海实际，落实生态文明建设的长效保障机制；制定以“金山银山”反哺“绿水青山”的“持续发展战略”，打通“绿水青山”与“金山银山”的双向转化通道。

2. 四川

黄河仅流经四川边界，一方面，此段距离四川重点工业基地过远；另一方面，该段既是高海拔生态脆弱区又是黄河的重要“蓄水池”[②]，其生态保护对保障整个黄河流域的生态安全有着重要意义[③]，因此黄河四川段生态治理才是关键。

3. 甘肃

立足国家战略定位，一方面要发挥甘肃承东启西、连南通北区位优势，推动形成中心带动、多点支撑、纵横成线的省域开放局面，在推进西北经济一体化中发

① 刘宁：《牢牢把握“三个最大”省情定位 为中华民族永续发展作出青海贡献》，《学习时报》2020 年 4 月 1 日。

② 齐天乐、曾勇：《推动四川黄河流域高质量发展之路》，《四川省情》2020 年第 4 期。

③ 赵希锦、王庆安、方自力等：《四川黄河流域区生态环境现状、问题及对策》，《四川环境》2003 年第 4 期。

挥中心联通功能，在有效连接西南大市场中发挥枢纽通道作用，在推进沿黄流域省区协同发展中发挥衔接推动功能。发挥甘肃融入国际循环的重要通道作用，加强与国际市场联通，促进内需和外需、进口和出口、利用外资和对外投资协同发展；另一方面要结合生态环境要求，大力发展新能源、推进传统能源高效发展、发展绿色化工，建设绿色综合能源化工产业基地；坚决落实黄河流域生态保护和高质量发展战略，强化能源资源节约，持续加大生态建设和环境保护力度，增强祁连山水源涵养功能、全面改善祁连山生态、建立生态环境治理长效机制、提升黄河上游水源涵养功能、加强陇中陇东黄土高原水土保持、推进流域综合治理。

4. 宁夏

努力建设黄河流域生态保护和高质量发展先行区，是习近平总书记赋予宁夏的时代新使命，要着眼黄河流域生态保护协同性，立足宁夏全域生态系统整体性，正确处理生态环境保护与经济社会发展的关系。建设黄河生态经济带，统筹生态功能、经济功能、文化功能、社会功能，全面实施黄河宁夏段河道治理项目，打造黄河流域生态保护和高质量发展先行区的核心带；加快探索生态保护修复模式，持续落实河湖长制，加快建立山长制、林长制，探索利用市场化方式推进矿山生态修复、河道河段治理、国土综合整治，健全自然保护地管理体制和发展机制；建设经济转型发展创新区，聚焦特色农业、电子信息、新型材料、绿色食品、清洁能源、文化旅游等重点产业，补齐创新链、优化供应链、重构产业链，促进更多技术、资本、劳动力等生产要素融入产业发展，建立现代生产体系。

5. 内蒙古

坚持绿水青山就是金山银山理念，全地域、全过程加强生态环境保护，全领域、全方位推动发展绿色转型。加大生态系统保护力度。统筹山水林田湖草沙系统治理，增强大兴安岭、阴山山脉、贺兰山山脉生态廊道和草原生态系统功能；深化污染防治行动，持续改善环境质量；加大重点行业和重要领域绿色化改造力度，大力发展清洁生产，全面推进绿色产业、绿色企业、绿色园区发展，建设绿色矿山，推广绿色建筑；强化资源高效利用，推进资源总量管理、科学配置、全面节约、循环利用。

6. 陕西

全面深化改革、扩大高水平开放，破除制约高质量发展的体制机制障碍，补齐开放不足突出短板，打造面向中亚南亚西亚国家的通道、商贸物流枢纽。深化金融领域改革。健全银行信贷、风险投资、债券市场、股票市场等全方位、多层次金融支持服务体系，构建金融有效支持实体经济体制机制，增强金融普惠性；积极对接国家开放战略，主动参与新亚欧大陆桥、中国—中亚—西亚经济走廊建设和西部陆海新通道建设，加强与东部沿海地区城市、港口合作，推动形成亚欧陆海贸易大通道；深化与共建“一带一路”国家地区的交流合作，高水平建设自贸试验区，在贸易、投资、监管体制机制和行政管理制度等方面开展首创性、差别化探索，加快自贸区协同创新区建设；实施对外贸易多元化战略，提升一般贸易出口产品附加值，推动加工贸易产业升级和服务贸易创新发展；要保障粮食安全和重要农产品供给、构建特色现代农业产业体系；扎实推进黄河流域生态保护治理，突出水土保持，统筹推进山水林田湖草沙系统治理。

7. 山西

用足用好国家资源型经济转型综合配套改革试验区政策，推动全面彻底系统转型，重塑竞争优势。以补短板、建优势、强能力为方向，加强应用基础研究和自主创新，提升关键核心技术攻关能力。贯彻习近平总书记关于“六新”突破的重要指示，紧跟国际科技发展前沿和产业变革趋势，超前规划布局新基建、瞄准前沿突破新技术、抢占先机发展新材料、聚焦高端打造新装备、发挥优势做强新产品、跨界融通培育新业态。加快优势转换，集中力量发展战略性新兴产业，努力在有创新性、超前性、先导性、引领性和基础性的产业领域打造集群，统筹推进产业基础高级化、产业链现代化，打造战略性新兴产业集群、推动传统产业高端化智能化绿色化；主动融入国家“一带一路”建设，加快建设国家区域中心城市，紧抓全球产业链、供应链调整的战略窗口期，发挥承东启西、连南拓北，处于新亚欧大陆桥经济走廊重要节点的优势，加快建设国家级区域物流中心。主动承接东部产业转移，建设国家级承接产业转移示范区。聚焦重点产业和关键领域，分行业做好战略设计和精准施策，构筑以产业联盟和“链主”企业为主导，全要素集成、上下游融通的产业生态。

8. 河南

推进产业基础高级化、产业链现代化，强化战略性新兴产业引领、先进制造业和现代服务业协同驱动、数字经济和实体经济深度融合；打造新时期国家粮食生产核心区，落实最严格的耕地保护制度，坚决守住耕地红线。持续推进高标准农田建设，加大农业水利设施建设力度，提升粮食生产功能区、重要农产品生产保护区和特色农产品优势区建设水平；推进以人为核心的新型城镇化，加快构建以中原城市群为主体、大中小城市和小城镇协调发展的现代城镇体系，重点突出中心带动整体联动，推进新型城镇化和区域协调发展；深入挖掘精神内核和时代价值，大力保护传承弘扬黄河文化；深入践行习近平生态文明思想，坚持生态优先、绿色发展，打造沿黄生态保护示范区；深度融入共建“一带一路”，以大枢纽带动大物流、发展大产业，建设连通境内外、辐射东中西的物流通道枢纽，打造具有国际影响力的枢纽经济先行区。

9. 山东

进一步凸显山东半岛城市群在黄河流域生态保护和高质量发展中的龙头作用，构建国内大循环的战略节点、国内国际双循环的战略枢纽和国家新的经济增长极。健全区域协调发展体制机制，推进新型城镇化，增强区域创新发展动力，全面提升山东半岛城市群综合竞争力。深入落实黄河流域生态保护和高质量发展战略，发挥山东半岛城市群龙头作用，加强与中原城市群、关中平原城市群协同发展，推进产业协作和基础设施互联互通，推动沿黄地区中心城市及城市群高质量发展；大力发展实体经济，加快发展新动能主导的现代产业体系，推动新旧动能转换取得突破，坚决改造提升传统动能，以高端化、智能化、绿色化为重点，促进全产业链整体提升。推动产业数字化，深化互联网、大数据、人工智能同各产业融合，推动“现代优势产业集群 + 人工智能”；加快海洋产业特色化、高端化、集群化、智慧化发展，建设现代海洋产业体系；加强粮食生产功能区、重要农产品生产保护区和特色农产品优势区建设，推进农业全产业链培育，深入实施农业“走出去”战略，提升农业国际竞争力。积极推进山东海洋经济发展，推动陆海统筹、河海一体化发展。探索构建清洁能源与新能源基地，打造国家级零碳城市、零碳园区和零碳企业，积极构建黄河流域零碳发展先行区。

参考文献

国合华夏城市规划研究院、黄河流域战略研究院：《黄河流域战略编制与生态发展案例》，中国金融出版社，2020。

吴维海：《“十四五”规划模型及编制手册》，中国金融出版社，2020。

B.3

以生态文明新思维推动黄河流域生态保护与发展的突破

张永生*

摘　要：　黄河国家战略对我国经济社会发展及生态安全具有关键作用，但长期以来黄河流域一直面临黄河水患与生态修复难题，其根源在于传统工业化模式下环境与发展之间的内在冲突。要以生态文明新思维建立起生态环境和高质量发展之间相互促进的关系，在生态文明视角下重塑黄河流域的经济体系、重塑黄河流域的区域经济格局，真正助力黄河流域生态保护和高质量发展。

关键词：　黄河流域　生态文明　国家战略

一　黄河国家战略对我国经济社会发展及生态安全的关键作用

在黄河流域座谈会上，习近平总书记指出，保护黄河是事关中华民族伟大复兴的千秋大计。我们可以从两个视角来理解：其一这是黄河流域自身生态环境保护和高质量发展的需要。黄河流域在我国经济社会发展和生态安全方面具有十分重要的地位，不仅是我国重要的生态屏障，也是农产品主产区和"能源流域"，是打赢脱贫攻坚战的重要区域，迫切需要从国家战略高度促进其生

* 张永生，博士，中国社会科学院生态文明研究所所长、研究员，主要研究方向为生态经济学、气候变化和绿色发展、中国经济体制改革等。

态环境保护和经济发展。其二是作为中华民族的母亲河，黄河流域的振兴将成为中华文明复兴的一个重要标志。黄河流域的历史，就是一部中华文明史。孕育了中华文明的黄河流域，在农业时代兴盛，工业时代一度落后；在生态文明时代，又以新的发展范式走向复兴、走向世界。这是一个伟大的历史进程。中国过去70年取得的发展奇迹，不只是简单学习西方工业化经验的结果，背后更是五千年无形的中华文化共同作用的产物。随着传统工业化模式不可持续的弊端日益暴露，在中华文化基础上产生的生态文明新发展范式，已经成为中华文化复兴所必需，亦有助于实现全球可持续发展。特别要强调的是，黄河流域国家重大战略有两个主题，既强调生态保护，又强调高质量发展。这实质上是要让代表中华文化的古老黄河流域，以最先进的发展理念和发展模式实现现代化。我们知道，在传统的工业化模式下，经济发展和环境保护是一对矛盾。如果黄河流域继续走传统工业化道路，则不仅不可能同时实现生态保护和高质量发展两大目标，而且基于传统工业化道路的不可持续性，事实上两大目标中的任何一个目标，也不可能真正实现。要让保护环境成为黄河流域经济增长的动力，实现“越保护、越发展”，就必须将发展模式转型置于首要地位，走生态文明绿色发展之路。因此，生态文明是黄河流域国家战略题中应有之义，也是实现高质量发展的根本之道。

二 黄河流域生态环境保护面临的问题

黄河流域面临的最主要问题，就是环境与发展之间的突出矛盾。黄河流域尤其是中上游地区不仅总体经济水平相对落后、发展质量较低，而且生态环境十分脆弱，其发展和生态环境保护的任务均相当艰巨。如果不转变发展方式，保护和发展的突出矛盾就难以调和。黄河流域发展水平相对滞后。黄河流域面积为79.5万平方公里。按流域省份，2018年底总人口4.2亿，占全国的30.3%；地区生产总值为23.9万亿元，占全国的26.5%。其中，上中游地区和下游滩区，是贫困人口相对集中区域。黄河中上游是我国生态脆弱区的集中分布区，水质总体差于全国，生态退化和环境问题交织。上游水土流失和生态脆弱问题尤为严重。在环境保护方面，以水污染为例，习近平总书记在黄河流域座谈会上指出，“黄河流域的工业、城镇生活和农业面源三方面污染，加之

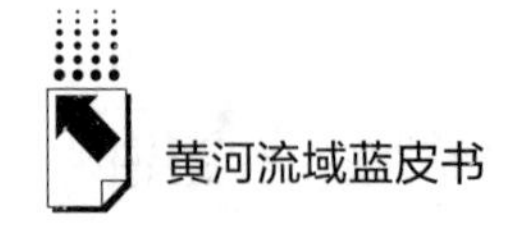

尾矿库污染，使得2018年黄河137个水质断面中，劣Ⅴ类水占比达12.4%，明显高于全国6.7%的平均水平”。在生态保护方面，作为我国重要的生态屏障和生态廊道，黄河中上游生态环境改善明显，但也存在较为严重的问题，包括上游局部地区生态系统退化，水源涵养功能降低；中游水土流失严重，支流污染问题突出；下游生态流量偏低，一些地方河口湿地萎缩。

虽然黄河流域生态环境保护付出了很大努力，也取得了很大成效，但是问题一直得不到根本解决，背后必有其深层原因。由于环境和发展的相互促进关系未能建立，问题始终难以取得根本性突破。黄河流域的问题是中国问题的一个缩影，而中国的发展模式问题，又是传统工业化模式的世界性问题。根本原因在于未能完全跳出传统工业化思维。黄河流域的主要污染问题，包括采掘污染、工业污染、化学农业污染、养殖污染、生活污染，是由传统工业化模式的固有特点决定的。近年来，国家在水污染、土壤污染、大气治理、固体废物、农业面源等方面采取了前所未有的治理措施。但是，在发展方式未能根本转变的情况下，减少污染必然会减少产出或增加成本，政府采取的严厉治污措施也就阻力重重。因此，必须跳出狭隘的传统工业化视野，从“人与自然”更宏大视野重新认识环境与发展之间的关系。如果考虑到传统工业化模式高昂的外部成本、长期成本、隐性成本、机会成本、福祉成本，则保护生态环境实际上意味着更高质量的发展，从而环境保护和高质量发展就可以相互促进。

三 经济视角下的黄河水患与生态修复

经济学研究人的行为，同自然科学家思考问题的视角不太一样。虽然历史上黄河一直水患不断，但不同时代水患的表现、成因，却有着本质区别，由此决定着解决的思路和方法亦不相同。在原始社会和农业时代，人类力量渺小，更多只能是适应自然。历史上，黄河水患主要是泥沙淤积、决堤、改道，即“善淤、善决、善徙”，“三年两决口、百年一改道”。工业时代，人类借助强大的工业技术，从被动适应自然，到成为改变自然的统治力量，地球进入所谓人类世（Anthropocene）。在强大技术力量保障和商业力量驱动下，人类消费欲望、生产能力不断提升，对自然的攫取持续扩张，不仅用水需求大幅增加，

人类活动也通过冲击生态系统对水的供给产生影响，由此带来人与洪水自然系统之间复杂的交互作用和后果（包括水量、泥沙的动态变化）。黄河水患治理，需要自然科学家与社会科学家一起工作。在治理黄河水患方面，自然科学家做了大量卓有成效的工作，他们试图利用工程技术和科学优化方法，去“驾驭”水患（比如水文模型、科学地干预水文、调控水沙比、水利工程、生态工程等）。生态文明的视角，则更多的是从更底层的逻辑出发，思考新发展理念下如何改变人的行为模式，以实现“人与自然”之间的良性互动，解决黄河水患和水资源的利用问题。

生态系统破坏的根源，在于工业化逻辑和生态逻辑是两种不同的逻辑。工业化往往基于单一和规模化生产，生态逻辑则基于生物多样化之间的共生效应。当工业化逻辑依靠强大的工业技术力量侵入生态系统，将生态系统中相互共生的某些“人们认为有价值”的链条大规模地抽取出来时，往往就会带来生态系统的崩溃。生态系统的崩溃，反过来又会引发大自然报复人类，形成恶性循环。人类经济活动对生态系统的冲击，包括工农业污染对生态系统功能的破坏，对自然资源的无限制攫取，毁林、过度放牧及滥捕、用化学农业对生态农业进行“现代化改造”等，都会带来生态系统的失衡。现有的生态保护，更多侧重于自然科学和工程的视角，未能充分重视生态问题产生的经济根源。目前生态保护的做法，主要是将人类活动与保护对象隔离，包括实施自然保护区、国家生态功能区、生态红线和国家公园等计划，并通过重大生态修复和水土流失治理工程修复生态。从生态文明视角看，这些做法的局限是：对通过改变人类行为修复生态重视不够；物理隔离的做法无法从根本上阻隔人类经济活动通过复杂生物圈联系对保护区产生影响；生态功能未能同人类活动充分融合。比如，化学农业使农田不再具有生态农业的生物多样性功能。因此，我们需要揭示不同发展理念和发展模式下，不同的人类行为的不同生态后果及其形成机制，提出如何在新发展理念下促进黄河流域生态保护的政策建议。一方面，关于黄河生态的修复，目前人们可能比较多地关注工程修复，今后可能要更加重视自然生态修复，从依赖工程技术的力量转变到同时也依赖释放自然力；另一方面，从经济发展而言，需要避免走过去的传统工业化道路，而是走生态发展道路，从源头上避免生态危机的出现。

四　生态文明思维下的黄河流域高质量发展

首先要明确，什么是高质量发展。高质量发展必须超越传统工业文明理念。现有对高质量发展的讨论，更多的是强调高技术、高效率、产业升级、高附加值，以及生态环境质量等，或者大体上将发达的工业化国家的经济视为高质量发展。这种意义上的高质量，当然非常重要，却未能超越传统工业文明理念。现有发达国家的发展模式，本质上不可持续，其福祉效果也不尽如人意，更多的只是“传统效率”意义上的高质量，并不能完全成为中国高质量发展的样板。发达国家同包括中国在内的发展中国家，都需要彻底进行发展范式的转型，用生态文明思维对高质量进行重新思考和定义。而在生态文明思维下，首先需要重新定义“效率”的标准。一旦在生态文明“人与自然”更大的框架下思考问题，将传统模式下的外部成本、隐性成本、长期成本、机会成本考虑在内，则成本、收益、福祉和最优化等概念，就会发生改变。原先在传统工业化狭隘视野下被视为高质量的发展，可能就成为低质量发展。高质量发展就是要回归发展的“初心”。根据党的十九大提出的“美好生活”需要，转变发展内容。发展的目的或初心是提高人民福祉。传统工业化模式下，发展的目的和手段一定程度上本末倒置，相当部分的经济活动（比如高污染产品、垃圾食品、上瘾类产品等），虽然提高了 GDP，但更多的只是商业上的成功（资本获利手段），并不一定有益于人类福祉的改进，一些时候可能还会危害人类福祉。违背初心的发展内容，效率再高，也不能称之为高质量。

黄河流域生态环境和发展之间的两难，根源在于传统发展模式的局限。在标准发展经济学中，发展被定义为工业化、城镇化和农业现代化的过程。为更高效地生产工业财富，人口与工业活动需要聚集到城市，农村则被狭隘地定位为剩余劳动力、农产品和原材料的供给基地，形成“城市—工业、农村—农业”的基本城乡分工格局。工业生产活动基于规模经济，农业则为工业化逻辑所改造，转变成所谓工业化农业、单一农业和化学农业。经济发展的过程，成为农业人口大量向城镇转移的过程，而农业和乡村的其他功能则未被充分认识和开发。这种发展模式在带来大量物质财富的同时，也带来了不可持续、整体福祉损失等问题。生态文明新发展范式，意味着我们要对黄河流域的发展进

行重新定义，包括发展理念、资源概念、发展内容、组织模式、商业模式、体制机制等方面的转变，从而使发展具有了不同的生态环境含义、不同的文化和社会含义，以及不同的空间含义。

五　黄河流域生态环境保护的突破与改革

黄河流域生态保护和高质量发展关乎中华民族伟大复兴。黄河流域的问题，根源在于传统工业化模式下环境与发展之间的内在冲突。只有超越传统工业文明思维，以生态文明新思维建立起生态环境和高质量发展之间相互促进的关系，黄河流域生态环境保护才能取得突破。鉴于黄河流域的特点及中华民族母亲河的象征意义，建议从工业文明向生态文明转型的高度，将黄河流域作为一个整体，推动发展范式的全面转型，探索对中国和世界均有普遍意义的新发展范式。作为中华民族母亲河，黄河流域的转型示范，不仅具有实质意义，还具有象征意义。目前，中国社科院生态文明研究所课题组，正在这一思路下进行深入的专题研究，并提出更具体的政策建议。在这一思路下，主要围绕两个大的方面：一是在生态文明视角下重塑黄河流域经济体系；二是重塑黄河流域区域经济格局。

（一）重塑黄河流域经济体系

黄河流域现有的发展内容及其组织方式，很大程度上是在传统工业时代形成的。要让发展回归“美好生活”的初心，尤其是要满足人民对清新空气、清洁水源、舒适环境、宜人气候等非市场化生态产品的需求，让黄河成为“幸福河”。

第一，黄河流域农业转型。从农业生产什么（对应健康饮食或“现代”饮食）和以什么方式生产（生态农业或化学农业）两大方面，重新思考农业现代化战略。黄河流域的粮食和肉类占全国产量的1/3，而农业占用大约80%的黄河水资源。由于饮食结构、健康问题、农业结构、资源环境等问题高度依存，生态农业转型对解决黄河流域生态环境问题意义重大。

第二，黄河流域工业和服务业转型。在内容上，应满足“美好生活”新需求，尤其是提升知识、创意、个性需求和环境等非物质价值的比例；在组织

方式上，应从传统的集中式生产，转向工业互联网时代的“集中+分散”的新组织模式。服务业已从过去主要为工业服务，转向更多地满足新兴消费需求。

（二）重塑黄河流域区域经济格局

黄河流域现有的区域经济格局和城镇化模式，很大程度上是在传统工业时代形成的。在生态文明视角以及移动互联等新技术条件下，流域内的经济关系和经济活动的空间含义亦发生了相应变化。

首先，重塑流域内部区域分工与协作关系。从工业时代以市场贸易单一维度为基础的区域经济关系，扩展到考虑生态环境影响的“双赢”区域经济关系。将上游地区的基本功能定位为生态功能，通过跨区域生态服务补偿，以及基于互联网和生态、文化等新型绿色公共产品催生绿色新经济，将上游的“绿水青山”转化为“金山银山”。如可以参照欧洲地区发展基金，建立黄河流域发展基金。

其次，以绿色城市群和县域城镇化为经济增长点。以关中城市群、呼包鄂榆城市群、兰西城市群、中原城市群、山东半岛城市群、山西城市群、宁夏沿黄城市群等为龙头，通过绿色转型激发城市群范围内城市和乡村新的活力。县域城镇化则以特色小镇和新型村镇为重点，促进形成新型城乡关系。

最后，重新定义乡村。乡村不同于农村概念，它不再只是传统工业化模式下为城市和工业提供劳动力和农产品的场所，而是一个新型地理空间，可以有多重功能，包括生态服务、文化、健康、教育等。这种新的认识，会大幅拓展乡村的发展潜力。

参考文献

金凤君：《黄河流域生态保护与高质量发展的协调推进策略》，《改革》2019 年第 11 期。

任保平：《黄河流域高质量发展的特殊性及其模式选择》，《人文杂志》2020 年第 1 期。

王韧：《绿色金融支持国家重大区域发展战略研究》，中国社会科学出版社，2020。

习近平：《在黄河流域生态保护和高质量发展座谈会上的讲话》，《求是》2019年第20期。

杨丹、常歌、赵建吉：《黄河流域经济高质量发展面临难题与推进路径》，《中州学刊》2020年第7期。

张倪：《以生态文明新思维推动黄河流域生态保护与发展的突破——专访中国社会科学院生态文明研究所所长张永生》，《中国发展观察》2020年第8期。

张永生：《建设人与自然和谐共生的现代化》，《经济研究参考》2020年第24期。

B.4

强化城市群引领，助力山东黄河流域生态保护和高质量发展

郝宪印 *

摘　要： 黄河流域生态保护和高质量发展是国家重大发展战略，习近平总书记要求发挥山东半岛城市群在黄河流域生态保护和高质量发展中的龙头作用。本报告深入分析了黄河国家战略下山东半岛城市群优势与短板，通过借鉴长三角城市群、珠三角城市群先进经验，从“龙头塑造”“龙头引领”两大方面提出了山东半岛城市群发挥“龙头作用”的具体路径。研究认为，发挥山东半岛城市群在黄河流域的龙头作用，关键是要练好内功，要重点在龙头塑造上下功夫，通过提升中心城市发展能级，加快形成“一群两心三圈”的龙头发展格局，并在生态保护、县域经济等方面为全流域提供示范效应。同时，还要发挥龙头引领和辐射带动作用，强化区域协作，促进要素、产业等向周边地区辐射，更好地担当服务国家战略、带动区域发展、参与全球分工的职责使命。

关键词： 黄河国家战略　区域合作　山东半岛城市群

习近平总书记要求发挥山东半岛城市群在黄河流域生态保护和高质量发展中的龙头作用，对于山东而言，责任重大、使命光荣、机遇难得。本报告在充分肯定山东半岛城市群优势的同时，深入分析了面临的问题与挑战，通过借鉴

---

* 郝宪印，山东社会科学院党委书记、研究员，主要研究领域为宏观经济、区域政策。

长三角城市群、珠三角城市群先进经验，从“龙头塑造”“龙头引领”两大方面提出了山东半岛城市群发挥“龙头作用”的具体路径。

一　黄河国家战略下山东半岛城市群的发展现状

作为黄河流域内人口、经济、文化大省和唯一沿海省份，山东在国民生产总值、进出口总额等重要指标上均居沿黄九省区首位，在陆海统筹、实体经济、农业发展、对外开放、科教文化等领域综合实力显著，区位优势突出。

（一）山东半岛城市群在黄河流域乃至全国区域发展中的优势

地处黄河下游的山东半岛是我国最大的半岛，山东半岛城市群也是黄河流域目前唯一发展较为成熟的城市群。随着一系列重要国家级战略政策的落地实施，现阶段山东半岛城市群的空间范围已经涵盖济南、青岛、烟台、威海、东营、淄博、潍坊、日照、菏泽、枣庄、德州、滨州、临沂、济宁、聊城、泰安等16个地级市以及山东周边的河南、河北部分区域，目前山东正努力将山东半岛城市群打造成为未来中国北方最重要的增长极。

1. 战略区位重要

山东地处黄河下游，东临黄渤海，区位优势得天独厚。山东半岛是欧亚大陆板块与太平洋板块的接壤之处，也是华东地区与华北地区之间的衔接部分。山东与日韩一衣带水，北连京津冀都市圈，南接长三角城市群，西邻中原城市群，东临环太平洋经济带，处于新欧亚大陆桥的桥头堡位置，是我国由东向西梯度发展的战略节点，也是由南向北扩大开放的重要战略区域。山东半岛可为我国广大中西部地区乃至中亚地区提供便捷的出海通道和对外交流窗口，同时也可为日韩两国开拓欧亚大陆腹地市场提供便捷的外贸通道。

2. 实体经济厚实

山东是全国产业链最完备的省份之一，实体经济发展成熟，工业体系较为完善。制造业、能源产业、农业和海洋产业是山东的支柱产业，在全国具有重要影响，2020年入围中国企业500强和国家制造业单项冠军示范企业的山东企业数量均居全国前列。新一代信息技术、高端装备、高端化工、新材料、新医药等“十强”重点产业规模迅速提升，发展势头较为强劲。以海尔卡奥斯、浪潮为代表的工业互联网优势正不断赋能实体经济，形成了“现代优势产业集群+人工智能”和“5G+工业互联网”产业发展新模式。2020年全省“四新”经济增加值占地区生产总值比重达到30.2%，高新技术产业产值占规模以上工业总产值的45.1%，高新技术企业超过1.4万家。新一代信息制造业、高端装备产业、新能源新材料产业增加值分别同比增长28.9%、25.7%和34.0%。济南市信息技术服务产业集群、青岛市轨道交通装备产业集群、青岛市节能环保产业集群、淄博市新型功能材料产业集群、烟台市先进结构材料产业集群、烟台市生物医药产业集群、临沂市生物医药产业集群等入选全国首批战略性新兴产业集群，入选数量居全国首位。

3. 农业优势突出

“古来黄河流，而今作耕地。”山东沿黄地区是中国重要的农产区，素有“粮棉油之库、水果水产之乡”之称。作为农业大省，多年来山东农业发展势头一直强劲，逐步实现了由农业大省向农业强省的转变。小麦、棉花、花生等作物在全国占重要地位，是全国13个粮食主产区之一，也是全国蔬菜、海产品、蚕茧和药材等农产品的主要产区，粮食、肉类、水果、蔬菜、水产品、花生产量分别占到全国的8%、9%、10%、11%、13%和16%。依靠仅分别占全国约1%和6%的淡水和耕地资源，农业总产值连续多年名列全国第一，2020年农业总产值更达到10190.6亿元，成为首个农业总产值超过万亿元的省份。农业科技进步贡献率超过65%，农产品出口多年居全国第一位，并成为全国唯一的出口食品农产品质量安全示范省。

4. 开放地位重要

山东牢记习总书记“打造对外开放新高地”嘱托，在国家开放大格局中找准山东定位，全力打造对外开放制度创新、高端产业融合发展、科技创新合作、国际地方经贸合作、人才集聚发展、区域协同开放、世界文明交流互鉴、国际一流营商环境等8个高地，构建起山东高水平扩大开放的“四梁八柱”。截至2020年底，山东已与220多个国家和地区建立经贸关系，与“一带一路”沿线国家的42个城市建立友好关系，国际友好港口达36个。2020年山东外贸外资克服疫情影响逆势上扬，有力地支撑了经济增长，全年进出口总额为2.2万亿元，占黄河九省区进出口总额的50%以上，同比增长7.5%，其中出口为13054.8亿元，同比增长17.3%。作为全国交通强国“智慧港口建设”唯一试

点单位，2020 年山东港口货物吞吐量达到 16.9 亿吨，居全国第二位，同时，青岛港获得了全球最大船公司马士基航运公司颁布的全球挂靠码头综合绩效排名桂冠，东北亚航运枢纽的地位进一步巩固。同时，山东还积极抢抓 RCEP 协议签署的重大机遇，不断加快山东自由贸易试验区建设、加快推进上合示范区建设，持续深化与日韩合作。

5. 创新要素富集

山东省创新要素富集，科技创新平台支撑作用显著。省内现有国家企业技术中心 166 家，企业国家重点实验室 17 个，均居全国第一，拥有青岛海洋科学与技术试点国家实验室、国家深海基地等一批重大科技平台。山东产业技术研究院、高等技术研究院、能源研究院相继成立，省级创新创业共同体达到 30 家。“人才兴鲁 32 条”等人才政策已形成积极效应，省域人才呈现回流态势，住鲁两院院士和海外学术机构院士达到 98 位，国家级和省级领军人才 4145 名，分别比 2015 年增长 113%、215%。山东拥有全国一半以上的海洋科研人员，拥有普通高校 146 所、在校生 230 万，2020 年省内劳动年龄人口达 6700 多万。2020 年省内高新技术企业突破 1.4 万家，高新技术产业产值占比达到 44.5%，区域创新能力保持在全国第 6 位，科技创新正开启山东高质量发展新模式。

6. 市场空间广阔

“十三五”期间山东新型城镇化迈出扎实步伐，积累了丰富经验，省内城市尤其是大城市在吸引人口聚集方面起到了关键作用，城市规模效应凸显，全省常住人口、户籍人口实现“双过亿”，常住人口城镇化率为 61.5%。山东拥有济南、青岛两座常住人口分别突破 1000 万和 900 万、GDP 突破万亿大关的特大型城市，拥有临沂、烟台、淄博、潍坊、济宁、枣庄、泰安和德州 8 座城区人口 100 万以上的大型城市，区域人口不断向城市集聚，为各类企业和实体经济发展提供了更加广阔的市场空间。

7. 文化底蕴深厚

山东是中华文明重要的发祥地之一，也是享誉世界的儒家文化的发源地。滔滔黄河为山东提供了广袤的平原，也孕育了兼容并蓄的齐鲁文化。齐鲁故都、孔孟故里、东岳泰山、天下名泉、大运河、齐长城等文化符号丰富多彩，熠熠生辉。千百年来，儒家文化、泰山文化、运河文化、泉水文化、海洋文化等在齐鲁大地融合发展并在新时代得以发扬光大，大运河、泰山、曲阜三孔以及齐长城被列入世界文化遗产名录；曲阜尼山世界文明论坛的连续成功举办，为中华文明、黄河文明与世界文化交流提供了平台和窗口。

（二）山东在黄河国家战略实施中面临的挑战

山东在推进黄河流域生态保护和高质量发展方面做出了一些积极探索并取得了一定成就，但是沿黄生态环境相对脆弱、产业结构相对单一、相对贫困现象仍然突出、协同合作机制不完善等一系列问题仍然成为制约山东乃至整个黄河流域生态保护和高质量发展的重要因素。

1. 沿黄区域水沙矛盾突出

受黄河下游水沙比例不协调的长期影响，黄河山东段的地上河特征十分明显。黄河对流域周边水生态的影响基本上是单向的，无法形成双向生态互补的水文系统，长此以往，黄河下游山东段的水资源过境水量持续递减，水沙矛盾问题持续突出。生态环境脆弱和资源环境的高负载是黄河流域的基本态势，脆弱的生态环境和高强度的资源环境承载使黄河流域长期处于巨大的压力状态。从地市来看，济南、泰安市的部分山区存在滑坡、坍塌、泥石流等地质灾害；聊城至滨州的黄河冲积平原区，水污染比较严重，且森林覆盖率较低；德州黄河冲积平原区和滨州临海地区，地下水过度开采现象严重，导致地面沉降和海水倒灌。此外，大部分耕地靠黄河水灌溉，携带的泥沙较多，土地沙化和水土流失严重。

2. 沿黄区域产业发展水平不高

改革开放以来，沿黄九市重化工业占比持续偏高，经济发展对资源能源依赖较大，对生态环境保护造成的压力较大。沿黄九市工业化城市占比较高，重工业占总产值比重长期保持在80%以上，经济增长倚重工业、倚重投资的倾向十分明显。另外，沿黄九市经济社会发展中还存在不少矛盾和制约，发展不平衡不充分的问题依然较为突出。除了传统产业、重化产业占比较大的表象问题外，新经济增长动力不足的问题更加突出，主要表现为新兴产业尚未形成主导优势，以科技创新为主要推动力的现代经济增长模式还没有形成，以国有投资为主的投资模式没有实质性改变。民间投资活力不够、效率不高，大项目引领全域经济发展的能力欠缺，总体经济发展的质量和效率有待提升。

3. 黄河文化资源保护与开发力度有待提升

山东在黄河文化资源保护与开发方面，区域文化产业发展不均衡，鲁西、鲁中地区历史文化资源优势未能转化为经济优势，主要存在以下不足：一是未以黄河为轴线，依托沿黄九市，深入挖掘利用黄河考古文化、农耕文化、民俗文化、海岱文化、古齐文化、水浒文化、运河文化、革命文化等资源。二是未能按照“一带多点”的布局，发展文化旅游、文化演艺、广告会展、工艺美术产业，打造一批网络视听、人工智能、创意设计等新兴文化创意产业园区。三是尚未形成以黄河故道为辅线，依托夏津黄河故道森林公园、临清黄河故道地质公园、冠县黄河故道林海、东明黄河森林公园，加强生态保护修复，打造集观光、休闲、娱乐、体验、康养等功能于一体的黄河故道休闲度假旅游带，与主轴线一起共同形成黄河流域高质量发展的文化旅游产业集聚区、示范区。

4. 黄河流域协同合作能力亟须强化

山东各个区域的合作机制不完善，协同合作能力不足。黄河流域区域合作面临着多种有形和无形的交易成本，而构建跨区域合作机制是降低交易成本的关键因素。缺乏全局性的区域协作机构，在国家层面成立黄河流域发展领导小组负责顶层设计。未能在区域层面建立相关协调机构，尚未形成多元合作机制，不能发挥政府、企业、社会组织、公众各主体的积极性。黄河流域上中下游三大区域各省份之间的合作机制尚未形成，这些都是制约黄河流域协同发展的重要因素。

二　国内流域经济中龙头引领的经验

国内长三角城市群、珠三角城市群在各自流域中发挥龙头引领作用，对流域经济示范引领，积累了诸多先行经验，值得借鉴与学习。从长三角城市群、珠三角城市群的发展经验来看，在流域经济中，城市群持续发展壮大、发挥龙头引领作用，必须具备以下条件。

第一，城市群核心发展程度要够高，城市群要有强有力的中心城市，凭借自身优势为区域经济聚合资源。比如长三角城市群呈现出“一超二特三大”的格局，是中国城市层级结构最为合理的城市群，体现了“龙头城市 - 中心城市 - 区域中心城市 - 中小城市”的城市体系，不断提升上海作为核心城市的服务辐射能级，比如珠三角城市群以广州、深圳为核心引领区域一体化发展，为珠三角广大腹地注入强劲的发展动能。

第二，城市群内部发展落差不能过大，要形成核心城市与周边城市的“协同效应”，而非核心城市虹吸周边的“吸附效应”。例如长三角城市群主动发挥苏浙皖优势，推动差异化分工协作、错位发展，推动都市圈协调联动和区域发展联动，比如珠三角城市群中以佛山、东莞为带动促进新型城镇化，辐射带动流域产业链。

第三，城市群内部要在产业结构、公共服务、基础设施上实现互联互通，形成发展要素自由流动的一体化生态。比如，长三角城市群和珠三角城市群都在不断提升基础设施互联互通水平，共建协同创新的产业体系和政策协同体系，努力实现城市群内基本公共服务一体化，建设统一开放的市场体系等。

三　山东半岛城市群“龙头塑造”的具体路径

发挥山东半岛城市群在黄河流域的龙头作用，关键是要练好内功，重点在龙头塑造上下功夫，通过提升中心城市发展能级，加快形成“一群两心三圈”的龙头发展格局，并在生态保护、县域经济等方面为全流域提供示范效应。

第一，做大做强“两心”，增强中心城市辐射带动作用，引领山东半岛城市群协同发展。济南、青岛应在城市能级、综合功能、带动作用等方面加强对周边城市的辐射带动，促进城市功能互补、产业错位布局，引领山东半岛城市群加快发展。一是以都市圈为切入点，推动济南都市圈、青岛都市圈突破发展。围绕济南、青岛中心城区，加快构建都市圈交通一体化网络，增强中心城市对周边城市的带动作用，促进人口空间结构的合理化和统一市场的形成。二是推动济南、青岛优势互补、错位发展。实施“强省会”战略，支持济南打造“大强美富通”现代化国际大都市，加快建设国家中心城市；支持青岛建设全球海洋中心城市。三是推动济南－青岛联动发展，打造济青双城经济圈。牢固树立一盘棋思想和一体化发展理念，健全合作机制，促进济青双城融合互动。

第二，增强联动作用，优化跨区域生态保护协作机制，共同打造沿河生态廊道。一是强化跨区域黄河污染联防联治。统筹农业面源污染治理、城乡生活

污水治理以及工业废水治理，实行联防联治，加强生态环境风险防范，建立有效应对流域重大突发环境事件的区域联动机制。二是强化省内跨区域沿河生态廊道建设合作。共同协作保护修复黄河下游河流自然岸线，进一步加强黄河下游河岸防护林建设，形成人类与河流和谐相处、相得益彰的黄河下游生态廊道。三是建设黄河流域山水林田湖草共同体。促进黄河流域生态良性循环，建设整体、系统、协同的黄河流域山水林田湖草共同体。

第三，强化县域经济，激发经济发展活力，助力实体经济加快发展。县城作为新型城镇化建设的重要载体，应加快县城城镇化补短板强弱项，增强县域经济发展活力，提升山东半岛城市群龙头引领作用。一是提升县城公共设施和服务能力。建设新型基础设施，推动县城智慧化改造，完善5G网络布局，推进交通、电网等市政设施智能化升级。二是加强县城产业平台建设。围绕基础设施完善和服务效能提升，聚焦实体经济发展，持续增强招商吸引力和提升产业集聚度，为县域工业发展壮大提供有效支撑。

四　山东半岛城市群“龙头引领”的实现路径

发挥山东半岛城市群龙头作用，既要做强自身龙头地位，也要发挥龙头引领和辐射带动作用，强化区域协作，促进要素、产业等向周边地区辐射，更好地担当服务国家战略、带动区域发展、参与全球分工的职责使命。

（一）推动东西互济，打开南北开放平衡的突破口，塑造全球对外开放新高地

一是发挥山东半岛城市群开放优势，升级打造高能级开放平台。利用好山东新旧动能转换综合试验区、中国（山东）自由贸易试验区、中国－上海合作组织地方经贸合作示范区、济南新旧动能转换起步区等国家重要战略平台，推动错位提升、优势互补并在流域内推广适用性高的经验。二是提供高水平对外开放合作平台，共享开放红利。推进山东半岛城市群重要开放平台在黄河流域各城市间的共建共享，破解流域内对外开放合作的瓶颈，开创黄河流域开放合作新局面。三是以RCEP为契机抢抓山东与日韩合作新机遇，成为黄河流域向东开放的重要门户。重点是深化自贸区改革，探索山东与日韩合作新模式，

充分发挥山东在中日韩建立制度性合作中的催化剂作用。四是推动东西开放联通，延长“一带一路”向东开放的渠道。发挥山东在西向的“一带一路”和东向的中日韩合作中的枢纽作用，带动“一带一路”的贸易投资与中日韩贸易投资在项目、平台以及合作机制上的衔接与融合，开创黄河流域东西双向互动开放新格局。

（二）推进陆海统筹，激发临海与陆上优势联动潜能，打通流域陆海新通道

一是加强山东半岛城市群与黄河流域其他地区的交通网互联互通。短期尽快实现郑济高铁通车运行，推进济南、青岛与郑州、西安两大中心城市的交通便利化；中期促进黄河流域中原城市群、关中城市群等主要城市群和山东半岛等城市群在铁路、公路、航空上更紧密的联通，显著缩短通达时间；长期推动建立覆盖全流域的海陆空交通区域网，实现交通和物流高速、高效通达。二是引领流域积极发展海陆联运，以交通联通为切入点带动更深层面地海陆联动。利用青岛、烟台、威海等港口优势，与沿黄大中城市广泛签订“内陆港”“无水港”协议，实现陆运与海运的“无缝对接”，为沿黄内陆地区提供便捷的海上经贸通道。三是以融入“双循环”新发展格局为契机开拓海洋城市与内陆城市在海洋经济发展上合作共赢的新路径。应注重双向合作，一方面，资源互补，各取所需，推动海洋城市在海洋产品、海洋文化等消费领域对内陆城市更高质量地输出；另一方面，凝精聚力，联合发展，加强海洋城市与内陆地区在海上风电、海洋科技、海洋保护、港口建设与应用等领域的合作。

（三）加强农业合作，促进流域农业资源优化整合，系统化打造新“黄河粮仓”

一是统筹流域农业资源，构建特色突出、资源互补、区际利益补偿机制健全的流域农业产业体系。协同流域主要城市群，根据城市群地理特征和农业基础制定指导性农业分布图，科学布局农业生产，优化土地资源配置；在流域内探索建立更加完善的粮食主产区利益补偿机制。二是加强全流域农业安全领域合作，保障粮食安全。推动流域构建安全、稳定的粮食产业链、供应链，瞄准粮食产业高质量发展这一主要目标，确保粮食产业链、供应链牢牢把握在自己

手里；持续提高重要农产品有效供给能力，针对粮、油、棉、糖等关系国计民生的重要农产品加大流域协同生产和监管力度，优化流域资源配置，提高流域整体供给能力。三是坚持创新引领，强化黄河流域农业科技合作。促成山东黄河三角洲农业高新技术产业示范区与陕西杨凌农业高新技术产业示范区、山西晋中国家农业高新技术产业示范区等流域内高水平农业创新平台间的创新协作，针对基因编辑、干细胞育种、合成生物学等国内突出技术短板，整合优质资源集中力量打好种业翻身仗。

（四）依托优势产能，推动流域现代产业合作，共建沿黄产业合作示范带

一是发挥工业互联网平台优势，数字赋能传统产业发展。基于山东半岛城市群在工业互联网发展上的先发优势，积极拓展数字赋能新旧动能转换的经济飞地，以共建数字制造产业园、共建先进制造业合作示范带、协作实施数字赋能流域产业链工程等方式，寻求与中原城市群、关中城市群等黄河流域主要城市群和重要制造业基地在产业链数字化转型升级上的合作。二是注重培育绿色发展新动能，放大绿色发展优势。在流域主体功能区明确划分、自然资源确权、水资源产权明晰的基础上，根据不同城市群的特点探索生态产品价值实现路径，或建立纵向与横向相补充的生态补偿机制，或引入市场交易机制，或研究出台跨区域生态产品价值核算办法并开展市场化试点。三是加强流域能源合作，强化能源基地资源统筹开发。一方面，协同开发传统能源，组织编制资源富集区综合能源矿产资源开发规则以指导各类能源有序开发利用，建立健全流域能源特别是传统能源输出地与输入地之间利益补偿机制；另一方面，统筹推进新能源开发，省内以打造“中国氢谷”、建设海上风电等为发展重点，流域内加强与黄河流域中西部地区新能源开发与利用合作，参与新能源技术的研发与关键技术攻关，引领建设黄河流域生态保护和高质量发展的新型能源基地。四是推动全流域生态与文化旅游深度融合，高标准、国际化打造黄河流域生态文旅品牌。利用好丰富的黄河文化资源和生态资源，注重优质资源的“强强联合”，协同发展生态与文化交汇融合的生态文旅产业，推动流域形成以生态风光、历史文化、红色文化为主要线索，串联和糅合上中下游文化及生态资源的黄河生态文旅带。

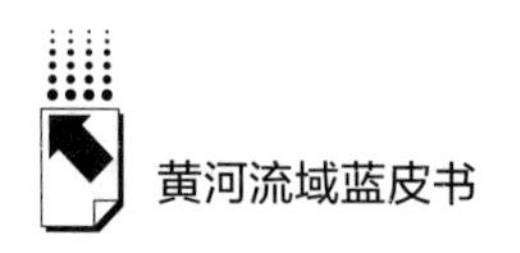

（五）引领城市群协同发展，提升一体化水平，培育流域高质量发展新增长极

一是适当扩大山东半岛城市群的范围，根据地缘优势和经济联系跨省寻求融合发展对象。重点考虑黄河流域的河南濮阳、长江流域的江苏徐州和连云港、京津冀的河北沧州等地，推动黄河流域生态保护和高质量发展同京津冀协同发展、长江经济带发展、长三角一体化发展等重大国家战略的对接和融合。二是重视并深挖菏泽市四省交界（鲁、苏、豫、皖）的区位优势与战略优势，在流域内畅通山东半岛城市群与流域中西部城市的联通，跨流域打造沿黄地区与京津冀、雄安新区、长三角战略协同的重要节点。三是增强济南、郑州、西安等中心城市的区域合作，通过中心城市建立互利联盟的方式组成高质量发展的排头兵进而推动都市圈、城市群协同发展，形成沿黄城市群高质量与一体化发展示范带。

参考文献

陈晓东、金碚：《黄河流域高质量发展的着力点》，《改革》2019 年第 11 期。

方大春、孙明月：《长江经济带核心城市影响力研究》，《经济地理》2015 年第 1 期。

陆大道、孙东琪：《黄河流域的综合治理与可持续发展》，《地理学报》2019 年第 12 期。

李成友、孙涛、王硕：《人口结构红利、财政支出偏向与中国城乡收入差距》，《经济学动态》2021 年第 1 期。

李小建、文玉钊、李元征、杨慧敏：《黄河流域高质量发展：人地协调与空间协调》，《经济地理》2020 年第 4 期。

林永然、张万里：《协同治理：黄河流域生态保护的实践路径》，《区域经济评论》2021 年第 2 期。

任保平：《黄河流域高质量发展的特殊性及其模式选择》，《人文杂志》2020 年第 1 期。

王韧：《绿色金融支持国家重大区域发展战略研究》，中国社会科学出版社，2020。

王文彬、许冉：《城市群视角下黄河流域生态效率时空格局演化及溢出效应研究》，《生态经济》2021 年第 5 期。

王喜成：《要着力弥补黄河流域发展短板》，《区域经济评论》2020 年第 1 期。

习近平：《在黄河流域生态保护和高质量发展座谈会上的讲话》，《求是》2019 年第 20 期。

周伟：《黄河流域生态保护地方政府协同治理的内涵意蕴、应然逻辑及实现机制》，《宁夏社会科学》2021 年第 1 期。

流域形势篇

Situation of the Yellow River Basin

B.5 2020～2021年青海黄河流域生态保护和高质量发展研究报告

代辛　李婧梅*

摘　要： 青海作为黄河流域的源头区和干流区，在黄河流域具有不可代替的战略地位，青海的生态保护和高质量发展在其资源禀赋、生态环境保护和建设、经济发展、人民生活、科技创新等方面有着一定的基础。2020年，青海在"五个示范省"建设、"四种经济形态"的引领下生态保护和高质量发展取得了一定成效，生态红利持续释放，经济社会发展有序，民生福祉持续增强，新能源发展世界瞩目。但在生态文明建设、产业结构持续优化、高质量发展支撑等方面仍面临一些困境，下一步，可通过建立健全主体功能区制度，线上线下、区内区外联合发力带动产业发展，探索多样化生态产品实现价值等方式加快青海生态保护和高质量发展。

* 代辛，博士，青海省社会科学院副院长，主要研究方向为农村经济；李婧梅，青海省社会科学院生态与环境研究所助理研究员，主要研究方向为生态环境保护、生态经济。

关键词： 生态保护和高质量发展 黄河流域 青海省

青海是“三江之源”“中华水塔”，境内黄河干流长度1694公里，占黄河总长的31%，黄河流域面积达15.23万平方公里，多年平均出境水量占黄河总流量的49.4%，2019年青海地表水出境水量855.57亿立方米，其中黄河流域408.33亿立方米①。青海生态地位重要而特殊，是我国重要的生态屏障和经济地带，保护黄河是青海肩负的重要责任。青海既是源头区也是干流区，在黄河流域具有不可代替的战略地位，有力支撑了中下游省区生态保护和经济社会高质量发展。

2020年3月3日，青海省委书记王建军、省长刘宁在全省推动黄河流域生态保护和高质量发展领导小组第一次会议上，明确提出要厘清黄河和青海的关系，站在流域和源头、国家战略和源头责任、保护和发展的高度，找准青海的定位、把脉青海的价值。青海深度融入黄河国家战略，这既是深入贯彻落实习近平总书记重要讲话精神和党中央决策部署，坚决扛起“源头责任”和“干流担当”，又是在落实国家战略中加快青海自身发展的重大战略机遇。

一 生态保护和高质量发展的基础

青海生态环境敏感脆弱，生态地位独特，有着生态环境保护的责任与重担，同时也有其高质量发展的基础与优势。

（一）资源禀赋

1. 自然资源

青海资源优势突出，可燃冰、干热岩、农牧业和生物等资源富集，钾盐、有色金属、石油天然气、煤炭等储量可观，已探明矿产资源134种，潜在经济价值高，综合利用潜力大。水能、太阳能等特色资源丰富，牦牛、藏系羊种群

① 资料来源：《2019年青海水资源公报》。

数量位居全国前列，是国家重要的战略资源接续储备基地、高原生态农畜产品基地，具有大规模开发利用的条件。青海资源储量潜在总价值达到 17.25 万亿元，占全国保有储量潜在价值的 19.2%，在我国资源库中具有举足轻重的位置，尤其在资源日趋减少，土地、淡水、能源、矿产资源和环境状况对经济发展已构成严重制约的今天，显得尤为重要。

2. 文化资源

青海省是我国第二大涉藏省份，也是藏族特色文化生态的富集地，由原文化部批准设立的热贡文化、格萨尔（果洛）文化、藏族文化（玉树）三个国家级文化生态保护实验区均分布在青海。同时，青海地处黄河源头和黄河上游上段地区，河源文化和河湟文化熠熠生辉，独特的人文历史和地理环境赋予青海文化有着游牧与农耕、多元与一体、共生性与区域性、传统与现代等文化形态长期并存的复杂特征。①

3. 旅游资源

青海自然生态系统和民族文化保护较为完整，旅游者既能体验到原始粗犷的草原生活，又能领略到草原、雪山、沙漠、湖泊等多种自然景观，发展生态旅游业潜力巨大。区内旅游和人文自然景观独特，同时，极具地方民族特色的生态体验正在兴起，集环境教育与生态旅游为一体的经营方式能使受众拥有不同的体验。而尚待挖掘的旅游资源更集独特的地貌、景观、文化、民俗等特色为一体，有极高的开发潜力。

4. 清洁能源

青海风能、太阳能、水电可开发潜力大。风能资源总储量超过 4 亿千瓦，风能资源可开发量约 1200 万千瓦。青海大部分区域属风能可利用区，唐古拉山、可可西里、柴达木盆地西北部以及环青海湖地区是青海省风能资源相对丰富的地区。青海太阳能资源丰富，太阳能资源储量全国第二，仅次于西藏，太阳能资源分布均匀，海西州和玉树州西部年辐照总量在 6400MJm^{-2}以上，相当于 2000kwhm^{-2}。光伏发电一年满发小时数可达 1800h（系统效率 0.9 以上），其他地区辐照量略低，但大部分地区在 6000MJm^{-2}以上。同时，青海光伏资源

① 胡芳、张生寅：《青海藏区文化生态保护实验区建设研究》，载陈玮主编《2019 年青海经济社会形势分析与预测》，社会科学文献出版社，2019。

丰富的海西州、海南州沙化土地面积较大，可因地制宜建设光伏发电基地，节省成本，具有良好的经济性。①

（二）生态保护与建设

在国家高度关注和支持下，青海先后完成了三江源一期、二期，祁连山、青海湖、柴达木、河湟地区等重大生态保护工程，重点生态功能区生态恶化现象得到初步遏制，生态系统功能稳步提升，水资源总量、水质稳中向好，生物多样性资源恢复。总体上，各类生态系统生态环境质量状况较前有了较大的改观，生态环境恶化现象得到初步遏制，生态系统结构、功能稳中向好，确保了良好生态产品的持续输出。经过多年的保护与建设，三江源区湿地面积逐年增加，由3.9万km^2增加到近5万km^2，星罗棋布的千湖美景再现。2004～2018年青海湖面积年均增速5%，扩大319.38km^2。濒危物种种群数量逐年增加，野生动物廊道、就地保护等措施促进了生物多样性保护。“十三五”期间全省超额完成治沙任务，沙化土地年均减少1.14万公顷，荒漠化土地年均减少1.02万公顷，重点沙区实现由“沙逼人退”到“绿进沙退”的历史性转变。②

2016～2019年，青海相继成立了三江源国家公园、祁连山国家公园，成为我国首个承担双国家公园体制试点的省份，其示范、影响意义在全国深远重大，开启了我国以国家公园为主体的自然保护地探索和建设。三江源国家公园、祁连山国家公园在体制机制创新、社区共建共享发展、生态保护、特许经营、环境教育等方面做出了较多的创新与改革。2019年，青海省人民政府与国家林草局共办首届国家公园论坛，习近平主席发来贺信。

作为黄河源头，青海在水源涵养、水土保持方面加大投资力度，以水生态文明为指导思想，建立健全体制机制，确保“一江清水向东流”。“十三五”时期，全省累计完成水利投资345.8亿元，水利基础设施网络框架基本形成，五级河长制湖长制体系全面建立，各级河湖长、河湖管护员上岗履职，大力实施生态保护与修复，“中华水塔”水源涵养焕发活力。西宁、海北成为全国水

① 李岩：《青海省太阳能资源现状及发展前景》，《青海科技》2011年第5期。

② 赵俊杰：《我省5年完成防沙治沙57.4万公顷》，《西海都市报》2021年3月22日。

生态文明城市建设试点，为高寒缺水区域水生态文明建设提供了可复制、可推广的示范。青海湖湟鱼洄游通道、西宁市水生态廊道等5个水系连通工程竣工，在优化水资源配置、提高水利保障、促进水生态文明方面效益显现。

河流、湖泊管理工作有效推进，河道采砂、水域岸线管控得以有效提升。全省深入落实国家节水行动，实施水资源消耗总量和强度双控行动，以最严格的水资源管理制度，使用水总量、用水效率得到有效控制和提升。①

（三）经济发展

1. 地区生产总值

青海自然环境敏感脆弱，经济社会发展较全国平均水平低。近十多年来，在生态保护倒逼产业转型、扶贫攻坚、全面实现小康社会的大背景下，青海经济发展水平逐年上升，带动了当地民生、生态保护的改善与进步。2020年，青海省国民生产总值突破3000亿元大关，2015～2020年年均增长8.37%，人均生产总值达49545元（见图1），全年一般公共预算收入462.13亿元，比上年增长1.1%。

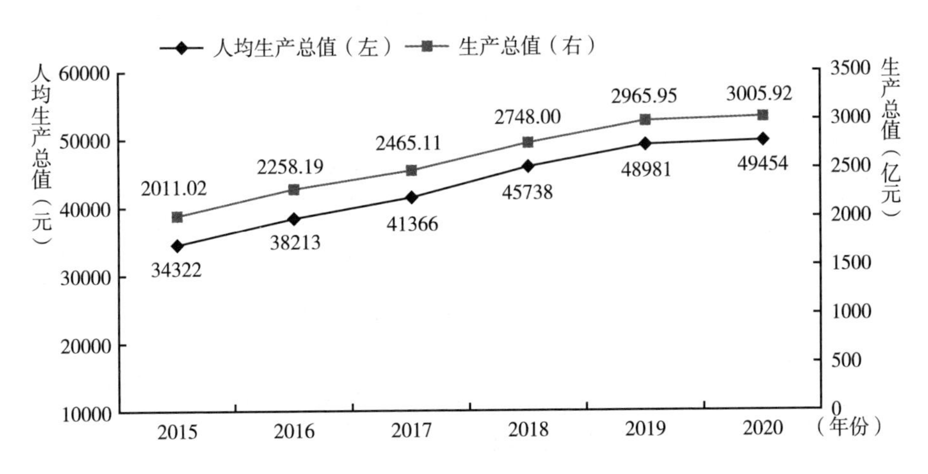

图1　2015～2020年青海生产总值及人均生产总值情况

① 张世丰：《以新发展理念为引领 推进水资源集约安全利用》，《青海日报》2021年3月22日。

2. 发展方式

“以生态保护优先，推动高质量发展，创造高品质生活”成为青海经济社会建设的新统领，经济结构开始了深度调整和转型升级，传统农牧业逐步向高原现代农牧业转变，传统工业逐步向战略性新兴产业转变，服务业的发展层次和水平明显提升。2019 年，全省单位 GDP 能耗下降幅度居全国首位，用水总量26. 18 亿 m^3，万元 GDP 耗水量较2015 年下降了25. 7%，资源利用水平不断提高。

3. 产业发展

2015 ~2020 年，青海省三次产业逐渐优化，第三产业对地区经济发展贡献超过50%，第二产业占比呈逐年下降趋势，第一产业缓慢上升。2020 年三次产业贡献比为11. 1∶38. 1∶50. 86（见图2）。

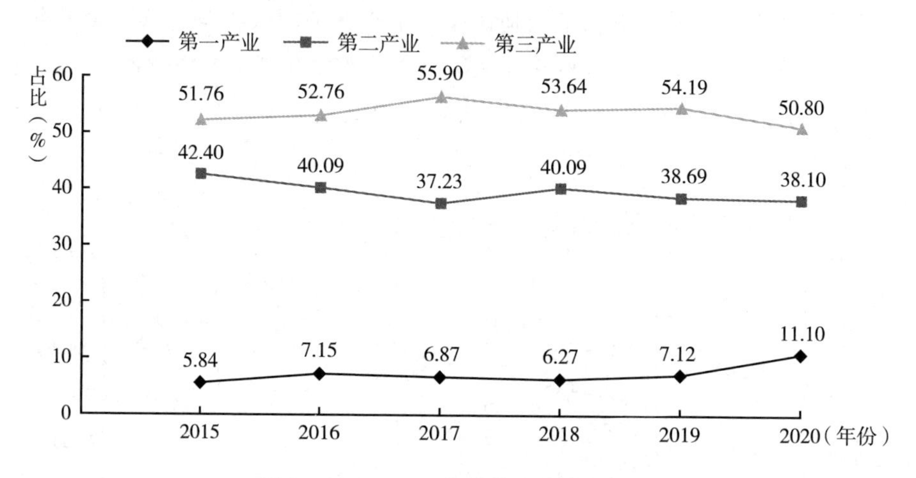

图2　2015 ~2020 年青海三次产业贡献

“十三五”期间，青海省被原农业部授予“全国草地生态畜牧业试验区”，生态畜牧业养殖模式入选“中国三农创新榜”。海南州生态畜牧业可持续发展试验区被列为国家级可持续发展实验区，成为全国知名的高原绿色和有机农畜产品基地，河南、泽库、兴海、甘德、祁连、天峻等县完成了有机认证，取得国家有机认证草场6800 多万亩，建成全国最大的有机畜牧业生产基地。规模养殖场、股份合作社等多种经营主体共同发展，复合型现代农牧业体系初步建成。2019 年，有机农畜产品示范省建设启动，将在未来促进青海农牧业得到

长足的发展。

循环经济产业链不断延伸升级。盐湖化工、锂电、新能源、新材料、有色金属领域，生物医药领域突破关键技术，促进了循环经济领域科技成果的转化和应用，切实提高了产业的核心竞争力。电解铝行业、工业废弃物综合利用领域，攻克节能新技术，促进工业节能减排，实现清洁生产，确保资源利用最大化。盐湖资源综合利用更加精细，打造千亿元级盐湖资源综合利用产业。循环经济产业集群加速形成，2017 年，盐化产品出口欧洲，中国熔盐产品首次进入国际市场，盐化工产业国际影响力明显增强。

2019 年战略性新兴产业发展迅速，新能源、新材料、生物医药、装备制造等产业规模不断壮大，产业集群已具雏形。工业增加值 146.52 亿元，较 2018 年提高 52%，其中，新一代信息技术产业、生物产业、高端装备制造业、新能源产业、新材料产业增加值较上一年平均增加 37%，节能环保产业高速发展，工业增加值较上年增加 60 倍以上，新能源汽车产业增加值较上一年提升 4 倍以上。

沿黄文化旅游产业发展迅速，国家全域旅游示范区建设推进多措并举，生态旅游业逐步形成，规模不断扩大。“十三五”期间，青海游客接待量年均增速 21.73%，旅游总收入年均增长 22.68%。旅游业对青海经济贡献份额明显增长，促进青海生态保护和高质量发展效益显著。

（四）人民生活

居民收入水平持续提高，2015～2020 年，全体居民可支配收入年均增长 8.74%，2018 年，青海人均 GDP 首次突破 7000 美元，按照世界银行的划分标准，青海已进入中上等收入行列（见图 3）。2019 年全体居民可支配收入位于全国中等水平，排名第 14 位，与全国平均水平差距逐渐缩小，2020 年城镇居民人均可支配收入较全国水平差距为 1.23∶1，农村居民人均可支配收入较全国水平差距为 1.38∶1。①

教育改革成果丰硕。义务教育巩固率 96.85%，高于全国平均值；高中阶

① 孙发平、杜青华：《新中国成立以来青海经济发展的成就、经验与启示（上）》，《青海日报》2019 年 10 月 28 日。

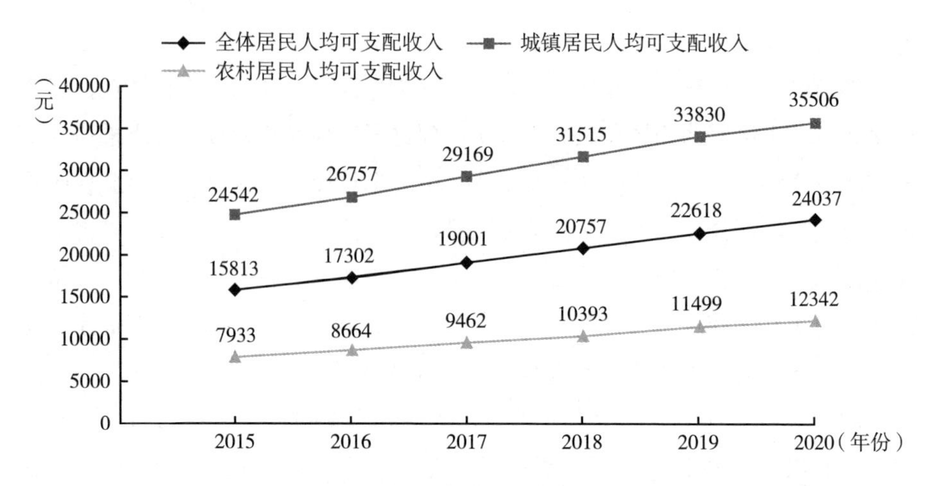

图3　2015～2020年青海人均可支配收入情况

段毛入学率87.99%，接近全国平均水平；建成特殊学校15所，为近千名重度残疾儿童开展送教上门工作。涉藏地区6州所有学生和西宁海东贫困家庭学生普遍享受到15年教育资助政策。学前教育覆盖到乡（镇）一级，实现就近入学。43个县（市、区）通过国家义务教育均衡县验收，走在西部前列。异地建设三江源民族中学、西宁果洛中学、玉树海东中学，创新民族教育发展新模式。三所本科高校博士学位授予单位实现全覆盖，累计输送各类人才7.3万人，有效支撑地方经济社会发展。①

2015～2020年年均转移农牧区劳动力上百万，高校毕业生就业率85%以上。医疗卫生服务水平不断提高，2019年病床数较2015年增加16%，卫生技术人员增加35.8%。广播电视覆盖率达98.4%。青海三江源地区、环湖地区、六盘山地区曾是我国深度贫困区，经过多年扶贫攻坚，2020年，青海民和县等17个县（区）脱贫摘帽退出贫困县序列。至此，青海省（市、区，含大柴旦行委、原茫崖和冷湖行委）全部退出贫困县序列，实现绝对贫困全面“清零”目标。

社会救助水平不断提高。连续5年提升城乡低保标准，农村低保标准从2970元/年提高到4800元/年，增幅为61.6%。截至2020年12月底，全省共

① 赵静：《青海教育改革发展成果丰硕》，《青海日报》2019年1月10日，第2版。

纳入城乡低保对象36.5万人，其中城市低保6.3万人，农村低保30.2万人；被纳入特困供养对象1.7万人，投入运行特困供养服务机构123所，2756名特困人员入住供养服务机构，社会救助的兜底保障和减压阀作用得到了积极的发挥。①

（五）科技创新

“十三五”期间，青海科技事业持续健康发展，科技创新体系不断完善，战略科技力量得到加强，科技创新活力逐步释放，全省取得科技成果2623项，农业科技园产值从150.6亿元增加到248.4亿元，国家级科技创新平台数量从25个增加到59个，科技创新能力实现总体提升。据统计，通过5年的努力，全省科技创新体系不断完善，创新环境不断优化，共有科技型企业457家、高新技术企业218家、“科技小巨人”企业52家。国家重点实验室2家、省级重点实验室72家，工程技术研究中心71家，国家农业科技园区6家、省级农业科技园区38家，各类科技孵化器、众创空间68家，科技进步贡献率达到54%。②

二　2020年黄河流域青海段生态保护和高质量发展成效

2020年，青海奋力打造5个示范省，以国家公园示范省、有机农畜产品示范省、国家清洁能源示范省、高原美丽城镇示范省、民族团结进步示范省建设为抓手，强化生态经济、循环经济、数字经济和飞地经济助推高质量发展，生态系统稳定，经济社会发展有序，人民生活水平持续改善。

（一）生态红利持续释放

1. 以国家公园为主体的自然保护地体系示范省建设

2020年，青海着力探索国家公园示范省建设，在自然保护地优化、国家公园申报、体制改革等方面走在了全国前列。一是全面优化保护地格局，整合

---

① 孙睿：《2020年青海省城乡居民消费增速均高于全国平均水平》，中国新闻网，2021年2月3日，http：//www.chinanews.com/cj/2021/02－03/9403629.shtml，最后检索日期：2021年3月15日。

② 李增平：《我省取得科技成果2623项》，《西海都市报》2021年2月7日，第A02版。

109 处自然保护地至 79 处，保护地总面积增加了 3.41 万平方公里，占全省面积比例提升至 38.42%，其中国家公园占保护地总面积的 52.2%，以国家公园为主体的新型自然保护地体系搭建成型。全省 85% 的野生动物栖息地被纳入自然保护地管理，濒危珍稀动物种群数量明显增加。在自然保护地管理机构职级设置、环境综合执法体系赋权与建设等重点领域取得了实质性进展，在全国发挥了引领和示范作用。

二是启动示范省建设三年行动（2020～2022 年），组织开展 8 个方面 42 项重大行动，发布示范省建设白皮书，编制完成《青海省自然保护地整合优化办法》等 18 项制度办法、4 项技术标准，进一步凝聚了力量共识，完善了目标路线。全面完成三江源国家公园 31 项试点任务，祁连山国家公园体制试点通过国家评估验收，在全国 10 个国家公园体制试点综合评估中名列前茅。有序推进青海湖、昆仑山国家公园申报，编制完成论证报告和总体规划基本稿。新创建 4 处国家草原自然公园，同德石藏丹霞地质公园晋升为国家地质公园，坎布拉国家地质公园入选世界地质公园。①

2. 生态环境质量

2020 年青海省林地面积 1.64 亿亩，森林覆盖率达 7.5%，较“十三五”初期的 6.3% 提高 1.2 个百分点，乔木林每公顷蓄积量 115.43m^3，居全国前列。草原综合植被覆盖率达到 57.4%。大气污染防治有效深入，空气优良天数平均达到 350 天以上，平均比例为 97.2%，PM2.5 浓度为每立方米 21 微克。以两市及六州政府所在地城镇为重点，协同控制颗粒物和氮氧化物，对重污染天气、挥发性有机物开展重点预防与治理。②

3. 生态环境治理能力稳步提升

随着生态文明建设的不断深入，“生态保护优先”理念成为青海各项工作的基本遵循，青海环境治理能力也得以稳步提升。一是生态监测体系构建，除了常规、专项监测外，对重点生态功能区，如三江源区、青海湖流域、祁连山地区实现了远程高清视频监测，对社会环境检测机构进行“双随机、一公开”

① 赵俊杰：《青海省自然保护地建设管理成效显著》，《西海都市报》2021 年 3 月 23 日，第 5 版。

② 洪延钰、宋明慧：《2020 年我省超额完成蓝天保卫战确定目标》，《青海日报》2021 年 2 月 19 日，第 1 版。

检查；二是环境治理全面铺开，精准控制，实现了面源治理、环境各要素治理、全面防治、多污染物协同综合治理、精准治理和总量控制、总量质量双管控宏观治理；三是制定生态损害赔偿办法、青海省生态保护红线划定和管理工作方案等并逐一落地实施，为生态治理树立边界，做到有法可依；四是建立碳汇市场，探索市场化生态补偿，践行“两山”理论；五是加强了对企业、公众的环境教育，在各类公共场所、环保日针对公众开展有特色、易反思的生态文明教育体验。

（二）经济社会发展

1. 绿色有机农畜产品示范省建设

2020年，青海通过农药化肥减量增效、可追溯试点建设、农牧业产品品牌建设有序推行绿色有机农畜产品示范省建设。以草原生态保护、农畜联动、多元化服务和产业化发展，推进了畜牧业转型升级、促进了畜牧业由粗放型向集约型、高效型转变，有利于生态保护和畜牧业生产协调统一，全面建成人与自然和谐相处的生态畜牧业良性发展体系。

2020年，青海8个市州29个县（市、区）及7个国有农牧场，完成化肥农药减量增效试点300万亩，全省化肥、农药用量比行动实施前分别减少40%和30%以上，走在了全国前列。[①] 可追溯试点建设工程主要在青海省牧区6州的兴海、贵南、祁连、刚察、河南、泽库、甘德、称多、乌兰、天峻10个县的200个合作社和规模养殖场的210万头（只）牛羊和10个屠宰加工企业开展整县试点建设。

截至2020年底，青海省已登记保护地理标志农产品78个，地理标志证明商标36个。兴海牦牛肉、贵南黑藏羊、祁连牦牛、祁连藏羊、刚察牦牛、刚察藏羊、河南呼欧拉羊、泽库牦牛、甘德牦牛、玉树牦牛、乌兰茶卡羊和天峻牦牛等12个地理标志农产品已被纳入可追溯体系建设。

2. 循环经济及生态旅游业

2020年，青海循环经济继续发力，培育和引进了一批建链、补链、延链、

① 樊永涛：《青海省绿色有机农畜产品示范省建设取得阶段性成效》，《青海日报》2020年9月24日。

强链项目，培育形成循环经济产业集群，在资源循环利用、生态环境保护、产业链优化方面相互促进，相得益彰，初步形成绿色低碳、创新驱动、特色鲜明的循环经济产业体系。其中，西宁经济技术开发区、柴达木循环经济试验区、海东工业园区循环经济占比60%以上[①]。随着生态、文化、旅游深度融合发展，生态文化旅游成为青海旅游的新亮点。依托“大美青海”旅游品牌建设，青海生态旅游业以及自驾游蓬勃发展，同步推动了文化产业的融合发展，初步形成了以国家公园、自然保护区、风景名胜区等为主要载体的生态旅游目的地体系。

3. 电子商务

电子商务作为新兴产业，极大地带动了青海商贸业发展，各地在“互联网+”的浪潮下，在国家惠民政策的扶持下，借助电商渠道和网络优势，推介当地农牧产品、旅游服务、手工艺品等，促进了青海经济发展。2019年，青海从事电子商务的企业占总企业数的9.3%，电子商务销售额210.8亿元，较2016年提高33.7%，为当地商贸流通业发展起到了巨大的推动作用。从全国角度看，尽管青海电子商务发展迅猛，年均增速达35%，但销售额度较采购额度约低4%，受各种因素的影响，青海本地特产并没有较好地享受到电商的红利。

（三）民生福祉持续改善

2020年，新冠肺炎疫情对青海居民就业、收入及消费的不利影响主要集中在上半年，下半年居民生产生活基本恢复正常，收入及消费增速呈现逐季提高态势。2020年，青海省居民人均可支配收入24037元，青海全省城镇居民人均消费支出24315元，增速高于全国平均水平6.0个百分点；农村居民人均消费支出12134元，增速高于全国平均水平4.1个百分点。

2020年青海农牧区人居环境大为改善，以村庄清洁、“厕所革命”、生活垃圾治理、生活污水治理等4项攻坚行动为重点工作，4015个村庄和游

① 孙睿：《青海：三大工业园区循环经济占比达60%以上》，中国新闻网，https：//baijiahao.baidu.com/s? id=1690394147493761344&wfr=spider&for=pc，2021年1月30日，最后检索时间：2021年4月9日。

牧民定居点从综合整治项目中获益，村庄生活垃圾、生活污水得以治理，农牧区户厕普及率持续提高，湟源、河南两县被中央农办、农业农村部评为全国村庄清洁行动先进县，平安、贵德两县入选激励县。青海省村庄清洁行动实现全覆盖，脏乱差现象明显好转，人民群众获得感、幸福感不断提升。

（四）新能源发展世界瞩目

截至2020年底，青海电网总装机规模达4030万千瓦，新能源装机占全网装机的60.7%，其中太阳能装机达到1601万千瓦，年均增长率达到38%，可再生能源的装机和发电量居全国首位，清洁能源供电创世界纪录。[①] 全面建成海西、海南两个千万千瓦级新能源基地，光伏能源超过水电成为省内第一大电源，与此同时，随着新能源装机规模的扩大，青海电网清洁能源装机规模已达到3638万千瓦，占比超九成。

2019年，青海“绿电十五日”活动，15天360小时全部使用清洁能源供电，所有用电均来自水、太阳能以及风力发电产生的清洁能源，再次刷新世界纪录。2020年，绿电“三江源”百日系列活动连续100天对“三江源”地区16个县和1个镇全部使用清洁能源供电，实现用电“0”排放。首次为北京大兴机场提供全清洁能源供电，清洁能源外送的特高压通道“青豫直流”建成投运，青海成为国家构建“十三五”清洁低碳安全高效能源体系的典型实践，为创建绿色生活提供了良好样板。

三　黄河流域青海段生态保护和高质量发展的困境

青海严酷的自然条件、粗放的发展方式、人与自然之间的矛盾突出、社会公共服务水平低等桎梏使青海在新时代背景下生态保护和高质量发展任务艰巨，尽管2020年青海生态保护和高质量发展取得了一定成效，但仍面临生态文明体制机制亟待完善、产业结构仍需优化、环保基础能力保障仍显不足等困境。

---

① 国务委员兼外长王毅在外交部青海全球推介活动上的致辞，2019年11月27日。

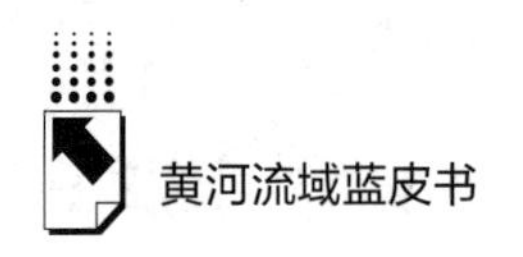

（一）生态文明建设的体制机制亟待完善

生态文明制度创新和长效机制仍不完善。青海生态系统脆弱、多元补偿机制不健全，生态保护责任的支撑能力仍然不足，生态文明贡献与利益补偿不相匹配，“谁受益谁补偿”的公平发展原则没有充分体现，短期内绿水青山发挥金山银山的效应还难以实现。生态补偿主要集中于草地、湿地、森林等生态领域和教育、就业、后续产业发展等民生领域，存在补偿范围偏窄、补偿标准偏低、补偿效益有待提升等问题，完善市场化、多元化生态补偿机制仍需各方继续努力，生态保护与民生改善互促共进的体制机制有待建立健全。同时，市场化制度体系建设缓慢，生态补偿资金主要依靠中央财政转移支付和省级财政投入，缺乏横向生态补偿、企事业单位、优惠贷款、社会捐赠等领域投入；多元化、市场化的动态生态补偿机制远未建立。区内大部分国土面积为禁止开发区域和限制开发区域，与大部分资源地重叠，从“绿水青山中找到金山银山”的渠道需多方挖掘，实现生态产品价值途径有待突破。

（二）产业结构仍需优化

青海第一产业发展水平较低，农业资源优势没有得到充分利用，特色种植业规模小，发展缓慢；畜牧业规模化程度虽有提高，但仍是初级规模，现代化养殖生产经营实体和市场品牌不多，市场份额占比较小。工业化程度仍处于初级阶段，工业经济过度依赖电力和供应业，建筑业发展缺乏多元化。虽然在依托生态资源推进循环工业体系建设方面做出了初步尝试，出现了一批工业园区，形成了循环经济模式，但除海西州外，产业聚集度不高，产业园内各企业抱团发展的效应不显著，特色优势产业在园区集聚发展程度还不够，产业发展存在产品链条短、附加值不高等问题。特色优势产业间出现产品同质化、规模小分散化特点。生态旅游业发展在基础设施、服务以及周边产品研发方面有待加强。青海省战略性新兴产业还处于成长期，不足以形成对传统产业的替代效应。

（三）高质量发展支撑薄弱

青海省为黄河流域经济总量最小的省份，流域内适宜发展的空间有限，西

宁、海东两市以全省2.8%的土地面积，承载着全省68%的人口和61%的经济总量，资源环境瓶颈不断加深。基础设施欠账仍然较多，4州不通铁路、2州不通航、11县不通高速。高质量发展仍需进一步拓宽思路，加强各项事业的支撑。

受科研创新、要素成本、产业发展环境等因素影响，青海科技支撑对生态保护和高质量发展的贡献较小，科技投入长期不足，区域创新能力仍处于全国落后水平，2018年，青海开展研究与试验发展经费（R&D）投入不足1%，与全国2.3%的要求差距不断扩大，在重要指标排名中，基本处于末位，难以满足未来资源利用、环境治理、生态保护、产业转型的需要。

四　对策建议

在新的历史条件下，推动青海黄河流域生态保护和高质量发展既要面对新的局面，也要开拓新的思路，探索新举措。

（一）加强主体功能区建设，筑牢生态安全屏障

生态保护是高质量发展的前提。主体功能区建设与保护是我国国土空间开发的基本制度。青海是我国重点生态功能区之一，生态保护的义务和责任重大。在目前形势下，严守生态保护红线，筑牢生态安全屏障，提升生态系统质量与稳定性，需从以下几个方面开展。

一是打造生态文明高地。以习近平生态文明思想为指导，在生态安全屏障、国家公园示范省、人与自然生命共同体、生态文明制度创新、山水林田湖草沙综合治理、生物多样性保护等方面展示出青海“高地”形象。

二是持续推进三江源、祁连山、柴达木、青海湖、河湟地区等区域的生态保护和建设，统筹山水林田湖草的系统管理和整治，加大环境综合治理力度，创新环境治理理念和方式，实行最严格的环境保护制度，推动青海生态治理现代化，实现人与自然和谐相处的目标。

三是需要相关部门依托“5G+”相关技术的不断深化和普及应用，构建生态环境大数据治理平台。在重点生态功能区生态保护工程持续发力的基础上，结合各类“天—地—空”一体化工程，开展“山水林田湖草”的综合观

测，有效集成和融合各类数据，对流域内生态环境保护状况进行实时监测、采集、筛选、存储、分析，实现“云上管理”，使重点生态功能区自然资源监测和监管进入大数据和人工智能时代，支撑生态保护管理体系和能力现代化。

四是积极推进国家公园示范省建设，在吸取三江源、祁连山国家公园建设的经验教训的基础上，以完整性、原真性保护为原则，推动青海湖、昆仑山国家公园的启动和建设，与周边各省通力合作，建立青藏高原生态保护跨省（流域）合作机制，在青藏高原建立起国家公园集群，使其成为我国最重要的生态安全屏障，合力保护地球“第三极”。

（二）区内区外联合发力，线上线下并蒂开花

一是持续推进农畜产品加工业与生态旅游业发展。加大产品推介力度，走农畜产品加工业的精深加工、集约发展道路，加强农畜产品品牌化管理，维护好“青”字形象；提升生态旅游业服务质量。在资源环境承载力的基础之上，加强旅游基础设施建设，发展生态体验与环境教育相结合的，集观光、探险、科考、登山等于一体的高端生态旅游业。以特色旅游景点为依托，结合当地生态旅游资源特点，打造生态旅游产业链。景区内及旅游沿线在旅游特色产品开发、文创产品推广、文化体育项目融合发展以及吃、住、行、游、购、娱各环节应紧密结合、相互联动，满足游客多样化、多层次的消费需求。构建生态文旅发展新模式，打造具有青海文化特色的艺术创作和旅游品牌，推动精品生态艺术创作，突出“大美青海 生态高地 旅游净地”品牌，以特色、生态、健康、文化四大亮点，发展具有青海特色的文化之旅、生态之旅，引导开启文化旅游产品创作，开发代表青海形象的文创产品，持续推广藏刀、唐卡、堆绣、藏饰等民族手工艺品。

二是发展电子商务。青海交通不便，物流成本极高，将优质的农牧产品销售出去显得至关重要。随着青海融入国内大循环和国内国际双循环，青海的市场化意识明显提高，加之技术成熟和成本降低，将电子商务作为青海发展的重要载体可利用电子商务销售特色农牧产品。结合实体产业，依托互联网平台，借鉴四川理塘做法，培养“网络红人”，通过抖音、快手等平台，吸引流量，对青海涉藏地区的各类产品和服务（如特色农畜产品、旅游产品、民族手工艺品、中藏药、生态体验服务等）进行推广和销售。通过政府和企业的努力，

以技术工具和平台的运用为支撑，遵循市场规律，打通从源头到消费端的供应链，打造“网络第二空间”，实现“授人以渔”。

三是借助对口援青资源，持续引导重点生态功能区内因保护生态、不适宜在当地发展的工业企业、项目“飞出”至省内外工业园区，重点关注绿色有机牛羊肉、中藏医药、皮革制品等产业，探索政策帮扶与经济协作紧密结合的新模式，打造各具优势、关联互动、错位发展的产业格局，培育新的经济增长点。

（三）探索建立生态产品价值实现机制，打通金山银山通道

探索生态产品价值实现机制是践行“两山”理念、有效打通生态价值向经济价值转化的通道。首先，随着生态补偿模式的不断探索和完善，市场的力量逐渐壮大，可在政府主导的生态奖补外，逐渐引导形成以市场为主导的碳汇交易。将植物固碳的碳汇服务转变为可交易产品，将森林、草地、湿地等固定的二氧化碳出售给发达地区的企业，抵消企业碳减排的额度。青海碳汇丰富，对其加以合理有效的利用，不仅可以大大减少碳排放量、改善生态，还能让碳汇经济成为新的增长点。

其次，通过生态保护工程实施和生态环境治理能力的提升，全面加强青海农牧区各类生态系统服务功能，相应增加生态系统支持、文化、调节等方面的服务。另外，充分挖掘生态产品的文化、历史属性，提升生态旅游、生态农业的附加值，依托良好的生态产品实现高质量发展。同时，农牧区还需要发挥生态资源丰富的优势，吸引资本和人才的流动，带动人民增收。

五　展望

当前，以习近平生态文明思想为指导，生态文明建设全面推进，“绿水青山就是金山银山理念”深入人心，青海作为源头区和干流区，必将在黄河流域生态保护和高质量发展新篇章中大放异彩，贡献青海力量。

作为生态文明建设的前沿阵地，青海将守护好“三江源”，保护好“中华水塔”，抓牢生态安全屏障，以国家公园示范省、生态文明制度创新、山水林田湖草沙综合治理、生物多样性保护、率先实现碳达峰等为抓手，建设我国生

态文明高地，实现人与自然和谐共生。届时，三江源国家公园、祁连山国家公园正式建园，昆仑山国家公园、青海湖国家公园起步，特色鲜明的国家公园集群雏形显现。职责明晰、功能明确的各类自然保护地空间布局和功能定位进一步优化，生态系统稳定性进一步增强，以国家公园为主的自然保护地建设成效显著，“三线一单”管控有力，成为支撑青海绿色发展的重要保障。

绿色高质量发展体系进一步优化，“四种经济形态”引领发展，兰西城市群辐射带动能力明显提升；清洁能源带动高质量发展作用突出，在节能减排、产业转型、环境治理能力提升等方面走在全国前列。

有机农畜示范省建成，“生态青海、绿色农牧”成为青海的区域品牌，率先在全国实现持续开展化肥农药减量增效，牦牛藏羊原产地全面实现可追溯，农畜产品实现优质优价，人民群众收入持续提升。

以青藏高原生态旅游大环线为“一环”，青海湖、三江源、祁连风光、昆仑溯源、河湟文化、青甘川黄河风情六大生态旅游协作区为“六区”，青藏世界屋脊和唐蕃古道生态旅游廊道为“两廊”的“一环六区两廊多点”生态旅游发展布局显现，共融共建共享的生态、文化、旅游发展模式搭建完成，青海成为令人向往的生态文化旅游目的地，是游客心目中“诗和远方”的首选，“云上逛”、智慧旅游、预约出游等旅游模式催生新业态。

生态产品持续优质输出，经济社会发展健康有序，教育、医疗、卫生、就业、社会保障领域短板补齐，人民生活幸福安康，各民族广泛交往、全面交流、深入交融，像石榴籽一样紧紧抱在一起，携手共建美好家园、共创美好未来。

参考文献

孙发平、杜青华、鲁顺元、张生寅：《青海“十二五”发展成就及其经验启示》，《青海社会科学》2015 年第 6 期。

冯莉、曹霞：《破题生态文明建设，促进经济高质量发展》，《江西师范大学学报》（哲学社会科学版）2018 年第 4 期。

陈莉、马桂芳：《推动青海旅游产业高质量发展的几个着力点探析》，《当代旅游》2020 年第 31 期。

胡宏昆：《改革开放以来省党代会主题对推动青海高质量发展的启示》，《时代人物》2019年第8期。

于生妍：《高质量发展的青海方案》，《青海党的生活》2018年第2期。

马越：《青海省经济高质量发展新旧动能转换路径研究》，《海峡科技与产业》2019年第6期。

B.6
2020～2021年四川黄河流域生态保护和高质量发展研究报告*

金小琴　廖冲绪　黄　进**

摘　要：　作为黄河流域重要生态屏障和“中华水塔”重要组成部分，四川黄河流域生态保护和高质量发展具有举足轻重的作用。通过总结2020年四川黄河流域生态保护和高质量发展的主要举措，在系统分析四川黄河流域生态保护和高质量发展面临经济发展内生动力不足、特色优势产业发展缓慢、创新能力不足等问题基础上，提出下一步要抢抓政策机遇、加大投入力度、培育生态产业、创新体制机制等对策建议，以推动四川省黄河流域生态保护和高质量发展。

关键词：　四川黄河流域　生态保护　高质量发展

四川黄河流域范围主要涉及2州5县，包括甘孜藏族自治州石渠县和阿坝藏族羌族自治州阿坝县、若尔盖县、红原县、松潘县，面积有6.3万平方公里，流域面积1.87万平方公里，占黄河流域面积的2.4%。黄河流域四川段是黄河重要的水源供给区和水源涵养地，黄河干流在四川境内长174.1公里，占黄河的3.1%；其中较大的支流有黑河、白河、贾曲、查曲。据统计，黄河干流枯水期水量的40%、丰水期水量的26%都来自四川。

---

* 本报告写作得到阿坝州、甘孜州大力支持，特此致谢。

** 金小琴，四川省社会科学院副研究员，主要研究方向为资源与环境经济；廖冲绪，四川省社会科学院研究员，主要研究方向为政治社会学；黄进，四川省社会科学院研究员，主要研究方向为社会政策。

作为黄河流域重要生态屏障和“中华水塔”重要组成部分，把四川黄河流域建设成为“绿水青山就是金山银山”生态文明思想的实践地，成为造福人民的“幸福河”，既是贯彻落实习近平总书记重要指示精神、服务全省乃至全国发展大局确保国家生态安全的使命所在，也是加快推进四川黄河流域生态保护和高质量发展，促进上游地区生态持续改善、经济高质量发展、社会和谐稳定的现实选择。

一 四川黄河流域生态保护和高质量发展的主要举措

推动黄河流域生态保护和高质量发展是习近平总书记亲自谋划、亲自推动的国家重大战略。为了做好这项工作，四川黄河流域立足国家生态安全大局，牢固树立“上游意识”，主动落实“上游责任”，勇于强化“上游担当”，在推进黄河流域生态保护和高质量发展方面积极做出了“上游贡献”。

（一）完善制度设计，注重统筹推进

四川黄河流域严格落实《黄河流域生态保护和高质量发展规划纲要》有关要求，按照省委“建设川西北生态示范区”战略定位进行统筹推进。编制出台《川西北阿坝生态示范区规划》《甘孜州石渠县黄河流域湿地保护修复制度实施方案》，配套制定《阿坝州土壤污染治理与修复规划》《阿坝州重金属污染防治综合防治》等专项规划。同时，还出台《阿坝藏族羌族自治州实施〈四川省《中华人民共和国草原法》实施办法〉的变通规定》《阿坝藏族羌族自治州湿地保护条例》《阿坝藏族羌族自治州生态环境保护条例》《阿坝藏族羌族自治州资源管理办法》等法律法规，在生态保护与利用管理等方面做出明确规定，并纳入法制化轨道，这为加快推进四川黄河流域生态保护和高质量发展提供了制度保障。

（二）突出产业转型，优化产业布局

坚持绿色发展路径，走具有四川特色的绿色高质量发展之路。在产业定位方面，四川黄河流域把主要流域县发展定位为川西北草原特色产业示范带，进行优先谋划、统筹推进，重点支持阿坝县建设川甘青接合部商贸中心、若尔盖

县建设最美高原湿地生态旅游目的地、红原县建设现代草原畜牧业强县、松潘县建设川甘青物流和旅游集散中心、石渠县打造“中国最美高原湿地”。在产业发展布局上，立足西北片区河源保护、北向开放功能，大力发展现代高原畜牧业、红色旅游、草原观光和安多游牧文化旅游、藏医藏药、光伏风能等产业，加快培育川藏牦牛、特色水果、中藏羌药等生态产品加工企业。通过大力发展全域旅游、特色农牧、清洁能源、民族文化、“飞地”经济，加快产业转型升级，推进高质量发展，从而提升四川黄河流域在川甘青藏交界地区的产业集聚辐射能力。

（三）挖掘文化资源，注重特色支撑

为贯彻落实习近平总书记关于保护传承弘扬黄河文化重要论述精神，四川省文化和旅游厅会同阿坝州、甘孜州文旅部门编制了《四川省黄河文化保护传承弘扬规划》，目前正处于征求意见阶段。该规划指出，四川黄河流域作为绿色生态源头、多彩民族文化源流和红色长征精神源泉，文化遗产资源丰富，内容特色鲜明，已形成了以莲宝叶则为代表的雪山冰川和以若尔盖为代表的草原湿地河源文化，以安多藏族文化、格萨尔文化、古羌文化为代表的民族文化，以松潘红军长征纪念总碑园、雪山草地、牦牛革命为代表的红色文化。通过挖掘河源文化与丝绸之路、茶马古道、藏羌彝走廊、唐蕃古道等黄河上游独特的文化潜力，形成大九寨、大香格里拉、大熊猫、大东女、藏羌彝走廊等旅游体系，从而实现对四川黄河流域高质量发展的特色支撑。

（四）注重重点突破，着力推进生态保护治理

四川黄河流域始终坚守主体功能定位和生态功能区划，以森林植被、草原湿地、河流湖泊等为重点，坚持“保护优先、生态优先”原则，推进生态保护与治理。一方面，严格落实河（湖）长制和“一河（湖）一策”方案，实行最严格水资源管理制度，设立水务警务室、河湖管理协会，组建志愿服务队清理黄河流域岸线垃圾、沿江漂浮物等。坚持“一增一减”原则，聚焦“增加林草覆盖率、森林蓄积量、水源涵养量，减少水土流失面积、草场超载率、水体泥沙含量”，全力抓好生态建设与保护。黄河流域累计减少泥沙输出量1.2万吨，预计到2025年减少输送量7.2万吨。另一方面，严格落实“一把

手”责任制，全面整改中央环保督查反馈问题，生态环境突出问题得到有效遏制。通过扎实推进全域环境综合整治，实施“干旱河谷治理、‘两化三害’治理、地灾治理、水生态治理、土壤修复、农业农村污染治理、‘散乱污’企业整治”七大工程，水土流失面积和土壤侵蚀强度均呈下降趋势。

二　四川黄河流域生态保护和高质量发展面临的主要问题与挑战

由于受自然环境、区位条件、历史欠账过多等因素影响，四川黄河流域经济发展滞后、产业基础薄弱、创新能力不足等问题突出，疫情输入反弹和灾害多发频发等风险挑战仍然存在。

（一）经济发展内生动力不足

坚实的经济基础和雄厚的财政实力是推进生态保护和高质量发展的重要支撑。四川黄河流域作为革命老区、民族地区、欠发达地区多重叠加的区域，经济总量偏小、经济实力较弱。在发展水平上，经济总量甚至不及内地部分扩权县，经济同期增幅、增长率不及全省平均值；在发展速度上，与全国全省差距呈现拉大趋势。2020 年受新冠肺炎疫情影响，所采取的疫情防控措施在一定程度上阻碍了人员流动、要素汇聚和经济循环，旅游行业运行出现短期“真空”，部分工业企业出现“隐形”停摆，服务业、零售业等遭受“面对面”冲击，主要经济指标一度触底。例如，2020 年石渠县 GDP 总量为 12.16 亿元，仅占甘孜州的 2.9%，财政一般预算收入 0.60 亿元，仅为甘孜州全州的 1.43%，而财政支出是 23.86 亿元，财政收支缺口大，实现高质量发展的内生动力严重不足。

（二）生态环境形势依然严峻

四川黄河流域县是若尔盖国际湿地重要组成部分，当前主要面临“两化三害”等问题。根据监测，阿坝州草原沙化 154.8 万亩（含荒漠化），鼠虫害 1680 亩，毒草害 108 万亩，湿地面积从解放初期约 2205 万亩萎缩至 1245 万亩，若尔盖湿地萎缩面积达 43%。甘孜州石渠县沙化面积已达 60%（其中沙化面积占 25%、潜沙化面积占 35%），且每年以 6% 的速度递增，草地超载

33.06%，平均亩产鲜草从1983年的325公斤下降到目前的112公斤，下降了65.5%，部分地区已出现了沙进人退的现象。若不加紧治理，中国第二大湿地生态功能将逐步退化，势必导致黄河上游水源涵养功能退化，从而影响黄河下游地区生态安全。

（三）生态资金投入严重不足

“十三五”时期，国家和四川省虽然适当加大了生态保护资金的投入力度，但由于生态环保投资大、回报低，社会资本参与意愿不强，财政政策支持力度有限，生态补偿标准与邻近地区标准不一致的问题突出。比如在草原鼠害治理方面，青海相关地区的鼠害治理投入标准为每亩5元，而鼠害问题严重得多的石渠却仅为1元。阿坝州草地禁牧补助为每年每亩7.5元，而相邻的甘肃省玛曲县禁牧补助是每年每亩21.67元，比阿坝州高出约2倍。青海三江源地区已构建起了完备的生态综合立体监测与评估系统，而石渠县甚至连最基本的生态环境普调都尚未完成。黑河、白河、贾曲等一级支流均未建立水文监测点，相关资料存在空白现象。各流域县污水处理、垃圾处理、医疗与建筑废弃物等设施尚未实现全覆盖。流域尚未建立适应生态保护新形势的多元化环境监测和系统治理体系，相关部门基本依靠测量仪、土壤水分测定仪等基础设施开展监测工作，缺乏地理信息监测系统（GIS）、遥感监测技术、无线监测传感器等先进设备，无法支持生态监测和修复保护需要。

（四）特色优势产业发展缓慢

四川黄河流域新兴产业培育仍处于起步阶段，传统产业对经济增长的拉动作用趋于减弱，创新驱动能力亟待提升。受宗教影响，高原地区一定程度上存在戒杀惜售的思想，大部分牧民群众普遍将牦牛等视为身家财富，扩大种群的发展意愿代际传递，对畜品种改良的热情不高。基层干部普遍反映，许多群众认为发展特色种养殖业，投入大、耗时长、见效慢，不如挖虫草等副业挣钱快，发展生态产业的积极性不高。由于无序化、粗放化的生产方式，加之农畜土特产品加工企业少，加工转化率低、资源利用率低，产品附加值、生态优势无法发挥。此外，由于地方财力十分薄弱，非物质文化遗产基础设施保护、文创产品开发等投入严重不足，独具优势的红色文化、草原文化和民族文化等文

化旅游资源挖掘不够，缺乏具有代表性的特色旅游产品，文旅产业融合发展格局尚未形成。特色优势产业发展缓慢，导致一、二、三产业融合和区域发展合力没有完全发挥。

（五）社会公众参与积极性有待提高

受民俗习惯、经济基础和国民教育程度影响，社会公众主动参与生态建设与保护意识不强。大多数群众包括少数基层干部生态观念停留在敬畏、依靠、顺从自然，简单地将开发、发展、治理与保护对立起来，没有正确认识到生态与发展、生态与民生、生态与稳定的相互关系。调研发现，80%以上的受访群众认为生态建设就是种树种草，30%的企业认为生态保护是政府的事，20%的基层干部认识到绿色生态是资源，没有认识到绿色发展是机遇和财富。部分农牧民群众法治意识不强，乱采滥挖、乱捕滥猎、乱砍滥伐、违禁放牧等破坏生态环境的违法犯罪行为仍未杜绝。

三　推进四川黄河流域生态保护与高质量发展的对策建议

四川黄河流域应紧紧抓住生态保护和高质量发展重大战略契机，切实把保护黄河、治理黄河、推动黄河流域高质量发展作为当前和今后一个时期重大政治任务。

（一）抢抓政策机遇，主动融入国家战略

按照《黄河流域生态保护和高质量发展规划纲要》，对标中央和省战略部署，主动融入黄河流域生态保护和高质量发展战略思考长远发展。在充分认识四川黄河流域在地理区位、功能定位、发展阶段、资源禀赋、人文历史等方面的特殊性基础上，以“十四五”规划编制为引领，从体系建设、政策保障等方面入手，加快推进黄河流域生态保护和高质量发展行动方案项目规划编制进程，做好政策梳理，组织专业力量深入研究生态、环境、民族、社会、经济等领域的结构性问题和政策需求，为规划纲要落实提供有力支撑。

（二）加大投入力度，注重生态保护与治理

根据各地发展实际和生态保护要求，积极争取各级各类资金支持。一是提高现行国有林管护补助、公益林补偿、禁牧补助、草畜平衡补贴等标准，特别是在草原禁牧、轮牧补助标准上给予政策性倾斜，将补助标准与单位面积草场产值、当地人均收入水平挂钩。二是加大对小流域治理、地质灾害防治、生态堤防等生态治理工程，草原沙化退化治理、鼠虫害治理、湿地保护与修复等生态工程，水源、河道综合提升等治理工程的资金投入，提升生态综合治理水平。三是加大黄河河源区污水、垃圾等环保设施建设与管护投入力度，增加以电代柴（代煤）、集中供暖和环保设施运行补贴等费用的财政转移支付力度。四是在国家生态综合补偿试点工作中给予倾斜，支持在生态补偿资金使用、产业培育等方面进行创新，实行流域横向生态保护补偿试点。

（三）培育生态产业，增强绿色发展内生动力

按照“三产融合、五园支撑”生态产业布局和“四项培育、六大提升”现代生态治理体系要求，重点培育壮大全域旅游、特色农牧、清洁能源、民族文化、“飞地”经济等生态产业，着力构建绿色产业体系，通过挖掘生态产业发展的潜力，推动生态资源优势转化为经济发展优势。一是将文化旅游业作为先导性产业，积极推进国家全域旅游区创建，加快建设草原文化、安多文化、长征文化等紧密结合的西北文旅经济带。创新推进文旅、农旅、牧旅、休旅等融合发展模式，发展山地骑行、户外拓展、康养休闲、红色教育等新兴旅游产业。二是出台特色农牧业发展奖补政策，加快新型牲畜暖棚、人工种草、抗灾保畜打储草基地、饲料青储等基础设施建设，全力推进特色农牧产业发展。三是狠抓清洁能源业，依托水、光、风资源优势，合理开发水电资源，有序开发光伏资源，谋划开发风电资源，全力争取清洁能源输变电通道建设，积极构建绿色、高效、安全的清洁能源发展体系。四是继续推进“成阿”工业园区扩区强园、“德阿”锂产业、“绵阿”生态经济园区建设，支持若尔盖－南湖、红原－温州－三台、松潘－黄岩区阿坝－瑞安等“飞地”园区，推动“飞地”经济成为工业经济发展的突破口，实现经济效益和生态效益双赢。

（四）创新体制机制，激发高质量发展活力

一是成立四川黄河流域生态保护和高质量发展领导小组，严格实行“省负总责、州为主体、县抓落实”的工作机制。二是由省级层面搭建黄河上游区域合作交流平台，建立全流域联防联治共管机制，强化区域发展战略联动、规划衔接、政策协同，将区域经济社会发展、生态环境保护从局部问题提升为流域共同体的全局问题。三是开展流域水权交易、碳汇交易、排污权交易等试点和重要生态功能区生态补偿标准核算研究，探索受益地区与生态保护地区、流域下游与上游通过资金补偿、产业转移、对口协作、园区建设、技术指导、人才培育等综合性补偿办法。四是加强与中国科学院成都生物所、省农科院、省草科院、省社会科学院、西南民族大学、四川农业大学等科研院所合作，积极引进生态保护与治理等方面的专业人才，积极组织专家队伍开展生态环境保护与治理有关调研和合作指导，以实现对四川黄河流域生态保护和高质量发展的科技与智力支撑。五是健全生态保护责任机制，因地制宜建立体现生态文明要求的目标体系、考核办法、奖惩制度，层层压实生态保护责任，形成生态保护“人人有责、人人参与”的新格局。

参考文献

耿迪、王思悦、李尧等：《川西北民族地区体育旅游发展模式与优化路径》，《四川旅游学院学报》2021 年第 1 期。

苟景铭：《大力推动川西北阿坝生态“重在保护 要在治理 高质量发展”的探析》，《国家林业和草原局管理干部学院学报》2020 年第 4 期。

廖海亚：《川西北生态经济区发展思路论》，《四川党的建设》（城市版）2016 年第 11 期。

齐天乐、曾勇：《推动四川黄河流域高质量发展之路》，《四川省情》2020 年第 4 期。

沈茂英、杨程：《川西北藏区生态扶贫特征与持续运行探究——以国家扶贫工作重点县壤塘县为例》，《西藏研究》2018 年第 6 期

谭小平：《推进黄河流域水土流失治理 打造生态维护水源涵养区——四川黄河流域水土保持工作概述》，《中国水土保持》2020 年第 9 期。

B.7
2020～2021年甘肃黄河流域生态保护和高质量发展研究报告

马继民*

摘　要： 黄河流域生态保护和高质量发展上升为重大国家战略以来，甘肃紧抓这一重大战略机遇，加快实施绿色低碳发展，推动生态保护和高质量发展向纵深推进，取得显著成效。面对新形势和新问题，甘肃要把转型升级作为流域内高质量发展的重要推手，强化各类要素支撑，挖掘黄河流域甘肃段的保护和发展潜力，推动区域经济实现高质量发展。

关键词： 生态保护和高质量发展　黄河流域　甘肃

甘肃处于黄河流域上游，承担着生态环境保护对流域整体经济发展的优化调整作用。同时，黄河流域甘肃段既是甘肃政治、经济、历史、文化发展的核心区，也是重要的生态涵养区，更是引领高质量发展的主力军。

一　推进生态保护和高质量发展的重大举措和成效

2020年以来，甘肃加快推动经济社会全面绿色转型发展，以生态环境高水平保护促进高质量发展，生态保护和高质量发展向纵深推进，实现了生态效益、经济效益和社会效益良性循环。

---

* 马继民，甘肃省社会科学院资源环境与城乡规划研究所副研究员，主要研究方向为区域经济、工业经济、城乡规划研究。

（一）坚持规划引领，政策体系不断完善

甘肃着力构建黄河上游生态保护空间布局和黄河流域甘肃段发展动力新格局。2020 年 12 月出台了《甘肃省黄河流域生态保护和高质量发展规划》，提出今后一个时期甘肃生态保护和高质量发展的总体目标和要求、重点任务、重大工程和政策措施。编制完成了生态保护和修复、环境保护与污染治理、文化保护传承弘扬、产业高质量发展等相关专项规划及实施方案。出台了生态补偿机制、发展绿色金融、开展排污权交易试点等关键环节专项政策。形成了以《甘肃省黄河流域生态保护和高质量发展规划》为“塔尖”、重点领域专项规划为“塔腰”、关键环节专项政策为“塔基”的黄河流域生态保护和高质量发展政策体系。

（二）黄河流域生态治理和保护全面加强

一是黄河流域生态治理和修复实现重大突破。目前黄河流域甘肃段湿地面积稳定在 169.39 万公顷，草原植被盖度超过 52%，草原治理率达到 51%，甘肃黄河干流治理率达到 74% 以上，基于重点河流、重点河段的区域性防洪体系初步建立。祁连山生态治理大见成效，保护区内 144 宗矿业权全部分类退出，核心区农牧民全部搬迁①。

二是黄河流域污染防治取得新成效。2020 年甘肃被列为黄河流域入河排污口排查整治三个试点省份之一，建成了黄河流域生态环境基础数据库，为黄河流域精准治污、科学治污、依法治污奠定了基础。目前甘肃段黄河干流全年水质基本稳定在Ⅱ类以上，国家监测的黄河流域四大水系、14 条河流、34 个断面的水质优良率达到 97.1%，高于全国平均水平 23 个百分点②。

三是黄河流域生态文明取得积极进展。甘肃积极探索黄河流域横向生态保护补偿机制，与四川省共同推进若尔盖国家公园建设项目；与陕宁青蒙四省区分别签订了《跨省界河流联防联控联治合作协议》，展开跨省界河流联防联控联治合作。平凉、张掖被命名为国家生态文明建设示范市。

① 任振鹤：《2021 年甘肃省政府工作报告》，《甘肃日报》2021 年 2 月 1 日。

② 任振鹤：《2021 年甘肃省政府工作报告》，《甘肃日报》2021 年 2 月 1 日。

（三）高质量发展迈出重大步伐

一是全省经济基本盘稳定坚实。2020 年，在国内外发展环境发生重大变化、新冠肺炎疫情严重冲击等影响下，甘肃实现了经济正增长，主要经济指标增速居全国前列。2020 年，全省粮食总产量首次突破了 1200 万吨，连续 8 年保持在 1100 万吨以上；地区生产总值增速高出全国 1.6 个百分点，其中规模以上工业增速高出全国 3.5 个百分点；固定资产投资增速高出全国 5.1 个百分点，重大项目建设成为甘肃高质量发展的强力引擎，拉动全省投资增长 10.2 个百分点①。

二是产业转型升级深入推进，经济结构持续优化。2020 年，甘肃产业结构调整为 13.3∶31.6∶55.1，其中第三产业的比重较 2015 年提高了 5.9 个百分点。绿色转型发展稳步推进，全省十大生态产业增加值比重占到了 24.2%，较上年提高了 0.5 个百分点，全省的高技术产业投资增长 33.2%，较固定资产增速高 25.4 个百分点。

三是科技创新能力不断提升。全省形成了以兰白科技创新改革试验区和兰州白银国家自主创新示范区为核心、以酒嘉新能源等 4 个创新产业集群为支撑、以科技创新示范区建设为重点的创新发展格局。截至 2020 年底，兰白自创区和兰白试验区地区生产总值分别达到 420 亿元和 973 亿元，比 2019 年分别增长 5.8% 和 7.39%。全省高新技术企业总数突破 1200 家，产业基础高级化和产业链现代化水平不断提升，科技创新综合实力不断增强，全省科技进步贡献率达到了 55% 左右②。

（四）高质量发展动力和活力不断增强

一是重要领域和关键环节改革不断深化，增强了发展动力。2020 年，甘肃国资国企改革迈出重大步伐，全年省属企业共完成混改项目 106 个，省属企业混改户数占比达到 45%，国有资本布局持续优化。农村“三变”改革深入推进，取得明显成效，全省 156.3 万户农户获得入股分红 10.8 亿元，户均

---

① 任振鹤：《2021 年甘肃省政府工作报告》，《甘肃日报》2021 年 2 月 1 日。

② 任振鹤：《2021 年甘肃省政府工作报告》，《甘肃日报》2021 年 2 月 1 日。

690.98 元[①]。

二是“放管服”向纵深拓展，激发了市场活力。建成了涉企政策精准推送和“不来即享”服务平台，全面推进“网上办事”“不见面审批”。2020 年全省新设立市场主体28.07 万户，同比增长8.02%，全省新设立企业登记注册1 天办结率达到92.5%，有效激发了市场主体活力[②]。

三是加快构建对外开放新格局。推进以西部陆海新通道和欧亚路桥综合运输通道为主骨架的重大基础设施互联互通，扩大与“一带一路”沿线国家地区经济文化交流，拓展了全省经济增长新空间。2020 年全省对共建“一带一路”国家进出口165.2 亿元，占全省外贸总值的44.3%。其中兰州新区2020 年累计发放中欧、中亚国际货运班列289 列，成为甘肃外向型经济发展的重要引擎和对外开放新高地[③]。

（五）黄河文化影响力和凝聚力显著增强

甘肃主动融入国家战略，围绕延续黄河文化历史根脉，保护传承弘扬黄河文化，大力提升黄河文化的影响力。

一是推进黄河文化遗产的系统保护和传承弘扬。深入挖掘黄河历史文化蕴含的时代价值，高标准编制了《黄河文化遗产保护利用规划》《甘肃省黄河文化保护传承弘扬规划》《长城国家文化公园（甘肃段）建设保护规划（建议稿）》等规划，为黄河文化的保护、传承、弘扬提供政策支撑。并将相关重大工程、重点项目纳入“十四五”文化和旅游业发展规划，形成推动黄河文化发展的重要合力。

二是推进黄河文化产业提质增效高质量发展。推动黄河文化与大数据、云计算、区块链等新技术深度融合，建成“1 +11”多源数据融合与分析体系。推进重点工程项目实施，重点打造了“读者印象”精品文化街区、大敦煌文化和旅游经济圈建设等重大核心工程。

三是推动黄河文化和旅游融合发展。打造黄河文艺精品创作演出，推出了

① 任振鹤：《2021 年甘肃省政府工作报告》，《甘肃日报》2021 年2 月1 日。

② 任振鹤：《2021 年甘肃省政府工作报告》，《甘肃日报》2021 年2 月1 日。

③ 任振鹤：《2021 年甘肃省政府工作报告》，《甘肃日报》2021 年2 月1 日。

《八步沙》《大禹治水》《天下第一桥》《黄河之上·多彩白银》等反映黄河文化的精品优秀剧目和节目。推出兰州黄河风情线、景泰黄河石林、永靖黄河三峡、定西渭河源等特色旅游产品。2020年成功签约28个黄河文化和旅游产业融合项目，签约金额343.72亿元，全省全年实现旅游综合收入1455亿元①。

二　生态保护和高质量发展面临的新形势与问题

2021年是“十四五”开局之年，黄河流域生态保护和高质量发展进入一个新的发展阶段，许多新形势、新问题也陆续展现，甘肃发展机遇和挑战面临新变化。

（一）生态保护和高质量发展面临新格局

黄河流域甘肃段处在国内国际双循环相互促进的地理节点上，有着独特的枢纽位置，在构建“双循环”新发展格局中具有非常重要的地位。从国内大循环看，甘肃地处丝绸之路经济带“黄金段”，在西北地区“坐中联六”，有一定的综合经济和科技实力，在推动区域协同发展中的地位作用凸显，在国内循环中扮演着重要的角色；从国内国际双循环看，甘肃是连接欧亚大陆桥的战略通道，西部陆海新通道的重要战略支点，拥有连接东西、贯通南北的“双节点”价值，是西北地区对外开放、陆海联动的战略枢纽，是我国向西开放的重要门户和前沿阵地。“双循环”新发展格局，使甘肃战略纵深支撑作用进一步凸显，有利于促进甘肃产业基础高级化、产业链现代化进程，加快构建现代产业体系；有利于在基础设施、产业升级、生态保护和治理等方面谋划储备一批重大项目；有利于打造特色农产品产业、生物医药产业、文旅康养产业、新能源新材料产业等，培育形成新的经济增长点。同时，“双循环”新发展格局也将引发甘肃生态保护和治理、对内对外经济发展战略、要素流通聚集、产业布局、区域发展、对外开放格局等一系列新变化。要求甘肃要以新的战略、新的方法把握机遇，在做好生态保护的基础上，实现高质量发展，为促进“双循环”的新发展格局提供更好的支撑。

① 任振鹤：《2021年甘肃省政府工作报告》，《甘肃日报》2021年2月1日。

（二）经济基础薄弱，区域发展不平衡

2020年甘肃经济恢复增长很快，但整体发展水平仍然较低。甘肃经济总量在黄河流域九省区中仅列第7位（见图1），不足山东省的1/8；人均GDP仅34059元，不到全国平均水平的1/2，居全国末位，经济发展基础依然相对薄弱，难以支撑高质量发展的要求。

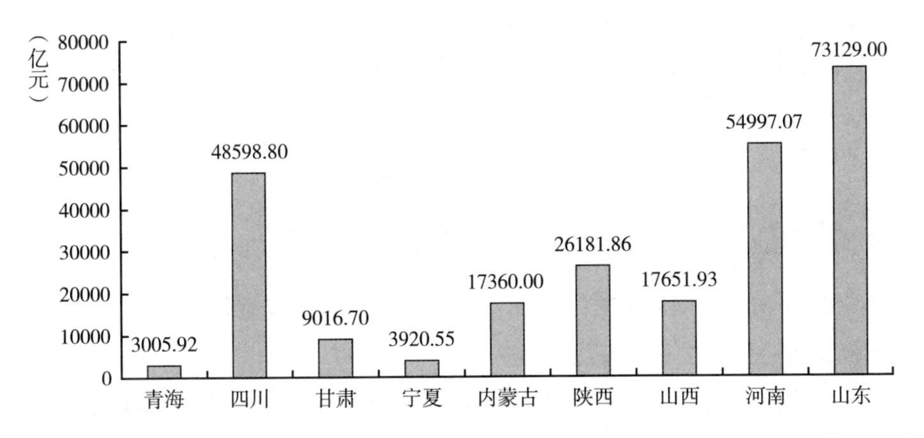

图1　2020年黄河流域九省区GDP排名

资料来源：根据黄河流域九省区《2020年国民经济和社会发展统计公报》整理。

同时，甘肃省内黄河流域九市州各地受到资源禀赋、发展基础、区域发展政策等因素的影响，流域内部经济发展不均衡。省会城市兰州GDP占省内黄河流域经济总量的40%以上，是甘南藏族自治州的13倍（见图2）。兰州市人均GDP已突破1万美元，高于全国平均水平，是省内黄河流域九市州平均值的1.1倍。而流域内大部分地区既有发展经济和脱贫的迫切需要，还面临生态保护的重任。

（三）支撑“双循环”发展新格局的能力较弱

一是需求牵引供给动力较弱。甘肃人均收入水平较低，限制了消费需求。2020年甘肃城镇居民和农村居民人均可支配收入在黄河流域九省区中均倒数第一。城乡居民收入比为3.26，远高于全国2.56的平均水平。同时，内需市场规模偏弱，2020年全省社会消费品零售总额较上年下降了1.8%，仅占全国

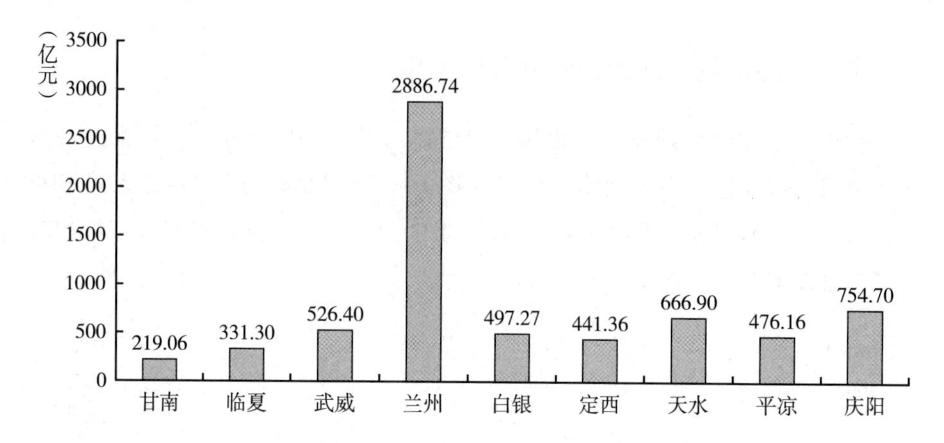

图 2　2020 年黄河流域甘肃段九市州 GDP 排名

资料来源：根据甘肃九市州《2020 年国民经济和社会发展统计公报》整理。

的 0.93%，加之受疫情和居民预期收入等因素影响，消费倾向下降，储蓄倾向不断提升，消费增长难度加大①。

二是供给创造需求动能不强。2020 年全省工业投资一直处于下降区间，1～11月下降 2.6%。工业投资持续下降，导致部分主导产业低位运行，影响了企业创新投入和产品更新换代，制约了产品创新创造新需求，也在一定程度上延缓了产业转型的升级步伐。而石化、冶金、煤炭等传统优势产业受到产能指标和“碳达峰、碳中和”能耗指标限制，发展空间受限。省内的新兴产业起步晚、比重低，还不足以弥补传统产业下降的缺口。同时甘肃省部分优质农特产品长期在低端市场徘徊，农产品的高附加值尚未充分体现，供给水平和结构不能适应需求水平、结构高端化趋势。

三是出口需求牵引供给能力有限。2020 年全省外贸进出口总值较上年下降 2.0%。其中，出口总值下降了 34.8%，外贸逆差扩大到 201.4 亿元，外贸逆差问题突出。而且近年来甘肃外贸依存度呈逐年下降的趋势，向凝固化方向发展（见图 3）。2020 年甘肃外贸依存度仅为 4.10%，大大低于全国 31.60% 的平均水平，对外贸易依存度与全国的差距也在逐年加大。

① 《2020 年甘肃省国民经济和社会发展统计公报》。

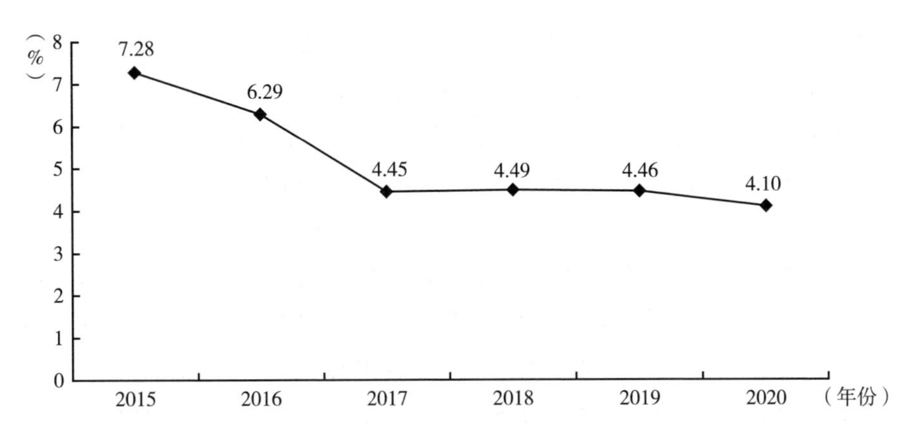

图3　2015～2020年甘肃省对外贸易依存度变化情况

资料来源：根据2015～2020年《甘肃省国民经济和社会发展统计公报》整理。

（四）中心城市辐射带动能力不强

兰州市作为甘肃省会中心城市，是全省发展的核心。但其规模、经济总量、发展水平与黄河流域的国家中心城市郑州和西安相比还存在很大差距。从人口规模来看，目前西安市常住人口达到了1020万，而兰州市常住人口仅为413万，不到西安的一半。从经济总量来看，2020年西安市GDP已突破万亿元，达10020.39亿元，而兰州市GDP总量仅为2886.74亿元，经济实力不到西安市的1/3。由于其本身经济实力较弱，因而在区域发展中辐射带动作用不强。同时，高铁网络布局使甘肃部分市县与周边省区城市间的交往密切，成渝经济区、西安经济圈等对甘肃的虹吸效应明显，消费、人才外流现象短时间内难以有效遏制。而兰州在人流、物流、资金流和信息流等方面对周边城市和乡镇的辐射带动能力也在进一步削弱。

三　推进甘肃生态保护和高质量发展的对策建议

（一）加大生态环境保护治理力度，建设生态强省

一是构建山川秀美的陇原生态新格局。构建以黄河干流为主线，河西祁连

山内陆河、南部秦巴山区长江上游、甘南高原黄河上游、陇中陇东黄土高原、中部沿黄河等生态屏障和生态廊道为支撑的生态安全格局。不断提升水土保持、水源涵养、生物多样性保护和气候调节等多重生态功能，加快建立以祁连山国家公园为主体的自然保护地体系，持续推进生态保护与生态修复工程，筑牢国家西部生态安全屏障。

二是加强黄河流域生态保护。以甘南黄河水源涵养区、祁连山水源涵养区、陇中陇东黄土高原区综合治理、中部沿黄生态环境综合治理、甘肃沿黄高效农业产业带建设、黄河干支流保护和综合治理为重点，统筹推进黄河流域水源涵养、污染防治、水土保持等生态修复治理工程。以沿黄复合型生态廊道建设为牵引，加快建设兰州—兰州新区—白银黄河中上游生态廊道，提升沿黄流域生态功能。加快实施高扬程灌区节水示范区、生态廊道、尕海湿地、黄河首曲湿地生态修复工程、合作市美仁、玛曲县阿万仓国家草原自然公园等重大生态工程，协调推进省内黄河流域生态保护、国土开发利用和产业人口集聚。

三是坚持生态优先、绿色发展。践行绿色发展方式，以退耕还林还草、“三北”防护林、退牧还草等国家重点生态工程为抓手，实施大规模国土绿化行动。进一步优化产业结构，促进全省十大生态产业规模化、集约化发展，增强生态产业在全国的示范性和影响力。推动能源清洁低碳安全高效利用，大力推进绿色矿山和绿色矿业发展示范区建设，推动全省经济社会绿色转型发展。

（二）推动创新转型，夯实高质量发展基础

甘肃应在创新驱动和产业结构转型升级突破点上精准发力，推动经济实现高质量发展。

1. 强化创新驱动，打造西部地区创新新高地

一是提升科技创新能力。加快推进榆中生态创新城建设和兰白国家自创区、兰白试验区、兰州高新区、综合性国家科学中心和国家科技成果转移转化示范区等创新创业平台建设。优化整合一批省级创新平台，布局建设省级实验室和技术创新中心。深化产学研用合作创新平台建设，在地学、寒旱农业、石化装备、新能源、新材料等优势领域，实施核心关键技术攻坚行动。瞄准重点领域、重点产业发展中的关键技术问题，提升基础研究能力。

二是强化企业创新主体地位。加强产学研深度融合，强化企业在技术攻关

中的主体作用，鼓励和支持有条件的企业建立企业技术中心、行业技术中心、产业技术创新联盟等研发机构。促进各类创新要素向企业集聚，打造“众创空间+孵化器+加速器+科技园区”的全链条产业孵化体系。做强行业创新龙头企业，培育壮大科技型中小微企业群体。

三是着力聚集创新人才。围绕全省重大发展战略、特色产业、重大项目，实施专业技术人才、高技能人才、创新人才、经营管理人才和乡村振兴人才培养工程，加强创新型、应用型、技能型人才培养；大力引进各类创新创业人才和团队、高层次和急需紧缺人才，促进外部智力与甘肃需求对接；建立健全创新人才激励、收益分配、成果权益分享和保障机制，激发人才创新活力，打造人才创新创业良好环境，为全省高质量发展提供人才支撑。

2. 推动产业转型升级，提升产业竞争力

一是强化农业基础支撑，推动农业高质量发展。坚守粮食安全底线，按照绿色循环、质量兴农、品牌引领的思路，做大做强甘肃区域特色农业，以黄河上游高原特色生态农牧业、河西走廊戈壁生态农业、陇东南特色农业和农产品加工业、陇中陇东黄土高原区旱作高效农业为重点，在全省打造若干规模化气候标志、地理标志产品和集中发展区。积极推动“优质粮食工程”，着力增加粮食产品有效供给。

二是推动产业链现代化建设，促进优势产业提质增效。推动石化、有色、建材、装备制造等传统产业技术改造和转型升级；围绕石化、有色冶金、建材、煤炭行业加大传统产业绿色改造力度；在钢铁、冶金、化工等行业重点企业开展节能循环和清洁生产改造工作；大力发展镍钴、炭素新型建材，共同打造锂电新能源、炭素新材料等优势产业集群；促进新能源产业转型升级，延长新能源产业链，提高风电装备、太阳能装备、氢能生产及装备、储能装备等制造水平。

三是加快发展现代服务业，推动生产性服务业融合化发展。以甘肃银行和兰州银行等地方金融为主体，积极发展保险及绿色发展银行业务，壮大金融服务产业规模。加快推动现代物流业发展，提升兰州、天水、酒（泉）嘉（峪关）、张掖等重要节点城市枢纽集散功能，建设面向中西亚的国际物流中心，辐射东中西、连接境内外的物流枢纽，打造西北生产性服务业高地。

3. 构筑产业体系新支柱，打造优势产业集群

抢抓新一轮科技革命和产业变革机遇，大力发展半导体材料、碳纤维、氢能、电池、储能和分布式能源、石墨烯化工材料、晶质石墨、电子、信息、大健康、量子通信等新兴产业，推动产业特色化、专业化、集群化发展。着力培育数字经济、智能制造、生物医药、文旅产业、新能源、新材料、核产业、特色农产品等潜力产业发展，吸引东中部先进产业要素转移配套，打造千亿级产业集群、百亿级产业园，补齐补强产业链，培育更具竞争力的优势产业集群。

（三）统筹区域协调发展，构筑空间发展支撑体系

一是强化中心城市群引领带动。加快建设以兰州为中心的兰白都市圈，完善兰白都市圈一体化发展体制机制，推动兰白都市圈高质量发展。进一步拓展兰州市功能范围，提升产业和人口集聚能力，提升省会城市综合实力和承载能力。统筹兰州主城区与兰州新区和榆中生态创新城一体化发展，形成布局合理、相互补充、合力发展的良好态势，增强兰州龙头带动作用。加快推进天水、酒泉省域副中心城市建设，在河西走廊、陇东南分别形成新兴都市圈。加快兰西城市群建设，打造甘青区域合作创新发展示范区。加强兰西城市群与关中平原城市群、成渝地区双城经济圈交流互动。

二是推动城市组团式发展，提升综合承载和辐射带动能力。加快河西走廊组团式发展，推动河西走廊生态经济带和酒嘉双城经济圈建设，促进金昌武威城乡融合和组团发展。提升河西走廊新能源、冶金新材料、装备制造、商贸物流、文化旅游等产业对区域高质量发展的支撑力。促进天水、平凉、庆阳、陇南、甘南协同融合发展。统筹推进陇东南装备制造、能源化工、文化旅游、绿色农产品生产加工等基地建设，整体提升城市发展能级和竞争力。

三是推动县域经济高质量发展。实施产业强县行动，围绕特色农业、现代物流、中药材、矿产资源加工、文化旅游等特色产业，着力培育壮大一批具有比较优势的县域特色产业集群。打造一批产业先进、城乡繁荣、生态优美、人民富裕、经济总量过百亿元的县（市）。推动县域经济与区域经济的融合发展，积极参与区域内的产业分工，形成产业配套和关联集成效应，推进农村新产业、新业态、新模式发展。吸引人才、技术、信息和知识等高端要素向县域转移，激发县域经济发展活力。

（四）强化“一带一路”节点支撑作用，融入新发展格局

立足丝绸之路经济带黄金段的区位优势、资源禀赋和产业特色，坚持需求牵引供给、供给创造需求，以开放畅循环、促发展，全面融入“双循环”新发展格局。

一是进一步拓展对外发展空间。抓好“一带一路”最大机遇，加快建设向西开放的大通道、大枢纽、大节点。加快建设辐射东西、贯通南北的物流通道枢纽，促进“一带”与“一路”的紧密合作与经济循环。加快推动兰州国家物流枢纽建设，打造具有国际影响力的枢纽经济先行区。深度融入西部陆海新通道，积极对接相关省区，促进与东南亚的合作开放，融入西南、东盟国家大市场，推动产业合理布局和转型升级。引导行业龙头企业多元化开拓中西亚、东南亚、中东欧等市场，促进能源产品、重化工业等优势产能走出去。拓展跨省区互动合作，以跨区域物流、外向型产业、文化旅游等为重点领域，加强与东中部省区市互惠合作，强化甘肃在“双循环”新发展格局中的战略链接地位。

二是扩大有效投资，补齐发展短板和弱项。围绕十大生态产业，引导金融资金和社会资本投向绿色生态产业。深度对接国家区域发展战略，加大科技创新、生态文明、新型基础设施、战略性新兴产业、产业集群和园区、社会建设、安全保障等重大工程项目投资，为甘肃高质量发展提供强有力支撑。

三是加快消费扩容提质。抓牢扩大内需战略基点，充分挖掘省内消费市场潜力。研究制定涵盖线上线下消费、创业就业、餐饮旅游、制造业、城镇改造等消费重点领域的具体措施，实施促进实物消费政策，推动经济供需循环畅通。培育新型消费模式，鼓励绿色消费，提升传统消费，促进汽车、康养、文旅、体育和信息消费，探索构建“互联网+”消费生态体系。加强政策支持，放宽服务消费领域市场准入，积极开发农村消费潜力。主动融入国内大市场，强化与成渝双城经济圈、关中平原城市群的合作，加快与沿黄省区共建沿黄经济带，深化与东部地区全面合作，促进需求升级与供给匹配协同共进。

（五）深化关键领域改革，激发高质量发展动力和活力

一是激发市场主体活力，深化国资国企改革。加快国有经济布局优化和结

构调整，推动国有资本向重要行业、关键领域和优势企业集中，提升省属国有企业的竞争力。高度重视民营经济发展，着力优化民营经济发展环境，构建面向民营企业发展的政务服务、经营运行、政府采购、招投标和政策性金融服务体系，着力破解民营企业用地、融资、用能、用人等实际困难。培育具有规模竞争力和较强创新能力的优质民营企业群体，扶持鼓励优势民营企业开展跨地区、跨行业、跨所有制兼并联合，参与重大战略重大项目实施。

二是推进要素市场化配置改革。引导各类要素协同向先进生产力集聚，积极盘活存量低效用地和闲置土地，促进资源优化配置。加快发展技术要素市场，积极推进甘肃股权交易中心创新发展，发展科技成果、专利等资产评估服务和发债融资等。实施“引金入陇”工程，发展绿色生态发展基金、先进制造产业发展基金、转型升级引导基金等多种政府引导、市场化运作的产业（股权）投资基金，提高直接融资比重，增强金融服务实体经济的能力。

三是持续深化“放管服”改革，进一步优化营商环境。推进政务服务标准化、规范化、便利化，健全政府守信践诺机制。认真实施《甘肃省优化营商环境条例》，以诚信、公平、开放、透明和高效的营商环境吸引企业聚集甘肃。进一步提升政府监管能力，以加强信用监管为着力点，加强“互联网+监管”应用，构建以信用为基础的新型监管机制，推进全省社会信用体系建设。

（六）推动文化繁荣兴盛，加快建设文化旅游强省

一是大力保护传承弘扬黄河文化。发挥甘肃黄河文化根和魂的优势，打造黄河文化旅游带和黄河文化保护传承弘扬示范区。加快推进黄河国家文化公园（甘肃段项目）建设，打造黄河首曲、黄河三峡、“黄河母亲”、黄河石林、渭河源、崆峒山等代表黄河文化的地理标志，发展“黄河之滨也很美”等黄河主题旅游，创新黄河文化开发利用，构建黄河文化发展新格局。

二是培育壮大文化产业。依托甘肃“丝绸之路黄金段”沿线丰富的文化资源，打造“丝绸之路文化产业带”核心区。建设一批聚集效应显著、文化内涵丰富、风格鲜明的文化项目。大力发展文化贸易、文化研发、文化仓储、文化创意等文化产业新业态。积极推进文化产业数字化、数字文化产业化发展，推动文化产业转型升级。培育新型文化企业，打造一批龙头文化企业，探

索传统文化资源富集地区文化产业发展壮大的新路径。

三是推进文化旅游融合发展。充分利用甘肃多元历史文化、多类自然风光、多种民族风情，统筹推动文化旅游与康养、美丽乡村、体育、金融等产业融合发展。通过打造以敦煌为核心的“大敦煌文化旅游经济圈”，以兰州为中心的“中国黄河之都”都市文旅产业集聚圈，以天水为中心的“陇东南始祖文化旅游经济圈”及丝绸之路、黄河、长城和长征甘肃段四个文化旅游示范带的文旅发展新格局，实现文化与旅游深度融合，推动文化旅游业全面提质升级，实现甘肃由文旅资源大省向文旅产业强省的转变。

参考文献

陈晓东、金碚：《黄河流域高质量发展的着力点》，《改革》2019 年第 11 期。

安淑新：《促进经济高质量发展的路径研究：一个文献综述》，《当代经济管理》2018 年第 9 期。

荣静：《甘肃省经济发展的路径研究——基于国家竞争优势理论视角》，《淮海工学院学报》（人文社会科学版）2018 年第 4 期。

金凤君：《黄河流域生态保护与高质量发展的协调推进策略》，《改革》2019 年第 11 期。

任振鹤：《2021 年甘肃省政府工作报告》，《甘肃日报》2021 年 2 月 1 日。

B.8
2020～2021年宁夏建设黄河流域生态保护和高质量发展先行区报告*

王林伶**

摘　要： 宁夏以建设黄河流域先行区统领生态保护和经济高质量发展，以“一河三山”保护和治理为重点，构建了“一带三区”生态生产生活总体布局，生态环境保护和治理成效显著。针对区域产业发展实力不强、生态补偿机制不健全等问题，提出要坚持绿色发展理念，增强沿黄城市群承载力，建立黄河流域生态环境补偿机制，推动全流域生态保护和经济高质量发展。

关键词： 黄河流域先行区　高质量发展　生态保护　宁夏

宁夏位于黄河流域上中游地区，黄河自西向东流经宁夏中卫市、吴忠市、银川市、石嘴山市四个地级市，全长397公里，黄河干支流覆盖宁夏全境。黄河宁夏段一级支流主要有清水河、红柳河、苦水河等，均分布于黄河右岸，此支流水量较小，含沙量较大，水质较差；二级支流主要有泾河、茹河、葫芦河等，此支流皆南入渭河，再入黄河，其水量大、水质好、泥沙少，这些河流多发源于宁夏南部山区，以六盘山为中心。清水河北流，泾河、茹河东流，苦水

* 本报告系宁夏哲学社会科学规划项目“发挥资源优势打造宁夏葡萄酒千亿产业研究”(20NXBYJ07)的阶段性成果。

** 王林伶，宁夏社会科学院综合经济研究所（“一带一路”研究所）副所长、副研究员，主要研究方向为“一带一路”与开放型经济、区域经济与产业经济、资源规划与可持续发展研究。

河西南流，这些河流形成放射状水系，造就了宁夏独特的山川地貌，形成了多样化的生态系统，构成了多姿多彩的“塞上江南”景观，赋予了“天下黄河富宁夏”的美誉。

一　宁夏建设黄河流域先行区的主要举措

2020 年，习近平总书记视察宁夏并发表重要讲话，为宁夏立足新发展阶段，贯彻新发展理念，融入新发展格局，建设美丽新宁夏，把脉定向、领路指航，赋予了建设黄河流域生态保护和高质量发展先行区的时代重任。

1. 出台《关于建设黄河流域生态保护和高质量发展先行区的实施意见》

黄河是中华民族的母亲河，保护黄河事关中华民族伟大复兴的千秋大计，[①] 宁夏依黄河而生、因黄河而兴，保护与治理黄河义不容辞。贺兰山、六盘山、罗山特有的地理地势与黄河流经宁夏全境，相互依存、交相呼应，阻挡了沙尘东进，改善了西北局部气候，调节了水汽交换，构成了我国重要的生态节点、重要的生态屏障和重要的生态通道，维护了国家生态安全。

2020 年 7 月，宁夏党委十二届十一次全会通过了《中共宁夏回族自治区委员会关于建设黄河流域生态保护和高质量发展先行区的实施意见》。[②] 实施意见提出，要以建设黄河流域生态保护和高质量发展先行区统领宁夏生态文明建设、引领经济社会发展，以重在保护、要在治理为主线，以“一带三区”构建宁夏生态生产生活总体布局，以“一河三山”保护和治理为重点，立足宁夏全域生态系统整体性，着眼黄河流域生态保护协同性，统筹推进山水林田湖草沙系统治理，着力转变发展方式、保护修复生态、治理环境污染，守好改善生态环境生命线，保障黄河安澜，[③] 努力在黄河流域生态保护和高质量发展中走在前列、做出示范，推动先行区建设走出一条高质量发展的新路子。

---

① 宁夏日报评论员：《奋力担当新使命 努力建设先行区——四论学习贯彻自治区党委十二届十二次全会精神》，《宁夏日报》2020 年 12 月 15 日。

② 《中共宁夏回族自治区委员会关于制定国民经济和社会发展第十四个五年规划和二〇三五年远景目标的建议》，《宁夏日报》2020 年 12 月 14 日。

③ 杨晓秋、毛雪皎、李锦等：《春山可望草木发——宁夏推进黄河流域生态保护和高质量发展先行区建设纪实③》，《宁夏日报》2021 年 1 月 6 日。

2. 以建设黄河流域生态保护和高质量发展先行区统领美丽新宁夏建设

2020 年 12 月，宁夏党委十二届十二次全会通过了《中共宁夏回族自治区委员会关于制定国民经济和社会发展第十四个五年规划和二〇三五年远景目标的建议》①，用专章专篇的形式提出，以建设黄河流域生态保护和高质量发展先行区为时代使命，是国家大局所系、黄河流域所需、宁夏发展所向。要以全面推进“五个区”建设为重点任务。要深入推进省级节水型社会示范区建设，建立水资源节约集约利用机制；落实环境保护、节能减排约束性指标管理，构建环境污染系统治理制度；利用市场化方式推进矿山、水土综合整治，加快探索生态保护补偿机制试点，生态保护修复模式；立足区域生态资源、产业基础，重点发展九大特色产业，促进生产要素融入产业发展，加快建设特色优势现代产业体系；以改革为先导，以创新求突破，坚定走绿色可持续发展的高质量之路。

3. 生态环境保护治理成效显著

多年来，宁夏坚持不懈推进生态环境保护和治理，尤其是党的十八大以来，宁夏大力实施生态立区战略，深入推进绿色发展，坚持系统治理、源头治理、水源治理，推进山水林田湖草沙系统修复。大力实施生态修复、水体污染治理、空气污染防治、土壤污染治理、植树造林、封山禁牧、退耕还林还草、荒漠化治理等一系列重大工程。一是持续开展国土绿化行动，大规模植树造林，因地制宜封山育林，人工造林，集中连片营造农田防护林、防风固沙林、生态经济林。加大贺兰山、六盘山、罗山、南华山等区域水源涵养林建设，在沿黄堤防外 100 米开展绿化造林，构建多树种、多林种、多层次的区域性林网体系。二是强化封山禁牧，在黄河支流水源涵养区开展退化草原植被修复，在黄河支流两岸水土保持区开展荒漠化草原治理，持续增强水源涵养功能。三是实施水土保持工程，加大水土保持力度，以减少入河入库泥沙为重点，坚持工程、生物和管理措施并举，乔灌草齐抓，增强水土保持能力，有效遏制水土流失，累计治理水土流失面积 2.4 万平方公里，年拦截泥沙由 20 世纪 80 年代的 1 亿吨减少到现在的 2000 万吨，为解决黄河中下游“地上悬河”做出了积极

① 陈润儿：《关于〈中共宁夏回族自治区委员会关于制定国民经济和社会发展第十四个五年规划和二〇三五年远景目标的建议〉的说明》，《宁夏日报》2020 年 12 月 14 日。

贡献。四是加强水污染综合防治，开展了煤炭、化工、有色等行业强制性清洁生产，构建了覆盖所有排污口的在线监测系统，规范了入河排污口设置审核，严格落实排污许可制度，建立了工业园区全部建成污水集中处理设施并稳定达标排放。五是开展防沙治沙、荒漠化和沙化治理，荒漠化土地面积连续20年缩减，防沙治沙累计治理沙漠面积达147万亩，使腾格里沙漠后退20公里。[①] 宁夏也成为全国第一个实现沙漠化逆转的省区，实现了人进沙退、人进沙绿、人沙和谐的局面。生态环境治理取得阶段性成效，2020年，宁夏空气质量优良天数比例达到85.1%，PM10、PM2.5等主要污染物总量减排均完成国家下达任务，黄河流域宁夏段出境断面连续四年保持Ⅱ类优水质，国控断面劣Ⅴ类水体和城市黑臭水体全面消除，[②] 以森林、湿地、流域、农田、城市五大生态系统为重点的生态环境持续改善，森林覆盖率由2016年的11.9%提高到2020年的15.8%，草原综合植被覆盖度也提高到56.2%；通过在黄河堤防外侧和灌区农田建设防护林带，以封山禁牧、牲畜圈养的方式，大力恢复林草植被，使草地、荒漠、土地固沙蓄水保土能力显著增强，形成了以引黄灌区为重点的黄河绿洲与沙漠绿洲，构建了以贺兰山、六盘山、罗山为主的生态屏障。

4. 高质量发展的综合基础不断增强

近年来，宁夏实施了生态立区战略、沿黄生态经济带战略、区域中心城市带动战略、中南部大县城建设、生态移民战略和银川都市圈建设等一系列战略措施。一是初步形成以银川都市圈建设为龙头，固原、中卫区域中心城市为节点，灵武、红寺堡、同心、盐池、彭阳、泾源、隆德、西吉、中宁、海原等10个县域中心城市为支撑，红果子镇、闽宁镇、镇北堡镇等43个重点镇为补充的城镇空间格局。二是产业支撑进一步增强，在农业产业方面，宁夏聚焦优质粮食、现代畜牧业、瓜菜、枸杞、葡萄“1+4”特色优势产业，积极围绕“一特三高”（特色产业、高品质、高端市场、高效益）加快发展现代农业，宁夏全区特色产业产值占农业总产值比重达到87.2%。现代煤化工、装备制造、新能源等支柱产业增势强劲，重点领域关键技术相继取得突破，造就了一批科技创新“单项冠军”企业，上市企业增加，产品品牌增强。全域旅游、

---

① 陆培法：《“中国魔方”，铺出了人间奇迹》，《人民日报》（海外版）2020年6月19日。

② 李锦：《护卫一方蓝天 守住碧水清流》，《宁夏日报》2021年1月30日。

现代金融、健康养老等现代服务业蓬勃发展，“十三五”时期宁夏综合科技创新水平指数提升幅度居全国第一，在东西科技合作中宁夏走出了一条创新发展的新路子；2020 年，宁夏共有乡村旅游点 1000 余家，乡村休闲旅游接待人数达到 1368.5 万人次，实现旅游收入 9.57 亿元，[①] 服务业集聚效应初步显现。三是重大基础设施建设取得重要进展，银川国际航空港综合交通枢纽全面建成，旅客吞吐量突破 1122 万人，增速排名全国第一；银川至中卫段高铁、银西高铁先后建成运营，中兰高铁、包银高铁全线加快建设；宁夏建成“三环四纵六横”高速公路网，公路总里程超过 3.5 万公里，公路网密度高于全国平均水平；高速公路通车里程超过 1700 公里，实现了“县县通高速公路”目标；都市圈西线供水工程银川段建成通水，城市绿化、市容与文明度、城镇综合承载力等显著提升。四是建设内陆开放型经济试验区，发挥中国－阿拉伯国家博览会的平台作用，进一步完善开放性经济渠道，推动中国、阿拉伯国家经贸合作进一步扩大和提升。

5. 发展九大特色产业建设现代产业体系

宁夏注重利用当地优质资源，积极发展特色农林牧渔业、新兴材料、新能源、信息技术产业、文化旅游等特色产业，并积极建设国家农业绿色发展先行区、国家新能源示范区、全域旅游示范区等，加快建设现代产业体系。一是打造西部电子信息产业集聚高地。电子信息产业作为宁夏九大特色重点产业之一，与工业、农业、制造业、养殖业等传统产业能有效融合发展，宁夏已建成 7 个大型数据中心，安装服务器 27 万台，有规模以上电子信息企业 109 家，国家级高新技术企业 52 家，产业规模近 200 亿元，[②] 为电子信息产业培育孵化奠定了基础。二是发展新型材料产业。宁夏经过 60 多年的努力奋斗，新型材料产业从无到有、从弱到强，打造了一批驰名中外的材料品牌、培育了一批实力强劲的企业集团、形成了一批初具规模的产业集群。三是打造全国重要的绿色食品加工优势区。宁夏素有“塞上江南、鱼米之乡”之美誉，因其光照充足、昼夜温差大、气候干燥、农作物病虫害危害少等先天优势，形成了优质特色农产品生产地，全区 81% 的耕地面积、85% 的畜禽养殖基地、80% 的养殖

① 王刚：《〈宁夏乡村旅游指南〉发布》，《宁夏日报》2021 年 4 月 1 日。

② 赵磊：《培育未来赢得未来——聚焦宁夏电子信息产业》，《宁夏日报》2021 年 3 月 30 日。

水面都通过了无公害产地认证。[①] 四是建设国家新能源综合示范区。宁夏拥有丰富的太阳能、风能、水能、生物质能等新能源资源，具有建立高比例可再生能源体系的基础条件，2020年，宁夏电网新能源装机达到2573万千瓦，新能源消纳利用率达到97.6%，宁夏新能源高效消纳综合技术在全国1700座新能源场站被推广应用。[②] 五是打造贺兰山东麓“葡萄酒之都”。宁夏贺兰山东麓因得天独厚的风土条件，是世界上最适合种植酿酒葡萄和生产高端葡萄酒的黄金地带之一。2020年，宁夏葡萄种植面积达到57万亩，是全国最大的酿酒葡萄集中连片产区，在国际葡萄酒大赛中获得各类金奖银奖等1000余项，葡萄及葡萄酒产业综合产值达到261亿元。六是打造宁夏“枸杞之乡”。宁夏古代就是枸杞道地生产基地，枸杞在宁夏种植有4000多年的文字记载和600余年的栽种历史，是世界枸杞发源地和原产地，是中国枸杞主产区和新品种选育、推广研究区。2020年，宁夏枸杞种植面积35万亩，占全国枸杞种植总面积的35%，产业综合产值突破210亿元。七是打造高端奶之乡。宁夏得天独厚的气候、水土、阳光等自然条件为奶牛繁衍生息创造了优越环境，造就了口味醇香的宁夏牛奶，被农业部评为“全国原奶品质最佳区域”。2020年，宁夏标准化规模奶牛场达到232个，全区奶牛存栏43.73万头，牛奶总产量183.4万吨，占全国日产鲜牛奶的10.7%，人均鲜奶占有量居全国第一位。八是发展滩羊与肉牛养殖。滩羊与肉牛养殖是宁夏传统的养殖形态，在脱贫富民中发挥着重要作用，尤其在精准扶贫产业政策、金融政策支持下，推动了滩羊产业更“洋气”，肉牛产业更“牛劲”。2020年，宁夏羊存栏超过600万只，肉牛存栏111.4万头。九是打造西部特色旅游目的地。宁夏拥有贺兰山山脉、色彩鲜艳的丹霞地貌、连绵起伏的沙丘，湖泊湿地众多，丘陵河谷一应俱全，历史文化悠久，山川气候宜人，风景如诗如画。宁夏共有八大主类旅游资源，28个旅游亚类资源，享有“中国微缩盆景”之称，星罗棋布的文物古迹、丰富多彩的文化遗产，为发展全域旅游、打造西部特色旅游目的地提供了良好条件。

---

① 马振：《宁夏：开放崛起的投资新高地》，《国际商报》2019年11月5日。

② 鲁延宏：《宁夏电网新能源装机2573万千瓦消纳技术在全国1700座新能源场站推广》，《宁夏日报》2021年1月11日。

二　宁夏建设黄河流域先行区存在的主要问题

1. 产业发展实力不强

宁夏地处祖国的西北，自然条件恶劣、交通物流不顺畅、不靠边不沿海、远离消费市场，与中东部地区相比经济发展落后、综合实力偏弱，这既有历史原因，也有基础薄弱因素。但最根本的还是产业发展实力不强，宁夏产业发展滞后的因素较多，有发展理念上的悲观情形，也有定式思维转变不够，还有认识上急功近利等问题。产业发展需要用辩证眼光和辩证思维来认识，也需要找准产业发展定位常抓不懈。

2. 经济结构转型力度不够

宁夏经济社会发展相对滞后，经济结构矛盾突出，发展方式比较粗放、产业发展倚重倚能倚煤特征明显。长期过度依赖煤炭、水资源、土地等能源资源，导致发展方式单一、粗放，受资源环境约束趋紧因素影响，迫切需要推进宁夏经济转型升级，加快新旧动能转换，实现环境保护和经济协调发展。

3. 生态补偿机制不健全

目前黄河流域九省区之间的生态补偿，以国家确定的补偿具有较大规模、效果相对较好的是青海的三江源生态补偿，2005 年，国家启动了三江源生态保护工程，实施了生态系统保护、退牧还草、封山育林、生态移民等项目，为保护、保障和改善当地的经济社会发展，青海以省级政府名义出台了《三江源生态补偿机制试行办法》①。而其他八省区则多停留在政策层面，还没有完全建立起来生态补偿机制，也没有形成完整的生态补偿制度体系。黄河的生态保护和治理还是以各省区各自保护和治理为主，从资金的来源和政策的设计上看，多为单打独斗、资金投入有限、政策覆盖面较小，都是从各省区自己的实际出发，但还缺乏全域（黄河流域）的生态保护和治理。同样，宁夏在黄河流域生态保护和生态补偿方面还没有建立相关的制度和机制，而现在所实行的

① 卢海、吴忠：《青海省倾力建立长效稳定的三江源生态补偿机制》，《青海日报》2012 年 10 月 27 日。

补偿标准和补偿制度是执行国家原来对草原、耕地、矿产资源等的补偿范畴，以中央财政转移支付为主，地方财政投入有限，形式单一。

三 对策建议

1. 增强沿黄城市群承载力，推动生态保护和经济高质量发展

黄河流域地区的高质量发展可依赖沿岸城市群发展，以提升沿黄城市群经济和人口承载力，有利于高效利用资源，实现集约化、可持续发展。推动宁夏沿黄城市群发展可带动宁夏高质量发展，充分发挥沿黄地区城市群资源环境承载力高、产业基础雄厚、交通发达、发展潜力大的诸多优势。要以提高沿黄城市群产业的承载能力和人口的吸纳能力为主要方向，有利于解决中南部贫困地区发展不充分、不协调等问题。在推动生态保护和经济高质量发展中，重点是要发展产业，产业兴则经济兴，产业强则经济强，关键还是要抓好产业发展，产业是财富创造的根本源泉，实体经济是国家崛起、地区强盛的重要支柱。要加快产业转型升级，做强做优实体经济，对于传统产业要通过科技赋能、技术改造来实现转型升级；新兴产业尤其是以战略型新兴产业为代表的产业是未来产业的主攻方向，代表着新理念、新技术、新未来，需要加大研发投入支持，使其发展壮大，以带动关联产业大发展。要坚持不懈地把产业重视起来、培育起来、发展起来，推动宁夏经济高质量发展的重点是抓好自治区所确定的电子信息、新型材料、绿色食品、清洁能源、葡萄酒、枸杞、奶产业、肉牛和滩羊、文化旅游九大特色产业。引导特色优势产业集聚集约发展，推动产业向高度化、绿色化、智能化、融合化方向发展，带动宁夏其他产业大发展，以产业托起就业，以就业实现富民强区，以产业发展增强生态保护和经济高质量发展的底色。

2. 坚持绿色发展理念，构建先行区生态经济

坚持“绿色发展、生态优先”的发展理念，构建“一带三区”以产业生态化为主体的生态经济体系。一是以黄河和贺兰山、六盘山、罗山“一河三山”环境生态景观为主，构建宁夏黄河生态经济带和北部绿色发展区、中部防沙治沙区、南部水源涵养区“一带三区”，发展绿色经济、生态经济。二是按照山水林田湖草沙系统治理思维，推进六盘山、贺兰山、罗山及南部黄土高

原地区水源涵养林建设，提升森林、草原、湿地的服务功能。三是加快产业结构调整，助推产业转型升级，构建循环经济体系，形成以循环经济支撑的先行区生态经济带，壮大文化旅游业、现代生态农业、现代商贸等区域特色产业。在农业生产中减少或控制化肥、农药的使用量，多使用农家有机肥，发展绿色有机农业种植，建立塑料地膜回收制度。重视文化旅游在乡村振兴中的带动功能，大力发展乡村旅游、休闲农业和农家乐，带动乡村民宿发展、农产品销售、乡村手工业发展，带动地方传统文化发展，带动脱贫攻坚、农民增收，用乡村旅游发展保护、活化、传承、提升、繁荣当地传统文化产业。四是发展节能环保产业，普及可再生能源，发展低碳产业、光伏产业、风能产业、再生生物产业等，推动资源型产业向绿色化延伸，促进资源型产业向高端化、循环化、集群化、低碳化发展。五是积极构建绿色制造体系，大力发展绿色工厂和绿色园区，实现园区低碳经济、循环经济、绿色经济发展，优化园区整合和资源配置，推进工业园区绿色化发展，打造低成本工业园区。逐步形成发展理念更新、产业结构调整、生产方式转变、资源环境协调的绿色生态经济。

3. 建立黄河流域生态环境保护补偿机制

黄河流域生态保护补偿机制是一项系统工程，涉及环境立法与执法、生态保护补偿资金的来源、生态保护补偿的覆盖面、生态保护补偿的标准等诸多层面问题。要以中央财政前期在森林、耕地、草原、湿地、水土保持等分类推进生态补偿制度基础上进行探索，来建立黄河流域生态保护补偿机制。

一是加强生态环境立法与执法。要坚持法制统一原则、可持续发展原则、统一性与特殊性相结合原则，引领生态立法；要做好生态立法的重点规划，加强重点生态功能区、重要水源涵养区、生态敏感脆弱区和自然保护区立法。要加强组织建设，在人大内设立专门的生态环境执法协调机构，负责监督和协调各部门各地方的环境保护工作。要强化司法保障，建立覆盖全区的环境保护法庭，在条件成熟时，建立专门的生态环境诉讼法院，检察院要督导司法部门做好生态环境保护方面工作，要激活环境执法问责机制，针对执法主体不作为乱作为、以权谋私行为加大问责力度。要健全执法绩效评估制度，应建立规范化、制度化执法绩效评估体系，引入社会公众与专家参与环境执法绩效评估。

二是建立健全生态补偿机制。要从黄河全流域生态保护视角来规划生态补偿，在国家原来对森林、耕地、草原、湿地、水土保持等领域补偿基础上可适当扩大外延并提高补偿标准，将污水处理、河流治理、泥沙治理，黄河流域中上游地区在构建国土生态安全格局、建立自然保护地、划定生态保护红线、建立水源涵养区等也纳入期内，实行两个层面的生态补偿机制。其一，黄河流域各省区都要投入生态补偿资金，用于各自河段的治理，都应该在使用黄河水后，依然能够达到排放标准的水质要求；其二，实行国家设立黄河流域生态保护补偿基金，用于专项治理黄河全流域生态环境保护，并将专项基金分为两部分，一部分用于全流域生态保护与生态补偿，黄河上下游省区共享；另一部分用于黄河上游省区保护、治理黄河，对其所做出的投入给予生态补偿；同时，黄河中下游省区在使用黄河水时，也要给黄河上游省区支付生态补偿费用，实行黄河上游治理生态享有生态补偿的“权利”、黄河中下游省区付费的“义务”机制，其付费的原因是黄河上游省区在源头泥沙治理、保护河流、改善和推进水资源节约集约利用等方面做出了贡献，黄河上游省区治理生态保护过程中丧失了发展各类工业、高效能产业的机会，致使部分县（区）人均经济收入偏低，社会经济发展滞后，与全流域地区的发展差距拉大，生态保护与经济发展矛盾突出等。

三是生态补偿资金投入。由国家设立黄河流域生态补偿专项资金，支持黄河流域上游各省区加大治理力度，提升黄河水质、治理泥沙，减少污染，使条件较好的黄河中下游地区可以按照一定标准为黄河上游生态产品输出地区进行生态补偿，享受中央财政的补助资金。同时，将省际资金补偿调整为国家转移支付，由国家测算各省区发展损失和受益情况，建立生态补偿转移支付体系。

四是生态补偿的监管与考核。建立以国家为主导，明确黄河流域各省区在各行政交界断面的水质要求和考核方法，建立和完善黄河流域森林、湿地、农业、矿产、水资源等生态保护机制，制定黄河流域生态补偿原则、标准、市场化和多元化的生态补偿办法。因地制宜落实生态补偿方式，结合试点地区环境补偿专项资金的使用情况，界定流域生态补偿“正补”与“反补”的责任关系，建立水质超标“罚款赔偿”、水质达标“奖励补偿”和水量余留“有偿转换”机制。

参考文献

王旭、白华：《建设黄河流域生态保护和高质量发展先行区的研究》，载宁夏社会科学院编《宁夏生态文明建设报告 2021》，宁夏人民出版社，2020。

杨学林：《宁夏建立和完善生态补偿机制研究》，载宁夏社会科学院编《宁夏生态文明建设报告 2021》，宁夏人民出版社，2020。

王慧春：《宁夏水资源利用研究》，载宁夏社会科学院编《宁夏生态文明建设报告 2021》，宁夏人民出版社，2020。

B.9

2020～2021年内蒙古黄河流域生态保护和高质量发展研究报告

文明 刘小燕*

摘 要：2020年内蒙古黄河流域在生态保护与环境治理、农畜产品生产基地建设、资源节约与绿色转型、结构调整与民生改善等方面取得了可喜成绩。但不得不承认在建设祖国北方生态安全屏障、能源和战略资源基地，以及推进以创新驱动为核心的结构调整和绿色转型等方面仍任重道远。今后必须拿出“壮士断臂”的决心和勇气，狠抓生态保护与环境治理，做到资源节约与产业转型升级相结合，将人才队伍建设作为区域、产业和企业发展的第一要务。同时，积极探索建立生态价值纵向、横向补偿机制，实现内蒙古黄河流域以生态优先、绿色发展为导向的高质量发展。

关键词：生态安全屏障 人才队伍建设 黄河流域 内蒙古

一 2020～2021年内蒙古推进黄河流域生态保护和高质量发展的主要政策措施

自黄河流域生态保护和高质量发展确定为重大国家战略以来，尤其是

* 文明，内蒙古自治区社会科学院牧区发展研究所副所长、研究员，主要研究方向为民族经济、草牧场制度与草原生态保护；刘小燕，内蒙古自治区社会科学院牧区发展研究所研究员，主要研究方向为区域经济与产业经济。

2020 年至今，沿黄各省区积极贯彻落实习近平总书记讲话精神及党中央决策部署。2020 年以来，内蒙古自治区围绕黄河流域生态保护和高质量发展战略，采取并实施了以下重点政策措施。

2021 年 2 月 7 日，内蒙古自治区人民政府印发《内蒙古自治区国民经济和社会发展第十四个五年规划和 2035 年远景目标纲要的通知》，其中以“扎实推进黄河流域生态保护和高质量发展”为章，提出“坚持重在保护、要在治理，加强流域生态环境整体保护和协同治理，推进黄河安澜体系建设，以水而定、量水而行，加快绿色转型，促进流域高质量发展”总体目标，从加强黄河流域生态系统保护修复、强化黄河流域环境污染系统治理、科学推进黄河流域水资源节约集约利用、保障黄河长久安澜、推动黄河流域高质量发展等五个方面进行安排部署。

按照自治区党委、政府工作部署，自治区发展改革委员会牵头，组织专家编制《内蒙古自治区黄河流域生态保护和高质量发展规划》。2019 年 12 月，规划课题组先后深入沿黄各盟市进行实地调研，并到青海等省份进行考察座谈交流。同时，通过线下专家座谈会、线上开门问策等方式征求社会各界意见建议。

2020 年 8 月印发《内蒙古自治区推动黄河流域生态保护和高质量发展 2020 年工作要点》，确定抓好生态保护修复、加强环境污染治理、保障黄河长治久安、推进水资源节约集约利用、积极推动高质量发展、保护传承弘扬黄河文化、加强规划编制和支持保障等七个方面的工作①。

2021 年 2 月，内蒙古自治区人民政府印发《关于实施“三线一单”生态环境分区管控的意见》，把全区共划分 1135 个环境管控单元，并分为优先保护、重点管控、一般管控三类，进行分类管控。黄河流域 7 个盟市 90% 以上国土面积被划入优先保护和重点管控单元，其中包头市、鄂尔多斯市、巴彦淖尔市、乌兰察布市 70% 以上国土面积被划入优先保护单元，同时建立黄河流域生态环境准入清单。

2020 年 9 月，按照《水利部关于开展黄河流域生产建设项目水土保持专

---

① 生态环境部：《内蒙古印发推动黄河流域生态保护和高质量发展今年工作要求细化七个方面明确前头单位》，内蒙古自治区生态环境厅网（2020 年 8 月 26 日），http：//sthjt. nmg. gov. cn/dtxx/sshb/202008/t20200826_ 1611402. html，最后检索时间：2021 年 4 月 16 日。

项整治行动的通知》精神，提出具体实施方案并启动专项整治行动。该行动按照部署启动、项目核实、排查认定、集中整治和“回头看”五个阶段进行，至2021年9月结束①。

2020年12月，内蒙古自治区人民政府印发《乌海及周边地区生态环境综合治理实施方案》，要求乌海及周边地区（主要为阿拉善盟、鄂尔多斯市）、自治区各相关委、办、厅、局及各大企业，认真贯彻落实，确保到2023年底及2025年重点目标任务按期完成，使乌海及周边地区绿色发展水平不断提高，主要污染物排放总量持续减少，污染防治攻坚战取得显著成效②。

同期，沿黄7盟市也出台实施各类政策措施推动内蒙古黄河流域生态保护和高质量发展。如2020年12月25日，呼和浩特市行政审批和政务服务局与包头市、巴彦淖尔市、乌海市、阿拉善盟以及宁夏回族自治区石嘴山市、青海省西宁市、陕西省榆林市、甘肃省平凉市与庆阳市等地政务服务部门签订《黄河流域五省十市政务服务“跨省通办”合作框架协议》；9月19日，鄂尔多斯市与自治区文旅厅、文物局联合主办“黄河从草原流过——内蒙古黄河流域古代文明展”，展出沿黄7盟市13家博物馆精品文物300余件；各盟市出台“黄河流域生态保护和高质量发展重点工作实施方案”，并相继启动编制各自“黄河流域生态保护和高质量发展规划”工作，等等。

二 2020 ~2021年内蒙古黄河流域生态保护和高质量发展情况③

（一）生态保护与环境治理正在进行

黄河生态，重在保护，要在治理。内蒙古黄河流域具有草原、农田、湿

---

① 《内蒙古启动黄河流域生产建设项目水土保持专项整治行动》，内蒙古自治区水利厅网（2020年9月10日），http://slt.nmg.gov.cn/art/2020/9/10/art_914_98502.html，最后检索时间：2021年4月16日。

② 《内蒙古自治区人民政府关于印发乌海及周边地区生态环境综合治理实施方案的通知》，内蒙古人民政府网（2013年1月13日），http://www.nmg.gov.cn/zwgk/zfxxgk/zfxxgkml/zzqzfjbgtwj/202101/t20210113_512341.html，最后检索时间：2021年4月16日。

③ 文中数据除有特别注释外，均来自自治区及沿黄7盟市在官网上公布的《2020年国民经济与社会发展公报》。

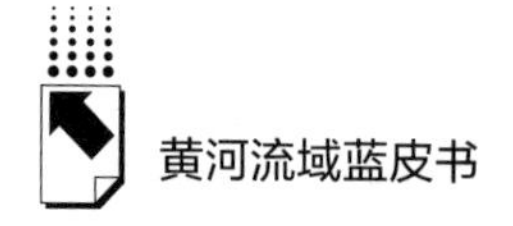

地、沙漠、戈壁、河流、湖泊等多种生态系统，也是内蒙古荒漠化、沙化土地最集中，空气、水体污染最严重的地区。内蒙古及黄河流域各盟市全面贯彻习近平生态文明思想，在生态保护、环境治理过程中，坚持节约优先、保护优先、自然恢复为主的方针，践行"两山"理论，维持和改善山水林田湖草沙整体系统，确保内蒙古黄河流域生态安全。

监测数据显示，通过几代治沙人的艰辛付出，鄂尔多斯市境内毛乌素沙地治理率已达七成①，库布齐沙漠治理率达到34.7%②。通过封沙育林、人工造林，阿拉善已在乌兰布和沙漠西南建起长110公里、宽3~15公里的防风阻沙林带③，鄂尔多斯市杭锦旗库布齐沙漠亿利生态示范区、巴彦淖尔市乌兰布和沙漠治理区分别入选生态环境部第二批和第四批"碧水青山就是金山银山"实践创新基地名单。在国家草原生态保护补助奖励政策等支持下，通过草畜平衡、禁牧休牧、生态移民等措施，内蒙古黄河流域草原植被逐渐恢复。据监测，截至2020年巴彦淖尔市、鄂尔多斯市草原植被覆盖度分别达到27.7%④和52%⑤，流域总体草原植被覆盖度达44.76%⑥。总体而言，2000~2019年，内蒙古黄河流域约98%的区域植被覆盖度增加，约96%的地区植被净初级生产力增加，约94%的区域植被生态质量指数呈增加趋势，特别是东南部地区植被生态质量明显改善⑦。

同时，内蒙古黄河流域全面实施"蓝天、碧水、净土"三大行动，对呼和浩特市、包头市、巴彦淖尔市蓝天保卫战开展专人驻地跟踪督办，实施《内蒙古自治区水污染防治条例》，出台《内蒙古自治区土壤污染防治条例》，

---

① 刘毅、赵贝佳：《毛乌素沙地是这样变绿的》，《人民日报》2020年12月2日，第18版。

② 李云平：《内蒙古森林覆盖率增至22.1%》，新华网（2019年3月12日）http://www.xinhuanet.com/local/2019-03/12/c_1124225900.htm，最后检索时间：2021年7月12日。

③ 布小林：《坚持生态优先 绿色发展 推动内蒙古黄河流域生态保护和高质量发展》，《内蒙古日报》2020年12月30日，第2版。

④ 杨志利：《数说两会：数字见证成就发展结出硕果》，《巴彦淖尔日报》2021年2月24日，第5版。

⑤ 殷耀、朱文哲：《内蒙古鄂尔多斯：草原深处飘书香》，新华网（2021年1月5日），http://www.xinhuanet.com/politics/2021-01/05/c_1126949467.htm，最后检索时间：2021年4月16日。

⑥ 布小林：《坚持生态优先绿色发展推动内蒙古黄河流域生态保护和高质量发展》，《内蒙古日报》2020年12月30日，第2版。

⑦ 郭惠超：《2019年内蒙古植被覆盖状况改善较为显著》，内蒙古新闻网（2020年7月3日），http://inews.nmgnews.com.cn/system/2020/07/03/012938685.shtml，最后检索时间：2021年4月16日。

加强流域内大气、水体及土壤环境治理，努力确保黄河流域生态安全。相关资料显示，2020 年 1 ~ 12 月阿拉善盟（94.8%）、乌兰察布市（94.8%）、鄂尔多斯市（90.7%）等盟市环境空气质量综合评价达标，流域环境空气质量总体水平与上一年持平。阿拉善盟、乌兰察布市等盟市常规六项污染物综合指数在全区 12 个盟市中排名靠前①。前三季度，内蒙古黄河流域 16 个国考断面水质优良比例达到 75%，无劣Ⅴ类断面。②。乌兰察布市堡子湾断面水质由 2019 年的劣Ⅴ类提升为Ⅳ类，推动黄河流域大黑河、昆都仑河断面稳定达标③。通过实施“一湖两海”生态环境治理工程，对乌梁素海、岱海进行生态补水，改善水生态环境，使乌梁素海整体水质提升为Ⅳ类，岱海水质稳中向好。在土壤污染防治方面，着力加强重金属、地下水污染及耕地污染防治工作，全面完成全区农用地土壤污染状况详查和重点行业企业用地调查，农用地土壤污染状况调查的 22009 个（全区范围内）土壤监测点位受污染耕地安全利用率和受污染地块安全利用率分别达到 98%、90% 以上，流域土壤环境质量整体良好④。

（二）农牧业发展势头强劲

把内蒙古建设成国家农畜产品生产基地，是中央对内蒙古发展的战略定位之一。内蒙古黄河流域处于内蒙古农牧业发展的黄金带，拥有“塞外粮仓”河套平原和土默川平原，耕地面积达 4618 万亩，占全区耕地面积的 33.7%；拥有鄂尔多斯、乌拉特、阿拉善等荒漠草原及草原化荒漠约 5 亿亩，占全区草原总面积的 50% 以上，是自治区粮油、冷凉蔬菜、薯类、乳肉、绒毛产品生产的核心区域之一。近年来，内蒙古黄河流域大力推进农牧业供给侧结构性改

---

① 《内蒙古自治区生态环境厅公布 2020 年全区环境空气质量状况》，《内蒙古生态环境》（内蒙古自治区生态环境厅官方微信公众号），2021 年 1 月 7 日。

② 张树礼：《污染防治攻坚战目标任务完成情况新闻发布词》，内蒙古自治区生态环境厅网（2021 年 2 月 1 日），http：//sthjt. nmg. gov. cn/dtxx/qqhb/202102/t20210204_ 1627127. html，最后检索时间：2021 年 4 月 16 日。

③ 《自治区政府召开新闻发布会通报 2020 年打好污染防治攻坚战情况》，内蒙占自治区生态环境厅网（2020 年 11 月 11 日），http：//sthjt. nmg. gov. cn/dtxx/ztzl/dczg/mzdt/202011/t20201111_ 1620765. html，最后检索时间：2021 年 4 月 16 日。

④ 张树礼：《污染防治攻坚战目标任务完成情况新闻发布词》，内蒙古自治区生态环境厅网（2021 年 2 月 1 日），http：//sthjt. nmg. gov. cn/dtxx/qqhb/202102/t20210204_ 1627127. html，最后检索时间：2021 年 4 月 16 日。

革，打造区域性特色产业带和产业集群，注重农牧业提质增效，逐步形成特色优势品牌，构建现代农牧业产业体系。鄂尔多斯市鄂托克旗阿尔巴斯绒山羊、乌兰察布市乌兰察布马铃薯、鄂尔多斯市杭锦旗河套向日葵、乌海市乌海葡萄、阿拉善左旗阿拉善白绒山羊等5个优势品种被列入国家农业农村部等多部门认定的中国特色农产品优势区名单，“天赋河套”农产品区域公用品牌荣获“中国农产品百强标志性品牌”“2020年度中国农业十大杰出品牌”。

据统计，2020年内蒙古粮食总产量达到732.8亿斤，连续3年稳定在700亿斤以上，粮食产量实现“十七连丰”。作为主产区之一，黄河流域7个盟市全年农作物播种面积达270.75万公顷，粮食作物播种面积为168.18万公顷，占全区粮食作物播种面积的24.6%，粮食产量901.64万吨，占全区总产量的24.6%。以巴彦淖尔市为例，2020年全市农作物播种面积达1140.6万亩，其中粮食播种面积达540.3万亩，比上年增加1.6万亩，增长0.3%；产量达到55.2亿斤，比上年增加2.4亿斤，同比增长4.5%，粮食产量连续三年保持在50亿斤以上。

同年，内蒙古黄河流域畜牧业发展总体平稳，无论从存栏头数还是畜产品产量均实现小幅增长。仅以呼和浩特市为例，2020年末牲畜存栏头数达316万头（只），同比增长7.5%，肉类总产量实现12.2万吨，同比增长2%，牛奶产量达170万吨，同比增长6%①。除伊利、蒙牛两大乳业巨头总部设在呼和浩特市外，鄂尔多斯、小尾羊、圣牧高科等内蒙古乃至全国农牧业龙头企业均在该流域。同时，巴彦淖尔、阿拉善等地也是自治区骆驼、野生肉苁蓉、锁阳等产业特色优势区。其中，阿拉善双峰驼②、阿拉善肉苁蓉③、阿拉

① 市发展和改革委员会：《2020年呼和浩特市产业发展行稳致远》，呼和浩特市人民政府网（2021年3月5日），http://www.huhhot.gov.cn/zwdt/bmdt/202103/t20210304_850657.html，最后检索时间：2021年4月16日。

② 中华人民共和国农业部：《中华人民共和国农业部公告 第1635号》，中华人民共和国农村农业部网（2011年9月20日），http://www.moa.gov.cn/nybgb/2011/djiuq/201805/t20180522_6142813.htm，最后检索时间：2021年4月16日。

③ 中华人民共和国农业部：《中华人民共和国农业部公告 第1813号》，中华人民共和国农村农业部网（2012年8月20日），http://www.moa.gov.cn/nybgb/2012/dbaq/201805/t20180516_6142266.htm，最后检索时间：2021年4月16日。

善锁阳[①]，同阿拉善白绒山羊一并被列入中国农产品地理标志登记保护，阿拉善双峰驼2006年被纳入国家级畜禽遗传资源保护名录。据统计2020年底阿拉善双峰驼存栏为13.1万峰，以发展驼奶加工为主，兼顾驼肉、驼绒、旅游骑乘、驼赛竞技、驼文化产品等产业带动其保护和发展。

（三）资源节约与绿色转型初现成效

内蒙古黄河流域是内蒙古能源资源富集区，煤炭产能占全国1/5，石油、天然气储量分别为6亿吨和2万亿立方米，风能、太阳能资源居全国前列。沿黄地区电力装机总量、新能源装机总量、外送电量分别占到全区的64%、56%和44%[②]。同时也是我国重要的现代煤化工、冶金、稀土、装备制造产业基地，煤制油、煤制天然气、煤制烯烃等现代煤化工产业规模和技术在国内外领先。[③] 尤其是近年来，内蒙古黄河流域注重传统优势产业向高端化、智能化、绿色化转型，发展精深加工，延长产业链，提高能源资源综合利用率，并不断培育新产业、新功能、新增长极，努力保障国家重要能源和战略资源安全。公开资料显示，位于鄂尔多斯市伊金霍洛旗的全球唯一百万吨级煤直接液化生产线，2011 ~2018年累计生产油品665万吨；高值化应用稀土元素，高端化开发稀土产品，使稀土原材料就地转化率达到70%；出台《内蒙古自治区氢能产业发展指导意见》，在乌海、鄂尔多斯等地发展规模化风光制氢，推进氢气管网、氢运输网络和加氢站等基础设施建设，探索氢能供电供热商业模式，力争建成全国最大的绿氢生产基地[④]，等等。在全区规模以上工业中，战略性新兴产业增加值比上年增长7.2%。非煤产业增加值比上年增长6.6%，

① 中华人民共和国农业部：《中华人民共和国农业部公告 第1645号》，中华人民共和国农村农业部网（2011年10月20日），http://www.moa.gov.cn/nybgb/2011/dshiq/201805/t20180523_6142901.htm，最后检索时间：2021年4月16日。

② 布小林：《坚持生态优先绿色发展推动内蒙古黄河流域生态保护和高质量发展》，《内蒙古日报》2020年12月30日，第2版。

③ 布小林：《坚持生态优先绿色发展推动内蒙古黄河流域生态保护和高质量发展》，《内蒙古日报》2020年12月30日，第2版。

④ 张俊在、李永桃：《“两源”基地上档次——内蒙古建设国家重要能源和战略资源基地纪实》，正北方网（2021年3月3日），http://www.northnews.cn/news/2021/0303/1972012.html，最后检索时间：2021年4月16日。

占比达到63.6%，较上年提升1.0个百分点。单晶硅、石墨及碳素制品、稀土磁性材料等新产品产量比上年分别增长93.3%、20.4%和15.4%。

同时，作为水资源严重短缺地区，节约水资源始终是内蒙古黄河流域资源节约利用的重点。多年以来，内蒙古黄河流域7盟市（除呼和浩特市）年降水量基本在300毫米以下，尤其是乌海市、巴彦淖尔市、阿拉善盟年降水量不足200毫米。据监测，2019年内蒙古黄河流域降水量、地表水和地下水资源量占全区总量的27.9%、4.7%和25.7%，水资源总量不到全区总量的14%，人均拥有水资源量不足全区的1/3①。然而，内蒙古黄河流域却承载着全区总人口的50%，农业和工业产值分别占全区总量的34.7%和77.8%，节约水资源和提升用水效率势在必行。为此，自2019年内蒙古实施《内蒙古自治区节水行动实施方案》以来，黄河流域40%的旗县达到了节水型社会达标建设标准。相比2010年，2019年内蒙古黄河流域农业灌溉亩均用水量从465立方米/亩下降到369立方米/亩；万元工业增加值用水量从27立方米/万元（当年价）下降到24.4立方米/万元，高于全区平均30.0立方米/万元和全国41.3立方米/万元②的工业用水水平；万元GDP用水量为91立方米，高于117立方米/万元的全区平均水平③。

（四）结构调整与民生改善成效显著

内蒙古黄河流域分布着包头、鄂尔多斯、乌海等工业重地，以往是内蒙古“羊、煤、土、气”传统产业结构的典型代表。然而，随着生态优先、绿色发展理念的不断践行，内蒙古黄河流域不仅在能源资源产业向高端化、智能化、绿色化转型，其三次产业结构也在发生重大变化，第一、第三产业，尤其是服

---

① 内蒙古自治区水利厅：《2019年内蒙古自治区水资源公报》，内蒙古自治区水利厅网（2020年9月18日），http://slt.nmg.gov.cn/xxgk/bmxxgk/gbxx/stbcgb/202011/t20201111_1423220.html，最后检索时间：2021年7月12日。

② 中华人民共和国水利部：《2019年中国水资源公报》，中华人民共和国水利部网（2020年8月3日），http://www.mwr.gov.cn/sj/tjgb/szygb/202008/P020200803328847349818.pdf，最后检索时间：2021年7月12日。

③ 内蒙古自治区水利厅：《内蒙古自治区高标准推进黄河流域节水工作》，内蒙古自治区水利厅网（2020年6月16日），http://slt.nmg.gov.cn/art/2020/6/16/art_11_92935.html，最后检索时间：2021年4月16日。

务业对区域经济增长的贡献率进一步提高，百姓能够获得更优质的产品、更贴心的服务、更便捷的交通、更丰富的信息，发展红利惠及更多的人，推动区域发展趋于平衡和充分。

据统计，截至“十三五”末期内蒙古黄河流域三次产业产值比例从“十二五”末期的3.25∶72.72∶24.02调整为6.42∶43.63∶49.94，二产产值比重有所下降，一、三产产值比重相应提高。当然，在2020年，受新冠肺炎疫情影响，内蒙古黄河流域7盟市除邮政行业业务总量大幅增加外，批发零售和住宿餐饮业、交通运输业、金融业、房地产业等服务业均出现小幅下降，全年规模以上服务业企业营业收入也有所下降。全年所接待国内外旅游人数及旅游收入出现大幅下滑，下降幅度达40%以上。

同年，内蒙古黄河流域7盟市居民生活得到显著改善。据统计，2020年7盟市城镇居民人均可支配收入增速基本与全区持平，其中巴彦淖尔市、阿拉善盟的增速分别超全区增速1.7个和1个百分点；农村牧区居民人均可支配收入实现6%以上的增速，除乌兰察布市，其他盟市农牧民人均纯收入均高于全区平均水平（见表1）。截至2020年，内蒙古黄河流域7盟市9个国家级贫困县、12个区级贫困县、1200多个贫困嘎查村、超45万贫困人口全部脱贫摘帽。其中，仅以乌兰察布市为例，截至2020年2月该市8个国贫县、2个区贫县全部摘帽，750个贫困嘎查村退出，29.1万贫困人口全部脱贫，全市农牧民可支配收入从2016年的9085元增加到2020年的13009元。2020年内蒙古黄河流域严格落实“六保”任务，尤其是民生保障投入均超过盟市一般公共预算支出的50%以上，部分盟市更是高达70%以上，用于就业、社保、医保、养老、教育、医疗和老旧小区棚户区改造等民生工程。

表1　2019～2020年内蒙古黄河流域主要经济指标变化情况

指标	地方生产总值（亿元）		一般公共预算收入（亿元）		社会消费品零售总额（亿元）		城镇居民可支配收入（元）		农牧民人均可支配收入（元）	
	2020	增速	2020	增速	2020	增速	2020	增速	2020	增速
呼和浩特市	2800.7	0.2	217.1	6.9	1032.9	-4.0	49789	0.8	20489	8.0
包头市	2787.4	3.0	145.2	-4.4	987.8	-4.7	50981	1.1	20710	8.0
乌兰察布市	826.9	2.4	56.3	13.0	228.8	-6.2	33534	1.5	13009	8.7

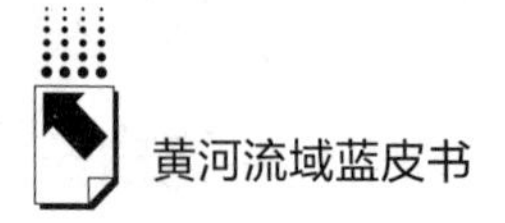

续表

指标	地方生产总值（亿元）		一般公共预算收入（亿元）		社会消费品零售总额（亿元）		城镇居民可支配收入（元）		农牧民人均可支配收入（元）	
	2020	增速	2020	增速	2020	增速	2020	增速	2020	增速
鄂尔多斯市	3533.7	-2.9	464.9	-7.2	565.5	-5.7	50306	1.1	21576	7.5
巴彦淖尔市	874.0	-1.5	56.9	2.2	218.4	-8.7	33657	3.1	20684	8.5
乌海市	563.1	2.9	54.03	16.2	127.8	-8.0	45497	1.1	21812	7.5
阿拉善盟	304.8	3.8	31.1	8.1	51.2	-18.8	44009	2.4	23144	6.4
7盟市合计	11691.6	0.4	1025.5	-1.1	3212.4	-5.44	—	—	—	—
全区	17359.8	0.2	2051.3	-0.4	4760.5	-5.8	41353	1.4	16567	8.4
占全区比重*	67.35	-0.28	49.99	-0.34	67.48	3.09	—	—	—	—

*说明：此行数据中“增速”列对应的数据单位为“个百分点”。

资料来源：全区及各盟市2021年政府工作报告、2020年经济社会发展公报。

三　内蒙古黄河流域高质量发展面临的问题

（一）生态保护与环境治理仍任重道远

黄河一进内蒙古便流经乌兰布和、库布其两大沙漠及毛乌素沙地，土地荒漠化、沙化及泥沙入黄一直困扰该区域生态安全。虽然内蒙古荒漠化、沙化土地面积持续“双减少”，但全区60%的荒漠化和72%的沙化土地分布在黄河流域①，荒漠化和沙化状况依然严重，防治形势仍然严峻②。同时，近年来黄河（内蒙古段）受上游水库、河道控导工程和气候变化等因素影响，河道萎缩和泥沙淤积严重，河道形态演变剧烈。河东沙地、乌兰布和沙漠、库布齐沙漠和十大孔兑对黄河泥沙的贡献率分别达3.78%、3.52%、16.69%和44.63%，每年淤积在黄河（内蒙古段）的泥沙为1.57亿吨左右，年平均淤积厚度约0.046米③。

① 郭二果、李现华、刘芬等：《加快推进黄河流域生态环境整体保护》，《北方经济》2020年第8期，第14页。

② 杨雪栋：《内蒙古自治区荒漠化和沙化土地监测概述》，《内蒙古林业调查设计》2020年第2期，第88页。

③ 李超、王晓华、侯聚峰：《多元侵蚀下黄河（内蒙古段）水生态问题探究与分析》，《北方经济》2019年第10期，第28～29页。

内蒙古黄河流域空气质量仍难以得到改进。据监测，2020年1～12月，巴彦淖尔市、乌海市、呼和浩特市和包头市等地空气质量优良天数比例低于全区平均值；乌海市、巴彦淖尔市、呼和浩特市和包头市细颗粒物（PM2.5）平均浓度低于30微克/立方米的考核基数；在常规六项污染物综合指数排名中，鄂尔多斯市、巴彦淖尔市、乌海市、呼和浩特市、包头市依次排在全区12盟市第8～12名。①

同时，流域内土地盐碱化与土壤污染并存。新中国成立初期，内蒙古河套平原灌区几经扩大，灌溉面积几乎翻番，而其耕地盐碱化面积也相应增加。据悉，目前内蒙古河套灌区盐碱化耕地面积达32.3万公顷，约占引黄灌区面积的45%②。而且内蒙古黄河流域作为全区能源资源开采加工、冶金、化工工业、制造业和新材料产业高度集中区，其工业"三废"对土壤的污染仍不可小觑，尤其一些重金属污染留存时间长，风险隐患较深远。

（二）结构调整与绿色转型仍有压力

正如前文所述，内蒙古黄河流域产业资源化、重型化特点显著，属于传统资源密集型产业结构③，第二产业，尤其是资源能源开采、加工业对地方经济增长的拉动作用显著。近年来，内蒙古全区上下深入推进供给侧结构性改革，不断壮大新功能，促进新旧动能转换，努力改变"四多四少"状况④。从统计数据看，由于结构调整，传统工业经济的拉动作用逐年下降，内蒙古自"十三五"时期经济增长速度明显放缓，其中鄂尔多斯市尤为明显（见表2）。尤其是2020年，鄂尔多斯市地方生产总值首次出现负增长，第二产业增加值、规模以上工业增加值、第二产业固定资产投资、公路铁路货运量均出现负增

① 《自治区生态环境厅公布2020年全区环境空气质量状况》，内蒙古自治区人民政府网（2021年1月7日），http：//www. nmg. gov. cn/zwyw/gzdt/bmdt/202101/t20210107_415037. html，最后检索时间：2021年7月12日。

② 陈怡平、傅伯杰：《黄河流域不同区段生态保护与治理的关键问题》，《中国科学报》2021年3月2日，第007版。

③ 文明、刘小燕：《2019～2020年内蒙古沿黄生态经济带高质量发展报告》，载张廉、段庆林、王林玲主编《黄河流域生态保护和高质量发展报告（2020）》，社会科学文献出版社，2020，第167页。

④ 2018年十三届全国人大一次会议期间，习近平总书记在参加内蒙古代表团审议时提出，内蒙古要"努力改变传统产业多新兴产业少、低端产业多高端产业少、资源型产业多高附加值产业少、劳动密集型产业多资本科技密集型产业少的状况，构建多元发展、多极支撑的现代产业新体系"，简称为"四多四少"。

长。当然，其中必然有新冠肺炎疫情带来的影响，但不得不考虑结构调整和新旧动能转换带来的经济发展压力。

表2　近10年全区与鄂尔多斯市GDP及工业产值变化情况

单位：%

年份	GDP增速		第二产业增加值增速		工业增加值增速		一般财政预算收入增速	
	全区	鄂尔多斯市	全区	鄂尔多斯市	全区	鄂尔多斯市	全区	鄂尔多斯市
2010	14.9	19.2	18.2	22.1	18.8	23.1	25.8	47.5
2011	14.3	15.1	17.8	16.8	18.2	16.3	26.8	44.8
2012	11.7	13.0	14.0	15.4	14.2	15.6	14.5	8.5
2013	9.0	9.6	10.7	11.4	11.3	11.9	10.7	17.2
2014	7.8	8.0	9.1	9.9	9.5	11.1	7.1	-2.3
2015	7.7	7.7	8.0	8.0	8.2	9.6	6.5	3.7
2016	7.2	7.3	6.9	7.5	7.0	8.9	7.0	1.1
2017	4.0	5.8	1.5	4.5	3.6	7.0	-14.4	5.1
2018	5.3	5.0	5.1	4.1	6.9	5.3	9.1	21.5
2019	5.2	4.0	5.7	4.3	6.0	4.2	10.9	15.6
2020	0.2	-2.9	1.0	-6.0	0.8	-6.4	-0.4	-7.2

资料来源：表中“工业增加值增速——全区”一栏为历年内蒙古统计年鉴数据，其余均为历年全区及鄂尔多斯市经济与社会发展公报数据。

（三）水资源短缺成为制约流域高质量发展的关键因素

内蒙古黄河流域人均拥有水资源量不足全区的1/3，却承载着全区总人口的50%，产出全区农业和工业产值的34.7%和77.8%。虽然近年来通过水权交易、节水行动等，工业、农业用水效率明显提高，但仍然难以改变水资源原发性短缺和用水量逐年增加的基本面，水资源供需矛盾成了一道难以迈过的槛。据内蒙古水利厅预测，内蒙古沿黄河流域地区2035年缺水量将达到15亿立方米以上①。其中，除水资源供给总量不足之外，与用水量增加和用水效率较低有关。从用水总量看，据部门监测数据，2019年内蒙古黄河流域7盟市用水量相比2015年增加3.76亿立方米，其中增幅最多的是生态用水，其次为

① 内蒙古自治区水利厅：《内蒙古自治区推动沿黄河地区生态保护和高质量发展，将节水作为重要措施》，内蒙古自治区水利厅网（2020年3月4日），http：//slt. nmg. gov. cn/art/2020/3/4/art_11_87812. html，最后检索时间：2021年4月16日。

农业用水。从用水效率看，黄河流域内蒙古段农业用水占93%，但粮食主产区河套灌区的灌溉利用率仅为0.4左右①，低于全国灌溉用水有效利用系数0.559②，更低于0.7～0.8的世界先进水平。当年，内蒙古黄河流域7盟市万元GDP用水量下降至91立方米，仍比全国60.8立方米③的平均值高出30余立方米。

（四）创新驱动难以形成

“创新始终是推动一个国家、一个民族向前发展的重要力量”，是“五大发展理念”之首。然而，就内蒙古而言，创新驱动支撑区域高质量发展的能力仍不够，包括科研投入不足、人才储备不足、产学研脱节、制度供给不到位等。以科研投入为例，据2019年统计公报④，当年内蒙古共投入研究与试验发展（R&D）经费为147.81亿元，比上年增加18.59亿元，增长14.39%；研究与试验发展（R&D）经费投入强度（与地区生产总值之比）为0.86%，远低于全国2.23%的投入强度，投入强度列全国第25位。从分行业规模以上工业企业R&D经费投入看，同年内蒙古采矿业R&D投入强度仅为0.19%，低于全国0.62%的平均值；制造业R&D投入强度为1.03%，同样低于全国1.45%的平均值，唯电力、热力、燃气及水生产和供应业R&D投入强度高于全国0.02个百分点，为0.20%，其中水的生产和供应业的R&D投入强度却低于全国平均强度0.3个百分点。从区域上看，内蒙古黄河流域7盟市中，除呼和浩特市、包头市、鄂尔多斯市外，其余4盟市R&D经费投入强度均低于全区平均强度。而内蒙古财政科学技术支出占一般公共预算支出比重仅为0.56%，远低于全国3.96%的比重，其中自治区本级财政科学技术支出仅为3.77亿元，

① 曲莉春、康伟：《内蒙古在黄河流域生态保护和高质量发展中面临的机遇、挑战与应对》，《北方经济》2019年第10期，第41页。

② 《水利部召开节约用水工作视频会议》，中华人民共和国水利部网（2020年7月7日），http://szy.mwr.gov.cn/yw/202007/t20200707_1414285.html，最后检索时间：2021年4月16日。

③ 中华人民共和国水利部：《2019年中国水资源公报》，中华人民共和国水利部网（2020年8月3日），http://www.mwr.gov.cn/sj/#tjgb，最后检索时间：2021年4月16日。

④ 《2019年内蒙古自治区科技经费投入统计公报》，内蒙古统计微讯（2021年2月25日）；《2019年全国科技经费投入统计公报》，国家统计局网（2020年8月27日），http://www.stats.gov.cn/tjsj/zxfb/202008/t20200827_1786198.html，最后检索时间：2021年7月12日。

占全区财政科学技术支出的13.2%，低于中央财政38.9%的比例。2020年，内蒙古每万人发明专利拥有量仅为2.7件，远低于全国13.3件的拥有量；2018年开展R&D活动的规模以上工业企业法人单位，占全部规模以上工业企业法人单位的10.1%，远低于全国28.0%的比例（2018年）①，等等。

四 2021年内蒙古黄河流域高质量发展展望及对策研究

2021年是我国经济社会发展“十四五”规划开局之年、全面建设社会主义现代化国家新征程开启之年，沿黄各省区从自身实际出发，结合《黄河流域生态保护和高质量发展规划纲要》，进一步推进黄河流域生态保护和高质量发展。内蒙古在《2021年内蒙古自治区国民经济和社会发展计划》中提出，要“突出抓好黄河流域生态保护和高质量发展”，将印发黄河流域生态保护与高质量发展规划以及“十四五”实施方案。2021年内蒙古及内蒙古黄河流域7盟市均把地方生产总值增长预期目标设定在6%左右或6%以上。从1～2月经济运行情况看，全区经济呈现延续恢复增长态势，沿黄7盟市规模以上工业增加值、固定资产投资、社会消费品零售总额三项主要经济指标同比涨幅较高，其增速趋于合理区间（见表3）。

表3 内蒙古黄河流域7盟市主要经济指标

单位：%

指标		呼和浩特	包头	乌兰察布	鄂尔多斯	巴彦淖尔	乌海	阿拉善
地区生产总值累计增长(%)	2020年第一季度	-4.5	-3.9	-3.0	-9.0	-12.2	-1.7	-6.6
	2020年第四季度	0.2	3.0	2.4	-2.9	-1.5	2.9	3.8

① 国家统计局、国务院第四次全国经济普查领导小组办公室：《第四次全国经济普查公报（第六号）》，国家统计局网（2019年11月20日），http：//www.stats.gov.cn/tjsj/zxfb/201911/t20191119_1710339.html，最后检索时间：2021年4月16日；内蒙古自治区统计局、内蒙古自治区综合经济工作领导小组第四次全国经济普查专项工作协调办公室：《内蒙古自治区第四次全国经济普查公报（第六号）》，内蒙古自治区统计局网（2020年9月14日），http：//tj.nmg.gov.cn/tjyw/tjgb/202102/t20210209_886028.html，最后检索时间：2021年7月12日。

续表

指标		呼和浩特	包头	乌兰察布	鄂尔多斯	巴彦淖尔	乌海	阿拉善
规模以上工业增加值累计增长(%)	2019年2月	0.4	11.4	12.5	1.7	-1.9	28.4	22.4
	2020年2月	5.6	5.8	5.8	-13.9	-15.4	7.6	-9.3
	2021年2月	11.8	22.7	14.8	32.9	34.4	15.5	47.6
固定资产投资累计增长(%)	2019年2月	45.2	-18.6	796.0	-6.0	76.4	16.5	—
	2020年2月	-51.4	-39.1	214.2	-52.3	84.1	1.3	-26.2
	2021年2月	29.2	90.7	86.3	75.5	30.7	12.4	9.3
社会消费品零售总额累计增长(%)	2019年2月	3.8	5.8	6.2	2.6	5.7	5.1	4.9
	2020年2月	-26.1	-24.6	-23.2	-26.2	-26.0	-25.8	-26.4
	2021年2月	31.7	26.4	25.8	32.4	27.2	26.9	22.1

资料来源：2019 ~2021 年季度数据、月份数据，内蒙古自治区统计局综合数据平台，http://tj.nmg.gov.cn/datashow/easyquery/easyquery.htm? cn = B0101。

综观国际国内经济社会发展环境，生态保护、资源约束、经济下行等压力持续加大，作为以传统资源型产业为支柱的区域，内蒙古及内蒙古黄河流域7盟市更应立足战略定位、抓住机遇、突出重点、分步施策，不断推进黄河流域生态保护和高质量发展。

（一）以筑牢祖国北方生态安全屏障为己任，让生态环境保护成为不可逾越的红线

流域发展，生态优先。黄河流域生态保护和环境治理在内蒙古筑牢祖国北方生态安全屏障过程中处在举足轻重的地位，无须赘述。习近平总书记在参加十三届全国人大四次会议内蒙古代表团审议时强调，“要统筹山水林田湖草沙系统治理，实施好生态保护修复工程，加大生态系统保护力度，提升生态系统稳定性和可持续性”。内蒙古黄河流域要牢固树立“碧水青山就是金山银山”理念，全面践行“统筹山水林田湖草沙系统治理”，以“三线一单”分区管控为依据，严格落实区域内生态保护和环境治理的主体责任。牢固树立“环境就是民生”的理念，继续打好污染防治攻坚战，持续展开黄河流域“蓝天、碧水、净土”保卫战，让百姓享受生态宜居的城乡环境。同时，中央及沿黄

各省区积极探索黄河流域生态环境补偿机制，建立中央与地方、地方与地方之间纵向、横向补偿方式，以生态换发展、以生态保民生。

（二）调整结构、转换功能到提高质量须实现区域协同发展

产业结构相近、发展路径相似，使内蒙古黄河流域各盟市结构调整、绿色转型时面临着相同的困境，唯有通过区域内部协同发展、扬其所长避其所短方可打破困局。从流域7个盟市发展基础看，各有相对优势：呼和浩特作为自治区首府，集聚政治、文化、教育、科技、人才资源；包头市作为老工业基地，军民融合、装备制造、军工人才、稀缺资源等方面独具优势；鄂尔多斯作为资源富集地，是全国能源重化工基地、建设能源及战略资源基地、保障国家能源安全的重地（包括乌海市）；乌兰察布市占据交通要塞，腹地优势明显，大可发挥枢纽、联动作用，同时与巴彦淖尔市一同形成黄河流域特色优势农畜产品生产基地；而阿拉善盟在内蒙古黄河流域，在全区生态保护和环境治理中占据重要位置，统筹山水林田湖草沙系统治理任重道远。如何实现协同发展，既需要各盟市扬长避短、有所取舍，更需要自治区及国家层面做出顶层设计，做出分工明确、优势互补、区域联动的一体化发展决策部署。如规划建设以呼和浩特市为中心，以包头市、鄂尔多斯市、乌海市、乌兰察布市为加工制造业带，以巴彦淖尔市、乌兰察布市为农牧业缓冲带，以阿拉善盟及鄂尔多斯市、巴彦淖尔市、包头市、乌兰察布市边境区域为生态保护带，以沿黄生态文化带为纽带的一体化布局等。

（三）水资源保护与节约集约并行，严格落实“四定”理念

众所周知，黄河是内蒙古西部最重要的水系，保护黄河水资源，即保证了内蒙古黄河流域人畜、农业、工业、生态用水。为此，一要严格落实“河长制”，明确责任、加强监督。要持续强化“碧水保卫战”，严防流域内工矿企业废水污染、居民生活污水污染和农业面源污染，以倒逼机制提升工业企业污水处理能力，以考核机制消除城市黑臭水体。要持续推进流域水土治理工作，紧紧抓住调节水沙关系这个“牛鼻子”，使黄河流域“清四乱”整治行动落地落实，继续推进沿黄防风阻沙林带建设。二要在水资源节约集约利用上有突破，特别是在农业灌溉用水上做足文章。将节约集约水资源就是水生态保护的

思想深入人心，从个人到企业，从家庭到社区、到整个管区，让节约水资源成为每个人的自觉行动。要通过工程技术改进、老旧设备更新、灌溉方式方法的改善等途径提高灌溉效率和灌溉保证率。要通过制度设计和制度创新，继续深化水权交易改革，加大对循环用水的扶持支持力度、旱作农业的适度推广，等等。三要结合自治区“十四五”规划及2035年远景目标纲要，做好保护和利用水资源长期规划，对内蒙古黄河流域，乃至全区水资源可持续发展做出评估，做到“以水定城、以水定地、以水定人、以水定产”。

（四）加快内蒙古黄河流域高质量发展的人才队伍建设步伐

习近平总书记在中国科学院第十九次院士大会中国工程院第十四次院士大会上的讲话中指出，“全部科技史都证明，谁拥有了一流创新人才、拥有了一流科学家，谁就能在科技创新中占据优势”。然而近年来，黄河流域内蒙古段各盟市人口增长缓慢，表现出近4年黄河流域内蒙古段对劳动力吸引力的不足①，且全区科技人才人数和增速均呈下降趋势②，高等院校人才流失严重③。“创新之道，唯在得人。得人之要，必广其途以储之。”为此，一要在体制机制上大胆改革，打破唯论文、唯职称、唯学历等人才评价制度，形成能够培养人才、吸引人才、使用人才和留住人才的制度体系；二要在人才创新供给上敢于投入，在优势领域、特色产业、关键技术上，加大人才引进、使用和留住方面的无形和有形投入，努力形成该领域或行业中理论创新、科技创新、管理创新、文化创新的高地；三要在充分评估自身人才环境的基础上，从我做起，强化高等院校“双一流”建设工作，从培养人、留住人开始抓人才队伍建设工作，形成人才培养、引进、使用的良性循环。

---

① 于光军：《黄河流域内蒙古段生态保护与高质量发展中的产业优化升级途径研究》，载张廉、段庆林、王林玲主编《黄河流域生态保护和高质量发展报告》，社会科学文献出版社，2020，第292页。

② 冯晨皓、郭宝亮：《内蒙古地区科技人才发展问题及对策研究》，《北方经济》2020年第3期，第57页。

③ 周川：《内蒙古高等教育新时代面临的挑战与对策》，《黑龙江民族丛刊》2020年第5期，第146页。

B.10
2020～2021年陕西黄河流域生态保护和高质量发展研究报告*

高　萍**

摘　要：　黄河流域是陕西生态保护和经济社会发展的核心区。2020年，陕西经济形势稳中有进，社会发展和谐繁荣，改革创新持续发力，这些为黄河流域生态保护和高质量发展奠定了坚实的基础。2020年，陕西黄河流域生态安全屏障更加牢固，黄河文化保护更受重视，相关政策体系和推进机制不断完善，省内外互动协作不断增强。针对陕西黄河流域生态保护和经济社会发展中存在的问题，提出推进生态环境修复与治理、加强水资源节约集约利用、加大采煤沉陷区综合治理力度、培育沿黄市县产业发展新动能、不断提升黄河文化旅游品质等对策建议。在推进陕西黄河流域生态保护和高质量发展过程中，生态保护与经济发展的协同性、文化遗产保护的系统性、脱贫攻坚成果的巩固等将继续受到关注。

关键词：　生态保护　高质量发展　黄河流域　陕西

2019年9月18日，习总书记在黄河流域生态保护和高质量发展座谈会上指出："黄河流域在我国经济社会发展和生态安全方面具有十分重要

* 本文系陕西省社会科学基金项目研究成果，立项号：2016G011。

** 高萍，博士，陕西省社会科学院社会学研究所助理研究员，主要研究方向为农村社会学、质性社会学。

的地位。”① 黄河干流在陕西境内全长719公里，流域面积、人口、经济总量分别占陕西的65%、76%和87%。② 2020年4月，习总书记来陕考察期间，对陕西经济社会发展和生态保护工作等做出重要指示。黄河流域是陕西经济社会发展和生态保护的核心区，习总书记相关指示精神为其生态保护和高质量发展指明了方向。

一 陕西生态保护和高质量发展的基础与优势

2020年，陕西省委、省政府带领人民群众，努力克服新冠肺炎疫情带来的不利影响，经济社会发展取得了很大的进步，这为更好地实施黄河流域生态保护和高质量发展战略奠定了坚实的基础。

（一）经济形势稳中有进

2020年，陕西实现生产总值26181.86亿元，比2019年增长2.2%。从产业结构看，呈现“三、二、一”模式。其中，第一产业增加值为2267.54亿元，占生产总值的比重为8.7%；第二产业增加值为11362.58亿元，占生产总值的比重为43.4%；第三产业增加值为12551.74亿元，占生产总值的比重为47.9%。总体上讲，陕西第一产业所占比重较小，第二产业和第三产业是经济发展的支柱产业。2020年，陕西能源工业增加值增长2.3%，高技术制造业增加值增长16.1%，这些为全省工业平稳运行奠定了基础。③ 新一代信息技术产业、新能源产业、生物产业、数字创意产业等战略性新兴产业呈现加快发展态势，这也为全省经济高质量发展注入了新活力。④

① 习近平：《在黄河流域生态保护和高质量发展座谈会上的讲话》，《求是》2019年第20期。

② （记者）张维：《陕西黄河流域生态保护和高质量发展开局良好》，陕西省生态环境厅网站（2020年9月18日），http：//sthjt. shaanxi. gov. cn/dynamic/zhongs/2020－09－18/59481. html，最后检索时间：2021年6月3日。

③ 《2020年陕西省国民经济和社会发展统计公报》，陕西省统计局网站（2021年3月5日），http：//tjj. shaanxi. gov. cn/tjsj/ndsj/tjgb/qs_ 444/202103/t20210305_ 2155332. html，最后检索时间：2021年6月3日。

④ 《2020年全省战略性新兴产业发展简析》，陕西省统计局网站（2021年2月26日），http：//tjj. shaanxi. gov. cn/tjsj/tjxx/qs/202102/t20210226_ 2154441. html，最后检索时间：2021年6月3日。

（二）社会发展和谐繁荣

2020年，陕西居民人均可支配收入26226元（全国32189元），同比增长6.3%（全国增长4.7%）；人均消费支出17418元（全国21210元），同比下降0.3%（全国下降1.6%）；城乡居民收入比为2.84∶1，比2019年缩小0.09。[①] 坚决落实"人盯人""一对一"举措，全省18.34万剩余贫困人口全部脱贫。[②] 积极推进城乡教育一体化，基本实现了义务教育有保障的目标。村、乡、县一体化疫情防治格局形成并发挥了重要作用，政策与人才的支持促进了养老服务的发展。社会大局总体平稳，治安满意率达到96.6%。[③]

（三）改革创新持续发力

2020年，陕西持续优化营商环境，92.1%的省级政务服务事项可在网上办理；加快自贸试验区改革创新步伐，宝鸡、西咸空港综合保税区通过了国家验收；深入实施"1155"工程，新建了18家国家级众创空间、4家"双创"示范基地；积极部署重点产业创新链27条、重点产业创新点274个，技术合同成交额超过了1500亿元；比亚迪智能终端、三星二期等项目进展顺利，陕鼓、法士特等企业荣获"中国工业大奖"；中欧班列（西安）集结中心被纳入国家示范工程，"长安号"开行量、货运量、重箱率均居全国首位。[④] 以上这些都为陕西黄河流域高质量发展注入了新动能。

---

① 《居民收入增速回升 消费价格涨幅回落——2020年陕西民生经济运行报告》，国家统计局陕西调查总队网站（2021年2月4日），http://snzd.stats.gov.cn/index.aspx?menuid=4&type=articleinfo&lanmuid=18&infoid=3910&language=cn，最后检索时间：2021年6月3日。

② 《陕西省2021年政府工作报告》，陕西省人民政府网站（2021年2月3日），http://www.shaanxi.gov.cn/zfxxgk/zfgzbg/szfgzbg/202102/t20210203_2151881_wap.html，最后检索时间：2021年6月3日。

③ 《陕西省2021年政府工作报告》，陕西省人民政府网站（2021年2月3日），http://www.shaanxi.gov.cn/zfxxgk/zfgzbg/szfgzbg/202102/t20210203_2151881_wap.html，最后检索时间：2021年6月3日。

④ 《陕西省2021年政府工作报告》，陕西省人民政府网站（2021年2月3日），http://www.shaanxi.gov.cn/zfxxgk/zfgzbg/szfgzbg/202102/t20210203_2151881_wap.html，最后检索时间：2021年6月3日。

二　推进生态保护和高质量发展的举措与成效

2020年，陕西省认真践行习总书记相关指示精神和党中央决策部署，积极贯彻落实《黄河流域生态保护和高质量发展规划纲要》，为让黄河成为造福人民的幸福河做出了巨大的努力。

（一）政策体系和推进机制不断完善

坚持规划引领。2020年6月，陕西省文化和旅游厅组织召开了《陕西省黄河文化保护传承弘扬规划》专家评审会，该规划紧扣陕西黄河文化特点，对新时代弘扬黄河文化价值、讲好陕西黄河文化故事极具指导意义。2020年7月，陕西省人民政府办公厅印发了《陕西省秦岭生态环境保护总体规划》，这对秦岭生态环境保护和可持续发展具有重要意义。2020年8月31日，中共中央政治局审议了《黄河流域生态保护和高质量发展规划纲要》，陕西在对标对表国家规划纲要基础上，形成了《陕西省黄河流域生态保护和高质量发展实施规划》初稿，这将为陕西黄河流域生态保护和高质量发展提供根本遵循。

完善法律法规。2020年，陕西省人民代表大会常务委员会就修订《陕西省渭河流域保护条例》开展立法调研，并对其修订草案修改稿进行了审议。该条例将与2019年修订通过的《陕西省煤炭石油天然气开发生态环境保护条例》、2021年修订的《陕西省饮用水水源保护条例》等，共同助力于陕西黄河流域生态保护和高质量发展。

树立底线意识。2020年，陕西高度重视“三线一单”（生态保护红线、环境质量底线、资源利用上线和生态环境准入清单）工作，对自然保护区、人口密集区以及饮用水水源保护区主动开展“三线一单”分析比对服务。截至2020年底，“三线一单”成果已广泛应用于咸阳国际机场三期扩建工程、秦岭生物多样性保护专项规划、陕西榆林国家级现代煤化工产业示范区总体规划等多个建设项目和规划的环评中。

提出行动指南。2019年12月，陕西省林业局发布了《秦岭生态空间治理十大行动》。2020年6月，陕西省林业局又发布了《陕西省黄河流域生态空间治理十大行动》，指出“三屏三区一廊一带”总体布局，涉及自然保护地体系建设行动、生物多样性保护行动、自然生态资源保护行动、生态空间提质增效行动等，这些为加快推进陕西黄河流域生态空间治理体系与治理能力现代化打下了良好的基础。

（二）生态安全屏障更加牢固

积极开展水土保持工作。陕西出台了《陕西省水土保持补偿费征收使用管理实施办法》，在全国范围内率先建立起了煤炭石油天然气水土保持补偿机制，在全省范围内建成了3.4万座淤地坝，在黄河流域建成了21个国家级水土保持示范园区和49个省级水土保持示范园区。①

推进水利工程建设和水毁工程修复。黄河古贤水利枢纽工程进展顺利，东庄水利枢纽工程导流洞全断面贯通，引汉济渭秦岭输水隧洞掘进任务即将完成。陕西黄河流域累计建成江河堤防3608公里，2020年162处重点水毁工程在汛期来临之前全部修复，6次大范围的强降水得以成功应对，人民群众的生命财产安全得到了充分保障。②

实施重点河流污染治理工程。陕西省生态环境部门多次对延河、石川河、清涧河等重点河流开展专项调研，按照“一河一策”精细化思路编制黄河流域水污染治理方案。积极开展黄河流域陕西段入河排污口专项排查工作，初步建立入河排污口台账。严格执行污水综合排放标准，加强水功能区限制纳污红线管理，渭河出境水质为优。③ 全面推行河湖长制，由省级领导担任渭河、泾河、延河、昆明池、北洛河等重要江河湖泊省级河湖长，设立48名市级总河长、403名县级总河长、2717名乡级总河长、128名市级河湖长、1093名县级河湖长、5490名乡级河湖长，实现了对河湖保护管理的全覆盖。④

---

① （记者）刘艳芹：《黄河流域治理的陕西担当》，http：//www. chinawater. com. cn/newscenter/df/shx/202001/t20200103_ 743103. html，最后检索时间：2021年6月3日。

② （记者）毛浓曦：《陕西治理黄河咋样了？》，https：//baijiahao. baidu. com/s？ id = 1684968053816307202&wfr = spider&for = pc，最后检索时间：2021年6月3日。

③ 《陕西省2021年政府工作报告》，陕西省人民政府网站（2021年2月3日），http：//www. shaanxi. gov. cn/zfxxgk/zfgzbg/szfgzbg/202102/t20210203_ 2151881_ wap. html，最后检索时间：2021年6月3日。

④ （记者）毛浓曦：《陕西治理黄河咋样了？》，https：//baijiahao. baidu. com/s？ id = 1684968053816307202&wfr = spider&for = pc，最后检索时间：2021年6月3日。

实施大气污染综合治理工程。陕西积极推进冬季清洁取暖改造，深化机动车尾气、工业炉窑专项治理，加强汾渭平原大气污染联防联控。2020 年，全省平均优良天数 287.8 天，同比增加 22.5 天；环境空气质量综合指数平均值同比下降 10.0%，环境空气质量明显改善。①

加强农业面源污染治理。延安、宝鸡、渭南、铜川等市积极开展农业面源污染防治工作，规模养殖场粪污处理设施配套率、畜禽粪污资源化利用率大幅提升。根据《2020 年污染地块安全利用率核算方法》，陕西污染地块安全利用率达到 100%；国家下达陕西的 65.05 万亩受污染耕地安全利用和严格管控任务也已全部完成。②

推进生活垃圾分类工作。截至 2021 年初，陕西建成 95 座垃圾处置设施、24 座大件垃圾拆分中心、42 座可回收物分拣中心、40 座有害垃圾暂存点、372 座垃圾转运站，生活垃圾分类、运输和处理体系更加完备。全省确定的 9 个省级垃圾分类示范区均处于黄河流域。③

（三）黄河文化保护备受重视

搭建黄河文化基因保护立体网络。陕西确立了以《陕西省黄河文化保护传承弘扬规划》为依据，以“延续黄河历史文脉、挖掘黄河文化历史价值、展示黄河文化魅力”为思路，以“22556”（即打造 2 条廊道、建设 2 大高地、形成 5 带支撑、做好 5 圈协同、完善 6 条路径）为行动路线的黄河文化基因保护立体网络。

探索文旅融合发展路径。大荔县以在当地拍摄的电影《黄河入海流》为抓手，积极举办槐花节、枣花节和黄花菜节等，吸引四海宾朋到来。宜川县将红色文化和当地旱船、斗鼓、说书等元素融入实景演出《黄河大合唱》中，其磅礴的表演气势与独特的地域风情给游客带来了别样的体验。韩城市

---

① （记者）艾永华：《陕西 2020 年空气质量持续好转》，《陕西日报》2021 年 1 月 30 日，第 3 版。

② 《陕西省生态环境厅举办新闻发布会介绍陕西省土壤污染防治工作情况》，陕西省生态环境厅网站，http://sthjt.shaanxi.gov.cn/Interaction/news/2020-12-03/65009.html，最后检索时间：2021 年 6 月 3 日。

③ （记者）田若楠：《全省城市生活垃圾分类厨余垃圾车辆配发仪式在西安举行》，《陕西日报》2021 年 2 月 6 日，第 2 版。

借助首届中国黄河旅游大会、八路军东渡黄河出师抗日纪念活动、司马迁民间祭祀活动等的影响力以及沿黄观光公路的美丽景致，增强了其对外地游客的吸引力。

开展黄河文化主题活动。陕西举办了黄河沿线民歌大赛、黄河文化主题美术创作展、“黄河记忆”非遗展示展演等活动，开设了黄河流域非物质文化遗产传承人群培训班、黄河流域“新农村 新生活 新风尚”小戏小品创作研修班，在府谷县启动建设了陕西首家“黄河文化记忆”主题图书馆。

推进重点文化工程和园区建设。陕西加快了黄河文化旅游带、国家级陕北文化生态保护实验区的建设步伐，实施了黄帝陵文化园区、陕西历史博物馆、西安碑林博物馆、秦始皇陵博物院改扩建工程，这些都为黄河流域文化旅游事业繁荣发展注入了强劲的力量。

（四）区域互动协作不断增强

2020 年 6 月，陕西省西安市人民政府与山东省济南市人民政府共同签署了《协同实施黄河流域生态保护和高质量发展战略合作协议》。2020 年 7 月，陕西省与甘肃省共同签署了《陕西省人民政府 甘肃省人民政府经济社会发展合作框架协议》。2020 年 8 月，水利部黄河水利委员会与沿黄九省区签订了《黄河流域河湖管理流域统筹与区域协调合作备忘录》。2020 年 9 月，公安部及陕西、宁夏、青海、甘肃等省区公安机关代表共同签订了《西北警务协作区公安机关服务黄河流域生态保护和高质量发展警务协作机制》。2020 年 9 月，陕西省高级人民法院联合陕西省人民检察院、陕西省公安厅、陕西省生态环境厅等部门共同发布了《关于加强协作推动陕西省黄河流域生态环境保护的意见》。以上这些都对协同推进黄河流域生态保护和高质量发展大有裨益。

三　推进生态保护和高质量发展面临的问题

尽管陕西黄河流域生态保护和经济社会发展已经取得了初步的成绩，但任何战略规划的实施都不可能一蹴即至，生态环境、水资源、采煤沉陷区治理、产业发展、人才建设等方面暴露出的一些问题仍然制约着黄河流域陕西段的高质量发展。

（一）生态环境保护任务艰巨

陕西黄河流域生态环境保护面临一些亟待解决的问题。比如，榆林风沙草滩区部分沙滩地还未得到及时治理，这一地区仍然面临植被稀少、土地荒漠化等问题。黄河中下游河道淤积的粗泥沙有90%来自陕西，黄土高原生态脆弱区水土流失治理仍然面临较大压力。神木、府谷、横山、蒲城、澄城等市县的历史遗留矿山，仍然存在破坏地形地貌景观、占压土地资源、污染水源、损害土壤与植被、容易引发地质灾害等问题。秦岭北麓一些采矿企业乱采滥挖、随意堆放废石废渣现象时有发生，一些建设项目环境影响评估也做得不够到位。渭河流域河流监管手段依然比较落后，基层河长履职意识不强、履职能力较为欠缺，沿河居民环境保护观念较弱、环境卫生习惯也相对较差。这些都是黄河流域陕西段生态保护面临的重要考验。

（二）沿黄市县水资源日趋紧缺

随着经济社会发展与人口数量增长，陕西黄河流域工业用水、农业用水、生活用水以及生态用水更加紧缺。据统计，陕西黄河流域水资源总量占全省的28.4%，人均水资源量占全省的34.4%，其却承担了全省78%以上的生活用水和83%以上的工业用水；流域内80多个县城严重缺水的达14个，一般缺水的达63个；榆林地区可供开采的剩余地表水和地下水不到10亿立方米，这将是陕北煤化工业发展的重要障碍。① 在造成水资源短缺的诸多原因中，农业灌溉用水有效利用率不高、工业用水重复利用率偏低以及给水管网漏失等都是要考虑的因素。此外，黄土高原长期抽提地下水，造成地下水位不断下降，以及淤地坝汛期空库运行，未能兼顾群众对水资源的需求等也必须给予重视。

（三）采煤沉陷区治理仍有不足

陕西采煤沉陷区治理相对比较滞后、粗放。一些村庄受煤矿开采影响急需

---

① 薛建兴：《自然资源推动陕西黄河流域生态保护和高质量发展的几点思考》，陕西省自然资源厅网站，http：//zrzyt. shaanxi. gov. cn/info/1038/49929. htm，最后检索时间：2021 年 6 月 3 日。

搬迁，但具体的搬迁计划未及时落实。比如，韩城钢铁村、明星村的道路、房屋、耕地等出现的塌陷开裂问题，已给当地群众生活造成极大影响。采煤沉陷区坍陷是引发煤矿事故的重要诱因。虽然2020年陕西煤矿发生事故起数比2019年下降了42.8%，死亡人数下降了45.8%，[①] 但煤矿企业向来视“安全第一”为重要生命线，采煤沉陷区坍陷仍将是煤矿企业发展面临的重要问题。此外，采煤沉陷区综合治理涉及发改、环保、国土、财政、水利、煤炭等多个部门，目前各个部门未形成联合治理机制，并且部分部门只注重对治理方案的事前审查与审批，而缺乏对落实情况的事后监管。

（四）产业发展亟须转型与升级

陕西矿产资源丰富，其中煤炭保有量为1716.48亿吨，原油可采量为34889.25万吨，天然气可采量为9594.88亿立方米，且这些资源主要分布于黄河流域。[②] 正所谓“靠山吃山、靠水吃水”，矿产资源富集的陕北、渭北地区分布着许多高污染、高耗能的矿产资源企业。它们带动了沿黄市县工业经济的快速发展，同时也暴露出一些亟待解决的问题。比如，一些煤矿企业开采技术比较落后，开采成本比较高，煤炭的采出率有待提升；一些煤矿企业虽然贴着“清洁环保”的标签，却从事违规生产，给沿黄市县水资源、空气和土壤等带来极大污染。另外，黄河流域陕西段农业发展整体水平不高，以家户为单位的农业生产组织模式仍然占据主导地位；高新技术产业、现代服务业在国民经济发展中占比仍然较小，这些也阻碍了黄河流域的高质量发展。

（五）文旅融合发展相对滞后

陕西黄河流域文旅融合发展程度与许多发达省区相比还有很大差距。比如合阳洽川风景名胜区、宝鸡大水川、佳县白云观等景点，停车场、内部标识牌

---

① （记者）李卓然：《2020年陕西煤矿事故起数、死亡人数实现“双下降”》，央广网，https://baijiahao.baidu.com/s?id=1688140137796895800&wfr=spider&for=pc，最后检索时间：2021年6月3日。

② 薛建兴：《自然资源推动陕西黄河流域生态保护和高质量发展的几点思考》，陕西省自然资源厅网站，http://zrzyt.shaanxi.gov.cn/info/1038/49929.htm，最后检索时间：2021年6月3日。

等基础设施还不够完善，餐饮、住宿等服务质量也有待提升。周至县有楼观台国家森林公园、黑河国家森林公园、楼观道文化展示区等多处自然景观和人文景观，但该县至今没有铁路和高速公路通过，这严重削弱了外界游客前往旅游观光的热情。又如，黄帝陵、华山、壶口瀑布、枣园等著名景点是人们常去的旅游地，而一些较为偏远、交通不便的文化分布区则处于待开发状态；复制“袁家村”发展模式的古镇、老街不断增多，而深层次挖掘自身文化旅游特色的市县则较少；景区观赏性的旅游项目居多，而体验性与参与性的旅游项目则较少。总体上讲，如何将沿黄市县丰富的文化旅游资源转化为文化旅游产业发展的优势，以及如何进一步深化黄河文化主题并将其主动融于文化旅游事业发展中，都是目前要认真思考的问题。

（六）人才问题制约经济社会发展

陕西现有高校110所，每年高校毕业生人数众多，但愿意留陕工作的陕西籍和外省籍高校毕业生人数都不乐观。现有人才资源主要集聚在关中地区，黄河流经的陕北地区人才则较为匮乏。国家“万人计划”和省上“三秦学者”入选者大多来自高校，而更需要工程技术人才、高技能人才的企业从中受益不多，企业在科技创新中的主体地位体现得不太明显。除了高校众多外，陕西还有各类科研机构1340家，两院院士69人①，但目前产学研合作机制还不够完善，高校和科研机构的科研成果产出与企业的实际需求存在对接不畅问题。此外，陕西尚未建立人才供需预测制度，人才引进、培养与沿黄市县经济社会发展需求没能做到有效衔接。人才方面暴露出的种种问题也制约了陕西黄河流域的高质量发展。

四　推进生态保护和高质量发展的对策建议

目前，我们必须牢抓重大国家战略发展机遇，客观分析各类问题，不断夯

① 《聚焦产业技术创新陕西省综合科创水平指数全国第9》，中华人民共和国科学技术部，http：//www.most.gov.cn/dfkj/shanx/zxdt/202001/t20200116_151115.html，最后检索时间：2021年6月3日。

实工作责任，抓重点、扬优势、补短板、激活力，为持续推进陕西黄河流域生态保护和高质量发展迈出更加坚定的步伐。

（一）推进生态环境修复与治理

在榆林风沙草滩区，要将防风固沙、粮食耕种与科学造田相结合，逐步实现“风沙变风景、沙患变沙利”的良好转变。在黄土高原生态脆弱区，要加强新型淤地坝建设、高标准旱作梯田建设和坡耕地综合治理；要通过植被体系结构优化和丘陵沟壑区封育修复等方式，促使黄土高原水土流失治理取得显著成效。在矿产资源富集区，要采取尾矿综合利用、矿山植被重建、土地复垦利用等措施，恢复矿山及其周边生态环境；要充分调动政府、社会、市场等力量，积极探索“开发式治理”生态修复模式。在秦岭北麓，要吸取秦岭违建别墅问题的深刻教训，加强对乱采乱挖、乱搭乱建、乱砍乱伐、乱捕乱猎、乱排乱放等问题的整治。在渭河流域，要大力提高河流监管技术水平，不断提升基层河长和沿河居民河流保护意识，加大河流巡查监管力度，等等。

（二）加强水资源节约集约利用

在黄土高原地区，要实施千湖百池生态工程，通过就地拦截、储存降雨来满足农业灌溉和地下水资源补给；要编制淤地坝蓄水安全管理和运用方案，充分发挥淤地坝的蓄水功能；要严格控制渭河、无定河、延河、清涧河、窟野河等支流超标污染物的排放量，继续做好水污染的治理工作；在水资源极度缺乏的地区，要配套建设涝池、塘坝等蓄水设施。此外，要合理规划产业发展，全面推进节水型社会建设。比如在农业生产方面，要倡导使用高效节水灌溉设施，积极推广高效节水灌溉技术；对规模养殖场要进行节水改造，采用节水型方式养殖畜禽。在工业生产方面，要限制高耗水行业发展，改造和淘汰落后的高耗水工艺和设备；推进水价改革，充分发挥价格对水资源的优化配置作用；推广雨水收集技术，鼓励企业尝试利用非常规水源。在服务业用水方面，要严格控制特定行业用水定额，积极推广循环用水技术等。

（三）加大采煤沉陷区治理力度

陕西应该加强采煤沉陷区综合治理工作。要将地下有煤层的村庄迁建工

作纳入保障性住房建设、新型农村社区建设等规划中，要及时为采煤沉陷区村庄制定合理的搬迁补偿办法。对一些存在重大安全隐患的村庄，要及时为群众建设临时用房，迅速解决其搬迁过渡期临时避险问题。要通过突击夜查、随机检查和专家会诊等方式，推进采煤沉陷区隐患排查与治理常态化。要统筹煤矿企业缴纳的水土保持补偿费、地质环境治理恢复保证金、森林植被补偿金、河道治理费等，确保留出充足的资金专门用于采煤沉陷区综合治理。此外，要加强对采煤沉陷区综合治理的统一领导，确保采煤沉陷区项目、资金、土地等得到严格落实，对一些无证开采、超层越界开采等行为要进行严惩。

（四）培育沿黄市县产业发展新动能

在陕北能源化工基地、渭北产业聚集区，要新开一些能够大幅提升产能的大型煤矿，积极推动传统煤化工业向现代煤化工业转型。要加快推进榆林大型煤化工园区高标准建设，支持榆林建成国家级能源革命创新示范区，促使榆林成为陕西能源工业转型升级的"排头兵"。要强化科技创新驱动，攻克一些有关污染排放物回收、利用方面的关键技术，力争将与污染排放物回收、利用相关联的产业培育成带动流域经济发展的新增长点。要加快推进榆林科创新城项目建设，支持延安建成黄河流域生态保护和高质量发展先行区，力争为陕北产业转型与升级注入新活力。要以土地流转为契机，提高农业发展的集约化、规模化、产业化程度。要积极推动农产品加工与升级，以满足人们对农产品有特色、多元化、高质量的需求。要大力发展生态农业，促进农业与旅游业融合共赢。要从政策支持、资金投入和营商环境优化等方面，推动高新技术产业和现代服务业快速发展。

（五）全面提升黄河文化旅游品质

陕西应该重视文化旅游品质提升，努力推动沿黄市县文化旅游事业高质量发展。要不断完善各大景区基础设施，积极推进智能化景区建设。要加强各大景区与外界的交通联系，打通、拓宽沿黄市县与各大景区道路，增开沿黄市县与各大景区旅游专车，力争实现沿黄市县与各大景区"零距离换乘"。要积极开展沿黄市县文化资源普查工作，建立沿黄市县文化资源数据库，促使

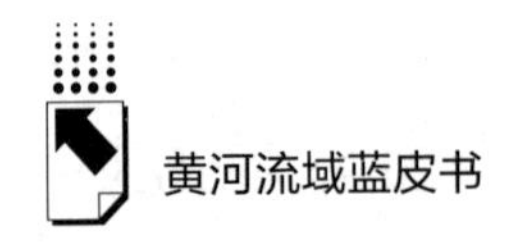

那些“藏在深闺无人知”的文化资源得到转化和利用。要深入挖掘黄河文化、黄土高原文化、唐帝陵文化、历史名城文化、红色文化、非物质文化遗产等资源要素，并将其合理融入旅游产品的开发设计中。要不断增强游客对各种文化旅游项目的参与性与体验感，大力提升游客的认可度与满意度。

（六）补足经济社会发展人才短板

陕西人才部门要积极宣传其在历史、文化、教育、科技等方面的优势，以及在“一带一路”倡议中的重要地位和建设西安国家中心城市的发展愿景，以此鼓励各地人才加盟陕西发展。要大力弘扬“西迁精神”“延安精神”，积极引导高校毕业生到基层、民营企业和艰苦地区就业，确保不同行业、不同区域人才工作健康发展。要增加企业人才入选国家、省上人才支持计划的比例，要破除高校、科研机构与企业之间人才流动的障碍，鼓励高校、科研机构人才向企业流动。要建立健全产学研沟通机制、利益分配机制、风险管理机制等，充分发挥高层次人才在经济社会发展中的引领作用和创新潜能。要建立“人才需求和预测填报系统”，力保人才供应情况与经济社会发展需求相契合。

五　陕西生态保护和高质量发展的形势展望

随着黄河流域生态保护和高质量发展战略的推进实施，黄河流域陕西段生态、经济、社会、文化等领域存在的问题将得到不断破解，黄河流域陕西段生态保护和高质量发展也将迈上新台阶。

（一）协同推进生态保护与经济发展

找准绿水青山与金山银山之间的转化路径将是陕西黄河流域实现生态保护和经济发展双赢的必由之路。陕西将从法律、政策、规划等方面完善顶层设计，积极落实全民所有自然资源资产有偿使用制度，合理提高生态环境对经济发展的贡献率。随着黄土高原生态环境持续转好，杨树林、刺槐林等高耗水植被有可能被替换为既能兼具生态效益，又能释放经济效益的林木。陕西还将进一步优化产业结构，大力发展绿色、循环、高效农业，积极开辟环境友好型企业“绿色通道”，不断提升服务业绿色发展水平，力争实现生态效益与经济效益的共赢。

（二）文化遗产系统性保护愈加凸显

“系统性保护”理念是黄河流域文化遗产保护的重要方向。陕西黄河流域文化遗产数目众多、分布广泛，要使得黄河文化魅力得到充分彰显，文化部门必将加快文化资源普查和相关数据库建立的进度。在文化遗产整合利用上，既将尊重文化遗产单体的特性，又会考虑相关文化遗产之间的关联。比如，华胥陵、黄帝陵、炎帝陵都是中华民族远古祖先陵寝，秦咸阳城遗址、汉长安城遗址、隋唐长安城遗址都是古代都城遗址，文化部门必将结合它们的外在特征与内在联系进行保护利用。

（三）贫困边缘人口会受到持续关注

帮助群众守住脱贫攻坚成果是推进黄河流域高质量发展仍将重视的问题之一。虽然陕西区域性整体贫困和绝对贫困已经消除，但榆林、延安等自然环境恶劣地区的贫困边缘人口以及关中外出务工型、政策保障型、多因素叠加型、罹患职业病型的贫困边缘人口等仍然存在返贫风险。为实现这些人口长久脱贫，保障政策的完善、监测体系的建立、内生动力的培育和各类资源的投入等方面还有很多工作要做。

（四）区域发展共同体意识显著增强

沿黄市县将进一步增强流域意识，各地会紧扣区位、生态、产业、资源、人口等因素，寻找自身错位发展和协调发展的方向。随着阻碍劳动力、资本、技术等生产要素合理流动的地方性政策法规的清理，中东部省份（比如山东、河南）对陕西沿黄市县的经济带动力将明显增强。此外，陕西与周边省区在生态保护、经济发展、社会建设、文化交流等方面协同合作的广度与深度也将得到进一步拓展。

参考文献

范玉波：《协同推进黄河流域高质量发展》，《中国社会科学报》2020 年 6 月 24 日，

第3版。

郭志远：《推进黄河流域水资源节约集约利用》，《中国社会科学报》2020年9月16日，第11版。

杨丹、常歌、赵建吉：《黄河流域经济高质量发展面临难题与推进路径》，《中州学刊》2020年第7期。

B.11

2020～2021年山西黄河流域生态保护和高质量发展研究报告*

韩东娥　韩　芸**

摘　要：　统筹生态保护和高质量发展是实现黄河流域经济社会可持续发展的必由之路。山西位于黄河流域中游地区，地理位置重要，肩负重大的历史责任和使命。2020年以来，山西积极探索实施黄河流域生态保护和高质量发展路径举措，成效显著。但同时还存在生态修复治理任务艰巨、高质量时代呼唤与产业先天不足的矛盾、生态本底脆弱与产业性污染严重的矛盾、文化旅游产业竞争力影响力仍待强化等问题。下一步山西将持续深入贯彻绿色发展理念，围绕"两山七河一流域"进一步加大生态环境修复治理力度、加快产业高质量转型升级、保护传承弘扬黄河文化，推动黄河流域高质量高速度发展迈上新台阶。

关键词：　生态保护　高质量发展　黄河流域　山西

* 本报告系2021年度山西省社会科学院(省政府发展研究中心)规划课题"山西黄河流域经济、能源、环境协同发展研究"(项目号:YNYB202105)的阶段性成果。

** 韩东娥，山西省社会科学院（省政府发展研究中心）副院长、二级研究员，主要研究方向为资源能源和生态环境经济及政策；韩芸，山西省社会科学院（省政府发展研究中心）生态文明研究所副研究员，主要研究方向为能源经济和生态经济。

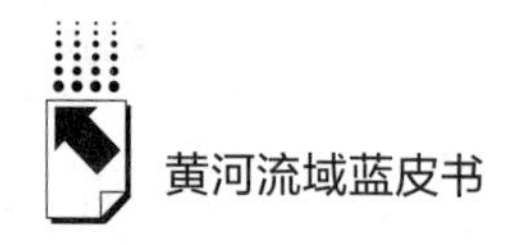

"保护黄河是事关中华民族伟大复兴和永续发展的千秋大计。"① 近年来，沿黄各省区按照国家黄河重大战略，努力推动黄河流域地区生态环境保护和经济社会高质量转型协同发展，取得了突出成效。山西位于黄河流域中游，生态环境保护和高质量发展的历史使命艰巨。习近平总书记2020年视察山西时特别强调，山西要扎实坚定地推进黄河流域生态保护和高质量发展国家战略，要"在转型发展中率先蹚出一条新路来"。山西深刻领悟习近平总书记视察山西重要讲话和重要指示的博大内涵，坚定扛起重大历史使命重担，努力推动黄河流域经济社会高质量高速度转型发展。

一 山西黄河流域概况

黄河全长5464公里，是我国第二大河流，是我国北部大河，干流呈"几"字形，自西向东依次流经青海、四川、甘肃、宁夏、内蒙古、陕西、山西、河南、山东9个省（自治区），流域总面积79.5万平方公里。中上游以山地为主，中下游以平原、丘陵为主。其中地处上游的青海省的流域面积最大，下游山东省流域面积最少，分别占黄河流域总面积的19.1%和1.7%；中游的陕西、山西两省分别有67.7%和64.9%的面积在黄河流域内。黄河流域水资源量5900.4亿立方米，占全国水资源量的21.5%。

山西位于黄河中游，山西段总长965公里，约占黄河总长度的20%，流经忻州、吕梁、临汾、运城等4市19县大约560个村庄。山西境内黄河流域覆盖11个地市86个县（市、区），流域面积9.71万平方公里，占黄河流域总面积的12.2%②。山西黄河流域面积大于3000平方公里的主要河流有汾河、沁河、涑水河、三川河、昕水河。

汾河是黄河第二大支流，也是山西省的最大河流。汾河纵贯山西省境中部，流经太原和临汾两大盆地，于万荣县汇入黄河，全长713公里，流域面积39721平方公里，流域面积占山西省面积的25.5%。河川径流20.67亿立方

① 习近平：《在黄河流域生态保护和高质量发展座谈会上的讲话》，《实践（思想理论版）》2019年第11期，第5~9页。

② 杨文：《进一步加强黄河流域水生态环境保护》，《山西日报》2021年3月11日，第04版。

米。水资源总量33.58亿立方米，占全省水资源总量的27.2%。汾河流域包括忻州、太原、晋中、吕梁、临汾、运城六市中的41个县（市、区），流域内共有人口1266.2万，为山西省总人口的39%，人口密度321人/平方千米。耕地1738.69万亩，占全省耕地的29.5%。许多重要工业城市，如太原、榆次、临汾、侯马等，集中分布在汾河的两大盆地中，地位十分重要。

沁河是山西第二大河，位于晋东南太行山区，河长485公里，流域面积13532平方公里。山西省境内长360公里，流域面积为10700平方公里。在山西省境内，沁河流域地势平缓，气候温暖，土地肥沃，水源充裕，农耕经济相对发达。采煤业是沁河流域的古老产业，沁河流域的无烟煤以质地坚硬、无尘而被誉为“白煤”。

涑水河穿越运城盆地，全长201公里，流域面积5548平方公里（见表1），沿岸是山西主要的棉麦产区①。三川河和昕水河均位于吕梁山区，沿途流经黄土丘陵区，含沙量很大。

表1　黄河流域山西境内主要支流情况

河名	河长(公里)	流域面积(平方公里)	流量(立方米/秒)
汾河	713	39721	48.7
沁河	360	10700	40.9
涑水河	201	5548	6.3
三川河	168	4161	9.2
昕水河	174	4326	5.8

资料来源：根据相关资料整理。

二　山西黄河流域生态保护和高质量发展进展情况

2020年，山西紧紧抓牢黄河流域生态保护和高质量发展战略机遇，大力开展“两山七河一流域”生态保护和修复，努力破解结构性污染难题，全方位推动经济社会高质量转型发展。

① 张建国、赵惠君、张若琼：《山西省黄河流域的水环境问题》，《长江职工大学学报》2003年第4期，第1～4页。

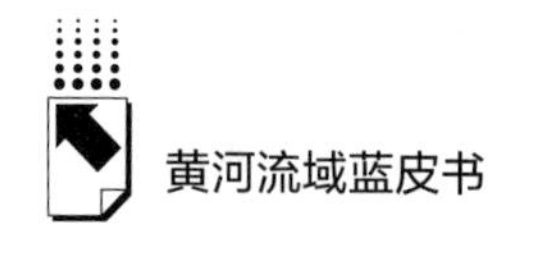

（一）黄河流域生态保护和治理扎实推进

1. 大力实施国土绿化彩化财化

2020 年，山西高质量开展大规模国土绿化行动，黄河流域 86 个县和 9 个省直林局完成营造林 408.1 万亩。坚持“林地林用、草地草用、专地专用、耕地不用”，合理规划，着力扩大造林面积，全方位开展绿化。实施退化林改造，重点对分布在晋北地区、吕梁山区的退化防护林进行提质增效改造。加强保障性苗圃建设，完成育苗 100 万亩。完成 500 万亩省级未成林管护，完成 91 个森林乡村建设任务，对晋城、长治两个国家级森林城市实施动态管理。完成三条“一号”旅游公路 200 公里沿线的荒山彩化工程。完成义务植树和四旁植树 1.3 亿株以上。实施完成草地改良任务 50 万亩，以及亚高山地区草甸的保护修复、退牧还草和退化草地的改良等草地生态修复工程。完成两个国家草原自然公园沁源花坡草原、沁水示范牧场试点建设。下发《关于推进黄河流域国土绿化高质量发展的通知》（晋林办生〔2020〕79 号），确保到 2025 年宜林荒山实现基本绿化。

2. 全面开展“两山七河一流域”生态修复治理

坚持“两山”生态修复治理。山西把太行山、吕梁山生态脆弱地区作为“三北”工程的建设重点，将建设范围从最初的 28 个县逐步辐射到 57 个县（市、区），涉及面积 819.97 万公顷，截至 2020 年底累计营造林 3544.33 万亩，在晋陕峡谷建成了 600 多公里的绿色长廊，在桑干河流域、长城内外、火山群落、洪涛山系形成了总面积 300 多万亩的森林公园建设群落。据 2019 年全省森林资源年度清查，森林覆盖率由 1978 年的 8.3% 提高到 2019 年的 23.2%，净增 14.9 个百分点，历史性超过全国平均水平。同时，山西坚持把强化科技应用作为“三北”工程的重要支撑，在干石山区开展爆破整地、客土造林，在黄土丘陵区实施径流整地、抗旱造林，在风沙区推广阴坡堵风、集水造林，组装形成 20 多项集成技术，创造了生态奇迹。昕水河流域生态经济型防护林体系建设被国内外专家誉为黄土高原地区生态治理的“教科书”。山西依靠科技开展实验性退化林修复，探索出 6 种科学修复模式，在林草科技上走出了山西路径，成为全国样板。

以汾河为重点，推进“七河”治理。坚持以水定城、以水定产，统筹实

施“五策丰水”[①]，统筹推进“五水同治”[②]，布局实施“十大工程”[③]，实现全流域、全方位、全系统综合施治。2020年初，成立了黄河（汾河）流域水污染治理攻坚指挥部；印发《山西省黄河（汾河）流域水污染治理攻坚方案》（晋政办发〔2020〕19号），谋划部署70项省级重点工程和90项重点管控措施等[④]。2020年上半年，汾河国考断面全部退出劣Ⅴ类，到2020年底，全省监测的58个地表水国考断面全部退出劣Ⅴ类，汾河流域水质取得历史性改善[⑤]。

3. 精准推进污染防治攻坚

2020年是山西推进污染防治力度最大、成效最显著的一年。一是全面深化供给侧结构性改革，去产能取得显著成效。全年淘汰粗钢产能655万吨，关停煤电机组425.6万千瓦，关停压减焦化产能5014万吨[⑥]。二是大力实施蓝天保卫战。实施散煤治理及清洁化替代工程，清洁取暖改造居民累计超过500多万户。全面开展降尘整治，降尘量监测覆盖到全省所有县（市、区），全省11个城市降尘量均低于9吨/（月·平方公里）的考核标准。实施机动车结构升级改造工程，累计淘汰14.92万辆老旧车、13.03万辆国三及以下排放标准营运的柴油货车。2020年山西优良天数比例达到71.9%，比上年增加了31天，环境空气质量综合指数、PM2.5平均浓度已连续三年同比明显改善。三是扎实推进净土保卫战，截至2020年底，山西受污染耕地安全利用率达到97%，污染地块安全利用率达到100%[⑦]。

---

① “五策丰水”：铁腕治水、生态调水、改革活水、高效节水、强力保水。

② “五水同治”：饮用水源、黑臭水体、工业废水、城镇污水、农村排水。

③ “十大工程”：荒山荒坡造林绿化工程、水源地退耕还林还草工程、森林精准提升工程、生态廊道建设工程、村庄绿化工程、湿地保护工程、森林公园建设工程、草地保护修复工程、生物多样性保护工程、景观花草建设工程。

④ 程国媛：《打好蓝天、碧水、净土保卫战》，《山西日报》2021年3月12日，第05版。

⑤ 王璟：《山西三大保卫战“十三五”圆满收官》，《中国环境报》2021年3月23日，第02版。

⑥ 程国媛：《打好蓝天、碧水、净土保卫战》，《山西日报》2021年3月12日，第05版。

⑦ 张剑雯：《山西蓝天碧水净土三大保卫战告捷》，《山西经济日报》2021年2月3日，第5版。

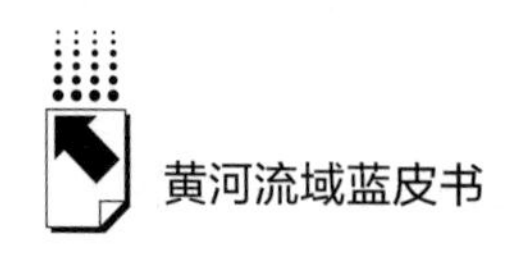

（二）能源高质量转型发展步伐加快

1. 能源供给质量进一步提升

2020 年，山西持续深化煤炭行业供给侧结构性改革，坚持“市场化、法制化”统筹推进煤炭去产能，全年退出煤炭产能 4099 万吨①。“十三五”期间，全省煤炭总产能由 14.6 亿吨/年减少到 13.5 亿吨/年，累计化解煤炭过剩产能 15685 万吨，退出总量居全国首位，圆满完成“十三五”煤炭去产能任务。煤矿数量由 1078 座减少到 900 座以下，煤矿平均单井规模由 135 万吨/年提高到 150 万吨/年以上，先进产能占比由不足 30% 提高到 68%，实现了新旧动能转换，高质量发展迈出新步伐②。同时，山西持续推动能源供给由单一向多元、由黑色向绿色转变，加快清洁能源和新能源的发展。截至 2020 年底，山西新能源发电装机容量占全省发电装机容量的比重达到 30% 以上，比 2015 年末提高了 20.4 个百分点③，光伏领跑基地装机规模达到 400 万千瓦，居全国第一。新能源发电量达 424.3 亿千瓦时，占发电量的 12.5%，占全社会用电量的 18.1%，分别较 2015 年提升 8.1 个百分点和 11.9 个百分点，新能源消纳率达到 97%。积极推进非常规天然气增储上产④，推进“三气”综合开发试点，提升非常规天然气产量、管网里程、调峰储气能力，全产业链发展明显提升。

2. 能源节约利用水平持续提升

山西坚持节能优先，大力推进节能降耗，全面实施国家强制性节能标准，能源利用效率不断提高。加大电能利用，不断提升电能占终端能源消费的比重。2020 年，在前期 357 万余户完成清洁取暖改造的基础上，继续加大力度，持续推进完成了 137 万户清洁取暖改造，煤烟型污染得到有效控制；新能源、清洁能源公交车、出租车、环卫车覆盖面持续扩大。实施能效“领跑者”制度、能耗“双控”目标责任考核等。“十三五”前四年全省单位 GDP 能耗累

① 张毅：《能源革命综合改革试点扎实推进》，《山西日报》2021 年 3 月 5 日，第 06 版。

② 张毅：《我省圆满完成“十三五”煤炭去产能任务》，《山西日报》2021 年 1 月 11 日，第 01 版。

③ 张毅：《能源革命综合改革试点扎实推进》，《山西日报》2021 年 3 月 5 日，第 06 版。

④ 张巨峰：《统筹推进增储上产 消纳利用 提升全产业链发展水平》，《山西日报》2021 年 2 月 5 日，第 03 版。

计下降12.87%，达到国家下达的“十三五”期间单位GDP能耗下降15%的序时进度，能源利用效率不断提高。

3. 能源科技创新驱动持续加快

近年来，山西积极开展能源关键技术研发、先进技术引进、关键技术应用示范等，能源科技创新取得实质性突破。2020年，山西成立晋能控股山西科学技术研究院有限公司，该公司是全省拥有国家级技术中心、国家重点实验室等各类科研平台最多、实力最强的研究院公司，也是引领山西现代能源科技发展的重要平台。山西成立了国内首个煤炭行业工业互联网标识解析二级节点，出台了《煤矿智能化技术创新研发中心建设实施意见》《山西省煤矿智能化建设实施意见》等一系列政策措施，建成了全国第一个煤矿井下5G网络，制定了全国第一个智能煤矿建设地方标准，建成实施了一批绿色开采试点、智能化煤矿、智能化综采工作面等，煤炭智能安全绿色开采、煤炭清洁低碳高效利用水平持续稳步提高。

（三）高质量转型发展积极推进

1. 着力倒逼传统产业转型升级

按照“四线一单”生态环境分区管控体系，逐步优化黄河流域地区产业开发空间布局，依法禁止或限制大规模开发。加强供给侧结构性改革，严格控制黄河流域各个地区布局新建高耗能、高污染和产能过剩项目，尤其是在汾河、沁河等河流谷地和生态环境相对敏感的区域布局重污染、高污染项目。对生态环境破坏严重的区域，严格实行区域限批、约谈问责等措施。鼓励引导黄河流域地区煤炭、钢铁、电力、焦化等传统产业“上新压旧”“上大压小”“上高压低”“上整压散”。[①] 围绕“六新”产业谋划布局，积极发展战略性新兴产业、特色优势产业，引导产业向园区聚集、向环境条件良好的区域聚集。同时，加强黄河流域地区“散乱污”企业治理，倒逼产业转型提档升级，实现新旧动能转换。

2. 努力培育战略性新兴产业

2020年，山西坚持把战略性新兴产业培育作为高质量转型发展的重

① 潘贤掌：《加强黄河流域生态保护和高质量发展》，《中国环境报》2020年7月17日，第03版。

中之重，大力实施“5432”制造业千亿产业培育工程，全面打造14个标志性引领性新兴产业集群，相继出台了《山西省大数据发展应用促进条例》《战略性新兴产业电价机制实施方案》等，大力促进高质量、高成长型产业提速发展。在一系列政策和措施的实施下，山西大数据、信创等“六新”产业实现了从无到有、从弱到强的转变，积极发展新基建项目，5G新基建进入全国第一梯队；初步构建起14个标志性引领性产业集群的创新框架；全面完成了规模以上企业创新活动全覆盖；全省1966个项目在开发区落地生根，1657个项目开工建设，910个项目投产①，为全省高质量高速度转型发展注入了新动能，为“十四五”时期转型出雏形奠定了坚实基础。

3. 加快推进黄河文化旅游

2020年是山西“三大（黄河、长城、太行）旅游品牌”建设年，黄河文化旅游硕果累累。实施黄河景区提档升级工程，云丘山景区成功升级成为国家5A级旅游景区，壶口瀑布成功入列5A景区创建名单，开发了鹳雀楼等国家4A级旅游景区以及偏关老牛湾、河曲娘娘滩等生态型景区。乡村旅游发展取得显著成效，全省10条线路入选全国乡村旅游精品线路，全省确定了第一批3A级乡村旅游示范村100个，建设了300个乡村旅游扶贫示范村，黄河、长城、太行三个一号旅游公路“0km”标志文化驿站正式启用，黄河人家、长城人家、太行人家成为山西独有的旅游品牌，确定了175个“三个人家”。全域旅游创建取得阶段性成果，编制完成了长城、黄河国家文化公园建设（山西段）规划，成功跻身全国全域旅游第一方阵，成为全国第8个省级国家全域旅游示范区创建单位，泽州、壶关、永济、武乡成功入选第二批国家全域旅游示范区创建名单，太原市被纳入第一批国家文化和旅游消费试点城市。开展了“游山西·读历史”活动，2020年国庆期间，全省累计接待游客5246.89万人次，居全国第四位；旅游收入316.38亿元，居全国第九位②。

---

① 晋帅妮：《聚焦“六新”突破抢占未来发展制高点》，《山西日报》2021年1月12日，第01版。

② 张婷：《文旅融合风劲帆起 全域旅游硕果累累》，《山西日报》2021年3月9日，第05版。

三　山西黄河流域生态保护和高质量发展面临的挑战

山西黄河流域地区是国家重要的以煤炭为主的能源基地。流域生态本底脆弱，生态问题突出，生态保护和高质量发展面临的形势严峻。

（一）生态修复治理任务仍然艰巨

山西黄河流域生态保护工作虽然取得了积极成效，但是由于山西黄河流域地区沟壑纵横、地形复杂，是土壤侵蚀严重、集中连片的水土流失区，尤其是吕梁山区缺林少绿、干旱少雨、土地贫瘠、水土流失严重，是全省生态最为脆弱的地区，是典型的“生态洼地”。吕梁山区年输入黄河泥沙占全省入黄泥沙80%以上，生态修复治理任务仍然十分艰巨。水资源短缺也是黄河流域突出的问题。全国水资源调查评价结果显示，黄河流域的水资源量仅为长江流域的5%，在全国排序居后。黄河流域地表水开发利用率为86%、消耗率为71%，远超流域水资源承载能力，缺水已成为黄河流域生态保护和高质量发展面临的最大挑战①。山西在全国仍属于欠发达省份，虽然近年来不断加强水环境治理，水资源质量已经大为改善，但是水资源质量问题依然比较严峻，主要表现在：一是城镇生活污水治理和水生态保护问题仍然突出；二是长期以来，煤炭开采导致的水资源短缺、生态功能破坏等问题依然存在；三是山西黄河流域地区重工业集聚，生产建设项目分布区域广，而且数量较多，人为的水土流失和潜在的威胁也比较突出；四是黄河流域偏远工业园区存在大量固废倾倒和废水处理问题，对地下水和地表水存在环境风险，并对黄河水源安全造成隐患。

（二）高质量时代呼唤与产业先天不足的矛盾

当前，我国经济社会高质量发展向纵深推进，但是山西黄河流域地区未能形成较为完善的支撑高质量发展的产业体系。受自然地理条件的影响，山西黄河流域大部分地区土地贫瘠、水土流失严重、农业生产条件较差，贫困县集

① 刘昌明、刘小莽、田巍、谢佳鑫：《黄河流域生态保护和高质量发展亟待解决缺水问题》，《人民黄河》2020年第9期，第6～9页。

中，矿产资源采掘和加工等高耗能、高污染行业比重过大、增长过快，导致山西黄河流域地区形成了偏重的产业结构，以及工业生产能耗高、工业废弃物排放多、生态破坏、水和大气污染等环境问题。近些年，山西黄河流域地区大力推进资源型经济转型发展，产业结构得到一定程度优化，但是传统产业“腾笼换鸟”式退出，新兴产业尚未成长起来，现代服务业发展不快，文化旅游资源开发不足，产品、产业难以形成较强的竞争力，同时，黄河流域地区还面临着思想观念相对落后、创新资本和高端科技人才缺失、社会信息化程度和数字经济发展程度较低、营商环境有待进一步改善等问题，高质量发展的动力系统尚未形成，高质量转型发展任务仍很艰巨。

（三）生态本底脆弱与产业性污染严重并存

山西是国家生态安全格局黄土高原—川滇生态修复带的重要组成部分，自然生态本底较为脆弱、水资源有限，水土流失严重。在黄河流域资源贫瘠区域，产业发展受自然资源和生态环境影响，发展规模极其有限。而在资源相对富集的区域，由于长期以来的初级采掘和低端粗加工，处于产业链高端、高附加值的中高端产业严重缺乏。同时，产业性污染造成的环境历史欠账较多，地下水系和山体受到煤炭开采的破坏，优良天数比例、森林覆盖率等约束性指标水平依然较低，环境的刚性约束成为制约经济高质量发展的重要因素，可持续发展压力较大。

（四）文化旅游产业竞争力影响力仍待强化

山西黄河文化底蕴深厚、沿黄及流域旅游资源十分丰富，但真正实现合理开发、品牌响亮的不多，尤其是知名度高、代表性强，能充分彰显山西黄河文化的景区有限。文化旅游融合不够，省内文化旅游企业普遍存在“小、散、弱、差”的现状，理念滞后、产品单一，生产的产品附加值不高，吸引力和竞争力不强，缺乏龙头企业带动。文旅产业经济支撑和生态支撑不足，山西沿黄地区自身经济基础薄弱，资金缺乏，太行、吕梁更是交通的短板。作为全国能源重化工基地，生态欠账点多、面广、量大，相应的，文化旅游资源开发受到的生态约束相对较大。如何将深厚的山西黄河文化资源优势转化成文旅产业发展优势，还需要进一步破局解题。

四　推进黄河流域生态保护和高质量发展的对策建议

2021 年是山西“十四五”转型出雏形的开局之年，山西将继续围绕“两山七河一流域”开展生态保护，加快产业转型升级，促进黄河全流域经济社会高质量高速度发展。

（一）进一步加大生态建设和保护力度

1. 进一步实施国土绿化彩化财化

以“两山”生态修复治理为重点，围绕全年完成 400 万亩以上营造林任务目标，坚持绿化彩化财化有机结合，坚持“林地林用、草地草用、专地专用、耕地不用”的原则，乔灌草搭配、阔针林混交，全面加快宜林荒山荒坡修复治理步伐，重点加强黄河流域北段和中段、汾河上游、太行山北中段“五个百万亩”示范工程，着力提高林草生态建设质量和水平。统筹城乡扎实推进森林城市、森林乡村建设，完成 100 个森林乡村建设，努力打造城在绿中、村在林中、人在景中的生态宜居美丽家园。

2. 进一步加强自然资源保护

加快自然保护地整合优化进程，以建成国家公园为主体的自然保护地体系为目标，大力推进禁牧轮牧休牧立法和制度建立，在沿黄四市率先完成立法基础上，对重点生态地区特别是沿黄沿汾地区推动出台禁牧法律法规，切实解决好林牧矛盾。贯彻落实《天然林保护修复制度方案》《山西省永久性生态公益林保护条例》，强化林草资源“一张图”管理，加大森林督查工作力度，严格森林采伐限额管理和建设项目使用林地管理。重点抓好松材线虫病和美国白蛾防控，持续保持无疫情良好态势，不断完善有害生物灾害防控体系，护佑林草资源安全。瞄准减少水土流失，全力加大黄河流经市县水资源保护力度。继续深化采煤沉陷区治理，加快矿区生态保护和修复。

3. 进一步发展生态产业

围绕一产增值，推进产业融合发展。依托丰富的森林康养资源，结合（吕梁）干果商贸平台建设，进一步加快干果经济林提质增效、林下经济和森林旅游康养等产业发展步伐，重点抓好现有 40 个国家级森林康养基地试点和

20个省级森林人家试点，推动形成“一圈两山十二集群”森林康养产业发展格局，打造一批林草产业高质量发展示范县。加大对林产品品牌扶持力度，集中设计打造一批林产品区域公用品牌、龙头企业品牌和驰名商标，重点打造3~5个特色农产品优势区，全面推动一、二、三产业融合发展，全面提升林产品“晋字号”品牌效应。

（二）进一步加大生态环境治理力度

1. 进一步加快七河流域生态保护和修复

按照《山西省人民政府关于加快实施七河流域生态保护与修复的决定》（政府令283号），坚持生态优先，绿色发展，以自然恢复为主，工程措施为辅，统筹推动山水林田湖草综合治理。推进七河流域，尤其是黄河流域的汾河、沁河、涑水河上下游、左右岸、干支流、堤内外系统治理①。按照《以汾河为重点的“七河”流域生态保护与修复总体方案》《汾河流域生态景观规划（2020~2035年）》，统筹谋划汾河上中下游综合治理。构建七河跨市干流水量分配制度，全力加强节约用水，严格控制水资源总量和用水效率；采取清淤、还湖等措施，加强七河流域的湖泊生态保护与修复；采取水源置换、关井压采等措施，加强七河流域地下水超采区综合治理。实施入河排污总量控制，大力推进工业废水近零排放、城镇生活污水处理以及资源化利用，因地制宜实施湿地水质改善工程，提升排水入河前“最后一公里”治理效能。

2. 进一步加强煤矿区生态修复

黄河流域煤炭基地的生态环境修复是整个黄河流域生态修复的重要组成部分。要进一步采用人工修复方法与生态自修复规律相结合的方式，充分利用煤炭开采后地下水和生态环境自我修复功能，实施煤矿区井下生产与井上生态治理联动立体修复。采用政府主导、市场化运作机制，引导煤炭企业和社会资本进行废弃矿区土地整治，开展区域连片治理，建立人工林或经济作物基地，建设地面人工湖泊或湿地，实现黄河流域煤矿区生态环境修复，将煤矿区建设成植物茂密、动物繁衍、水美草肥的生态公园。加强煤矸石、工业废

① 范珍：《筑生态屏障 护水清岸绿〈山西省人民政府关于加快实施七河流域生态保护与修复的决定〉解读》，《山西日报》2021年3月22日，第04版。

渣、粉煤灰等大宗工业固体废物的综合利用。加大技术创新和产品开发，力争固废资源化利用取得新突破。对暂时不利用的大宗工业固废实现可再开发利用、处置。以资源综合利用为重点，积极实施传统产业绿色改造，推动发展绿色新型产业。

（三）进一步推进高质量转型发展

1. 进一步推进煤炭绿色开采清洁高效利用

加强煤炭绿色开采技术的推广和运用，积极采用以保护生态水为核心的保水绿色开采技术，加强水资源有效保护。积极推广煤矿井下充填开采绿色技术，努力实现煤矿地面基本无矸石外排，地面生态环境破坏程度大幅度降低。推动煤炭分级分质梯级利用，加快低阶煤利用技术研发，促进低阶煤资源清洁利用，减少低阶煤燃烧过程中排放的二氧化硫、氮氧化物、粉尘等污染物，减少大气污染,[①] 寻求煤炭经济价值增长新领域。积极探索“分质分级、能化结合、集成联产”的新型煤炭梯级利用方式，推动煤化电热一体化发展，蹚出一条煤炭清洁高效利用新路径。适度发展现代新型煤化工，坚持大型化、园区化、一体化发展思路，以重大项目为龙头，推进现代煤化工向高端化迈进。

2. 进一步构建现代化多元产业体系

推进黄河流域传统产业转型升级是实现高质量发展的重要支撑。加快实施优势转换战略，推进实施产业基础再造、延长补齐产业发展链条，提升产业向高级化、现代化水平迈进。推动煤炭、电力等传统产业绿色化、智能化发展。大力发展战略性新兴产业，以 14 个标志性引领性产业集群为重点，积极开展招商引资、引智活动，推动新兴产业集群化、高端化、智能化发展；加快推进信创、半导体、大数据、光机电、生物基新材料、特种金属材料、智能网联新能源汽车、先进轨道交通、通用航空等产业发展。超前谋划未来产业，积极布局人工智能、生命科学、航天航空、先进能源等未来产业在黄河流域落地[②]，集中力量、重点部署创新资源，深化与国家科研团队合作，强化基础和应用研

---

① 王国法：《碳中和目标下，煤炭的坚守与转身》，《中国煤炭报》2021 年 2 月 6 日，第 05 版。

② 林武：《政府工作报告——2021 年 1 月 20 日在山西省第十三届人民代表大会第四次会议上》，《山西省人民政府公报》2021 年 2 月 28 日，第 1～13 页。

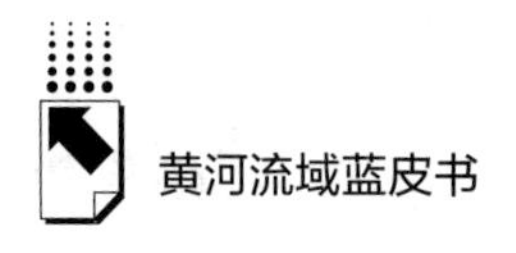

究，力争突破和掌握一批自主创新成果，推动成果工程化和产业化，加快形成自主可控的产业链，为黄河流域现代产业发展培育新动能。

3. 进一步做优做强黄河文化旅游

认真落实习近平总书记“推进黄河文化遗产的系统保护”重大要求，深入挖掘黄河文化资源、黄河文化内涵。实施黄河文化资源普查工程，构建黄河文旅资源数据库。深入探究黄河文化历史渊源，实施黄河文化遗产系统保护工程。加强创作黄河文化相关的艺术作品，打造山西黄河文化特色文创产品，大力宣传黄河文化，加快推动文旅产业深度融合，加大文旅资源整合，带动黄河流域文旅产业做大做强，全面提升山西黄河文化的影响力、品牌力。

参考文献

安树伟、张双悦：《黄河“几”字弯区域高质量发展研究》，《山西大学学报》（哲学社会科学版）2021 年第 2 期。

陈耀、张可云、陈晓东等：《黄河流域生态保护和高质量发展》，《区域经济评论》2020 年第 1 期。

高煜、许钊：《超越流域经济：黄河流域实体经济高质量发展的模式与路径》，《经济问题》2020 年第 10 期。

楼阳生：《游山西就是在读历史》，《山西日报》2020 年 8 月 22 日。

林武：《在推进黄河流域生态保护和高质量发展中率先蹚出转型发展新路》，《学习时报》2020 年 9 月 18 日。

山西省社会科学院课题组、高春平：《山西省黄河文化保护传承与文旅融合路径研究》，《经济问题》2020 年第 7 期。

徐勇：《黄河流域生态保护和高质量发展：框架、路径与对策》，《中国科学院院刊》2020 年第 7 期。

文玉钊、李小建、刘帅宾：《黄河流域高质量发展：比较优势发挥与路径重塑》，《区域经济评论》2021 年第 2 期。

张廉等主编《黄河流域生态保护和高质量发展报告（2020）》，社会科学文献出版社，2020。

B.12

2020～2021年河南黄河流域生态保护和高质量发展研究报告

王建国　李建华　赵中华*

摘　要：　自黄河流域生态保护和高质量发展上升为国家战略以来，河南勇担使命，充分发挥自身比较优势，准确把握“四个关系”，从加紧顶层谋划设计、供需两侧协同发力、加速汇集发展动能以及大力弘扬黄河文化等多个方面出发，为黄河流域生态保护和高质量发展做出了诸多新探索。报告分析了河南生态保护和高质量发展的举措与成就，并就当前推进工作所面临的主要难题进行了梳理和剖析。基于这些分析，对河南未来推进黄河流域生态保护和高质量发展提出了针对性的建议。

关键词：　生态保护　高质量发展　黄河流域　河南

2019年9月18日，习近平总书记在考察河南时发表重要讲话，发出“让黄河成为造福人民的幸福河”的伟大号召，并强调河南段是黄河下游治理的重中之重，这不仅赋予了河南极其重大的历史性使命，更为新时代黄河生态保护和高质量发展描绘了崭新的宏伟蓝图。站在新时代的起点，河南坚决担好黄河流域生态保护治理及实现经济社会高质量发展的重大使

* 王建国，河南省社会科学院城市与环境研究所所长，研究员，主要研究方向为宏观经济、区域经济和城镇化；李建华，河南省社会科学院城市与环境研究所助理研究员，主要研究方向为城市生态；赵中华，河南省社会科学院城市与环境研究所助理研究员，主要研究方向为区域经济。

命，准确把握“四个关系”，即准确把握保护和治理的关系、生态保护与经济社会高质量发展的关系、黄河内外的关系以及山水林田湖草沙的关系，统筹推进综合治理、系统治理、源头治理，切实推动全省生态系统整体好转。

一　河南生态保护和高质量发展的举措与成就

（一）“六稳六保”全面落实

2020 年，全球突遭新冠肺炎疫情袭扰，给各国经济发展带来了深远影响，使我国各省区市“六稳六保”工作面临极大挑战。面对复杂局势，河南省委、省政府审时度势，积极应对。到 2020 年底，经过全省上下艰苦努力，不但疫情防控取得阶段性重大成果，经济社会也呈现企稳向好的发展局面。

突出重点领域着力强基础。2020 年，河南实施加快“两新一重”建设稳投资的措施，新建成高速公路达到 133 公里，新建 5G 信号基站 2.9 万个，实现县城以上城区（包括县城）5G 网络全覆盖，并完成了 2 万个充电桩以及 200 座充电站的建设①。不断优化项目服务强招商。河南积极探索利用资本招商、飞地招商、链式招商等新模式。在激活市场潜力促消费方面，河南省财政根据各地实际情况，给予近 10% 的补助。聚焦重点群体保居民就业。一方面，多渠道促进高校毕业生就业，另一方面，通过加强与劳务输入省份的对接，将流动工作者尽量稳在当地用工单位，进而切实抓好农民工和就业困难人员就业。坚决兜牢底线保基本民生。不断强化公共卫生体系建设，持续开展公共卫生防控救治能力提升行动，截至 2020 年底，建成 105 个县域医疗中心②。不断加大社会保障力度。对城乡困难家庭实行低保应保尽保。强化纾困帮扶保市场，不断减轻企业负担，出台实施“861”金融暖春行动，强化金融支持，加强对企业精准服务，稳定企业和市场预期；同时，进一步深化“放管服”改

① 资料来源：《2021 年河南省政府工作报告》，https://www.thepaper.cn/newsDetail_forward_10968396，最后检索时间：2021 年 6 月 3 日。

② 资料来源：《2021 年河南省政府工作报告》，https://www.thepaper.cn/newsDetail_forward_10968396，最后检索时间：2021 年 6 月 3 日。

革，“一网通办”事项的90%以上实现了“最多跑一次”，并将企业开办时间压减至3个工作日以内①。

（二）顶层设计加紧谋划

规划是经济社会发展的灵魂和先导，是区域经济社会建设的第一粒扣子。2019年，黄河流域生态保护和高质量发展成为国家级战略，省委、省政府以及流域各地市积极谋划顶层设计，通过规划引领生态环境治理保护和经济社会建设方向。

在省级层面，河南省坚持多规合一、统筹布局、分类指导的原则，及时启动并推进了《黄河流域生态保护和高质量发展规划纲要》这一总体引领性规划以及《河南省黄河流域国土空间规划》《河南省黄河生态廊道建设规划》《河南省山水林田湖草生态保护修复规划》《河南省黄河滩区国土空间综合治理规划》等一系列专项规划，通过编制这些规划，将黄河生态保护和高质量发展的推进过程进行科学分解、任务压实，确保真行动、见真效。在地市层面，一方面，洛阳、焦作、三门峡、新乡流域各市在市级层面也纷纷加紧编制相应规划，通过规划引领，实现对黄河流域城市发展格局进行优化提升，从而助推整个黄河流域生态保护和高质量发展；另一方面，这些城市悉心指导县（区）有效结合“千村示范、万村整治”工程，开展乡村规划。

（三）脱贫攻坚如期完成

消除贫困、改善民生、逐步实现共同富裕，既是社会主义社会的本质要求，更是我党的重要使命。为此，中央要求各省市在2020年完成脱贫攻坚任务。面对这一必将载入史册的伟大任务，河南牢牢坚持问题导向、目标导向、结果导向，持续巩固脱贫成果，坚持把防止返贫致贫摆在突出位置，做好最后冲刺，持续提升脱贫攻坚工作力度和工作效果。

河南时刻牢记任务使命，全力克服疫情影响，实施集中攻坚，对未脱贫人口超过5000人的20个县和未脱贫村，逐一研究，精准施策。例如，针对大别

---

① 《2021年河南省政府工作报告》，https：//www.henan.gov.cn/2021/01－25/2084704.html，最后检索时间：2021年8月18日。

山革命老区的未脱贫人口，河南针对性地提出了27条振兴发展政策，组织实施了100多个重大重点项目。实施了帮扶带贫企业复产、增设扶贫项目以及增加消费扶贫等一系列措施。2020年，河南全省贫困劳动力外出务工同比增加超过15万人，不仅如此，仅2020年一年，河南的金融扶贫贷款余额就达到了1900亿元①。此外，河南还通过多项措施强化老弱病残等特殊贫困群体兜底保障，深入推进异地扶贫搬迁后续帮扶。通过全省上下一年的努力，河南贫困地区居民人均可支配收入增速超全省平均水平近1个百分点，剩余35.7万贫困人口全部脱贫，顺利完成了党和人民交予的任务。

（四）滩区迁建圆满完成

黄河滩区居民迁建是党中央、国务院围绕黄河安全和滩区人民民生问题决策实施的一项重大工程，河南黄河滩区的迁建事关数十万滩区群众切身利益。自河南省滩区迁建实施以来，省委、省政府认真贯彻落实党中央、国务院决策部署，扎实推动中央和地方各项惠民政策落地落实，明显改善了群众生产生活条件，迁建居民收入明显增加。黄河滩区居民迁建工作圆满完成。

为确保滩区居民迁建工作顺利实施，河南秉承政策先行、措施到位、责任明确的原则，首先，出台了诸多制度办法，将滩区迁建工作做了系统部署，先后制定印发了《河南省黄河滩区居民迁建项目建设管理办法》《河南省黄河滩区居民迁建补助资金管理办法》《河南省黄河滩区居民迁建工程质量管理办法》等系列文件。其次，通过精准划定迁建对象、明确安置地点、迁后住房安排以及必要配套设施，加之“按户测算、按人分配”的补助资金支持，河南2020年完成24.32万人整村外迁安置，至此河南划定的迁建居民全部迁建完毕。最后，政府投入大量力量对原村庄进行拆除，并对占地及时进行复垦和综合整治，并通过后期产业扶持、劳动力转移就业等方式支持迁建居民迁后的生计。

（五）生态质量持续改善

近一年来，河南全面深入贯彻习近平总书记视察河南时的重要讲话以及

---

① 《2021年河南省政府工作报告》，https：//www.thepaper.cn/newsDetail_ forward_ 10968396，最后检索时间：2021年6月3日。

在黄河流域生态保护和高质量发展座谈会上的讲话精神，采取积极稳妥的生态环境保护治理措施，突出精准治污、科学治污、依法治污，各县市接续实施山水林田湖草沙保护修复重大工程，以流域城市和沿黄城市为主体，加紧推进沿黄生态廊道建设，不断强化责任落实，实现了全省生态环境的持续改善。

一年来，河南始终把生态环境的保护与治理工作视为最大的民生福祉，把大气污染防治作为主抓手，统筹推进蓝天、碧水、净土保卫战，持续实施散煤、散污、散尘的“三散”治理，深度实施工业污染治理、精准化管理移动污染等一系列措施，实现了空气质量不断好转。以 PM2. 5、PM10 年均浓度为例，2020 年，这两个指标河南实现了同比分别下降 11. 9% 和 13. 5%，同时，空气优良天数实现大幅增加（增加近 60 天），在全国范围内位居第一①。同时，这一年来，河南还不断加大水污染防治力度，截至年底，各省辖市建成区基本完成了所有黑臭水体的综合治理。河南还保质保量地完成了 2020 年国家下达的土壤污染防治目标任务。此外，河南统筹推进山水林田湖草沙系统综合治理，高起点、高标准规划设计了沿黄复合型生态廊道，并在 2020 年高质量完成了 120 公里的示范段建设任务。这一年来，河南通过加强流域环境治理，使黄河河南段 18 个国控断面的水质质量全部达到国家标准。在过去的这一年里，河南把黄河安澜作为底线任务，以防洪工程建设为重点，在黄河流域持续推进“清四乱”歼灭战，不断强化防汛安全。

（六）供需改革协同发力

新冠肺炎疫情突袭使得河南经济在 2020 年第一季度出现大幅波动，面对这一极为不利的局面，河南按照中央要求和具体任务部署，统筹供给侧和需求侧痛点、赌点和难点，不断调整、优化经济结构，精准发力，坚持把稳住经济基本盘放在突出位置，力保全省的经济尽早恢复平稳发展状态。

一年来，围绕各类市场主体所共同面临的难点问题，河南省积极应对，努力帮扶，先后出台支持中小微企业发展的政策措施已超过 20 项，深入实施

---

① 《2021 年河南省政府工作报告》，https：//www. thepaper. cn/newsDetail_ forward_ 10968396，最后检索时间：2021 年 6 月 3 日。

“一联三帮”保企稳业专项行动，在税收和社保方面实施政策组合拳，财政资金直达机制得以不断优化和完善，与企业一道共克时艰、共渡难关。2020年，河南省全年降低市场各类经营主体成本超过1500亿元，仅减税降费就达到800亿元。为增加对企业的金融支持，2020年河南新增企业贷款超3000亿元，而对应的贷款利率则实现下降0.3个百分点①。尽管局面十分不利，但通过省委、省政府的一系列措施，全省市场主体数量依然实现了11.9%的增长。作为经济主要动力之一的消费，亦是河南关注的重点，通过因时因势引导促进，一方面，河南大力支持网络消费的发展，不断推动在线教育、在线医疗等新业态的培育和成长；另一方面，河南力促商贸零售、餐饮等传统消费加速回暖。此外，为充分挖掘县乡级居民的消费潜力，加速健全乡村物流体系，其中13个县获批国家级电子商务进农村综合示范县。

（七）发展动能加速汇集

河南通过加快制造业转型升级、加快布局新经济以及不断强化科技创新的支撑来推动经济社会的发展。为促进制造业的转型发展，河南出台对应的实施方案，通过推广应用新技术，使汽车产业升级态势明显，新能源汽车占比明显提升，同时新材料产业链不断拓展延伸。在新经济方面，河南加速推动数字经济快速增长，先后启动一大批智慧应用项目场景建设，同时，河南积极布局定制显示设备、智能终端、互联网汽车以及生物医药等战略性新兴产业，其中，新一代信息技术产业规模以上企业增加值增长接近15%。在科技创新方面，河南针对性地出台了一系列政策措施来推动郑洛新自创区的高质量发展，围绕主导产业和优势产业，实施了一大批重大科技专项，同时，河南还积极探索“创新策源在外、生产应用在河南”的创新发展合作模式，与国内外多所知名高校院所就创新发展开展深度合作。此外，河南还特别重视创新人才的培育和引进，先后赴北上广深等一线城市多层次、多方位地组织开展招才引智专项行动。

（八）黄河文化大力弘扬

九曲黄河孕育了博大精深、光辉灿烂的黄河文化，是中华文明的重要组成

---

① 《2020年河南省国民经济和社会发展统计公报》，http：//www.henan.gov.cn/2021/03－08/2104927.html，最后检索时间：2021年6月3日。

部分，是中华民族的根和魂。地处中原的河南，曾长期处于中国的政治、经济、文化中心，作为黄河文明的摇篮、河洛文化的发祥地、中国传统文化的精神家园，过去一年，河南在文化方面努力奋进，力求在保护传承弘扬黄河文化上有更大责任、更大担当、更大作为。

在保护黄河文化方面，河南不断加强对黄河文化的梳理和研究，通过加强与中国历史研究院等国家高端智库和国内外历史文化研究机构交流合作，系统梳理黄河文化发展历史脉络，同时加紧实施了黄河文化大遗址保护展示工程，建设一批考古遗址公园和博物馆，规划建设大遗址保护片区。在黄河文化弘扬方面，河南推出了区域生态文化旅游示范带的建设，建成了国家级的水利风景区，嘉应观、陈家沟等景点成功入选“中国大黄河旅游十大精品线路”，云台山—嵩山以及云台山—青天河—神农山等一批旅游线路的轨道交通系统得到规划建设。此外，黄河流域各城市也纷纷结合自身资源禀赋，在弘扬黄河文化上奋勇争先，例如洛阳率先印发了《洛阳市坚持文化保护传承推动文旅融合发展行动方案》，并以打造黄河文化精品旅游带等为主要抓手，在保护传承弘扬黄河文化、打造特色精品上不断聚力加力。

二　河南生态保护和高质量发展面临的问题

（一）生态保护治理难度加大

尽管河南在生态环境保护治理方面取得了巨大成效，但从整体上看，河南生态环境改善尚未到达从量变到质变的拐点，污染防治攻坚工作还有很大的提升空间。黄河流域、沿黄地区地形复杂，生态脆弱，过去由于人类不合理的开发利用，流域植被破坏严重，森林覆盖率不高，且水沙调控的后续动力不足，黄河河南段地上悬河问题始终未能有效解决。尽管经过多年治理，但黄河流域水质级别仍然未能达标，在 41 个省控断面中，多个支流呈现轻度污染，甚至还有个别支流是中度和重度污染。同时，从总体看，河南经济社会发展方式仍然不够环保，产业、能源、运输、用地等结构性污染问题依然突出。此外，在水生态方面，从河南省生态环境厅发布的 2020 年 12 月全省地表水环境质量情况来看，还有诸多县市部分水质不达标，甚至部分县市连续多月水质环比、同比均无明显改善。

（二）产业转型升级仍需加快

产业转型升级是我国新发展阶段的典型特征和重要抓手，对河南而言，加快实施产业转型升级既是落实中央对我国经济结构调整的重大战略部署，也是实现经济高质量发展的必由之路。然而，尽管三次产业结构比例在持续优化，但与发达地区相比，河南各产业内部结构发展水平依然存在大幅提升空间，高技术产品、高附加值产品依然不多。以工业结构为例，当前河南传统工业产业以及高耗能工业依然占比较高，以规模以上工业为例，传统产业工业增加值仍占据规模以上工业增加值的 46.2%，而高耗能工业增加值则占 35.8%。同时以节能环保、信息、生物、高端装备制造、新能源、新材料、新能源汽车等为代表的战略性新兴产业、先进制造业和高技术产业占比虽有所提高，但总体占比依然较低，战略性新兴产业和高技术制造业分别占 22.4% 和 11.1%①。

（三）内需挖掘释放有待加强

以习近平为代表的党中央在深刻把握世界格局发展变化的基础上，依据我国发展阶段、现实条件和发展的主要矛盾，极具战略性地提出了构建“以国内大循环为主体，国内国际双循环相互促进”的新发展格局。新发展格局的典型特征之一就是通过更多挖掘和释放国内消费潜力，从而畅通国内循环。然而，从近几年居民的储蓄率和消费率来看，不论与人均 GDP 发展水平相当的省份比较，还是与 GDP 相近的省份比较，河南均处于落后态势。然而，河南居民储蓄率偏高并非只能视为发展的短板，还可以成为支撑未来经济增长的潜能。这虽然意味着当前河南居民消费水平偏低，但同时也意味着河南挖掘居民内需的潜力巨大、空间巨大。

（四）资源综合利用水平不高

对所拥有资源的开发利用水平，体现着经济运行的效率和质量，资源的高

---

① 《2020 年河南省国民经济和社会发展统计公报》，http：//www. henan. gov. cn/2021/03 - 08/2104927. html，最后检索时间：2021 年 6 月 3 日。

水平开发利用既是经济社会高质量发展的动力，也是经济社会高质量发展的体现。然而对河南而言，当前资源开发利用水平还相对有限。例如，水资源利用效率偏低。作为用水的重要领域，农业和工业用水往往体现着一个地区节水的效率，然而当前河南不论是农业灌溉水有效利用系数还是工业用水重复利用率均偏低，此外由于市政设施陈旧失修，相当一部分城市管网漏损率偏高。再如，河南的文化资源转化能力偏弱。众所周知，河南是文化资源大省，却不是文旅强省，一方面，文化资源未能被充分开发利用，导致文化产业总量不高，与河南丰厚的历史文化资源极不匹配；另一方面，在已开发文化资源中，缺乏知名文化品牌，市场占有率也不高，省外、国外游客收入占河南省文旅产业总收入的比例偏低。

（五）农村振兴发展动能不足

实施乡村振兴战略，是党的十九大重大战略部署之一，对我国决胜全面建成小康社会、全面建设社会主义现代化国家具有重要战略意义，亦是河南解决社会主要矛盾、推动经济社会发展的有力抓手。然而，也需要看到，当前河南推进农村振兴发展也面临诸多难题。首先，农村劳动力结构严重失衡，由于大量青壮年外出谋生，当前农村留守居民多为老年人，劳动力年龄结构偏高。其次，农业农村人才缺乏，一方面农村干部普遍学历低、创新能力弱，难以对村民形成明显的带动；另一方面，农业技术人员数量偏少，农民发展农业的技术支持薄弱。最后，公共文化服务需求供给不足，当前节庆、风俗和饮食等农村传统优秀文化正被遗忘，传承土壤加速流失，而城市文化和新兴文化在农村缺乏接种条件，导致当前农村文化逐渐贫弱。

（六）黄河流域协同合作不够

左右岸、上下游城市的配合与协调是实现黄河流域资源有效配置、经济整体优化和区域协同的必要前提，是黄河流域真正实现高质量发展的内生动力。然而，当前河南黄河流域各区域、城市的合作机制并不完善，跨区域协同能力相对不足。一是由于存在诸多有形无形的交易成本和一定的利益冲突，当前，黄河流域各区域、各沿黄城市缺乏内在的合作动力。二是黄河流域协调发展缺乏省级层面的统筹推进机制，各市县尚未形成一盘棋，相关协调机构并不健

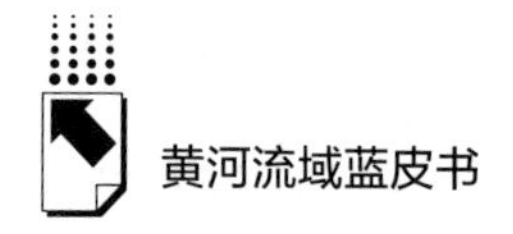

全。三是多元主体参与不够，尚未形成多元合作机制，政府、企业、社会组织和公众各自的积极性和优势没有得到很好发挥。

三　河南生态保护和高质量发展的对策建议

（一）高水平建设黄河流域生态保护示范区，确保黄河安澜

保障黄河安澜是河南黄河流域生态保护和高质量发展的前提和基础。打造黄河流域生态保护示范区，确保黄河长治久安，一是加强黄河防洪安全防范治理。加强沿黄区域水沙调控，以黄河下游贯孟堤扩建、温孟滩防护堤加固、黄河下游滩区综合提升治理等工程为重点，提高黄河干支流防洪减淤能力，确保黄河防洪安全和供水安全。开展淤地坝综合整治，实施淤地坝除险加固，全面恢复改善淤地坝的拦截泥沙、蓄洪滞洪、减蚀固沟等作用。二是确保供水安全。实施以小浪底南岸和北岸等大型灌区为主的水资源节约集约利用工程和以城乡供水一体化、引黄调蓄系统化等为主的水利基础设施及调蓄工程，筑牢中原水塔。开展深度节水控水行动，对地下水超采进行综合治理，完善水资源配置和调度机制，实现黄河水资源的可持续利用。三是确保生态安全。加强黄河流域生态建设，实施山水林田湖草沙保护修复重大工程，持续推进黄河流域历史遗留矿山综合治理，实施生态保护修复示范工程，以黄河郑州段、开封段、三门峡段生态廊道示范工程为重点，加快构筑沿黄生态廊道，促进黄河滩区综合治理，筑牢黄河生态安全屏障。

（二）强化环境污染系统治理，守卫蓝天碧水净土

让人民群众感受到更多蓝天、碧水、净土是河南黄河流域生态保护和高质量发展的重要目标。持续打好打赢污染防治攻坚战，营造良好生态环境，一是在大气污染防治方面，强化大气污染联防联控，通过对 PM2.5 和臭氧（O_3）的协同控制实现减污降碳的协同效应。二是在水污染防治方面，加快提升城乡污水处理能力。推进黄河流域城镇和农村污水处理设施建设，完善城镇污水收集配套管网，加快布局农村生活污水处理设施建设，促进干支流沿线城镇污水收集处理效率持续提升和达标排放。消除黄河流域县市建成区黑臭水体，持续

改善地表水质。三是在土壤污染防治方面，严格控制土壤污染源头，强化重点行业重点区域重金属污染治理，加强医疗垃圾、塑料等固废的收集处理，积极推动“无废城市”建设试点。四是健全污染联防联控机制。建立具有约束力的协作制度，充分发挥河长制、湖长制作用，增强黄河流域各地市在开展黄河“清废”、风险排查、危废执法、应对突发水污染事件等方面的联防联控合力。

（三）加快产业转型升级步伐，构建绿色经济体系

绿色发展是推动实现河南黄河流域高质量发展的重要动能。进一步加快产业转型升级步伐，大力发展绿色产业，一是要做强做优主导产业，针对先进装备制造、高端石化、新材料等优势主导产业实施延链补链强链，大力引进和培育关键缺失环节的重大产业项目，促进产业向价值链中高端延伸。二是加快传统产业绿色改造，以技术升级改造和淘汰落后为切入点，全面推进钢铁、铝加工、煤化工等传统产业绿色改造，降低传统产业的能源消耗和污染排放。三是培育壮大新兴产业。围绕机器人及智能装备、新能源、生物医药、节能环保四大战略性新兴产业，以创新引领为核心，促进更多优势领域发展壮大并成为支柱产业，持续引领产业升级。四是大力发展现代服务业。促进服务业与第一、二产业深度融合，提升研发设计、咨询评估、法律服务等生产性服务业发展水平，培育壮大家政、育幼、养老、旅游等生活性服务业，持续提升航空、冷链、快递、电商等物流业发展，建设国家级物流枢纽。五是大力推进节能降碳。制定碳排放达峰行动方案，建立健全用能权、碳排放权等初始分配和市场化交易机制。积极发展可再生能源等新兴能源产业，提升绿色发展水平。

（四）充分挖掘内需潜力，保持经济稳定增长

内需是经济的“稳定器”和增长的主要驱动力。挖掘内需潜力，补经济发展短板，带动河南黄河流域经济持续稳定增长，一是在产业、交通、能源等领域扩大有效投资，加快建设新型网络和一体化融合基础设施。二是培育提升消费能力。发挥汽车、家电等大宗商品的消费带动作用，引领传统消费提质升级，切实提升居民生活消费品质。培育发展新兴消费业态，支持共享经济、平台经济发展，鼓励发展网络消费、体验消费等新业态新模式。推进城乡消费梯次升级，积极发展农村电商，健全农村现代流通网络体系，提升农村居民消费

层次，促进农村消费潜力进一步释放。三是打造良好消费环境，建立消费领域信用体系，完善消费者维权机制，切实保障消费者合法权利，提升消费预期和消费信心。四是促进实体经济发展。不断优化营商环境，落实好国家减税降费让利政策，创新金融服务模式，畅通金融服务实体经济渠道，为企业提供稳定有序的发展环境。

（五）全面推进乡村振兴，建设农村美丽家园

乡村振兴是新时代解决“三农”问题的总抓手。全面推进乡村振兴，促进河南黄河流域农业农村高质量发展，一是要确保粮食安全。切实保护耕地，实施优质粮食工程，厉行节约，治理餐饮浪费行为，确保粮食质量、产能、储备安全。二是巩固拓展脱贫攻坚成果。做好脱贫攻坚与乡村振兴战略的有效衔接，以防返贫、稳增收、构建治理相对贫困长效机制为重点，持续提升脱贫人口生活水平。三是促进农业提质增效。大力发展绿色有机农产品，推动绿色兴农。积极打造农产品地域品牌，实现品牌强农。推动农业与旅游、教育、文化、康养等产业深入融合，提高推进农业规模化产业化集约化发展水平。四是实施乡村建设行动。加快补齐水、电、路、气等农村基础设施短板，因地制宜进行“厕所革命”，广泛开展村庄清洁和庭院美化行动，增强农村污水和垃圾处理能力，提升农村医疗、教育、养老等公共服务水平，不断改善农村生产生活条件。加强传统村落、传统民居和历史文化名镇名村保护，打造一批体现黄河流域文化特色和自然风光的美丽乡村，让农村成为安居乐业的美丽家园。

（六）大力发展社会事业，不断增进民生福祉

高质量发展的核心就是要以民生福祉为大，大力发展社会事业，全面提升人民群众的获得感、幸福感。一是要稳定和扩大就业，做好援企稳岗工作，引导直播销售、网约配送等新就业形态发展，支持各类特色小店发展，促进农民工、城镇低收入等群体多渠道灵活就业。二是提升社会保障水平。实施全民参保计划攻坚行动，提高灵活就业人员参保覆盖面，渐进式推进延迟退休改革，完善养老服务设施，提升社会救助和社会福利保障水平，筑牢社会保障安全网。三是提高教育、医疗等公共服务能力。增加公办幼儿园学位占比，促进学前教育普及普惠发展。促进义务教育优质均衡发展、高中阶段学校多样化与特

色化发展，尽快消除城镇学校大班额。持续推进高水平职业院校建设，打造职教品牌。加快郑州大学、河南大学等“双一流”建设，引导高校针对新兴产业链进行专业优化和学科培育，为黄河流域生态保护和高质量发展提供科技和人才支撑。增强医疗卫生健康服务能力，提高乡镇卫生院和社区卫生服务中心等基层医疗机构服务水平，加快县域医疗中心和区域医疗中心建设，积极发展远程医疗，扩充高端优质医疗资源，提高疫情防控和救治能力，保障人民健康安全。

（七）深化区域合作，推动流域协同发展

加强区域协作，共促黄河流域生态保护和高质量发展，一是加快基础设施互联互通。加快建设郑州机场三期、小李庄站等综合枢纽工程，构建沿黄高速公路和南北岸沿黄快速通道，适当增加跨黄河大桥数量，持续推进省际、城际、城乡快速通道和普通干线公路、“四好农村路”建设。二是促进城市经济优势互补。以郑州、洛阳两大都市圈为引领，提升黄河流域区域协同发展水平。打造郑州大都市区黄河流域生态保护和高质量发展核心示范区，做强郑州核心引擎，推进郑州与开封同城化，提升郑许一体化水平，稳妥推进郑州与新乡、焦作联动发展，探索建设平原新区、武陟、长葛等特别合作区。完善支持洛阳中原城市群副中心城市和洛阳都市圈建设政策措施，推动与三门峡、济源城乡一体化示范区联动发展。三是推动生态环境共建共治共享。完善跨区域、跨部门的协调合作机制，督促黄河流域各级政府严格落实岸线保护、土地利用等空间规划，提高政府生态空间管控水平和生态环境治理能力。

（八）打造黄河历史文化地标，提升黄河文化传播力和影响力

黄河文化是中华民族的根和魂，全面复兴黄河母亲主体形象，提升河南黄河文化影响力，一是要加快推进黄河历史文化地标工程建设，全力支持郑汴洛建设黄河历史文化主地标城市，规划建设黄河国家博物馆、大河村国家考古遗址公园、黄河中下游分界地标等黄河历史文化地标工程。二是深入挖掘黄河文化时代内涵，讲好“黄河故事”河南篇章。支持建立黄河文化研究中心，举办黄河文化论坛，建设黄河文化资源数据库，传承弘扬黄河文化，打造华夏历史文明传承创新区。三是加强历史文化遗产保护，推进商代王城、黄帝故里、

登封“天地之中”历史建筑群等保护开发，实施汉霸二王城、隋唐大运河通济渠、青台仰韶文化遗址等重点文物和非物质文化遗产保护工程。四是协调推进沿黄文旅融合发展，围绕郑汴洛“三座城、三百里、三千年”，联动建设郑汴洛国际文化旅游名城和黄河黄金文化旅游带。

参考文献

赛妮:《河南省产业结构优化升级的对策研究》,《经济研究导刊》2015 年第 11 期。

杨云善:《河南就近城镇化中的小城镇“空心化”风险及其化解》,《中州学刊》2017 年第 1 期。

周伟:《黄河流域生态保护地方政府协同治理的内涵意蕴、应然逻辑及实现机制》,《宁夏社会科学》2021 年第 1 期。

安树伟、李瑞鹏:《黄河流域高质量发展的内涵与推进方略》,《改革》2020 年第 1 期。

生态保护篇

Ecological Protection

B.13 四川黄河流域人与自然和谐共生的测度、评价与实现*

柴剑峰　王诗宇　马　莉**

摘　要： 四川黄河流域作为中华水塔重要组成部分，在黄河流域总体生态安全中具有重要战略地位。促进四川黄河流域人与自然和谐共生现代化，需要统筹该区域生态保护与高质量发展，推动生态与农牧民生计共治。本文构建人与自然和谐共生的评价体系，对研究区进行定量评估，并结合存在的问题及相关配套政策进行有效性评价，提出推动人与自然和谐共生的现代化实现路径。

关键词： 和谐共生　黄河流域　四川

* 本文为2020年四川省重大招标项目“成渝地区双城经济圈：推动人与自然和谐共生的体制机制研究”的阶段性成果。

** 柴剑峰，博士，四川省社会科学院研究生学院常务副院长，研究员，博士后合作导师，主要研究方向为劳动经济学、生态经济和民族问题；王诗宇，四川省社会科学院劳动经济学硕士研究生；马莉，四川省社会科学院劳动经济学硕士研究生。

“生态兴则文明兴，生态衰则文明衰”①，四川黄河流域作为中华水塔重要的组成部分，是黄河上游生态屏障的主体部分，在黄河流域总体生态安全中具有重要战略地位。习总书记明确要求保护传承弘扬黄河文化，黄河流域四川段文化核心体现就是人与自然和谐共生的生态文化、筑牢中华民族共同体的民族文化和追求民生幸福的红色文化，为此，将其建设成为“绿水青山就是金山银山”生态文明思想的实践地、造福当地居民的“幸福河”，是人与自然和谐共生现代化的内在要求。

一　黄河流域四川段在人与自然和谐共生现代化建设中具有独特价值

四川黄河流域面积1.87万平方公里，占全流域的2.4%，涉及5个县23万多人。涵盖阿坝州若尔盖、阿坝、红原、松潘4县大部分以及甘孜州石渠县，该区域集自然环境恶劣、生态系统重要且脆弱、经济发展滞后、宗教文化特殊于一体，不仅是黄河流域重要水源供给区、国家重要生态功能区，还是巩固脱贫成果与乡村振兴衔接的核心区，必须将区域生态安全、生计改善、经济永续发展有机结合起来，才能真正实现人与自然和谐共生现代化。

（一）黄河流域的重要水源供给区

四川流域面积50平方公里以上河流有123条，1000平方公里以上有黑河、白河、贾曲河，作为黄河流域重要水源供给区，在保障黄河水资源平衡方面的作用巨大，每年为黄河的补水量达44亿立方米左右，占黄河兰州断面多年平均天然径流量的14.3%，占黄河多年平均天然径流量的7.58%，为黄河干流枯水期贡献了40%的水量，为丰水期贡献了26%的水量。②

---

① 《习近平出席2019年中国北京世界园艺博览会开幕式并发表重要讲话》，新华网，http://www.xinhuanet.com//politics/leaders/2019-04/29/c_1124429901.htm，最后检索时间：2020年7月8日。

② 《四川省水利厅副厅长王华接受省政府网站专访文字实录》，四川省人民政府网，http://www.sc.gov.cn/10462/c105710/2020/10/16/4c295baa98d54003bd9726c47d8ed6c.shtml，最后检索时间：2020年10月16日。

（二）国家重要生态功能区

该区域生态系统重要且脆弱，生态修复与恢复压力大，有水源涵养、水土保持、防风固沙和生物多样性维护等重要生态功能。其中，湿地是一种特殊的生态系统，域内布局了全国最大的高原泥炭沼泽湿地——若尔盖湿地，面积超过5500平方公里，分布于石渠县的长沙贡玛湿地，总面积约2800平方公里，流域内草本沼泽发达、高原湖泊数量众多，与青海三江源国家公园的腹心地带相连。此外，区域内有鱼类15种、两栖类3种、爬行类4种、鸟类141种、兽类38种、常见维管束植物362种，[①] 是生物多样性较为典型的区域，其生态建设水平，关乎黄河流域生态安全。

（三）巩固脱贫成果与乡村振兴衔接的核心区

绿水青山是生态底线，也是金山银山转化的根基，黄河流域流经的甘孜、阿坝五县均曾是深度贫困县，存在大规模返贫的风险，巩固脱贫攻坚成果和促进乡村振兴任务艰巨，是巩固脱贫成果与乡村振兴有效衔接的核心区。为此必须统筹考虑生态保护与产业的协调发展。绿色青山是该区域最大资源，坚持生态优先、绿色导向的发展路子，让优良的生态与高品质产品高度融合，生态效益与经济效益同步增长，实现人与自然和谐共生。

二　四川黄河流域人与自然和谐共生的测度评价

（一）研究方法与资料来源

1. 构建人与自然和谐共生评价模型

人与自然和谐共生核心是区域人口、资源、环境与经济系统协调发展问题，本文通过构建人口、资源、环境与经济评价指标体系来评价四川黄河流域人与自然和谐共生的现实状况。目前学界主要有两种手段，一是侧重发展，有量纲的统计指标，如人均国内生产总值、人均消费水平；二是侧重于协调，无

---

① 四川省河长制办公室：《四川省黄河流域基本情况》，内部资料，2019。

量纲的相对指标。本文综合上述方法，构建四川黄河流域人与自然和谐共生的测度评价模型。在指标选取时，遵循科学性、整体性、可比性的原则，参考黄河流域四川段的实际情况与数据的可获得性，以人口子系统、资源子系统、环境子系统、经济子系统为一级指标，总人口、人口自然增长率、城镇失业率、农作物播种面积、林地面积、草地面积、森林覆盖率、草地比重、国内生产总值、农村居民可支配收入、第二产业产值比重为二级指标，运用主成分分析方法，分别计算各县人口、资源、环境与经济系统的综合评价值，在此基础上计算协调发展系数，衡量人与自然和谐共生的水平。具体指标体系见表1。

表1　四川黄河流域人与自然和谐共生评价指标体系

人口子系统	资源子系统	环境子系统	经济子系统
总人口 u1	农作物播种面积 v1	森林覆盖率 z1	国内生产总值 w1
人口自然增长率 u2	林地面积 v2	草地比重 z2	农村居民可支配收入 w2
城镇失业率 u3	草地面积 v3		第二产业产值比重 w3

2. 研究样本与资料来源

（1）研究样本与资料来源。黄河流域面积广阔，在石渠县流域面积为1688.8平方公里，阿坝县的流域面积为3476.2平方公里，在若尔盖县和红原县的流域面积超过6000平方公里，此四县流域面积占四川黄河流域面积的比例高达99.3%。因此，研究以石渠县、阿坝县、红原县、若尔盖县4个黄河主要流经的县为研究对象。研究所使用的相关数据主要来自2020年4个主要流经县的统计年鉴。

（2）主成分分析法确定系数。由于评价生态脆弱性时指标间关联度较大，其他方法不易突出主要指标，而主成分分析法能够在最大限度保留原有信息的基础上，对高维变量系统进行最佳的综合与简化，并且能够客观地确定各个指标的权重，避免主观随意性。因此，本文选择主成分分析法作为研究区生态脆弱性评估的研究方法。主成分分析法（PCA）计算步骤如下。

首先，假设有n个研究区域，每个区域都受到p个指标的影响，首先，构建原始数据的矩阵 $X=\begin{bmatrix} x_{11} & \cdots & x_{1p} \\ \vdots & \ddots & \vdots \\ x_{n1} & \cdots & x_{np} \end{bmatrix}$

其次，本文所采取的指标数据的性质的量纲皆不相同，不能直接用于定量的计算，为消除不同单位类型的指标在量纲级和数量级上的差别，构建标准化矩阵，对指标数据进行标准化处理。不同的评价指标所表现出来的正相关性与负相关性也不同，在通过极差法标准化数据的过程中，对于相关性不同的指标采取不同的公式进行处理。为比较不同量纲的数据，我们采用极差法对于不同单位数据进行标准化处理。

$$N_i = \frac{X_i - X_{min}}{X_{max} - X_{min}} \qquad N_j = \frac{X_{max} - X_j}{X_{max} - X_{min}}$$

再次，构造样本 X 的相关系数矩阵，对数据进行降维处理。

$$R = (r_{ij})_{p \times p} = \left(\frac{S_{ij}}{\sqrt{S_{ii}S_{jj}}}\right)$$

$$S = (S_{ij})_{p \times p} = \frac{1}{n-1}\sum_{k=1}^{n}(x_k - \bar{x})(x_k - \bar{x})^T$$

其中，

$$\bar{X} = (\bar{X}_1, \bar{X}_2, \bar{X}_3, \cdots, \bar{X}_P)^T, \bar{X}_j = \frac{1}{n}\sum\nolimits_{i=1}^{n} x_{ij}, j = 1,2,\cdots,p$$

$$s_{ij} = \frac{1}{n-1}\sum\nolimits_{k=1}^{n}(x_{ki} - \bar{x})(x_{kj} - \bar{x}), i,j = 1,2,\cdots,p$$

复次，根据相关系数矩阵求特征值方差贡献率和累计方差贡献率，确定主成分个数。

最后，建立初始因子载荷矩阵解释主成分，并以加权的方式计算主成分得分值。

$$M = \sum\nolimits_{i=1}^{S} W_i \times F_i ,\text{其中}, F_i \text{ 为主成分表达式。}$$

（二）实证分析

应用 SPSS 统计分析软件对数据进行统计分析（见表 2）。选择特征值大于 1 的前 4 个变量，累计方差比接近 89%，在减少指标数量的同时，涵盖了原始指标的绝大多数信息，此次主成分分析是有效的。表 3 为主成分因子得分系数矩阵。

表 2 研究区生态系统特征值、贡献率、累计贡献率计算结果

成分	特征值	方差比%	累计方差比%
主成分 1	6. 211	56. 467	56. 467
主成分 2	3. 571	32. 459	88. 926

表 3 主成分因子得分系数矩阵

指标	主成分 1	主成分 2
总人口	-0. 048	0. 247
人口自然增长率	0. 089	0. 219
城镇失业率	-0. 156	0. 069
森林覆盖率	0. 142	0. 112
草地比重	-0. 117	-0. 054
国民生产总值	0. 155	-0. 039
农村居民可支配收入	0. 133	-0. 147
第二产业产值比重	0. 053	-0. 257
农作物耕种面积	0. 095	0. 206
林地面积	0. 134	0. 103
草地面积	-0. 146	0. 093

为了保证研究区生态的完整性与真实性，以县域为单位进行研究，得出四川黄河流域各县的人与自然和谐共生综合得分（见表 4）。

表 4 研究区各县人与自然和谐共生的综合得分

地区	综合得分	地区	综合得分
若尔盖县	0. 52	红原县	-0. 56
阿坝县	0. 6	石渠县	-0. 6

在综合得分表里，有一些结果为负数，这里的正负数只是整个过程数据标准化的结果。[①] 得分越高，人与自然相处得越和谐。从得分表可看出，阿坝县的经济发展状况和生态保护状况更好，若尔盖县与红原县次之，石渠县人和自

① 黄淑芳：《主成分分析及 MAPINFO 在生态环境脆弱性评价中的应用》，《亚热带资源与环境学报》2002 年第 17 期。

然之间的矛盾更为突出。石渠县人与自然矛盾突出的原因除草原“三化”、水土流失等牧区常见问题外，与其自然灾害频繁、有害生物肆虐密不可分。石渠县雪灾、干旱、地震等灾害均比较突出，造成严重的因灾致贫现象和巨大的经济损失。除自然灾害外，当地鼠、虫害严重，草场塌陷现象随处可见，不仅进一步破坏了当地生态环境，也是当地包虫病泛滥的主要原因，因病返贫、因病致贫等现象又进一步冲击当地的经济发展。

近年来，随着国家生态保护意识的提高，地方上也出台了相应的生态保护政策，改善了当地生态环境。如控制牲畜数量有利于草场的休养生息，避免过载情况的发生，开展灭鼠治虫和种草，提高当地群众的意识，并将群众纳入生态保护体系中来，生态环境持续改善。从整体来看，2019 年黄河流域四川段的人与自然、经济与生态处于较为良好的协调发展关系中，这与近年来国家注重体制机制创新，开发生态保护区，地方政府更加注重生态建设、注重经济可持续发展是分不开的。当然，尽管近年来该流域的生态与经济的协调状况大大改善，但出于长期的历史原因、特殊的地理位置和经济发展严重滞后，该地在人与自然、生态与生计上仍旧存在许多矛盾。

（三）四川黄河流域人与自然典型矛盾分析

近年来，全球气候变暖、地质灾害等自然环境变化日益频繁，研究区农牧民生态足迹不断增加，活动范围和强度扩大，出现了较为严重的草原退化沙化、沼泽面积减少、土地荒漠化、水土流失等多重生态问题，生态环境改善明显，但依然需要化解较多矛盾。

1. 自然环境恶劣，生态治理难度高

研究区自然条件恶劣，境内平均海拔高于 3500 米，地理位置偏远、交通不便，且气候条件也较为恶劣，气温低、日照时间长、昼夜温差大、气候干旱、降水稀缺，多极端天气。高海拔使得植被物种有限，土壤贫瘠加上干燥缺水使得研究区牧草生长不易，植被覆盖状况本身就较差，再加上以往不适当的采掘、开矿、修路、采挖等，使得草地沙化以倍数形式加速，植被破坏严重，在生态治理恢复的过程中，难度最大的地方就在于如何恢复已经被破坏掉的植被。同时，草场沙化与盐碱化也会加剧水土流失现象，降低土壤肥力，这又进一步加剧土地退化状况，形成生态系统的恶性循环。

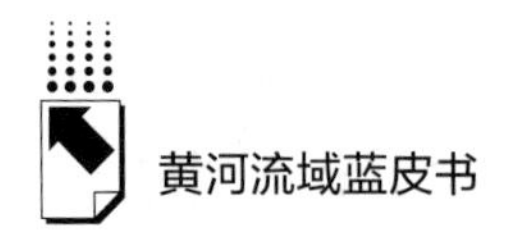

2. 自然灾害频发，“三化”现象较为严重

研究区泥石流、风雪、鼠患等灾害严重，草场面临着“沙化”“板结化”“黑土化”的威胁，生态趋于失衡，生产力下降，既破坏了自然生态环境，又制约了畜牧业的发展。一是研究区森林覆盖率普遍不高，导致地表裸露、土地肥力下降、水土流失现象严重，水土流失不仅会吞噬大量草场与农田、进一步降低植被覆盖率、破坏生态状况，也会造成大量泥沙进入下游河道堆积，加剧泥石流等自然灾害。二是暴风雪灾害严重，积雪融化也会加剧当地水患和泥石流等灾害。三是多鼠患灾害，鼠类啃噬牧草的地上部分和地下根茎，既破坏地面草场，又对草皮层造成难以挽回的破坏，使优良牧草生长困难，地表裸露更为严重，进一步加剧草原“退化”“沙化”问题，形成草原的恶性生态循环。“沙进人退”“鼠进人退”已成当地生态常见现象。

3. 经济系统与生态系统相互制约，易陷入逆向循环通道

研究区生存与发展条件差，发展相对滞后，巩固脱贫成果任务艰巨。一是经济系统与生态系统相互制约，现有生态环境已经无法承载传统生计模式，如通过增加牲畜、向非农业产业流动、粗放式旅游业的开发等将加大原本脆弱的生态环境的负担，甚至吞噬维持生计的资源，坠入下行的循环通道。二是流域管理与地方自然条件、产业发展、基础设施建设之间的矛盾较为突出，如乱堆生活或建筑垃圾、乱采河道砂石、乱倒牲畜遗骸等问题仍然存在。三是研究区人口经济压力大，超载放牧、过度采挖带来的还有湿地功能退化、水土流失、草原沙化、草原鼠害等问题，会在一定程度上加剧研究区各县生态环境的恶化。

4. 人口经济压力大，加剧人与自然共生矛盾

不同于我国其他地区，四川黄河流域地处涉藏地区，实行了较为宽松的生育政策，人口自然增长率较高，过快的人口增长和较大的人口基数加大了当地的生态压力。当地经济发展方式单一，以传统畜牧业为主，早期解决人口压力的主要方式是开辟新草原以发展畜牧业，但引发了地质、地貌变化，也加速了生态破坏。如人工开渠排水使得沼泽变为草地，但随着积水被快速排走，出现草原沙化、盐碱化现象。人口激增促使牧民不得不过度放牧来缓解生计压力，这进一步加剧了草原的退化。此外，越来越多生产、生活设施的建设，特别是大量的道路建设，在给农牧民生产生活提供便利的同时，也对生态产生了压力。

三　四川黄河流域人与自然和谐共生政策有效性评估

围绕黄河流域四川段生态和生计改善、促进区域人与自然和谐共生，出台了一系列的政策，取得了明显效果，但政策工具的有效性、政策效果长效性、政策体系完整性有待进一步提升。

（一）政府主导有力，市场推动不够

1998 年以来，四川省先后在黄河流域所在的川西北地区实施了天然林保护、退耕还林（草）、沙化治理、湿地修复、草原改良、生态脆弱区治理等一系列生态工程。[①] 特别是随着生态文明建设上升到国家战略，研究区践行生态优先、绿色发展的理念，采取了多项举措。如 2015 年若尔盖县湿地首次被纳入中央财政湿地生态效益补偿试点。2018 年四川省委明确把黄河流域涉及的甘孜州、阿坝州确立为川西北生态示范区，强调生态保护功能，并且不再考核“GDP”。配套政策不断增强，政策体系不断完善，但对市场力量的引导仍显不足，市场化推动力度不够，如激励市场主体参与生态保护的税收、绿色金融配套比较欠缺。生态保护与修复需要投入大量的资金，退耕还林，退牧还草，天保工程、防沙治沙等项目经费主要来源于中央资金，缺乏社会资金、民间资本的投入，投入主体单一，效率有待提高，通过市场进行生态补偿机制不完善，市场推动力明显不足。

（二）政策体系不断完善，生态与生计政策协同不足

环境保护与发展是人与自然和谐共生面对的重要矛盾，如何将绿水青山转化为金山银山是研究区面临的重大问题。2019 年明确了 17 项修复保护黄河生态环境重点任务，主要涉及重大生态保护修复和建设工程、完善河湖长制度、农村人居环境整治、生态管护人员全覆盖等，无疑将会提高流域内各县的生态效益。与此同时，明确了重点生态功能区不考核 GDP、以提供生态产品为主，

① 《绿满川西北，黄河清水东流》，国家林业和草原局政府网，http：//www.forestry.gov.cn/main/393/20200901/144021683835476.html，最后检索时间：2021 年 3 月 24 日。

必须走全域旅游、现代高原特色农牧业等绿色产业为支撑的高质量发展之路。但生态类政策与生计类政策有效衔接水平有待提高，区域发展的内在冲动、市场主体的逐利性以及当地居民改善生计的内在动力，难以有效平衡生态产品和生计产品，高质量发展与生态保护有效统筹仍有较大的空间。此外，部门之间缺乏沟通与协调，一定程度上存在政出多门、各自为政的现象。

（三）生态补偿政策效果明显，“最后一公里”困境时有存在

研究区是中国的五大牧区之一，草地类型丰富，草原面积广阔，减畜转产的草原生态奖补政策是人与自然和谐共生建设中至关重要的。政策以实施禁牧和草畜平衡为主要内容。过去很长一段时间，牧民收入的90%都来自畜牧业，因此，不合理的放牧使得草原的生态环境严重失衡，破坏了人与自然的和谐共生发展。2011 年研究区开始启动草原生态奖补政策，引导牧民减畜转产。党的十八大以来，四川在黄河流域投资超过 21 亿元，实施草畜平衡 3184 万亩、退牧还草 4565 万亩、禁牧休牧 2735 万亩，探索建立专业合作社 4000 多个，牧区牲畜超载率由 2012 年的 24.2% 降至 2019 年的 9.0%。[①] 以石渠为例，该县自实施草原奖补政策以来严格控制牲畜数量，禁止任何个人、单位、集体私自留畜，截至 2019 年底天然草原综合植被覆盖率达到 81.73%，较 2010 年提高了 18.3 个百分点，草原生态环境总体恶化的趋势得到基本遏制。草原奖补政策虽然在缓解草原生态系统的恶化中发挥了重要的作用，并使当地生态环境有所恢复，但禁牧具有一定强制性，虽有利于生态环境的恢复，但对牧民的生存空间却难免造成挑战，补偿金收益与生计空间的压缩使得牧民陷入生态保护与基本生计的两难局面，其政策的强制性也可能导致牧民接受意愿的逐渐降低。

（四）易地搬迁政策导向明确，后续发展面临挑战

为促进研究区生态和生计共治，解决“一方水土养不起一方人”的现实困境，促进可持续发展，研究区探索通过易地搬迁的方式来避开发展陷阱。将

① 《绿满川西北，黄河清水东流》，国家林业和草原局政府网，http：//www. forsetry. gov. cn/main/393/20200901/144021683835476. html，最后检索时间：2021 年 3 月 24 日。

生态系统严重退化地区的农户搬迁出来，以减少压力、恢复生态，通过“移民”实现“生态”与“发展”双赢。[①] 具体方式包括村内就近安置、村内集中安置、跨村插花安置、跨村集中安置、城镇无土安置等类型，通过不同层级政府与农户的共同参与，完成易地移民搬迁。如松潘县平均海拔在 2800 米左右，是典型的半高山区域，截至 2019 年，政府用于易地搬迁的资金为 873 万元，完成 31 户 132 名建档立卡贫困人口易地搬迁任务，极大地改善了农牧民的居住环境。总体来看，搬迁多是小范围的，在本县、乡镇或者本州内进行，阻力较小，进展较好，但仍有一些问题需要进一步厘清。首先，表现较为明显的是政策的适用性还不强，出台的政策略显得宏观，许多政策可操作性有待提高。如牧民定居项目利用率不高，甚至后迁现象在较大范围内存在，这是对农牧民生态意愿的尊重仍显不足的表现。其次，由于移民工程比较巨大，从选址、搬迁到落户需要耗费的资金十分巨大，加之移民对于政策补贴的期许较高，造成了较大的资金缺口，农牧民对政策的满意度有所降低，在一定程度上可能会造成移民政策的形式化。最后，后续生态途径考虑得不够周全，甚至造成潜在的社会矛盾，管理难度大。

（五）产业政策导向明确，农牧民能动性仍需挖掘

研究区有着得天独厚的地理位置、丰富的资源、独树一帜的自然景观以及源远流长的民族文化，政府以生态保护为发展底线，合理实施生态资源开发，积极培育了特色生态农牧业、民族生态旅游业和民族文化产业，进而促进产业发展与就业融合，推进该区域内的人与自然和谐发展。一是引导发展中藏药材产业，规范农牧民乱采滥伐的粗放型就业模式，挖掘中藏药材经济植物和生态植物双重优势，改变藏药材产业粗放低级的发展方式，加强对药材的加工及深加工。如红原县，通过优惠政策，吸引了富民高原生物科技有限责任、科创控股集团四川中藏药材开发有限公司等发展虫草经济和藏医药产业，如今已逐渐形成规模，带动一部分农牧民就业，取得了良好的经济效益。二是大力发展生态旅游业。立足于全域旅游新时代，围绕“大九寨、大草原、大长征、大雪山”等核心品牌，开发出一批生态观光、文化体验、探险自驾、红色旅游等

① 张丽君：《中国牧区生态移民可持续发展实践及对策研究》，《民族研究》2013 年第 1 期。

精品旅游线路，带动牧民从事生态旅游相关产业。如若尔盖县成功创建黄河九曲第一湾国家4A级景区，红原县创建俄木塘花海4A级景区等。三是鼓励发展光伏产业，发挥太阳能资源非常丰富的优势，并且与农业、牧业等产业结合。如石渠县将政府建设光伏电站的占地费用补给了村民，以此达到帮扶贫困人口脱贫的目的。引导发展特色优势产业虽然极大地提高了当地农牧民的生态效益和经济效益，但是政府补助扶持的比例仍然占比较高，不利于发挥农牧民的积极性。更为关键的是农牧民参与意识、参与能力、参与手段明显不够。首先，参与意识差，缘于市场化、商品化意识差，社会网络关系弱，信息闭塞，社会资本匮乏。其次，“等靠要”思想一定程度依然存在。再次，农牧民综合素质较低，沟通能力、动手能力和学习能力不足，影响了有效参与。最后，参与机会有限，市场要素参与不够等原因，影响当地农牧民能动性的发挥。

四　四川黄河流域人与自然和谐共生实现路径

（一）构建以政府为统领的多元治理模式

党的十九大报告强调，构建政府为主导、企业为主体、社会组织和公众共同参与的环境治理体系。[①] 要推进此流域内人与自然的和谐共生，需要发挥政府的统领作用，转变政府职能，确保政府积极作为和有效作为，通过对话、沟通、妥协、共同行动等方式，促进地方政府、寺庙、社会组织与农牧民产生良性互动，形成多元主体的共建、共治和共享局面。[②] 一是建立区域环境治理一体化体制机制。各县政府积极合作，设计四川黄河流域内整体性的生态建设规划，建立一体化的规划环评机制、项目布局协商机制。二是发挥政府建立市场、监督市场、引导市场与参与市场的作用，维持良好的市场秩序、保障公平交易，保护市场参与者的合法权益。为此，政府既要利用对农牧业、中藏药、现代旅游业类企业税费减免的民族优惠政策，做大做强如红原乳业、宇妥藏药

① 新华社：《决胜全面建成小康社会 夺取新时代中国特色社会主义伟大胜利——在中国共产党第十九次全国代表大会上的报告》，2017年10月27日。

② 石佑启、杨治坤：《中国政府治理的法治路径》，《中国社会科学》2018年第1期。

等企业，提升流域内造血能力，也要引导企业履行好绿色责任，践行绿色生产，提供绿色产品，公开生态环保相关信息，接受社会监督。三是通过政府有效的组织协调，引导社会组织，尤其是寺庙在流域内的独特牵引作用。寺庙作为研究区政府和社会公众间的特殊桥梁，是政府治理的重要补充。寺庙僧侣参与治理既是其行使社会活动权利也是其履行社会活动义务的表现，政府应该也能够给予他们参与的平台和机会，特别是挖掘藏传佛教中支撑生态建设的教义，寻找宗教教义与生态和生计改善的契合点。四是鼓励当地农牧民身体力行，积极参与到生态建设和乡村振兴工作中。通过政府官微、公开信息等方式与公众沟通互动，为公众解疑释惑，提高公众参与能力，引导更多公众参与。

（二）以试验区为突破口，拓宽政策创新空间

四川黄河流域位于黄河上游，受生态环境因素的制约，长期陷于生态保护与经济发展的困境，相比较黄河中游的关中城市群、晋陕豫黄河金三角、中原城市群和下游的山东半岛城市群、黄河三角洲高效生态经济区，落后更加明显。因此，需要集中力量，以试验区为突破口，给予更大政策倾斜和政策创新空间。一是要加快若尔盖国家湿地公园建设，省州县林草局及若尔盖县委、县政府应定期召开若尔盖湿地国家公园座谈会，就公园范围、建设前景、困难问题、政策支持等内容进行深入交流，进一步实施若尔盖国际重要湿地保护与恢复工程，恢复与保护湿地面积。二是探索四川黄河流域综合试验区，由省政府牵头，由阿坝和甘孜州政府具体负责、流域内 5 县共同参与，组成协调小组，统筹规划，定期开展相关项目的协调、对接，促进流域内各县的分工协作。实现资源共享、产业共谋、交通共建、生态共管、环境共治、利益共取。协调小组定期与不定期地召开会议，邀请专家、学者、社会组织、企业家积极参与，提高科学决策能力。三是争取更多政策创新空间。利用民族地区优惠政策，赋予该区域先行先试特权。如探索自然资源与资产管理机制、草原碳汇交易制度等，推进草原碳汇试点。对于地区、部门以及干部的探索创新行为加以保护，对改革创新中的失误甚至是失败要保持合理的容忍度。四是强化各县综合协调、联动发展，通过产业统筹规划，消除不合理的布局分工和区域间恶意竞争，实现各县域功能互补，统筹规划并强化旅游合作，健全管理综合协调机制，共同打造旅游线路，整体提升旅游品质。

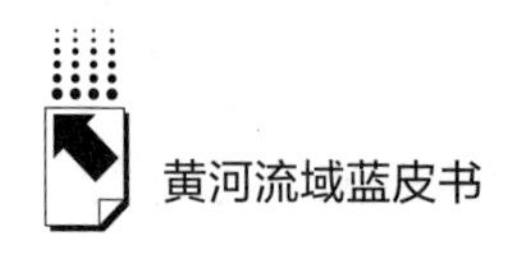

（三）促进生态保护和高质量发展协同，巩固和谐共生发展成果

要守护好黄河水源涵养地，在“治标”之外，还需要“固本”，因地制宜地解决绿水青山和金山银山之间的矛盾。一是巩固研究区特色产业优势，如红原县绿色产业园区的红原花海光伏电站，利用丰富的光能资源，进一步建成高效率光伏发电的高原现代畜牧产业及生态能源综合开发项目，在推动草业种植、畜牧养殖、旅游观光等方面起到更加积极的作用。二是扎实做好生态保护的“大文章”。借鉴若尔盖湿地保护的经验，重点做好阿坝县曼泽塘湿地的修复与保护工作，坚持保护、建设、治理多管齐下的综合治理举措。三是依托得天独厚的生态资源、独树一帜的自然景观以及源远流长的民族文化，持续挖掘流域内深厚的农耕文化、特色民俗文化等资源，将具有藏族特色的文化产品推向国内外文化市场，以文化宣传的方式吸引消费群体的关注，进一步带动地区文化农牧业、民族手工业、文化旅游业等产业发展，将农牧民生活生存的自然生态和环境禀赋寓于人与自然和谐共生的发展中，不断拓宽就业渠道和收入来源，取得经济效益、社会效益和生态效益的有机统一。

（四）提升法治化水平，构建区域内社区共管机制

法治建设是走向人与自然和谐共生的根基。通过提升流域内的法治化水平，在各项政策实施过程中做到有效执行和监督落实。一是构建社区共管机制。“社区共管”就是保护区内其他群体与保护局进行合作、共同管理自然资源的模式。“社区共管”模式强调将保护区内的其他群体，不再作为保护局的对立面看待，而是纳入保护的力量。① 在四川黄河流域人与自然和谐共生的过程中，除了政府机构之外，还要将农牧民、宗教人士、企业、环保主义者等其他群体纳入进来。人与自然和谐共生的核心是区域内的生态与生计问题，统筹协调生态保护与生计发展，让农牧民在生计发展的利益驱动下自觉参与研究区人与自然和谐共生的体制机制构建；研究区地处涉藏地区，当地群众多宗教信仰，加强以寺院为核心的宗教事务管理，发挥宗教对于民众在环境

---

① 丁文广、刘迎陆、田莘冉：《祁连山国家级自然保护区创新管理机制研究》，《环境保护》2018 年第 46 期。

保护上的引导作用。二是充分挖掘民族区域自治优势，使民族法与国家法形成有效互动，推进地方科学立法，区域内制定统一的环境保护和生态补偿地方性法规。推进地方科学立法、用法和守法。通过依法自治实现经济与稳定的自平衡，实现民族认同与法治认同统一。三是提高流域内各级领导干部运用法治思维和法治方式的能力。加强国家宪法藏语宣传，使民族法与国家法形成有效互动。加大流域内普法力度，分层分级、梯次推进法律进寺庙，按需宣讲，创新载体。

（五）构建系统的关键性人才引进培养体系，提供人力资源保障

该地区自然生态条件恶劣，工作生活条件差、待遇低，农、林、水等专业技术人才匮乏，严重制约着该区域的高质量发展。因此，从各方面加强人才的引进与培养体系至关重要。一是实行生态补偿与人力资源开发补偿并举，提高农牧民综合能力。加强职业教育培训，提高当地劳动者素质，积极培育与该流域内经济发展、社会稳定、生态保护等密切相关的人才。二是加强研究区专业合作社人才培养，帮助农户对接市场与政府，不定期地分享致富带头人的成功经验，按需开展实用技能培训，加强经验交流等。发挥在黑土滩治理、鼠害防治等方面专家的作用，逐步建立一支懂技术、会管理的专业队伍。三是继续发挥脱贫过渡期帮扶队伍和对口支援人才的作用，探索形成更多的利益纽带。

参考文献

《马克思恩格斯选集》（第1卷），人民出版社，1995。
《马克思恩格斯选集》（第2卷），人民出版社，1995。
《马克思恩格斯选集》（第3卷），人民出版社，1995。
《马克思恩格斯选集》（第4卷），人民出版社，1995。
刘宗超：《生态文明观与中国可持续发展走向》，中国科学技术出版社，1997。
陈宗兴主编《生态文明建设（理论卷）》，学习出版社，2014。
李想：《人与自然和谐共生研究》，中共中央党校博士学位论文，2010。
魏宏森、曾国屏：《系统论——系统科学哲学》，清华大学出版社，1995。
颜晓峰：《建设人与自然和谐共生的现代化》，《环境与可持续发展》2019年

第44期。

燕芳敏：《人与自然和谐共生的现代化实践路径》，《理论视野》2019年第9期。

叶琪、李建平：《人与自然和谐共生的社会主义现代化的理论探究》，《政治经济学论》2019年第1期。

陈艺洁：《成渝地区双城经济圈生态环境协同治理的内在逻辑与实现路径》，《中共乐山市委党校学报》（新论）2020年第5期。

韩晶、毛渊龙、高铭：《新时代 新矛盾 新理念 新路径——兼论如何构建人与自然和谐共生的现代化》，《福建论坛》（人文社会科学版）2019年第7期。

宋洁：《黄河流域人口－经济－环境系统耦合协调度的评价》，《统计与决策》2021年第4期。

詹锋：《区域人口、资源、环境与经济系统可持续发展评估与分析——兼对江西省的实证研究》，江西财经大学硕士学位论文，2004。

冯玉广、王华东：《区域人口－资源－环境－经济系统可持续发展定量研究》，《中国环境学》1997年第5期。

郑坤、罗彬、王恒、刘冬梅、顾城天：《成渝地区双城经济圈自然生态保护协同监管问题与对策研究》，《环境生态学》2020年第8期。

沈满洪：《人与自然和谐共生的理论与实践》，《人民论坛·学术前沿》2020年第11期。

曾鸣、王亚娟：《基于主成分分析法的我国能源、经济、环境系统耦合协调度研究》，《华北电力大学学报》（社会科学版）2013年第3期。

B.14

生态环境约束下陕西生态保护和高质量发展的挑战及对策*

顾　菁**

摘　要： 在“大保护、大开放、高质量”的发展理念下，突破生态环境的桎梏，实现可持续高质量发展，已经成为新时代陕西经济社会发展的第一要务。为了分析陕西生态保护与经济高质量发展间的协调性，运用熵权TOPSIS法对陕西生态保护与经济高质量发展水平进行综合评分，构建耦合协调度计算模型，识别其耦合协调度的演化特征。陕西生态保护和经济高质量发展的耦合协调度已经跨越低水平拮抗阶段和初级协调阶段，全面进入了中级协调阶段。陕西要加速推进新旧动能转换，实现生产生活与生态环保的融合化发展，在生态环境的约束下实现高质量发展。

关键词： 生态保护　高质量　耦合　陕西

新时代西部大开发“大保护、大开放、高质量”的发展理念，以及黄河流域生态保护和高质量发展等可持续发展战略的实施，为陕西实现以生态优先倒逼产业转型升级、推动经济高质量发展提出了新的要求。陕西位于西北内陆腹地，地跨西北和西南，处于黄河中游，是我国连接东、中、西部地区的重要

---

* 本报告系2019年陕西省社科基金项目“‘三个经济’助力陕西现代化特色经济体系研究”（项目编号：2019D033）的阶段性成果。

** 顾菁，博士，陕西省社会科学院经济研究所助理研究员，主要研究方向为城市经济、区域经济。

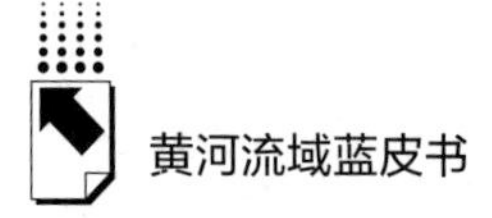

交通枢纽，也是国家“一带一路”倡议中“丝绸之路经济带”重要的战略节点、内陆改革开放高地，具有带动西部经济转型、共同发展的国家使命。习近平总书记在陕西考察时强调“陕西生态环境保护，不仅关系自身发展质量和可持续发展，而且关系全国生态环境大局”。[①] 陕西需要紧抓国家重大战略机遇，坚持走生态优先、绿色发展之路，协同推进经济高质量发展和生态环境高水平保护。

自黄河流域高质量发展的研究提出以来，研究内容主要集中在生态环境整治、环境治理现代化、人地协调与空间协调、水沙机制调控、经济结构转型等方面，环境约束与区域经济高质量发展之间的关系也逐渐成为重要的研究领域。部分学者运用 OLS 回归分析、灰色关联分析等方法，分析了产业结构、城市规模、经济发展速度等要素与生态环境之间的关联系数。还有学者通过运用系统动力学模型、面板 VAR 模型、网络关联模型等数理模型进一步探索生态保护和经济高质量发展之间的耦合机制。可以认为，经济发展与生态保护相辅相成、相互渗透、相互影响。不重视生态保护或者生态保护效果不佳，会导致一系列生态遗留问题，对黄河流域的高质量发展产生约束作用。在经济社会复杂系统的演化进程中，如果能及时强化环境治理能力和提高能源利用效率，提升生态治理水平，将有效增强生态环境对经济发展的承载力、更好地促进经济发展。环境子系统和经济子系统的协同关系通过不断的互动调整，将逐渐由不协调变为协调，由初级协调升级为高水平协调，最终实现“青山绿水”和“金山银山”的统一（见图 1）。

综观已有研究，鲜有学者从实证角度对陕西生态环境和经济高质量发展水平的相关性进行评价研究。陕西大部分区域都属于环境脆弱区、生态敏感区，经济发展相对落后，高质量发展的情况并不乐观，大气污染、水污染严重，资源与经济发展矛盾尖锐，如何因地制宜、因时制宜，优化经济结构，打破环境约束，为高质量发展提供可持续的优质生产资源和自然资源禀赋，亟待进一步探索和研究。

---

① 新华网：《习近平在陕西考察时强调 扎实做好“六稳”工作落实“六保”任务奋力谱写陕西新时代追赶超越新篇章》，http：//www. xinhuanet. com/2020 -04/23/c_ 1125896472. htm。

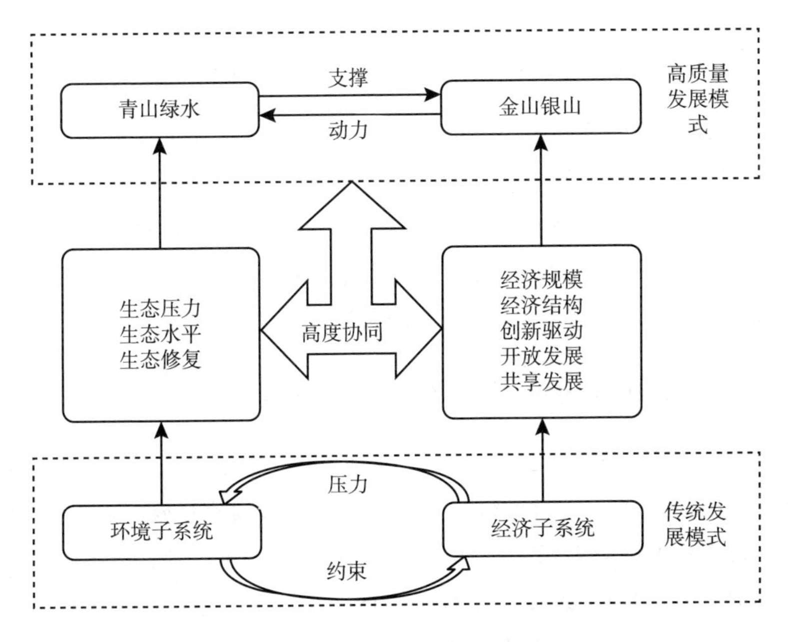

图1　生态环境与高质量发展耦合机理

一　陕西高质量发展的现实基础

（一）经济实力稳步增强，经济保持中高速增长的压力逐渐增大

陕西经济运行总体保持中高速增长，呈现结构优化、活力增强、高质量发展稳步推进的良好态势。2015～2020年经济增幅均值保持在6.67%，高于全国平均水平（5.72%）。2020年，陕西经济在新冠肺炎疫情下承压发展，GDP增速出现了回落，同比增长2.2%，低于全国增速（2.3%），但是人均GDP突破1万美元，成功实现从低收入省份向中高收入省份的跨越。城镇化保持快速发展，2010～2020年，城镇化率达到65%，共提升19.3个百分点，年均增速位居西部地区前列，为陕西经济社会发展增添了强劲动力①。

① 资料来源：陕西省统计局。

（二）产业结构不断优化，现代化产业体系正在形成

产业结构不断优化，2020年，陕西第三产业的增加值比重达到47.9%，超越第二产业（43.4%），增长速度（2.8%）同样超越第二产业（1.4%）。现代化产业体系结构不断优化，尤其是高技术制造业增加值增长16.1%①，成为陕西现代化工业发展的支柱产业，电子信息、能源化工、汽车、装备制造等领域产能加速释放，新兴服务业活力亦不断增强。

（三）创新驱动不断提升，创业生态亟待完善

陕西高等院校、科研院所、产学研基地等创新机构林立，科教资源富集，研究与试验发展经费投入不断增加，科教优势进一步得到释放。2019年R&D经费投入强度排名全国第7；综合科技创新水平指数居全国第9；技术合同交易额由2014年的639.98亿元增长到2020年的1533.66亿元。陕西全面推进"1155工程"，战略性新兴产业快速成长，法士特、陕鼓、西部超导等企业获得"中国工业大奖"，科技成果转化效率全面提升，正逐渐形成以龙头企业为核心，各类创新主体相互促进、互养共生的良好格局。

（四）开放型经济加快发展，改革开放新高地取得重大进展

陕西承载着"一带一路"倡议、新时代推进西部大开发、关中平原城市群、黄河流域生态保护和高质量发展等多重区域发展战略，要积极利用中心区位优势，承东启西、连接南北，落实国家西向开放战略，以中欧班列为抓手，大力推动贸易投资自由化和便利化，扮演好"国际运输走廊""国际航空枢纽"等重要角色，全面开展空铁、公铁、海铁等多式联运试点示范。尤其是中欧班列（西安）集结中心，已被纳入国家示范工程，"长安号"的中欧班列高质量发展评分位居全国第一，向西方向已开通11条运营干线，覆盖中亚、中东及欧洲主要货源地。②

虽然陕西经济正在转型升级，向绿色、高质量的方向发展，但首先要解决自然生态环境和经济发展的矛盾，将绿色可持续发展融入经济、文化及社会等建设全

① 资料来源：陕西省统计局。

② 资料来源：陕西省商务厅。

过程，突出保护生态环境的优先性，凸显陕西的环境之美、生活之美、社会之美等。

二 陕西高质量发展的生态环境约束

（一）黄河治理任务艰巨

陕西省内黄河流域的面积为13.33万平方公里，占全省面积的64.8%，有60个水质控制单元，是陕西生态治理的重点目标工程。2019年，陕西黄河流域水资源总量为102.67亿立方米，输沙量0.44亿吨[①]，占黄河流域总输沙量的一半以上（见图1）。陕西沿黄地区的地形地貌复杂，以黄土塬、梁、峁、沟为主要形态，坡面土壤和沟道侵蚀严重，风蚀水蚀交错，地质灾害防治压力大，水土流失敏感程度高，植被覆盖率低，可利用土地稀少。随着退耕还林还草、小流域综合治理等生态工程的建设，陕西沿黄地区水土保持水平整体得到提升，但局部生态问题仍然存在，以毛乌素沙漠地区为代表的地区存在草原退化、土地沙化等问题，防风、固沙、减轻干旱、水质维护等生态修复与保护任务繁重。

（二）水环境形势严峻

虽然横跨长江黄河两大流域，但陕西依旧是全国水资源最紧缺的省份之一，2019年人均水资源量为1279.8立方米，仅为全国平均水平的61.6%[②]，水资源的短缺严重影响经济发展和人民生活水平。由于受季风性气候和地形地势的影响，水资源的时空分布也不均衡。关中地区人口密度大，工业分布集中，农业灌溉面积需求大，但是人均水资源量仅为陕北地区的一半；陕北地区作为能源基地，用水需求量大，但是常年受到干旱侵扰，黄土丘壑区域的水资源也难以取用；陕南山地雨水富足，地表径流量为陕北和关中总量的2倍，生态治理的地区差异化特征明显。经济布局受到水资源时空分布的限制，水资源的不均衡进一步导致陕西沿黄地区生活与生产用水供需矛盾的加剧。

---

① 资料来源：陕西省水利厅。

② 资料来源：陕西省水利厅。

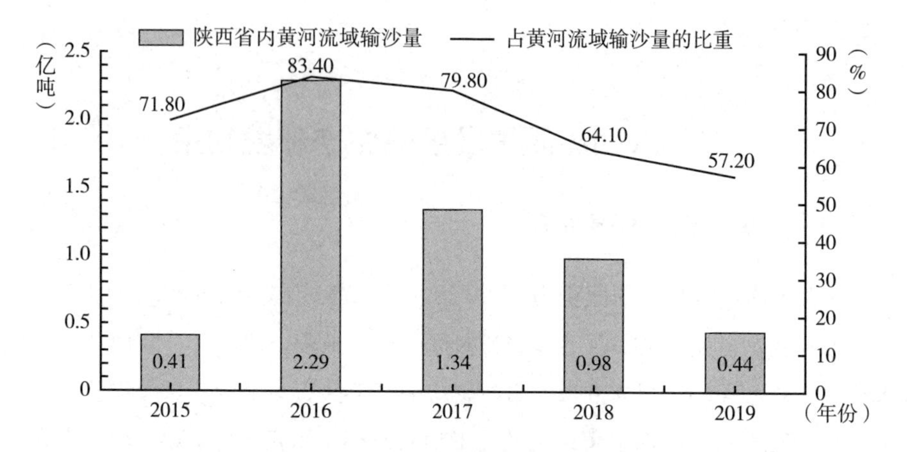

图 2　陕西省内黄河水系流年输沙量变动

资料来源：2015～2019 年《陕西省水资源公报》。

（三）资源开发效率低

优越的地理环境赋予了陕西独特的自然禀赋，陕西蕴藏着丰富的自然资源。截至 2019 年底，陕西的森林覆盖率已达到 43.06%①，矿产资源也非常丰富，形成了全国重要的能源走廊。作为全国重要的能源基地，陕西 2020 年工业原油产量 2693.72 万吨，排名全国第一；工业天然气产量 527.38 亿立方米，排名全国第一；规模以上工业原煤产量 6.79 亿吨，贡献率排名全国第二。②但陕西沿黄地区矿产资源分布明显不均衡，煤、石油、天然气、盐矿主要集中在陕北，关中则主要有煤、石灰石、金矿。然而，陕西工业化的全面扩散和产业链延伸不足，导致陕西沿黄地区面临较大的转型压力和生态环境保护压力。工业发展以采掘业和原材料初级加工为主。神木工业 70% 以上依靠煤炭产业，煤炭价格下跌，致使整个经济（财政、投资、消费）受到较大波动。园区主导产业选择以资源能源类为主。大部分园区土地利用效率低，生态环境压力

① 资料来源西部网，http://news.cnwest.com/sxxw/a/2019/09/03/17970358.html，最后检索时间：2021 年 3 月 12 日。

② 资料来源：陕西省能源局。

大。农业以初级产品生产为主。小户经营，土地流转尚不多，未形成大规模“产、销”的现代经营模式。

（四）污染治理压力大

陕西重工业企业较为集中，治污压力和难度较大，特别是关中平原城市化进程的不断加快，加剧了生态资源的空间差异问题。以能源化工为代表的传统产能转型升级尚未完成，偏重于能源资源的开采和初加工，对交通物流、下游能源消费市场和能源金融产品开发利用严重不足，资源利用率较低。排污量超过纳污能力导致河流水生态损害，使渭北黄土台塬区等河流沿岸的水污染治理任务艰巨。陕西沿黄地区榆林北主要是长期采煤活动引发的生态破坏问题显著，地面塌陷、植被覆盖少，水土流失严重；关中地区城市面源污染问题严重，化学需氧量的排放占比达到全省的91%①；陕南地区主要是农业面源污染和大气污染问题严重。这些都为陕西带来了巨大的治污压力，制约了陕西经济高质量发展进程。

三　陕西生态环境和高质量发展的耦合效应分析

（一）生态保护与经济高质量发展评价指标体系的构建

参考生态环境与经济高质量发展的耦合机理，从经济规模、经济结构、创新驱动、开放发展和共享发展五个层面，选取23个基础指标构建评价体系，用以反映经济增长综合质量；从生态压力、生态水平、生态修复三个层面，选取10个指标构建综合评价体系，用以反映资源环境综合质量。选取2009～2019年陕西经济社会及生态发展的具体数据②为样本，以熵权法计算评价指标体系的权重。构建的指标体系如表1所示。

① 资料来源：陕西省生态环境厅。

② 如无特别说明，计算数据均来源于国家统计局国家数字库：https://data.stats.gov.cn/，最后检索时间：2021年3月10日。

表 1　陕西生态保护与经济高质量发展评价指标体系

目标层	一级指标	二级指标	单位	权重	属性
经济高质量发展	经济规模	GDP	亿元	0.048	+
		人均 GDP	元	0.047	+
		全社会固定资产投资	亿元	0.047	+
		一般公共预算收入	亿元	0.036	+
		社会消费品零售总额	亿元	0.047	+
	经济结构	第三产业增加值占 GDP 比重	%	0.058	+
		非公有制经济占比	%	0.049	+
		金融业增加值占 GDP 比重	%	0.049	+
	创新驱动	规模以上工业企业 R&D 人员全时当量	（人年）	0.042	+
		规模以上工业企业 R&D 经费	（万元）	0.037	+
		技术合同成交总额	万元	0.055	+
		普通高等学校教职工数	人	0.033	+
		发明专利申请数_国内	件	0.046	+
	开放发展	进出口总额	万美元	0.055	+
		外商投资企业年底登记户数	户	0.031	+
		外贸依存度	%	0.050	+
	共享发展	城镇居民人均可支配收入	元	0.047	+
		城镇居民人均消费性支出	元	0.048	+
		农村居民人均可支配收入	元	0.042	+
		农村居民人均消费性支出	元	0.042	+
		单位人口拥有执业医师数	人/千人	0.030	+
		城镇登记失业率	%	0.029	-
		普通高等学校教职工数	人	0.033	+
生态保护	生态修复	造林总面积	公顷	0.108	+
		工业污染治理投资总额	万元	0.105	+
		生活垃圾无害化处理率	%	0.052	+
		水土流失治理面积	千公顷	0.120	+
	生态水平	人均水资源量	立方米	0.087	+
		森林覆盖率	%	0.188	+
		环境空气质量优良率	%	0.158	+
	生态压力	一般工业固体废物产生量	万吨	0.063	-
		电力消费量(实物量)	亿千瓦时	0.054	-
		废水排放总量	万吨	0.066	-

（二）生态保护与经济高质量发展协同性分析

1. 生态保护与经济高质量发展综合水平评价

立足陕西经济社会发展的实际情况，应用 TOPSIS 法构建综合评价模型，计算经济高质量发展与生态环境保护的综合水平。TOPSIS 法是一种多目标综合决策法，通过建立归一化的数据矩阵，计算目标样本在理想状态下最优和最差的解，评价各目标样本与最优及最差解之间的距离，据此对各目标样本进行综合评分。在计算过程中，根据离差标准化将原始数据进行归一化处理，个别数据的缺失选用三次光滑样条拟合进行补全，评价结果见图 3。

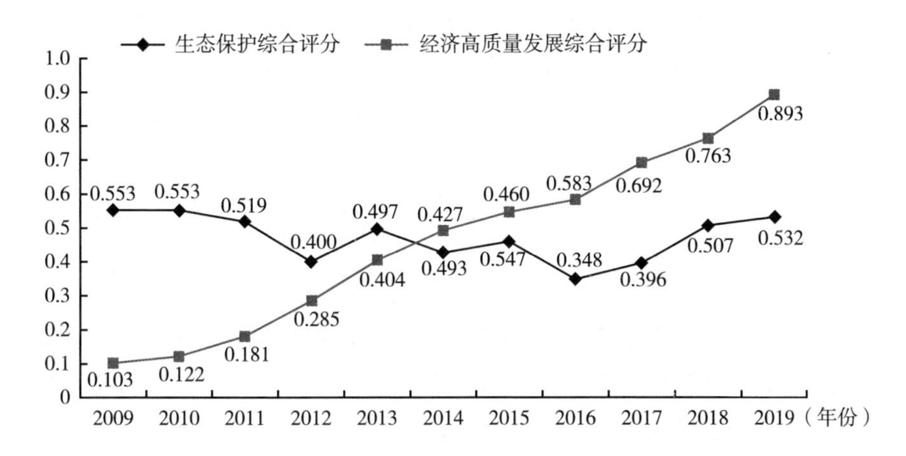

图 3　生态保护与经济高质量发展综合评分

从经济高质量发展指数的变化趋势看，陕西经济高质量发展水平呈上升态势。依据数据的变化趋势，可将陕西经济高质量发展水平划分为三个阶段。第一阶段为 2009 ~ 2013 年，是政府为了应对金融危机冲击、全力“保增长”的发展时期，高质量发展指数平均每年增长 0. 0753。第二阶段是 2014 ~ 2016 年，陕西经济结构开始全面转型升级，经济发展暂时进入平稳期，高质量发展指数平均每年增长 0. 0597。第三阶段是 2017 ~ 2019 年，陕西经济结构优化所积攒的动能开始逐渐释放，经济高质量发展进入加速期，高质量发展指数平均每年增长 0. 103。

从生态保护综合指数的变化看，陕西生态保护可以划分为两个阶段：第一阶段为2009～2016年，整体处于波动下降的态势，生态指数从2009年的0.553分下降至2016年的0.348分，平均每年下降0.029。在这一时期，陕西正处于对抗国际金融危机、力保经济增速的经济发展攻坚期，资源环境高负载现象较为普遍，虽然经济增速较快，但粗放型生产对环境资源造成巨大压力。第二阶段为2017～2019年，陕西生态保护进入新阶段，生态保护指数快速上升，平均每年增长0.067。这是因为，陕西省政府加强了对生态文明建设的重视程度，有针对性地加大了生态建设和黄河环境治理力度，“大保护”逐步成为这一时期经济社会发展的主要理念。

2. 生态保护与经济高质量发展的耦合度测算

依据综合评分的结果计算陕西生态系统和经济高质量发展系统的耦合协调程度与阶段，耦合协调度的计算公式为：

$$T(t) = U(t)^{\alpha} V(t)^{\beta} \tag{1}$$

$$C(t) = \left[\frac{4U(t)V(t)}{[U(t) + V(t)]^2} \right]^{\varphi} \tag{2}$$

$$D(t) = [C(t)T(t)]^{\tau} \tag{3}$$

其中，$U(t)$ 代表生态综合指数，$V(t)$ 代表高质量经济综合指数，$T(t)$ 代表系统协调指数，$C(t)$ 表示耦合度，$D(t)$ 表示耦合协调度。以黄河流域生态保护和高质量发展为指导思想，将 α 和 β 设定为0.5，耦合协调度的取值范围在（0，1），数值的大小与耦合协调水平正向相关。计算结果见表2，耦合协调度等级划分标准见表3。

表2　耦合协调度计算结果

年份	耦合协调度	协调等级	耦合协调程度
2009	0.315	4	轻度失调
2010	0.427	5	濒临失调
2011	0.545	6	勉强协调
2012	0.497	5	濒临失调
2013	0.690	7	初级协调
2014	0.661	7	初级协调
2015	0.744	8	中级协调

续表

年份	耦合协调度	协调等级	耦合协调程度
2016	0. 379	4	轻度失调
2017	0. 649	7	初级协调
2018	0. 714	8	中级协调
2019	0. 794	8	中级协调

表 3　耦合协调度等级划分标准

耦合协调度区间	协调等级	耦合协调程度
(0. 0 ~0. 1)	1	极度失调
(0. 1 ~0. 2)	2	严重失调
(0. 2 ~0. 3)	3	中度失调
(0. 3 ~0. 4)	4	轻度失调
(0. 4 ~0. 5)	5	濒临失调
(0. 5 ~0. 6)	6	勉强协调
(0. 6 ~0. 7)	7	初级协调
(0. 7 ~0. 8)	8	中级协调
(0. 8 ~0. 9)	9	良好协调
(0. 9 ~1. 0)	10	优质协调

整体来说，陕西生态保护与经济高质量发展的耦合协调度呈现波动上扬的趋势。依据耦合协调度的变化特征，陕西生态保护和经济高质量发展的耦合进程可以划分为三个阶段。第一阶段是 2009 ~2012 年，陕西生态保护和高质量发展的耦合协调度普遍小于 0. 546，耦合状态属于低水平拮抗阶段，经济发展与生态保护缺乏协作沟通，生态环境的负面影响较大，且环境治理效率不足。第二阶段是 2013 ~2016 年，平均耦合协调度为 0. 619，耦合状态属于初级协调阶段。经济发展和生态保护进入全面磨合期，环境压力对经济高质量发展的约束效应凸显，生态治理的困境全面倒逼产业结构转型升级，陕西省政府提出“美丽陕西”的建设目标。第三阶段是 2017 ~2019 年，平均耦合协调度达到 0. 719，全面进入中级协调阶段。在这一阶段，新时代西部大开发提出“大保护、大开放、高质量”和“黄河流域生态保护和高质量发展”等战略，为陕西打造区域生态环境协同治理机制、全面实现高质量发展提出了新的要求，赋予了新的动能。未来，陕西要进一步推动生产生活与生态环保的融合化发展，以期实现生态保护与经济高质量发展的高水平协同。

四 生态环境约束下陕西高质量发展的对策建议

（一）加速推进新旧动能转换

在向高质量发展的转型过程中，陕西经济增长动力要逐步由资源要素驱动向创新驱动转变。使粗放型工业、房地产等传统增长动力在保持原有发展规模和速度的基础上逐步退出，加速新型消费、创新经济等新兴增长动能的积累。陕西一方面亟须破除关键性技术的技术壁垒，深耕工业实体经济，提升产业质量和规模；另一方面要加速积累信息技术能力与海量的数据资源，全面奠定产业智能化发展基础，形成转型发展的新动能。

（二）以创新驱动高质量发展

陕西要全面开启新赛道，加快整合创新资源，构建创新生态圈。扎实推动关键领域的基础研究，加快重大科技原始创新策源地的建设。发挥产学研平台的互动作用，推动一批具有战略性新兴产业企业的投资落地，建设科技成果转移转化示范区等创新载体。打造技术集成与示范应用项目，深化东西部科技创新合作。构建运行高效、市场化的技术转移服务体系，营造良好的技术市场。

（三）产业生态化改造升级

将生态强省的建设规划融入区域经济发展规划中，通过产业生态化，将绿色延伸至生产、消费、交换、分配等各个环节中。优化生态资源供给和生产资源需求的匹配机制，把资源保有强度和资源消耗强度精准匹配。通过推动产业链延伸与区域资源共享相结合，提升产业生态化的转化效率，打造高效的转化载体，实现由末端治理向源头改造、由事后修复向事前预防的转变。以环境友好型技术为基础，打造资源节约、节能环保型产业。制定扶持可再生资源产业发展的相关财税等配套政策。建立可再生资源产业发展引导基金，积极培育龙头企业。

（四）生态产业化绿色发展

以环境承载力为上限，定调生态资源的开发水平。以农林牧系统要素、结构和功能为重点，遵循自然演化规律、系统耦合机制和价值转换原则，加快技术改造、社会化生产和市场化经营，通过推动生态资源的培育、资产化、资本化、市场化过程中各个环节的有序开展，实现生态资源的提质增效。积极协调农村生态保护与农村产业发展的矛盾，通过打造可持续的技术集成应用平台，增强农村生态产品的转化能力，发展现代农业和生态林业，实现农村生态资源资产的保值增值，提高农村可持续发展能力和区域竞争力。

（五）构建全域绿色发展体制机制

推进黄土高原生态文明示范区建设，充分利用大数据、云计算等数字技术打造智能监控系统，实施水资源、矿产资源、林草资源等领域的保护性开发专项规划，进行分类治理。建立“三线一单”生态空间管制制度，完善生态文明建设目标评价考核机制，将生态文明全面融入经济体系，构建现代化循环、高效、节能、清洁型生产网络。充分发挥绿色信贷、融资、财税等政策的调节作用，全面建设绿色陕西，为可持续发展生产力提供生长点，把生态效益转化为经济效益和社会效益，建设生态美丽宜居新陕西。

参考文献

陈晓东、金碚：《黄河流域高质量发展的着力点》，《改革》2019 年第 11 期。

崔学刚、方创琳、刘海猛等：《城镇化与生态环境耦合动态模拟理论及方法的研究进展》，《地理学报》2019 年第 6 期。

高煜：《黄河流域高质量发展中现代产业体系构建研究》，《人文杂志》2020 年第1 期。

郭晗：《黄河流域高质量发展中的可持续发展与生态环境保护》，《人文杂志》2020 年第 1 期。

金凤君：《黄河流域生态保护与高质量发展的协调推进策略》，《改革》2019 年第11 期。

李小建、文玉钊、李元征、杨慧敏：《黄河流域高质量发展：人地协调与空间协调》，《经济地理》2020 年第 4 期。

刘超、陈祺弘：《基于协同理论的港口群交互耦合协调度评价研究》，《经济经纬》2016 年第 5 期。

刘琳轲、梁流涛、高攀、范昌盛、王宏豪、王瀚：《黄河流域生态保护与高质量发展的耦合关系及交互响应》，《自然资源学报》2021 年第 1 期。

刘耀彬、李仁东、宋学锋：《中国区域城市化与生态环境耦合的关联分析》，《地理学报》2005 年第 2 期。

任保平：《黄河流域高质量发展的特殊性及其模式选择》，《人文杂志》2020 年第1 期。

岳强、翟鹏芳：《汾河生态保护与流域高质量发展的关联特征——基于河流沿线城市数据的实证研究》，《山西师大学报》（社会科学版）2021 年第 3 期。

B.15

汾河流域的生态保护和环境变迁研究*

高春平**

摘　要： 汾河是山西第一大河，黄河第二大支流。历史上，这条山西人民的母亲河曾以灌溉舟楫之利造福三晋大地。后因屯垦滥伐及工业废水污染，山西十年九旱，水土流失加剧、森林植被不断破坏、人民生产生活均受影响。为落实习近平总书记在郑州黄河流域生态保护和高质量发展座谈会上的重要讲话精神，极有必要探讨汾河流域生态变迁，认真吸取历史教训。这对保护好山西宝贵的水土资源和经济社会的高质量发展十分有益。

关键词： 生态变迁　绿色环保　高质量发展　汾河流域

一　汾河安流生态植被茂盛时期（先秦—唐宋）

自中生代晚期以来，由于喜马拉雅地壳运动波及山西晋中，“产生了汾河地堑”①。远古时的太原盆地曾是汪洋一片，汾河之源管岑山周围植被茂密，民间一直盛传“大禹治水”“台骀治汾”“打开灵石口，空出晋阳湖”② 的传说。进入周秦，汾河流域仍是草原茂盛，松柏参天，湖泊众多，动物成群。史

* 本文写作过程中，山西省社科院历史所李冰博士曾帮助制作图表，特此致谢！

** 高春平，山西省社会科学院副院长，二级研究员。

① 常一民：《先秦太原研究》，山西出版集团、三晋出版社，2019，第1页。

② 郝树侯编著《太原史话》，山西人民出版社，1961，第2页。

载天池“有兽马，其状如兔而鼠首，以其背飞，其名曰飞鼠”[①]。尧舜时洪水滔天，鲧禹父子先后治水。汾河一带更是“草木畅茂，禽兽繁殖，五谷不登，禽兽逼人，禽蹄鸟迹，道交于中国，尧独忧之，举舜而敷治焉”[②]。舜帝让伯益掌管火神，伯益举烈火在山泽焚烧，禽兽逃匿。另据《尔雅·释地》《周礼·职方》记载，经田世英、王尚义研究，先秦时汾河流域除著名的“昭余祁薮”外，尚有汾陂，《广雅》曰：水自汾出为汾陂。陂东西四十五里，南北三十余里，在今文水境内。文湖，东西十五里，南北三十里、享湖、王泽、方泽、盐池、晋兴泽，东西二十里，南北八里，张泽，东西二十里，南北四五里[③]。当时，昭余祁泽总面积约1800平方千米[④]，占太原盆地总面积的36%。[⑤] 这些湖泊与汾河连为一体，有效补给了汾河水量。春秋战国时，汾河流域树种繁多，并有养蚕种桑采药材记载。“山有枢，隰有榆……山有栲，隰有扭……山有漆，隰有粟”[⑥]。“彼汾沮洳，言采其莫……彼汾一方，言采其桑……彼汾一曲，言采其荬”[⑦]。公元前647年，晋国发生大饥荒，秦国用大木船出关中，沿渭水、黄河、汾河源源不断地向晋国输运了大批救灾粮食物资。此后两千年，汾河流域仍然水源充足，航运灌溉便利，一直是三晋中南部的运输动脉。

汉魏之际，是国家开疆拓土、民族大融合、农业经济大开发时期。由于重农，加之户口增长，汾河的水利灌溉受到空前重视。汉武帝曾乘坐高大的楼船去山西万荣汾阴后土祠祭祀，并写下著名的《秋风辞》。为减少三门峡以东漕运的艰难，河东太守番系建议“穿渠引汾溉皮氏（今河津）汾阴下，引河溉汾阴，蒲板（今永济）下，度可得五千顷，五千顷故尽河淤弃地，民茭牧其中耳，今溉田之，度可得谷二百万石以上，谷从渭上，与关中无异，而砥柱之

① 《山海经》。

② 《孟子·滕文公》。

③ 田世英：《历史时期山西水文的变迁及其与耕、牧业更替的关系》，《山西大学学报》1981年第1期。

④ 北魏时期的邬泽和祁薮的面积约700平方千米，隋唐时期的邬泽和祁薮的面积约500平方千米，唐宋的邬泽和祁薮的面积约300平方千米，元代昭余池的面积约50平方千米。

⑤ 王尚义：《太原盆地昭余古湖的变迁及湮塞》，《地理学报》1997年第3期。

⑥ 《诗经·唐风·山有扭》。

⑦ 《诗经·魏风·汾沮洳》。

东可无复漕”[1]。后按此建议，汉武帝发卒数万人作渠。东汉明帝时曾“转山东之漕，用实秦晋”。其路线“当自交城，太原北山，绝汾，经阳曲。忻州之北至定襄会滹沱”。[2] 因五胡乱华，社会战乱动荡，森林受到破坏，但在丘陵山区仍有密林，尤其是汾水支流与东西温溪水流经之处“杂树交荫，云垂烟接”[3]，足见当时生态之美和对河运的重视。

唐代安史之乱前，全国经济中心在北方，汾河漕运和农业居于前列，盛产余粮，常济关中。开皇三年长安仓国库空虚，诏运汾晋粮食接济京都，“漕舟由渭入河，由河入汾，以漕汾晋”[4]。武德二年，“汾州刺史萧显引常渠水过汾水南入汾，溉田数百顷”。贞观中，“长史李勣架汾引晋水入东城，以甘民食”[5]。开元年间，裴耀卿“益漕晋、绛之租输诸仓，转而入渭，凡三岁，漕七百万石，省陆运庸钱三十万缗”。[6] 可见，汾河漕运量大，通航能力很高。而且，唐代晋北山地森林仍较富饶，“自荷叶坪、芦芽、雪山一带直至瓦窑坞，南北百余里，东西十余里”[7]，唐朝在全国设立官办军马监48处，天池有三处，其中“娄烦监的范围和规模很大，养马多达几十万匹”[8]。

二　森林植被遭受破坏，水土流失严重，航运急剧下降，汾河由盛而衰的转折期（宋辽金元）

辽金元统治者迁都北京和宋初几次引汾晋之水灌太原，人为破坏了太原堤防。致使汾河水量渐减，泥沙日增，航运急剧衰落。史载，唐中叶后，秦岭、陇山树木已砍伐殆尽，“近山无巨木，求之岚胜间”[9]。吕梁山因距中原开封、

① 司马迁：《史记》卷九《河渠书》。

② 杨守敬：《水经注疏》。

③ （北魏）郦道元：《水经注》卷三。

④ 康基田：《晋乘蒐略》卷十四。

⑤ 水利部黄河水利委员会《黄河水利史述要》编写组编《黄河水利史述要》，水利出版社，1882。

⑥ 《新唐书·食货志》。

⑦ 《续资治通鉴长编》卷371。

⑧ 《中国地理》1986年第8期。

⑨ 《新唐书》卷137《裴延龄传》。

北京较近，“晋之北山有异材，梓匠工师为宫室求木者，天下皆归”[①]。宋太祖、宋太宗为灭北汉，取太原，曾几次三番筑堤泻汾水决灌晋阳城。开宝二年闰月戊申“大原南城为汾水所陷，水穿外城，城中大警忧，帝临长堤观焉。乙巳，帝至城东南，命筑长堤壅汾水。丙午，决晋祠水灌城。甲申，帝临城北，引汾水入新堤，灌其城”。[②] 十多年后，宋太宗又“诏壅汾河，晋祠水灌太原，堕其故城”[③]，至和年间，韩崎驻守并州，“遂请距北界十里为禁地，其南则募弓箭手居之，垦田至九千六百顷”[④]。大中祥府年间，为修筑宫殿，在吕梁采伐柏木工匠达四万余人，所伐木材，“先沿支流漂入汾河，后束为木筏顺汾河而下，至河津入黄河，沿河东下至于开封”[⑤]，时有“万筏下河汾”之景。

历经宋辽金元各代垦伐，原本林草茂密的汾河两岸逐渐变为光山秃岭。汾河由盛而衰、由大变小的历史，正是森林植被屡遭破坏、由多到少的历史，而且根本没法与唐代河东道的灌溉面积规模相比。

三　自然灾害频发，林草大幅度缩减,生态失衡,汾河决溢并被严重污染时期(明清至2012年)

晋北雁门、偏关一带本多原始森林，“大者合抱于云，其小者密如篦”“虎豹内藏，人鲜径行，骑不能入”。[⑥] 永乐帝迁都北京时，视其为第二道天然屏障。明朝为抵御蒙元势力的侵扰，在长城沿线先后设置辽东、蓟州、宣府、大同、太原、延绥、固原、宁夏、甘州九大军镇，大力实行军屯、民屯，垦田规模空前。山西位于长城内侧，“九边”之中占其二，因此边将“督责副参游守等官。分率部伍，躬耕境土，凡山麓肥饶之地，听其自行采择”[⑦]。当时，山西镇各卫所屯田已达1654885亩[⑧]。明中叶后，社会各阶层受利益驱动，京

① 柳宗元：《晋问》。

② 《续资治通鉴》卷5，太祖开宝二年。

③ 《续资治通鉴》卷10，太平兴国五年。

④ 康基田：《晋乘蒐略》卷20。

⑤ 史念海：《历史时期黄河中游的森林》，《河山集》二集，三联书店，1981。

⑥ 胡松：《答翟中丞边事对》，见《明经世文编》卷247。

⑦ 庞尚鹏：《清理山西三关屯田疏》，见《明经世文编》卷347。

⑧ 成化：《山西通志》。

城达官贵人、边镇将官狂砍滥伐，“百家成聚，千夫为邻，逐之不可，禁之不从”，“廷烧者一望成灰，砍伐者数里如扫”①。清代乾隆年间人口猛增，突破1亿大关，对森林资源的掠夺更加凶猛。山西人口乾隆二十七年增为1024万，“光绪三年大旱前，由于人口已增至1643万，乱采滥伐森林的现象有增无减，森林面积已所存无几”②。森林被毁导致水土流失加剧，汾河水剧减。明代，汾河“秋夏置船，冬春以土桥为渡”，清代虽有人想“通舟于汾，制船如南式”，但泥沙大增，已无法通航，甚至河道常有决溢改徙灾患。据不完全统计，汾河在明代200余年间共发生大水灾13次。在清代水灾多达27次。越到后期次数越多，改道越频繁。

万历《太原府志》、乾隆《徐沟县志》等记载，汉唐之前，山西特大洪灾百年一遇；金元时期，太原、晋中仍是米粮川；明前期大水灾50年一遇，后期30年左右一次；到清代，大水灾平均10余年一遇。汾河生态严重恶化。另据祁县《镇河楼记》，祁县元以前东南诸山树木丛茂，昌源河流澎湃，虽六、七月入夏多暴雨不断，但被山林养蓄而不泛滥。嘉靖初，大肆砍伐山林坡耕，烧毁灌木草丛，导致大雨朝落南山、暮扫平川，冲毁民田庐舍无数，可谓“毁了上游森林山，淹了下游米粮川”。

四　新中国成立七十年山西治理汾河流域生态，大搞农田水利建设事业成就巨大，任重道远，生态环境治理仍需加强

旧中国，山西十年九旱，水利薄弱，全省无一座水库。受黄土地貌、干旱气候、稀疏植被影响，汾河流域成为全国水土流失严重地区之一。大量泥沙入河，全省水土流失面积1.62亿亩，占总土地面积的69%。1919年，“全省森林面积仅有1220259亩，占全省总面积的0.6%”。③ 其后，少得可怜的森林又受到日寇战火的摧残。

---

① 吕坤：《摘陈边计民艰疏》，见《明经世文编》卷416。

② 光绪《山西通志》田赋略一。

③ 《大中华山西地理总计》。

1949年后，党和政府大力提倡植树造林。山西人民在党中央、国务院的领导下治山治水，大搞农田水利基本建设，植树造林，恢复生态，水土保持取得明显成效，20世纪五六十年代出现过汾河流水哗啦啦的景观。早在20世纪50年代，省政府就在离石黄土地王家沟设立山西省水土保持研究所。20世纪50年代末，全省人民大战红五月，用铁锹、小平车修建成令苏联专家刮目相看的汾河水库。山区农民采取打坝埝、筑谷坊、垒沟坝地、挖鱼鳞坑、植树造林的办法，共治理并控制水土流失面积2674万亩，涌现出全省乃至全国水土治理和绿化方面的旗帜——大泉山。毛主席在《中国农村的社会主义高潮》一书中，亲自为山西写了《关于离山县水土保持的批示》《看，大泉山变了样了》十几篇按语。高度肯定山西水土保持工作。进入20世纪80年代，吕梁、忻州农民拍卖“四荒”（荒山、荒沟、荒坡、荒滩）使用权和户包治理小流域经验，在山西、内蒙古、甘肃等黄土高原许多省市推广。到1982年底，吕梁、忻州两区有2462个大队7.8万户农民，承包了14.7万条山沟，面积达95.4万亩。为深化农村土地流转改革、加快山西农村经济发展做出了贡献。特别是“农业学大寨”期间，全省为改善农业生产基础条件，大搞两个千万亩基本农田，为中国农业发展树立了典范。截至2018年底，全省建成水库745座，总库容44亿立方米。建成大型灌区9处，有效灌溉面积460万亩，万亩以上自流灌区107处，万亩以上机电灌区69处，小型水利工程14882处，机电灌站9574处。全省有效灌溉面积达到1800万亩，发展各种节水措施的灌溉面积1071万亩，水地粮食产量占到总产量的60%。全省河流修建堤防3457km，保护耕地599万亩，保护人口423万人。

表1　汾河流域水土流失类型

类型区	面积		流失面积		侵蚀模数吨/km^2
	km^2	%	km^2	%	
黄土丘陵沟壑区	8645	21.9	7780	90.0	8000～15000
黄土残塬沟壑区	863	2.2	778	90.1	8000～5000
黄土丘陵阶地区	3416	8.7	2733	80.0	4000～6000
土石山区	19477	49.3	12680	65.1	3000～5000
冲积平原区	7070	17.9			＜100
总计	39471	100.0	23971	60.7	

资料来源：山西省水利厅编撰《汾河志》，山西人民出版社，2006。

当然，经大炼钢铁和极“左”思潮毁林造田折腾，特别是在沿岸星罗棋布5000多个污染企业后，汾河生态受污染极其严重。20世纪八九十年代“全省年排放废水8.6亿万吨，其中工业废水7.2亿万吨，近一半排入汾河，经过处理的不到15%，废水中的污染物占全省的35.4%，其中悬浮物约15多吨，化学需氧量为6万多吨。生物需氧量1万多吨，挥发酚400多吨，石油类2000多吨，还有氰化物、硫化物、氟化物、有机氯和重金属等各种有害有毒物质，有害物质总共19万吨”①。这种状况到党的十八大后逐步得到扭转、整治、和修复。到2020年，山西经过20多年对“两山七河”的生态修复治理，全省58个地表水国考断面终于历史性地全部退出劣V类，全年达到或好于Ⅲ类水体比例为70.7%。

结　论

综观汾河流域生态环境变迁的历程可知，汾河由盛而衰的历史几乎就是山西森林植被不断遭受破坏的演变史，生态被破坏，导致汾河流域湖泊干涸，地下水衰减，水土流失加剧，气候灾害等一系列后果。因此，必须贯彻习近平总书记两次视察山西时的重要讲话精神，大力加强黄河流域生态环境保护，对汾河流域山水林田湖草实施全面综合治理，实现一泓清水入黄河。

古往今来，水利一直是农业的命根子。乡村振兴离不开科技兴农和兴修水利。清光绪三年大旱，死亡人口数百万，受灾稍轻的州县正是水利灌溉设施较好的地方。所以，抓农业必须高度重视水利灌溉和防灾减灾。经济腾飞、结构调整应该大力发展产业项目，但必须加强生态文明建设，坚决贯彻习总书记的“两山”理念，认真落实2020年习总书记视察山西汾河段时的重要指示，坚持高质量发展。发展工农业生产、改善人民生活都离不开水，只有先保护好水土资源、保护好生存环境，才能持续发展好国民经济。如果污染得不到有效防治，地表水不够就过量地开采地下水，势必影响乡村振兴。建设富强、民主、文明、和谐、幸福、美好的社会主义家园必须注重生态文明建设，必须强化大江大河的治理保护和高质量发展。

---

① 《中国青年报》1989年3月20日。

B.16

黄河流域生态保护和高质量发展法治保障的河南实践与探索

李宏伟　周欣宇*

摘　要： 习近平总书记在黄河流域生态保护和高质量发展座谈会上的讲话中深刻指出，黄河流域生态保护和高质量发展是重大国家战略。党中央的决策部署和习近平总书记的重要指示，为我们深入研究黄河问题、认真谋划黄河工作指明了方向、提供了遵循。推动发展、全面建成小康社会，必须依靠法治。法治是文明，法治是秩序，法治是权威。作为流域内的关键省区，河南省围绕黄河流域生态保护和高质量发展法治保障这一课题，开展了一系列的工作机制建设，落实了一系列具体实践探索举措，为黄河流域生态保护和高质量发展国家战略贡献了河南力量。

关键词： 黄河流域　法治保障　河南

黄河是我国第二大河，流经青海、四川、甘肃等九省区，在河南省流经三门峡、洛阳、郑州、焦作、新乡、开封、濮阳等7个省辖市和济源产城融合示范区，共28个县市区，河道总长度711公里。黄河上中游集流面积增长率较高，而下游在786.0公里的河流长度下，仅有流域面积2.3万平方公里，集流

* 李宏伟，河南省社会科学院法学研究所副所长、研究员，主要研究方向为公司法学、破产法学、区域法治建设；周欣宇，河南省社会科学院法学研究所助理研究员，主要研究方向为公司法学、区域法治建设。

面积增长率仅为29.0平方公里/公里（见图1），明显呈现地上“悬河”的特征。黄河河南段所在的中下游流域，分布着密集的一、二、三级支流，由于中下游城市对黄河水的依赖程度较高，支流水生态保护是河南黄河流域生态保护的重要工作。黄河下游地上“悬河”的典型特征，使下游防洪防汛又居于最重要地位，黄河湿地及河道生态恢复与保护是下游流域生态保护的重要工作。①

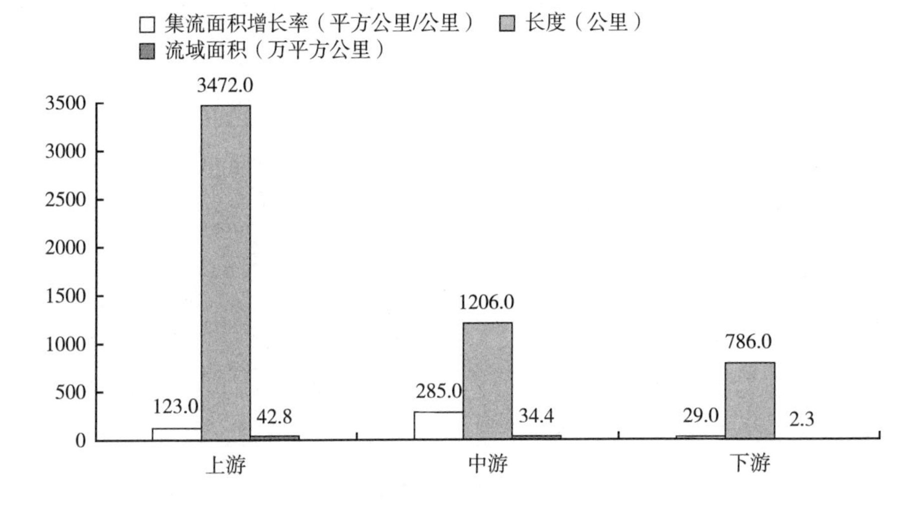

图1　黄河流域河段分布及集流面积

黄河流域生态保护和高质量发展是重大国家战略，而法治又是治国理政的基本方式，以法治保障黄河流域生态保护和高质量发展重大国家战略实施，是最基本也是最重要的治理措施。分析河南在推动这一重大国家战略中的法治保障实践探索，找出问题并提出对策建议，是解决黄河流域跨省协同保护与治理现实问题的重要参考。

一　河南省推进黄河流域生态保护和高质量发展法治保障的实践探索

黄河中下游分界线在河南省，黄河河南段地势河势水势均有着不同于黄河

① 周立主编《河南法治发展报告（2021）》，社会科学文献出版社，2020，第137~138页。

流域其他省区的特征，基于这些特征，河南省在黄河流域生态保护和高质量发展战略中的区位和作用发挥也具有河南的特点。

（一）牢固树立流域发展思维，坚持推进高质量地方立法

在推进黄河流域立法方面，在我国《中华人民共和国宪法》和《中华人民共和国防洪法》、《中华人民共和国水法》等法律法规形成的流域管理法律体系基础上，河南省经过广泛调研和深入研究，结合黄河上、中、下游的不同情况，有针对性地提出黄河流域生态保护的目标和导向，引导黄河生态保护地方立法及相关领域的立法和实践。近年来，河南省制定或修订了《河南省黄河防汛条例》《河南省浮桥管理办法》《河南省黄河工程管理条例》《河南省黄河河道管理办法》《河南省河道采砂管理办法》《河南省湿地保护条例》等地方法规。

2020 年 8 月 29 日，河南省人大常委会在北京举行《关于促进黄河流域生态保护和高质量发展的决定（草案）》专家论证会，积极推进地方立法出台，致力于运用法治力量推进黄河保护治理。沿黄地市及黄河流域地市结合不同地区的不同需求，不断加强黄河流域生态保护重点领域的立法，《三门峡市白天鹅及栖息地保护条例》《河南小秦岭国家级自然保护区条例》《濮阳市马颊河保护条例》《郑州黄河湿地自然保护区管理办法》等一大批地市地方立法，把黄河流域生态保护和高质量发展法治保障细化为各地市具体的立法规划，从流域保护角度出发，综合流域发展保护需要，以流域生态协同保护为核心制定出台地方法规，为依法推进黄河流域生态保护和高质量发展提供了重要的法律制度支撑。

（二）严格执法，持续完善黄河流域生态保护执法体系

1. 严格执法管理和执法公开

按照《河南省行政执法条例》和《河南省行政执法证件管理办法》等有关规定，严格执法资格准入，坚决杜绝无执法资格人员执法。全面严格落实执法公示、执法全过程记录、重大执法决定法制审核“三项制度”，确保执法主体、执法行为、执法程序符合法律规定。

2. 深入开展重点治乱

深入开展“携手清四乱，保护母亲河”专项行动，全面清理整治黄河流

域乱占、乱采、乱堆、乱建问题，扎实开展黄河流域治安突出问题和乱点排查整治，严密排查社会稳定领域存在的风险隐患，强力止乱治乱，推动综合治理、系统治理、源头治理，维护黄河流域社会治安大局稳定，护航黄河流域生态保护和高质量发展。

3. 探索建立流域执法协作机制

基于河流上下游流动、左右岸分离的特征，省界地市与相邻省份地市司法机关探索建立了联合执法工作机制。以濮阳市为依托，豫鲁两省七市公安机关开展全方位的警务协作交流；三门峡市推动发起运城、临汾、渭南、三门峡晋陕豫“三省四地”深化警务协作推进黄河流域生态保护和高质量发展联席会议，按照“常态协作、资源共享、区域联动、互利共赢”原则，持续深化黄河金三角区域警务交流协作，着力把晋陕豫黄河金三角打造成为加强黄河流域生态保护的新典范。

（三）加强公益诉讼工作，推进流域司法协作机制，开展修复性司法

1. 加强公益诉讼工作

检察院公益诉讼部门对接社会治安综合治理平台，深入摸排黄河流域生态环境领域公益诉讼案件线索。对群众反映强烈、社会影响恶劣的涉黄河流域生态环境重大案件，提前介入、挂牌督办，依法提起刑事附带民事公益诉讼。探索建立检察机关公益诉讼与行政机关生态环境损害赔偿诉讼衔接配合机制，健全完善生态环境损害赔偿义务人涉嫌犯罪的刑事责任与民事责任相衔接工作机制，有效落实生态环境损害赔偿制度。2020 年，河南省检察机关督促有关单位清理生活垃圾和固体废弃物 50.1 万吨、整治黑臭水体 47 万余平方米、修复绿化矿山 41 座。①

2. 黄河流域环境资源案件全省集中管辖

2020 年 9 月 1 日起，河南省内黄河流域环境资源案件实行集中管辖，分别由郑州铁路运输中级人民法院、郑州铁路运输法院、洛阳铁路运输法院审理。包括涉及黄河干支流的刑事案件、民事案件、行政案件、环境公益诉讼案件、生态环境损害赔偿案件和河南黄河河务局及其所属单位申请执行的行政非

---

① 资料来源，河南省十三届人大四次会议河南省人民检察院工作报告。

诉案件，均实行集中管辖。自集中管辖以来，共受理案件323件，其中96.4%的案件实现跨域及网上立案，已经审结313件（见图2），平均审理天数31.3天，4起案例入选全国法院黄河流域生态环境司法保护十大典型案例。①

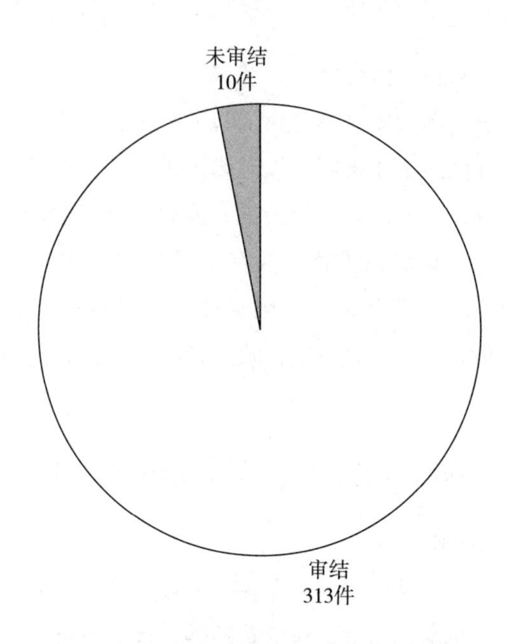

图2　河南黄河流域环境资源案件审判情况

3. 建立跨省区生态环境保护司法协作机制②

鉴于环境污染犯罪案件中呈现的跨地倾倒、以邻为壑、流窜作案等特点，濮阳市中级人民法院与山东省聊城市、菏泽市中级人民法院和河北省邯郸市中级人民法院，会商了“三省四市”环境资源审判协作框架协议，形成法院之间委托送达、取证、执行和信息共享机制，对跨省级行政区域的重大、敏感及疑难复杂案件进行个案协商，③ 为实现黄河流域生态环境跨省域、全流域协同治理保护提供了新模板。

① 资料来源，河南省十三届人大四次会议河南省高级人民法院工作报告。

② 周立主编《河南法治发展报告（2021）》，社会科学文献出版社，2020，第160页。

③ 徐哲：《积极探索黄河生态司法保护机制》，《濮阳日报》2019年11月12日，第8版。

4. 强化生态修复，创新开展修复性司法

河南省高级人民法院要求各级法院牢固树立保护性、修复性司法理念，既要对生态环境破坏者处以严厉刑罚，又要判决其承担严格的修复、赔偿责任，通过不断丰富水生态环境司法实践，构建良性的河湖生态系统治理格局。2020年，濮阳市法院审结的第一例涉黄河生态环境保护的民事公益诉讼案，在全国首创由涉案化工企业购买环境责任险折抵环境修复治理费用的裁判方式，大大增强了高风险化工企业修复生态环境的能力，最大限度地维护了生态环境安全。

（四）强化普法教育，扎实开展黄河法治文化带建设

河南省以国务院《防汛条例》《自然保护区条例》和《河南省黄河防汛条例》《河南省湿地保护条例》《河南省黄河河道管理办法》的实施为抓手，扎实推进“谁执法谁普法”责任制落实，以法治宣传强化生态环境保护，推进水资源节约集约利用，保护、传承、弘扬黄河文化。推进“智慧普法”，提升普法针对性和实效性。组织普法宣讲团，积极围绕移民搬迁、生态环境保护、社会经济发展等事关黄河流域生态保护和高质量发展的突出问题，切实解决黄河流域居民对于“搬迁后滩区土地怎么办”“滩区还能不能搞种植”等现实政策问题与法律问题的疑惑。

建设黄河法治文化宣传集群。各地市司法局等普法责任单位创新形式，精选载体，通过梳理黄河历史古迹、讲好法治文化故事，在核心景点周边布局，为黄河文化绣“法治花边”，做“法治导览”，造“法治氛围”。近年来，濮阳市、开封市、焦作市等地在黄河堤防工程养护、引黄涵闸管理、河道工程管理等涉河项目驻地和重要上堤路口，建设了集“宪法、水政执法、涉河法律法规”等内容于一体的“普法长廊”。2019年11月，“河南黄河法治文化带”入选十大“全国普法依法治理创新案例”，被命名为第二批全国法治宣传教育基地，是全国唯一以带状形式呈现的法治宣传教育基地。①

① 《法治润黄河 共筑安澜梦——“河南黄河法治文化带”建设工作纪实》，《河南日报》2020年9月15日，第9版。

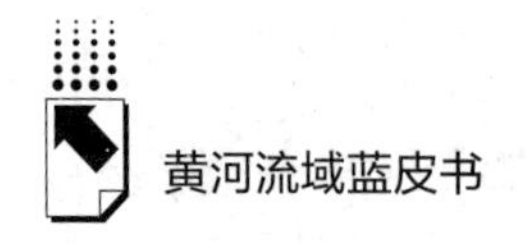

二　河南省黄河流域生态保护和高质量发展法治保障实践中存在的问题

（一）作为流域法治保障前提的流域内相关立法不够完善、协调机制欠缺

河南省黄河流域生态保护相关的地方立法已经将黄河防汛防洪、河道管理、湿地管理等方面的权责厘清，对影响黄河生态的各类违法行为的处罚也有了规定，但是对流域治理特性化需求的满足还不够，以流域发展思维开展地方立法及立法协调工作还有一定差距。

1. 省内黄河流域立法缺乏系统性、协调性、统一性

流域治理的特性决定了仅凭干流或支流、上游或下游、左岸或右岸的单个区域发力，黄河流域生态保护是不可能实现的，当前，流域内紧缺一个流域内各地方立法的协调机制，以消除地方保护主义等不利于流域生态保护的落后理念，实现法律协调统一。黄河传统的水沙协调、防洪度汛等问题已经相对缓和，当前最严峻的是黄河的生态遭到破坏、水资源短缺、环境污染等问题。如果不能系统解决黄河流域生态和水资源保护问题，黄河流域生态保护和高质量发展重大国家战略实施便无从谈起。

2. 各地方管理性规范尺度不统一不协调

黄河流域地方性生态环境法规、政策、规划、标准规范缺失较多，承担黄河流域管理职能的相关部门职责分工尚不明确，流域上下游各行政区针对省界水体监测、引水蓄水等也有不同标准，其发展更多考虑的是区划体制及经济社会发展等因素，缺乏从宏观角度对黄河流域自然属性和生态系统的充分考量，导致流域生态环境保护与监测监管难以协调，难以确保各项治理保护措施充分落实。①

3. 黄河流域生态保护地方立法前瞻性不够

地方立法在制定中对黄河流域生态保护将要遇到的问题和困难预见不足，

① 董战峰、邱秋、李雅婷：《〈黄河保护法〉立法思路与框架研究》，《生态经济》2020 年第 7 期，第 25 页。

对一些在立法调研中就能发现的将来一定会出现的问题，没有在立法中提前采取措施做出规定，导致这些问题和困难出现后需要解决时没有法律法规支持。有些问题囿于当前工作机制的约束，立法论证及审批期间过长，导致流域生态保护中已经发现的问题，需要等待立法规制，影响了依法开展生态治理和保护的总体进程。

（二）执法主体权责不清，执法组织及其业务能力有待提升

近年来通过规范执法行为和加强对执法行为的监督，黄河流域生态执法水平有明显提升。行政执法的天然特性决定了其有受制于某一级地方政府行政权力的特点，地方保护在执法上的问题最为突出，也最亟待解决。

1. 执法主体多元

黄河流域生态保护相关行政执法主体，涵盖了黄委会河务局、地方政府水利局、自然资源局、公安局等近十个执法部门。每个执法部门基于法律授权或地方政府授权都拥有不同的执法权，但有的单位的执法权受河流特征的影响，存在执法权限重叠，或者存在执法空白地带。

2. 执法组织体系不完善，执法协调机制作用发挥不够

行政执法机关的设立基本与行政级别的设置保持一致，但受限于各级地方政府在经费保障、人员保障、机构设置等方面的不同情况，有些地方打击破坏环境资源违法及犯罪行为的行政执法组织体系尚未完全建立。流域内因为某些地市以河流为行政区划分界，导致上下游、左右岸、干支流不同行政区划的执法协作不够，一些违法行为跨地区时，不能得到及时有效的约束和打击。

3. 部分执法人员的业务能力和专业素质有待提高

行政处罚证据标准与刑事审判标准之间存在差距，行政执法人员对环境类案件办理熟练程度不够，在证据转换上存在经验不足等问题，造成办案效率不高。某些行政转为刑事程序的案件，因为执法人员业务能力的不足导致案件停滞，危害黄河流域生态保护的犯罪行为不能及时得到打击，一定程度上影响了全省甚至全流域生态保护的大格局。

（三）环境资源类案件司法审判工作有待进一步加强

虽然 2020 年 9 月河南省实现了涉黄河流域环境资源类案件的集中管辖，

一定程度上减少了同案不同判、适用法律不一致等司法协调中的问题，但是相关配套机制不健全也影响到了司法审判质量的进一步提升。

1. 环境资源类案件总量不多

河南省对环境资源类案件的集中管辖，是对诉讼案件的集中管辖，大部分环境资源类案件，特别是检察院环境公益诉讼案件，基本都可以通过检察建议、司法调解、和解等手段予以解决，进入法院审理程序的案件很少，导致全省该类案件的审判工作没有得到完全展开，铁路运输法院审理环资类案件的职能有待发挥。

2. 环境公益诉讼的配套制度不完善

作为四大检察业务之一的公益诉讼大多面临案件信息不对称、案源难找的问题。人民群众对环境资源公益诉讼的需求与检察机关的公益诉讼工作对接不畅，一些公益诉讼线索不能及时得到发现和处置。涉及生态环境的修复补偿机制不健全，导致违法犯罪成本低、恢复难、损失大。环境公益诉讼办理中的生态环境修复费用和鉴定费用高，赔偿和修复费用难以落实到位。

3. 环境司法与行政执法衔接不畅

行政执法业务水平的局限以及刑事司法与行政执法证据标准的不同，导致性质严重的环境资源行政执法案件进入诉讼阶段的少，个别违法犯罪案件被作为行政案件处理。在案件办理中，部分案件涉及的相关知识专业性强、技术性强，如污染源是否超标、污染行为与损害结果是否存在因果关系等问题造成案件取证难、鉴定难、审理周期长。

4. 跨省区违法犯罪地域管辖方面存在漏洞

一些不法分子凭借熟悉当地的特殊地理位置及河势特征，跨区域大肆进行非法采砂、取土等犯罪行为，致使黄河流域周边生态环境遭到破坏。上下游、左右岸、干支流不同地方的司法机关在办理涉黄河流域生态环境违法犯罪案件中，两地办案机关需要跨地市、跨省实施线索源头挖掘，犯罪嫌疑人侦控、抓捕，赃款、赃物追缴等案件侦办工作。由于公安机关异地办案没有执法权，不能掌握工作主动性，导致打击工作受阻、办案效率下降、工作积极性不高。

（四）普法宣传深度、精准度不够，执法监督工作机制有待完善

一是随着黄河流域生态保护和高质量发展重大国家战略的不断推进，河南

省黄河流域生态保护普法力度不减，范围不断扩大，形式不断创新，但是对法律教育受众的研究不够深入，导致普法宣传精准度不够，效果不好。二是仅注重对上级要求的普法事项的完成，结合本地区生态保护现状及特点，找准法律需求的普法宣传过少，无法让群众真正加强黄河流域生态保护的法治意识。三是对行政执法的监督工作机制，更多注重形式上的监督，对多头执法、跨地区消极执法等影响执法公正和效率行为的监督机制还不够完善。

三 河南省持续推进黄河流域生态保护和高质量发展法治保障的建议

（一）树牢流域发展思维，稳固黄河流域生态环境保护法治保障基础

进一步深化黄河流域上下游、左右岸、干支流是一个整体的认识，牢固树立通盘考虑的流域发展思维。[①] 建立黄河流域法治保障综合信息共享平台，党委政法委发挥领导和协调政法各部门的功能，依托政策指导、思想教育以及工作督导等具体职能，在现有组织机构和信息化平台基础上，集中开展信息的汇集、整合、录入与流转，加强立法、执法、司法各部门在黄河流域事务上的互动、衔接与配合，着力打造黄河流域立法、执法、司法联动协调工作中心以及信息共享平台。整合多地方多领域多部门法治信息内容，推动更大范围的信息共享，以信息化助推黄河流域依法治理。

基于河南独特的区位优势：黄委会作为治理黄河的专业流域治理机构，办公地点在河南，河南还是黄河流域管理信息汇集和工作交流的中心，接近黄河下游关键河段的三门峡、小浪底大型水利枢纽工程也在河南。在河南设立中国法学会黄河法治保障研究会，充分发挥河南的地域、专家人才以及交通联络等优势，真正把黄河流域各省区串联起来，形成流域生态保护和高质量发展法治保障研究的一个有机整体，更好地发挥法学法律研究在黄河流域生态保护和高质量发展重大国家战略中的法治保障作用。

---

① 周立主编《河南法治发展报告（2021）》，社会科学文献出版社，2020，第144页。

（二）加快推进黄河流域生态保护立法，形成协调统一的地方法规体系

省级立法是黄河流域生态保护和高质量发展“于法有据”的重要保障，省级立法机关指导协调各地市因地制宜构建黄河保护法律制度体系是地方立法工作的重要内容。通过建立省内黄河流域立法协调机制，可以推进全省黄河流域立法的一致性和规范性，各区域立法信息也可以做到及时交流沟通，实现立法信息共享。

黄河流域生态保护涉及区域广、部门多，需要采取综合的管理措施，但目前实施的《中华人民共和国自然保护区条例》《河南省湿地保护条例》还不够完备。流域生态保护立法应当充分体现综合生态系统保护理念，将自然要素和社会要素置于流域管理立法的视野范围内，采取一体化方略协调生态保护、经济和社会发展之间的关系。[①] 省级层面应尽快推动黄河生态保护立法，建立健全生态文明建设体制机制和法治体系，统筹协调在保护区内建设重大基础设施等公益性工程治理项目。

（三）整合黄河流域生态环境保护行政执法力量，建立执法冲突协调机制

省级及以下行政执法机关根据地方性法规规章和工作需要，进一步整合地方有关部门污染防治和生态保护执法职责，交由综合执法队伍统一行使。[②] 对同一段河道的两岸，或者同一岸河道的两段等生态环境保护行动适用同一项法律或条例，避免两岸要求标准不一而导致生态保护工程实施同地不同规定的情况出现。对本地不同行政执法机关之间、不同地域同一行政执法机关、不同地域不同行政执法机关之间在环境保护行政执法中出现的冲突，要建立协调解决机制。通过开展执法协作、司法协作实现跨地域、跨部门执法案件、司法案件的依法办理，起到应有的社会预防和教育作用。

---

① 王娇妮：《我国水资源流域管理的立法建议》，《剑南文学》（经典教苑）2011 年第 10 期，第 279 页。

② 李爱年、陈樱曼：《生态环境保护综合行政执法的现实困境与完善路径》，《吉首大学学报》（社会科学版）2019 年第 4 期，第 97 页。

用流域发展思维指导生态环境保护执法绩效考核。树立黄河流域上下游、左右岸、干支流通盘考虑的流域发展思维，对某一地区行政执法成绩的考核，不能单纯以本地相关环境监测指标为唯一依据，还要综合流域发展特点和水生态环境保护特点，考虑上游、对岸、支流对本地区环境监测指标的消极影响。对河湖等生态环境监管也要纳入黄河流域生态保护执法考评体系，促使形成一盘棋的执法思维，做到支流、河湖水生态环境高标准保护，黄河干流各类污染物汇入减少，自然能实现黄河主河道的生态保护，最终顺利实现流域生态环境保护的大目标。

（四）构建区域司法协作机制，保障黄河流域生态保护和高质量发展

司法机关在司法审判实践中要牢固树立流域司法理念，深入贯彻因地制宜、分类施策的总体要求，立足整个黄河流域统筹谋划，注重流域生态环境全面保护、协同治理。办理涉黄河流域生态保护相关案件，要全面落实预防优先、注重修复理念，统筹适用刑事、民事、行政法律责任，实现山水林田湖草沙综合治理，促进流域生态环境保护修复和自然资源合理开发利用。

构建高效司法协作机制，加强流域内地方法院之间工作协调对接。统筹黄河流域生态环境和相关资源整体保护需要，深入推进环境资源刑事、民事、行政案件集中办理机制改革。[①] 不断总结环境资源、知识产权、涉外等跨区集中管辖的实践经验，坚持改革创新，构建契合黄河流域生态保护和高质量发展需要的案件集中管辖机制。加强流域内各地方司法机关在侦查、起诉、审判等方面的工作协调对接，实现黄河流域生态环境保护司法协作常态化。

协调统一案件法律适用标准，推动消除流域内生态环境案件法律适用分歧。司法机关在案件办理中要坚持生态保护优先、注重自然修复的司法理念，实现黄河流域生态保护相关案件处理结果在法律本质上的统一。各地方司法机关要以统一法律适用标准为目的，组织开展相关区域内重大争议事项协作会

---

① 《最高人民法院关于为黄河流域生态保护和高质量发展提供司法服务与保障的意见》，《人民法院报》2020 年 6 月 6 日，第 2 版。

商，对于跨区域的重大敏感或疑难复杂案件，通过个案会商等形式，推动法律适用分歧问题的解决。

（五）强化黄河流域法治宣传，推动形成全民守法的法治舆论氛围

积极推进沿黄法治文化长廊、沿黄法治文化示范基地、法治文化作品等三大品牌建设。发挥各地法治文化示范基地的带动引领作用，创新法治宣传形式，提高广大干部群众尊法、学法、知法、守法水平，增强人民群众护河、管河、爱河意识。

因地制宜，根据不同河段生态保护和经济高质量发展法治保障需求，有针对性地开展法治宣传。以三门峡为代表的中游河段，要重点围绕湿地保护、泥沙拦截和废弃矿山修复治理，对环境保护相关的法律法规展开普及宣传，增强流域内依法治理、修复河道、生态环境的能力水平。以郑州、开封为代表的河势平缓下游地区，要以泥沙依法有序开发利用相关法律宣传为重点，同时注重沿河湿地的修复与保护法律法规的普及宣传。

参考文献

习近平：《在黄河流域生态保护和高质量发展座谈会上的讲话》，《求是》2019年第20期。

徐勇、王传胜：《黄河流域生态保护和高质量发展：框架、路径与对策》，《中国科学院院刊》2020年第7期。

张红武：《黄河流域保护和发展存在的问题与对策》，《人民黄河》2020年第3期。

王利、高晓璐：《黄河流域高质量发展的法治困境与对策分析》，《湖北工程学院学报》2020年第2期。

于法稳、方兰：《黄河流域生态保护和高质量发展的若干问题》，《中国软科学》2020年第6期。

经 济 篇

Economical Articles

B.17

清洁能源助推青海高质量发展报告

魏 珍 杜青华*

摘 要： 青海具备发展清洁能源的自然资源禀赋条件，作为全国清洁能源示范省，清洁能源在青海的发展和实践走在了全国的前列，为经济社会发展做出了重大贡献，为我国清洁能源产业发展提供了大量支撑和经验。本文以青海清洁能源为研究对象，对其清洁能源开发利用进行了归纳和总结，并分析了目前发展清洁能源仍存在的一些亟待解决的问题和发展面临的挑战。为实现清洁能源助推青海高质量发展，本文从完善产业发展规划、提高本区域就地消纳能力、优化产业发展环境、拓展融资渠道、不断降低非技术性成本等方面提出了对策建议。

关键词： 清洁能源 高质量发展 青海

* 魏珍，青海省社会科学院经济研究所助理研究员，主要研究方向为区域经济；杜青华，青海省社会科学院经济研究所所长、副研究员，主要研究方向为区域经济与政策选择。

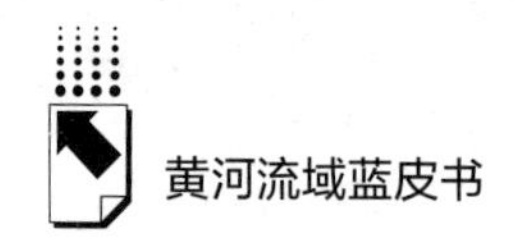

长期以来，伴随着全球能源供给形势从整体不足转为整体宽松，人类对能源的利用先后经历了柴薪时代、煤炭时代、石油时代、核能时代和以水电、天然气、风电和光伏为代表的清洁能源时代，使用能源的方式也逐步向清洁化和高效利用化转变。近年来，随着全球对能源需求的不断增长和对生态环境保护的重视程度日益加深，清洁能源作为集清洁性、经济性、高效性于一体的能源形式，其广泛推广应用是增加能源供应、改善能源结构、保障能源安全、保护生态环境、实现经济社会永续发展的必然选择。

我国自新中国成立以来，70余年的砥砺奋进与攻坚克难，清洁能源产业从无到有，从缓慢起步到全球领先，特别是改革开放以来，经济的快速发展使得投资快速增加，加之政策法规的保障，清洁能源产业的发展如虎添翼。目前，中国已经成为世界上最大的清洁能源拥有国，在装机容量、装备制造能力、技术能力等各个领域全球领先，清洁能源产业已经发展为产业链齐全，生产、消费占比不断提升，结构日趋合理，可以带动相关产业发展的支柱产业，我国已经站在全球产业链的中心，发挥着举足轻重的作用。为更好地贯彻新发展理念，构建新发展格局，推进产业转型和升级，走上绿色、低碳、循环的发展道路，实现高质量发展，2021年的中央经济工作会议将“做好碳达峰、碳中和工作”作为重点任务之一，“十四五”期间，不仅是我国实现“碳达峰、碳中和”的关键时期，相关政策出台也为清洁能源的发展释放了前所未有的政策红利。①

青海地处祖国西北部，是长江、黄河、澜沧江的发源地，有着“中华水塔”和“野生动物王国”的美誉，不仅是我国重要的生态安全屏障，更是“全球气候调节器”，生态地位极端重要。出于地理区位及历史原因，青海相对于中东部省份而言发展较为滞后，人民生活水平也相对较低。正因为青海地处世界屋脊青海高原，所以这里“富光、丰水、风好”，有着发展清洁能源的天然资源禀赋，所以多年来青海省始终坚持将生态保护和经济发展统筹协调的重任扛在肩上，探索如何利用好资源，发展清洁能源产业的同时如何拉动清洁能源的生产和消费，找到真正适合青海省的独特发展之道，力争在生态保护上做出成绩，坚定走生态优先、绿色发展的路子，让天空越来越蓝、河水越来越

① 王小梅：《以双循环为支撑促进青海光伏产业链创新建设》，《青海科技》2020年第6期。

清的同时，人民群众的钱包也越来越鼓。“十二五”时期，青海获批我国首批生态文明先行示范区建设，[①] 2018 年 3 月，国家能源局批复青海创建国家清洁能源示范省，将青海清洁能源示范省建设纳入国家能源发展战略。[②] 2021 年 3 月 7 日，习近平总书记在参加十三届全国人大四次会议青海代表团审议时指出，高质量发展是“十四五”乃至更长时期我国经济社会发展的主题，关系我国社会主义现代化建设全局。高质量发展是所有地区发展都必须贯彻的要求，并特别强调青海要结合优势和资源打造国家清洁能源产业高地，[③] 总书记为青海“十四五”时期的发展指明了方向的同时，为全省清洁能源产业的跨越发展增强了信心，打造清洁能源产业高地不仅是青海统筹生态保护与经济协调发展的重要抓手，更是经济薄弱地区实现区域高质量发展的必然选择。

一　青海清洁能源发展现状

（一）青海清洁能源资源基本概况

青海能源资源十分丰富，种类多样且储藏量可观，是我国重要的能源资源生产基地和接续地，除了有丰富的煤炭、天然气等能源外，还蕴含有大量内页岩气、煤层气等能源资源，清洁能源资源也非常丰富，在全国清洁能源中占有重要地位。

一是富集的太阳能资源。青海海拔高，空气稀薄洁净，晴天在一年四季中占比高，全省大部分地区日照时间长，单位面积内接受的辐射量多，是全国光照资源最丰富的地区之一，年日照时数可达 2500 ~ 3600 小时，太阳能总辐射量为 4800 ~ 6400 兆焦耳/m^2，特别是位于海西州的柴达木盆地，在全省中日照时数最长，年日照时数在 3200 小时以上，年总辐射量可达 7000 兆焦耳/m^2以上，为全国第二高值区，在相同面积和容量下，太阳能并网发电量比相邻省份

① 马元良：《打造国家清洁能源产业高地 助推青海经济高质量发展》，《青海日报》2021 年 3 月 15 日，第 7 版。

② 王绚：《助推青海储能产业高质量发展》，《人民政协报》2021 年 3 月 2 日第 7 版。

③ 毛爱涵、李发祥、杨思源、黄婷、郝蕊芳、李思函、于德永：《青海省清洁能源发电潜力及价值分析》，《资源科学》2021 年第 1 期。

甘肃、宁夏多15% ~25%。[①] 全省太阳能发电技术可开发量30亿千瓦。二是发展清洁能源有优越的土地资源。青海地处青藏高原东北区，地广人稀，荒漠和戈壁滩面积大，降水量少，土地平坦且无遮挡，全省可利用荒漠面积10万平方公里，且主要分布在光照条件最为丰富的柴达木盆地和三江源地区，具备建设大型光伏并网电站和太阳能电力输出基地的条件。三是丰富的水电资源。青海是黄河、长江、澜沧江等河流的发源地，蕴藏着丰富的水能资源，据统计，全省具备10MW以上发电能力的河流就有上百条，全省水电理论蕴藏量达2187万千瓦。四是丰富的风能资源。省内绝大部分区域属于风能可利用区，根据青海风能资源普查结果，全省风能资源总储量超过4亿千瓦，估算风能资源技术可开发量约0.121亿千瓦。其中，唐古拉山地区、柴达木盆地西北部以及环青海湖地区是风能资源相对丰富的地区。青海湖以东至日月山一带是风能资源最丰富的区域之一，是建设大中型风电场的理想区域。从青海拥有的各类资源禀赋来看，可以说无论在资源、地域还是成本和市场等方面，打造清洁能源基地的综合条件最优，有着得天独厚的潜力和优势。

（二）青海省清洁能源发展现状

作为清洁能源资源最为丰富的地区之一，进入21世纪以来，青海坚持把生态文明建设放在突出位置，坚持"绿水青山就是金山银山"的发展理念，推动能源绿色发展，不断培育壮大清洁能源产业，通过多年的积累，逐渐形成规模优势。自2002年始，青海就把发展目光聚焦在以光伏产业为代表的清洁能源产业上，初步构造了有利于光伏产业长期发展的基础体系，在生态脆弱地区依托资源开发优势，在探索可持续发展之路方面进行了诸多有益的实践。

为将青海打造成为清洁能源的输出大省、产业大省和生态大省，全省积极制订了海西、海南基地五年行动计划、年度实施方案，各级政府管理部门先后编制完成了《青海省太阳能综合利用总体规划》《青海省太阳能产业发展及推广应用规划（2009 ~2015年）》《青海省柴达木盆地千万千瓦级太阳能发电基地规划》等，2018年省政府印发了《青海省建设国家清洁能源示范省工作方

① 王宏霞：《青海电网清洁能源装机占比超九成》，《中国能源报》2021年1月11日，第22版。

案（2018～2020年）》，编制了《青海省海南州特高压外送基地电源配置规划》等。这些规划方案的出台，为全面推进国家清洁能源示范省建设提供了重要的政策支持和科学的发展保障。围绕“使青海成为国家重要新型能源产业基地”的目标，进一步提出了海南州建成千万千瓦级可再生能源基地、海西州建成全国最大光热发电基地，打造全国调蓄能力最强的黄河上游水电基地，创建能源领域国家实验室，打造国家级太阳能装备制造基地的建设目标任务。据统计，截至2021年3月，青海省全网新能源总装机达2449万千瓦，占全网总装机容量的60.8%，是全国新能源装机占比最高、集中式光伏发电量最大的省份，2020年全年青海实现清洁能源年发电量790亿千瓦时。2017年开始，青海每年开展“绿电”实践，即全省所有用电均来自水力、太阳能以及风力发电，实现用电“零”排放，由“绿电7日”“绿电9日”“绿电15日”到2020年的连续100天对三江源地区16个县和1个镇全部使用清洁能源供电的“绿电百日”实践，青海不断改写全清洁能源供电世界纪录，持续发挥着清洁能源的示范引领作用。2020年5月，世界首条清洁能源专用通道青海至河南±800千伏特高压直流输电线路工程（青海段）全线贯通，截至2020年底，青豫直流工程五个月累计向河南输送“绿电”34.1亿千瓦时，相当于减少原煤消耗154万吨、减排二氧化碳253万吨，累计向江苏及省内有关企业输送清洁电能82亿千瓦时。据测算，“青豫直流”工程全线投运后，全年将有400亿千瓦时清洁电力直送河南，可以减少燃煤消耗约1800万吨、减排二氧化碳约2960万吨，输送量达到河南用电量的1/8。不仅河南使用上了清洁能源，这一输送工程还辐射到了湖北、湖南、江西等省份。

1. 光伏发电

青海光伏产业发展主要集中在海南州的共和县境内、海西州的柴达木盆地，这两地是全国重要的光伏发电基地。2019年，海南、海西两州的太阳能发电量达到108.6亿千瓦时，占全省太阳能发电量的99.9%以上（见图1、表1）。已经形成集多晶硅—切片—电池—组件—光伏电站系统集成—光伏电站开发建设运行于一体的完整产业链，光伏制造企业产值规模超过100亿元。值得一提的是，光伏产业的稳步发展不仅是保护生态安全、促进绿色发展的重要抓手，更是实现贫困地区脱贫摘帽的强大引擎，是一项巨大的民生工程，为清洁能源的高质量发展提供了有效支撑。青海在塔拉滩积极培育光伏与养殖结合

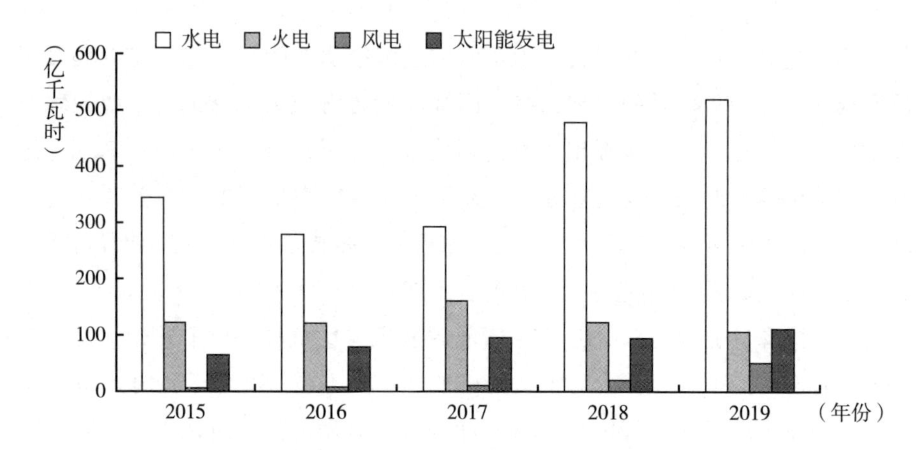

图1　2015～2019年青海省能源发电量情况

资料来源：《青海统计年鉴2020》。

发展的现代绿色产业，当地新进驻的光伏企业将光伏板升高到1.2米，在光伏板下养羊，实现了光伏产业与生态畜牧业的有机结合。2018年12月正式并网发电的海南藏族自治州50.5兆瓦村级光伏扶贫电站扶持带动了全州5县173个建档立卡贫困村的7269户贫困户，年平均收益达到6000多万元，电站的收益全部用来分红并为贫困户提供了一定数量的公益岗位，实现了贫困户的长期稳定增收。

表1　2019年青海分地区主要能源产品产量

单位：亿千瓦时

产品名称	西宁市	海东市	海北州	黄南州	海南州	海西州
发电量	88.4	135.1	23.9	99.8	344.0	99.4
水　电	1.9	132.0	15.8	99.2	262.4	8.7
火　电	86.5	2.9	5.2		0.1	12.0
风　电					20.1	31.6
太阳能发电		0.2	2.8	0.6	61.4	47.2

资料来源：《青海统计年鉴2020》。

2.水力发电

青海地处“三江之源”、世界屋脊，境内水资源丰富。境内黄河流域规划建设水电站23座。自20世纪70年代开始，青海依托丰富的水资源，先后完

成了龙羊峡、李家峡、公伯峡、拉西瓦等大中型水电站建设任务。截至2019年初，水电装机总容量已突破千万千瓦大关，多年来在全省清洁能源装机容量中遥遥领先。

3. 光热发电

近年来，青海利用大面积荒漠化土地等资源，大力推动光热发电项目发展，在我国首批20个光热示范项目中青海有4个示范项目，分别在海南、海西两州，装机总容量28.5万千瓦。2018年5月，青海共和光热发电项目开工建设，2020年11月，历时两年多的建设，成功完成了240小时试运行，此项目年利用小时数约为3138小时，发电1.56亿千瓦时，每年可节省燃煤消耗约5.12万吨，减排二氧化碳约15.4万吨，有显著的环保效益，对保护生态环境、优化电力结构、解决地方电网调峰问题具有重要的意义。海西州相继投建中控德令哈塔式光热发电项目、中广核德令哈槽式光热发电项目、黄河公司德令哈塔式光热发电项目，已建成光热项目2个，装机容量11万千瓦，在建光热项目1个。目前，在海西州已初步建成德令哈西出口、格尔木乌图美仁两大千万千瓦级新能源发电基地，建成全国首家商业化运转的塔式和槽式太阳能电站。

4. 风力发电

青海利用丰富的风力资源，利用风光互补特性，弥补夜间电力，调节峰谷，风力发电量屡创历史新高，保证了西电东输的需求，很好地促进了电源及电网的协调发展。截至2021年初，全省风电总装机848万千瓦，占新能源总装机的34.6%。2021年3月青海水利水电集团茫崖风电有限公司10兆瓦分散式风力发电项目并网成功，填补了青海省分散式风电领域的空白。同时，加快上下游产业的深度开发，布局高端装备制造业，积极培育风机制造龙头企业，引进江苏远景能源集团风机制造项目落地，实现量产。

（三）科技探索方面

近年来，青海省在清洁能源技术攻关上不断加快脚步，进行了诸多探索，特别是在光伏产业科技研发攻关方面成效显著。一是建成了全国首个水光互补电站。因光伏发电受气候环境因素影响大，阴雨雪天、雾天甚至云层的变化都会严重影响发电状态，具有间歇性、随机性、波动性的特点。针对这种情况，

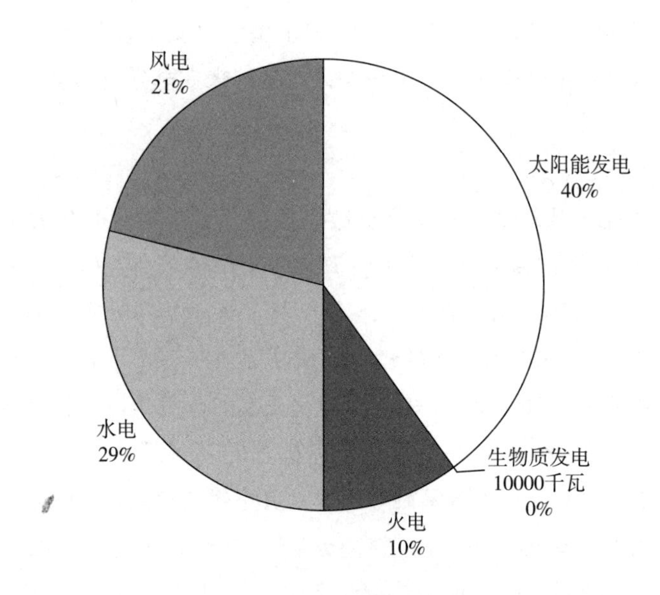

图2　青海电网电源构成情况（截至2020年底）

为了减少气候因素的影响，青海积极探索水光互补技术，现已建成的850兆瓦水光互补发电实验项目是世界单体规模最大电站，科技成果处于国际领先技术水平，不但保证了光伏发电电能质量，还为我国清洁能源利用提供了新型发展模式，具有广泛的推广应用价值。二是建成了100兆瓦国家级太阳能发电实验基地。此实验基地是青海省光伏产业科研中心六大实验室之一，主要开展光伏发电系统的对比实证研究，用于支撑光伏发电技术研发与应用，涵盖了目前国内最先进的技术。三是立足自然资源禀赋、多能互补及清洁能源领跑全国的优势，“十四五”期间，青海筹划建设先进储能技术国家重点实验室，目前已成立由省长牵头的国家重点实验室筹备工作领导小组。

二　清洁能源对于青海高质量发展的意义

（一）维护生态安全

青海省平均海拔3000米以上，拥有丰富的水、风、太阳能资源，荒漠化、半荒漠化草地面积大，生态环境十分脆弱，常常被人们说是“不毛之地”。自全省在海南州、海西州等地发展光伏产业以来，曾经沙化的半荒漠化草地海南州塔拉滩成为全国首个千万千瓦级太阳能生态发电园，一排排光伏板代替了沙石地面，植被也得到了有效恢复，子阵区的风速和晴天天气的蒸发量减小了50%以上，草原的涵水量大大增加，土地荒漠化得到遏制，生态环境逐渐好转，依托青海天然的优势资源，大力发展清洁能源产业，是保护我国生态安全、修复脆弱生态环境、带动当地经济持续健康绿色发展的必然选择。

（二）促进青海绿色发展

清洁能源有着永不枯竭、不会造成环境污染的特点，是无燃料消耗、零排放、无噪声、无污染、能量回收期短的理想绿色能源。青海生态地位重要，发展环境脆弱，传统工业和其他产业的发展有着一定的客观因素制约，但是发展清洁能源产业却有着得天独厚的优势，既可以带动增收，又可以推动经济发展走上绿色生态可持续的道路。将清洁能源产业逐渐发展为青海的支柱产业，打造清洁能源产业基地，既可以调整产业结构，培育本地特色优势产业，通过形成完整产业链，带动其他产业协同发展，为全省其他相关产业的发展发挥示范带动作用。

（三）乡村振兴，实现生态、经济效益高质量发展

青海省曾是全国脱贫攻坚的重点区域，乡村振兴、全面小康离不开产业的支持和助力，清洁能源产业的发展有利于实现乡村振兴，通过发展清洁能源产业，利用生态工程项目，大力推进“光伏板下养羊”等产业新模式，为当地群众提供产业分红，增加就业机会，增加家庭经济收入，将太阳能产业、生态环境保护、生态畜牧业发展紧密连接在一起，是实现生态效益与经济效益双丰收、带动经济社会高质量发展的重要保障。

三　清洁能源发展存在的主要挑战

虽然近年来青海清洁能源发展取得了举世瞩目的成绩，但仍存在一些困难和问题：一是随着经济社会的发展和人们环保意识的提高，特别是青海作为全国生态文明先行区、全国生态安全屏障，对全省清洁能源开发提出了更高要

求，开发敏感因素相对较多，生态环境保护压力有所加大。

二是虽然可再生能源装机特别是新能源发电装机逐年快速增长，但是各市场主体在可再生能源利用方面的责任和义务不明确，利用效率不高，人民日常生活中使用清洁能源的比例还不高，供给与需求不平衡、不协调，致使清洁能源可持续发展的潜力未能充分挖掘。

三是青海省自然环境较恶劣，条件相对艰苦，教育落后，与中东部地区相比，极度缺乏能够满足产业发展需要的专业技术人才，在产业发展竞争不断加大的当下，产业发展缺乏核心动力，加之融资资金成本高，引人留人难，自主创新能力弱，核心竞争力弱。另外，省内清洁能源企业也面临着规模偏小，上下游联动发展效应不足，大部分清洁能源企业光伏组件和风机整机等装备制造、原材料加工主要依靠外地企业。

四是出于本地消耗能力有限，对外输送不畅等原因，在新能源供求关系不平衡、电网调峰能力不足的现状下，“弃光”问题突出。全国“弃光”问题较严重的地区主要集中在西北五省（区），从国家可再生能源中心公布的数据来看，2019 年西部地区重点省份的弃光率分别是：西藏 24.1%，甘肃 4%，新疆 7.4%，青海省受新能源装机大幅增加、负荷下降等因素影响，弃光率提高至 7.2%，同比提高 2.5 个百分点，是西北地区中弃光率较高的省份，虽然青海省新增装机容量和光伏电站数量在全国及西部地区排名靠前，但同时也是全国弃光率较高省份。针对消纳能力有限的高“弃光”现状，急需积极探索、努力破解“弃光”困局。

五是新能源项目建设用地存在重复征占问题，同一地块的土地性质在国土部门为天然牧草地、在林业部门为灌木林地和宜林地，导致清洁能源项目建设非技术性成本增大。根据我国光伏行业协会的初步测算，光伏发电设备和光伏电站平均大概有 15% 的成本是非技术性成本，而青海光伏企业承担的非技术性成本要远高于全国平均成本，这直接导致光伏企业整体发电成本也要高于全国光伏行业的平均成本。

四　促进清洁能源高质量发展的建议

清洁能源是廉价的能源形式，面对国内市场新增用电需求的不断增加和对

替代传统能源的新要求，清洁能源在未来有巨大的发展潜力和成长空间。面对目前青海清洁能源发展面临的挑战，今后仍要从以下几个方面持续努力。

（一）完善产业发展规划，引导企业健康有序发展

现行的光伏产业发展规划很大程度上是依托于国家出台的清洁能源补贴政策，在鼓励企业主动降低产业补贴依赖性，引导企业基于市场规则、健康有序竞争发展方面还需要不断发力。一是在国家补贴政策的基础上，还需要结合本地的实际情况，借鉴其他省（区）的成功经验，创造性地制定科学合理、符合本区域发展需求的清洁能源项目规划，以政策引领本区域的发展。二是落实各项补贴政策，实现补贴应发尽发，缓解企业困境。三是逐步建立健全风险装机评估和高弃光率淘汰体系，从源头规避风险，确保清洁能源产业的健康发展。四是制定清洁能源人才中长期发展规划，国家财政设立专款预算，在培养优秀人才的同时帮助企业引进复合型专业人才，确保企业能吸引人才和留住人才。

（二）努力破解“弃光”困局，不断提高企业核心竞争力

针对光伏行业不断加剧的高“弃光”率问题，一是需要政府进一步规范现存的粗放无序发展现状，合理调控光伏产能，充分发挥产业政策的引领作用，引导产业从追求量向追求质的方向发展，倒逼企业提升技术、提高综合竞争力。二是根据储能应用需求，积极探索储能应用新模式，不断创新技术，保持每个地区每小时供电和需求的平衡，实现电力系统的高效利用，把绿色能源集纳起来，在本地解决广大农牧区的用电和取暖问题，提高本地消纳能力。三是继续吸引实力强的互联网大数据企业来海南州发展，就地消纳更多清洁能源，实现新兴产业的增量升级与传统产业存量升级的“双重转型升级”。四是完善电网建设，协调网源规划，加快跨区输送通道建设、提高调峰能力，在此基础上充分运用国家对口援建政策，协调援建省份江苏省以及省外其他地区和省内部分地区加大消纳富余电量力度。

（三）拓展融资渠道，推广生态发展模式

资金是企业赖以生存发展的基础，面对资金链紧张、融资渠道窄的瓶颈制

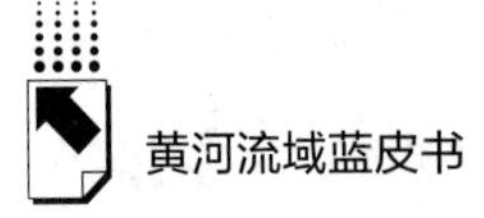

约，要维持企业的“造血”功能，更要加快外部“输血”。一是统筹政府资金及社会资本，贯彻落实扶贫政策，争取项目资金，扶持清洁能源扶贫项目，助推“光伏领跑者计划”等项目的推进，帮助企业加大研发投入，加强国际研发合作，引进资金。通过融资培育一些光伏产业领头企业成为模范标杆，带动产业内的其他企业提升产品质量和转换效率，从而推动整个行业的良性竞争与发展。二是持续探索清洁能源+生态扶贫的发展道路，因地制宜地规划建设，借鉴已有的成功经验，结合实际情况将清洁能源产业发展与农业种植、养殖业充分结合，促进产业多元化发展，不断促进盈利。

（四）注重绿色发展，不断降低非技术性成本

针对环境承载能力与经济社会发展间矛盾突出的问题，政府要进一步提高行业准入门槛，加大监管力度，把保护生态环境作为第一要务，杜绝以破坏生态为代价的发展。针对非技术性成本高的问题，相关部门需要进一步追踪产业发展进度，实时了解情况，根据发展要求，合理制定补贴政策，破解企业无法自身解决的瓶颈问题，充分运用土地、税收等政策，对清洁能源项目在土地利用及土地收费方面予以支持，降低项目场址等相关成本，合理制定相关领域税收减免政策，为行业发展扫除障碍，扶持产业发展。

（五）加强地热及干热岩的开发利用

干热岩资源广泛分布于青藏高原，其开发利用可有效保护生态环境。在青海海南州共和盆地开展干热岩开发，通过新能源资源的开发利用，丰富绿色清洁的基础电源形式，努力把青海打造成全国重要的新能源示范基地，为全国经济的高质量绿色发展做出更大的贡献。

B.18 黄河流域融入国内国际双循环新发展格局路径研究

王愿如*

摘　要：　黄河流域融入国内国际双循环新发展格局，有利于推动黄河流域高质量发展，同时为加快构建以国内大循环为主体、国内国际双循环相互促进的新发展格局贡献区域力量。本报告对黄河流域经济社会发展相关情况进行分析，研究黄河流域融入双循环新发展格局带来的战略机遇和面临的挑战。黄河流域融入双循环新发展格局对其资源优化配置带来新动力，推动形成适应高质量发展要求的区域产业和经济布局，同时推进流域新型城镇化建设和乡村振兴。黄河流域融入双循环新发展格局仍面临供给与需求适配性有待提高、居民收入和消费水平不高和对外开放程度较低等问题，本报告针对这些问题提出了相关的对策建议。

关键词：　双循环　新发展格局　黄河流域

2020年5月14日，习近平总书记主持召开中央政治局常委会会议时首次提出，要深化供给侧结构性改革，充分发挥中国超大规模市场优势和内需潜力，构建国内国际双循环相互促进的新发展格局。党的十九届五中全会通过的《中共中央关于制定国民经济和社会发展第十四个五年规划和二〇三五年远景

---

* 王愿如，宁夏社会科学院综合经济研究所（“一带一路”研究所）助理研究员，主要研究方向为区域经济学、产业经济学和金融等。

目标建议》，明确将加快构建以国内大循环为主体、国内国际双循环相互促进的新发展格局作为“十四五”时期经济社会发展的重要指导思想。构建新发展格局是党中央深刻把握历史大势和发展规律做出的与时俱进提升我国经济发展水平的战略抉择，也是塑造我国国际经济合作和竞争新优势的战略抉择。构建双循环新发展格局，要坚持扩大内需的战略基点，并且要与深化供给侧结构性改革结合起来，以创新驱动和高质量供给引领和创造新需求。黄河流域生态保护和高质量发展作为国家重大战略，融入国内国际双循环新发展格局，有利于推动黄河流域高质量发展，同时为加快构建以国内大循环为主体、国内国际双循环相互促进的新发展格局贡献黄河流域力量。

一　黄河流域融入国内国际双循环新发展格局战略机遇

（一）推动黄河流域资源优化配置

黄河流域融入以国内大循环为主体、国内国际双循环相互促进的新发展格局，将推动黄河流域省区发挥资源优势，提高生产要素与国内和国外市场的适配性。黄河流域自然资源优势明显，2017 年黄河流域九省区拥有耕地面积 46994.3 千公顷，占全国耕地面积的 34.84%[①]，黄淮海平原、汾渭平原、河套灌区是我国的粮食主要产区，粮食和肉类产量占全国 1/3 左右。2017 年黄河流域九省区草原面积为 172302.8 千公顷，占全国草原总面积的 43.86%，鲜草产量占全国鲜草总产量的 44.11%，干草量占全国干草总量的 45.07%[②]。黄河流域大部分地区日照时间长，光热资源充足，农业生产发展潜力大，资源开发和利用有较大空间。黄河流域矿产资源比较丰富，煤、稀土、石膏、玻璃用石英石、铌、钼、铝土矿、耐火黏土等资源，中游地区的煤炭资源、中下游地区的石油和天然气资源，在全国具备很大优势。黄河是中华民族的母亲河，黄河流域是中华文明的重要发祥地。黄河孕育了河湟文化、河洛文化、关中文化、三晋文化、齐鲁文化、游牧文化和农耕文化等，同时黄河流域在历史上是汉族

① 资料来源：《中国统计年鉴（2020）》。

② 资料来源：《全国草原监测报告（2017）》。

与少数民族交流交融的重要地区，促进了黄河文化与多民族文化的交融和创新，是中华民族坚定文化自信的重要根基，黄河文化当中蕴含的优秀传统文化、革命文化等以其独特的魅力在新时代散发着熠熠光辉。同时，黄河文化遗产系统保护工程和黄河文化旅游带的建设与双循环新格局的高度配合，将推动黄河流域文化产业和旅游产业发展实现新升级，同时也将成为“一带一路”倡议下文化交流的重要组成部分。黄河流域丰富的自然资源和文化资源，在融入“双循环”新发展格局过程中，将实现资源的优化配置和合理开发利用，促进黄河流域资源在国内和国际市场上发挥更大效用。

（二）推动形成适应高质量发展要求的产业布局

黄河流域省区产业门类较为齐全，流域内产业在转移、重组、承接和整合方面具备一定条件。黄河流域上中下游各省区基于资源禀赋的原因，经济发展的重点和产业布局有一定的相似性，同时也各具特色。在融入双循环新发展格局的要求下，生产要素的有效流通和产业上下游、产供销的有效衔接将推动黄河流域各省区在扩大特色产业优势的同时，探索形成流域内优势特色产业的国际新优势，以流域内生产要素的绝对优势吸引国内外资源要素，充分利用两个市场，协同推进建设强大的国内市场，同时为贸易强国做出贡献。黄河流域的产业分布与京津冀、长三角、粤港澳和长江经济带产业有很强的互补性和协调性，黄河流域融入“双循环”新发展格局，必将以区域发展的重大战略任务为契合点，调整产业布局，统筹推进区域经济协调发展，同时做好服务国家战略的重点工作。产业优化升级将推动构建黄河流域一体化市场，以畅通国内循环为目标，配合建设经济发展新格局。

（三）推进新型城镇化建设和乡村振兴

黄河流域融入双循环新发展格局，必将盯准扩大内需的战略基点，全面促进消费和拓展投资，推进城市现代化发展和乡村振兴。黄河流域在高质量发展过程中积极推进城市群、都市圈和中心城市等的建设和发展，兰州—西宁城市群、黄河“几”字弯都市圈、成渝地区双城经济圈建设，西安、郑州国家中心城市等规划项目有序推进，新型基础设施建设投资、城市现代化和智慧化发展投资等成为高质量发展的重要增长极。黄河流域是我国打赢脱贫攻坚战的重要战场，2019 年黄河流域九省区的贫困人口达 191 万人，占全国贫困人口的 34.7%。2020 年我国脱贫攻坚战取得了全面胜利，现行标准下农村贫困人口全部脱贫，消除了绝对贫困，巩固扩展脱贫攻坚成果同乡村振兴有效衔接成为工作重点。全国脱贫攻坚总结大会提出，乡村振兴要围绕立足新发展阶段、贯彻新发展理念、构建新发展格局带来的新形势、提出的新要求展开。黄河流域在融入双循环新发展格局的过程中，将不断推进乡村振兴，不断缩小城乡区域发展的差距，这对提高城乡居民收入将起到推动作用。

二　黄河流域融入国内国际双循环新发展格局面临的挑战

（一）产业结构和创新力量仍有待调整

黄河流域九省区依靠其资源优势，拥有较为完善的工业体系，且在工业体系中，采掘业优势较大。2018 年，黄河流域九省区规模以上工业企业主营业务收入中采掘业达 25578 亿元，占全国采掘业企业主营业务收入的 55.98%[①]，其中，内蒙古、山西和陕西采掘业优势明显。青海、甘肃、宁夏在石油煤炭及其他燃料加工业方面都具有优势，在依靠有色金属等资源方面的产业发展具有相对优势。山东、四川和河南产业发展较为多元化，倚重倚能相对较少。从黄河流域九省区的产业发展的综合评价来看，高耗能产业相对较多，战略性新兴产业的占比相对较小，产业转型升级的压力仍然很大。此外，黄河流域九省区的优势产业具有一定的相似性，产业趋同化较为严重。内蒙古、山西和陕西的采掘业，在煤炭开采和洗选业方面有相同优势；山西、陕西、甘肃、宁夏、青海和内蒙古在石油煤炭及其燃料加工业、黑色金属冶炼和压延加工业等产业上具有相同优势。

黄河流域九省区研究与试验发展投入水平仍比较低。2019 年，黄河流域九省区研究与试验发展（R&D）经费支出为 4277.64 亿元，占全国 R&D 经费

① 资料来源：根据《中国统计年鉴（2019）》及黄河流域九省区统计年鉴等整理计算。

支出的19.68%，黄河流域九省区R&D经费投入强度，除陕西省高于全国2.19%的水平外，其他省区均低于全国水平。2019年，黄河流域专利授权数量为20.08万个，占全国专利授权总量的7.7%，创新能力和创新水平在全国仍处于较低水平。黄河流域九省区的国家级企业技术中心占比也较少，21个国家自主创新示范区中，黄河流域九省区有5个，分别是成都国家自主创新示范区、西安国家自主创新示范区、郑洛新国家自主创新示范区、山东半岛国家自主创新示范区和兰白国家自主创新示范区，其创新能力对整个黄河流域的带动性不强，创新发展仍然面临许多挑战。此外，黄河流域九省区之间的创新发展水平存在很大差异，2019年R&D经费投入强度最高的陕西省2.23%，与投入强度最低的青海省0.69%，两者相差比较大①。

（二）城乡居民收入和消费水平仍有待提高

黄河流域九省区城乡居民收入水平仍比较低，城乡收入差距也比较大。2019年，全国居民人均可支配收入为30733元，黄河流域九省区居民人均可支配收入除山东省高于全国水平外，其余省份均低于全国水平。黄河流域九省区城镇居民人均可支配收入均低于全国42359元的水平，农村居民人均可支配收入除山东省高于全国水平外，其余省份均低于全国水平。2019年全国城乡居民收入比为2.64∶1，黄河流域九省区除山西、山东和河南低于全国城乡居民收入比外，其余省份均高于全国收入比。从人均消费支出来看，黄河流域九省区城镇居民人均消费支出均低于全国城镇居民人均消费支出28063元的水平，农村居民人均消费支出中，除四川省高于全国农村居民人均消费支出外，其余省份人均消费支出均低于全国水平。从黄河流域居民收入支出情况可以看出，黄河流域九省区的整体收入水平还比较低，收入来源中，第一和第二产业的占比较高。黄河流域九省区消费水平也较低，这与其收入水平低紧密相关，黄河流域在融入“双循环”新发展格局过程中，在扩大消费方面，面临较为艰巨的任务②。

黄河流域九省区的不平衡不充分发展矛盾仍然比较突出，城乡居民收入差

① 资料来源：黄河流域九省区统计公报整理计算。

② 资料来源：黄河流域九省区统计公报整理计算。

距较大，绝对贫困消除后仍然面临相对贫困的挑战。2020 年底我国脱贫攻坚取得了全面胜利，完成了贫困人口全部脱贫、贫困县全部摘帽，但是需要注意的是黄河流域脱贫后的相对贫困基数还是比较大。黄河流域九省区贫困人口收入和生活水平与发达省区相比还是有很大差距，因病返贫、因灾返贫仍是需要长期关注的问题。黄河流域九省区农村居民的可支配性收入中，转移净收入比例仍比较高，除宁夏和山东省低于全国水平外，其余省份均高于全国水平。黄河流域巩固拓展脱贫攻坚同乡村振兴有效衔接各项任务仍然比较重，对易贫返贫人口的监测难度也比较大，要坚守不发生规模性返贫的任务依然面临很多考验。

（三）对外开放水平仍有待提升

黄河流域部分省区对外开放水平受到地理位置、交通基础设施建设以及资源禀赋等因素制约，对外开放程度比较低。2019 年黄河流域九省区进出口总额为 39614.55 亿元，占全国进出口总额的 12.56%，其中山东省进出口总额占黄河流域九省区进出口总额的 51.55%，而青海省进出口总额占黄河流域九省区进出口总额的 0.09%。黄河流域整体对外开放程度比较低，九省区进出口总额差异也较大①。

从黄河流域九省区出口商品结构来看，山东省机电产品出口占比最高，但从全国范围看，也不具备绝对优势。2019 年山西出口增长率最高的是煤炭，其次是焦炭，出口商品中煤炭仍占主要地位。2019 年宁夏出口商品中金首饰及其零件占比最高，其余出口商品还包括金属锰、铁合金等。黄河流域部分省区的出口商品结构仍然以资源密集型产品为主，装备制造等高新技术产品出口仍然占比小，面临出口产品优势不足的问题。2019 年全国 18 个自由贸易试验区中，黄河流域九省份中有 4 个，分别是山东、河南、陕西、四川，占比为 22.22%，黄河流域九省区跨境电子商务体量也较小。黄河流域九省区对外开放平台的建设和发展水平不尽相同，对外开放平台的创新建设方面仍存在短板。

① 资料来源：黄河流域九省区统计公报整理计算。

三　黄河流域融入国内国际双循环新发展格局对策建议

（一）精准有效投资，扩展投资空间

持续优化投资结构，实行精准投资和有效投资，保持投资合理增长，不断拓展投资空间。提高精准有效投资对经济增长的贡献，加大新基础设施、新型城镇化建设和重点项目的投入。加大新一代信息技术基础设施投入，加强在5G、物联网、工业物联网、区块链、云计算和人工智能等方面的投资，用于相关基础设施的配套和推广应用。加大新型城镇化建设投入，提高城镇基础设施扩容提升工程项目投入，增加一批增强城市基础能力、改善人民生活环境、推进城乡一体化发展的项目建设。继续加强黄河流域部分省区基础设施建设，加快推进宁夏和内蒙古的高铁建设，补齐交通设施建设短板，联通全国交通网络。加大在市政、民生领域的投资，加大营造宜居环境方面的建设和投资力度，以人民为中心，加大解决人民诉求的相关领域投入。持续加大在医疗、教育、养老等重点领域的创新性投资，提升人民生活品质。

加大对接国家重大项目的投资，紧盯国家重大发展战略当中的重大项目，发挥黄河流域资本参与其中的作用。加强在都市圈、城市群等方面的投资，建设黄河“几”字弯都市圈，推进成渝地区双城经济圈建设，推动黄河流域城市群发展。加强以县域发展为载体的城镇化发展，加大对县和乡镇的建设投资，通过县域发展带动经济发展新增长。积极调动民间投资力量，吸引更多民间资本投入“两新一重”建设，利用政府资本的撬动作用，激发民间投资活力。

（二）促进消费升级，开拓消费市场

培育新型消费，挖掘新一代消费热点。培育新型消费业态，构建多层次消费平台，鼓励发展首店、宅经济、新零售和夜间经济等，力促线上线下消费融合发展。线下消费平台要提高消费服务水平，商业街区、步行街、夜市等基础设施和消费环境等要持续改善，营造舒心、放心、绿色、安全的消费氛围。构建不同层级的优质消费市场，打造国际消费中心城市。黄河流域九省区省会城

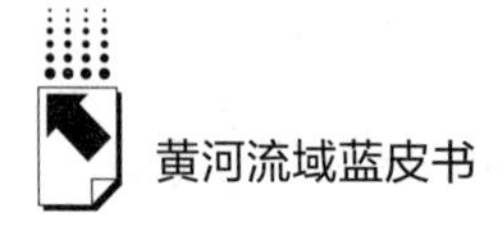

市和部分知名城市，根据自身城市消费发展情况，对标国际消费中心城市建设标准，积极加强城市消费市场品质建设，打造一批吸引世界消费需求的中心城市。促进消费向绿色、健康、安全发展，引导消费向环保绿色、有益健康和安全放心方向发展。要关注青年消费和老年消费，根据青年消费欲望强、老年消费能力强的特征，挖掘消费潜能，引导消费趋势，实现消费新增长。适当增加公共消费，关注民生发展、民心所向，发展所需、创新所要，能力所向、服务所到，增加民生、政府服务能力提升等方面的消费。积极发展服务消费，放宽服务消费领域市场准入，鼓励服务消费根据市场化需求提质升级。

营造优质消费环境，构建诚信买卖、放心消费、维权方便的消费市场环境。提高市场监督管理水平，构建安全消费环境。打造放心消费商店、放心消费商圈、放心消费市场和放心消费城市，构建诚信买卖体系，建立消费追溯体系，健全消费者维权体系，做好消费全流程安全、便捷、放心服务。提高消费服务品质，落实消费售后服务和评价制度。

（三）畅通国内国际双循环，深层次融入新格局

要提高产品供给质量，提高供给与国内市场的适配性。推动传统产业加快升级，产业链、供应链、创新链和价值链要对接全国大市场，优化供给结构，提高供给质量、供给水平。提高产业链、供应链的信息化水平，利用科技赋能实现产业新升级。积极推进创新驱动发展，利用好创新平台，提高创新能力。优化商品结构和贸易结构，发挥各省区优势特色产业作用，做好资源、资本、人才等要素的高效流通和优化利用，加快破除阻碍生产要素高效流通的制度障碍和体制障碍，营造良好的生产要素流通环境，降低生产要素流通和交易成本，提高产业发展的整体效益。建设和完善现代交通运输体系，发展多式联运和综合交通体系构建。

优化出口商品质量和结构，积极参与国际标准规则制定，促进对外贸易质量提升，持续推进内外贸易质量标准和认证等相衔接，推进同线同标同质建设。提高对外贸易服务水平和层次，推进外贸主体培育提质增效，完善相关服务政策。积极融入“一带一路”建设倡议，做好优势产业的交流、合作，加强在医疗、文化、教育等产业方面的交流和合作。加快实施贸易投资融合工

程，鼓励优势企业抱团发展，形成产业发展新优势，吸引更多国际市场资源要素。

要加强黄河流域九省区的内部合作，共建黄河流域融入“双循环”新发展格局的有益平台。推动产业链、供应链、创新链的省级融合发展，构建省级间的创新平台、技术平台，积极发挥优势省份的带动作用。构建多层次合作平台，盯准国际和国内市场，形成产业链、供应链和创新链合力，构建黄河流域优势特色产业。

参考文献

习近平：《在黄河流域生态保护和高质量发展座谈会上的讲话》，《求是》2019年第20期。

段庆林：《打赢新时代黄河生态保卫战——黄河流域生态保护和高质量发展报告（2020）》，载张廉、段庆林、王林伶主编《黄河流域生态保护和高质量发展报告（2020）》，社会科学文献出版社，2020。

于法稳、方兰：《黄河流域生态经济研究》，载张廉、段庆林、王林伶主编《黄河流域生态保护和高质量发展报告（2020）》，社会科学文献出版社，2020。

姚树洁、房景：《“双循环”发展战略的内在逻辑和理论机制研究》，《重庆大学学报》（社会科学版）2020年第6期。

蒲清平、杨聪林：《构建“双循环”新发展格局的现实逻辑、实施路径与时代价值》，《重庆大学学报》（社会科学版）2020年第6期。

B.19
黄河中游地区合作推进沿线城镇带高质量发展研究*

冉淑青**

摘　要：区域合作是破解黄河中游沿线城镇带高质量发展难题的重要突破口。本报告以黄河中游沿线城镇带为研究对象，探讨了欠发达地区的政府合作效应，即加强“公共产品”领域合作共建、推动产业领域实现共赢合作以及拓展企业交流合作空间，在分析黄河中游沿线城镇带自然地理概况、资源禀赋以及经济社会发展情况的基础上，总结了黄河中游沿线城镇带在产业发展、基础设施、生态保护以及居民收入等方面的问题，并提出了推进黄河中游沿线城镇带高质量发展的对策建议。

关键词：黄河中游　城镇带　高质量发展

当前，扎实推进黄河流域生态保护和高质量发展成为我国优化区域经济布局、促进区域协调发展的重要战略之一。根据《中华人民共和国国民经济和社会发展第十四个五年规划和二〇三五年远景目标纲要》，未来五年要优化黄河流域中心城市和城市群发展格局，统筹沿黄河县城和乡村建设。黄河中游沿线绝大部分地区由于地处省域边界，偏离省域经济发展主轴，难以享受到中心城市的辐射带动作用，在省域经济社会发展中长期处于容易被忽视的边缘地

* 本文为陕西省社科界2020年度重大理论与现实问题研究项目（立项号SX－51）阶段性研究成果。

** 冉淑青，陕西省社会科学院经济研究所副研究员，主要研究方向为城市与区域经济。

位，多为经济欠发达地区，形成了典型的“行政区边缘经济”现象。这一地区尽管分属不同省份，但在黄河文化的共同滋养下，跨省相邻地区形成了相似的民俗文化，加上一衣带水的地缘关系、相似的地理环境与资源基础，使得黄河中游沿线城镇带具备跨省合作的良好基础。

一　研究背景

当前，在我国区域大合作的总体思路引领和区域经济一体发展浪潮的推动下，“一带一路”、粤港澳大湾区、长江经济带等区域重大战略通过构建共生合作关系，实现了区域经济的高质量发展，在我国加快构建高质量发展的区域经济布局和国土空间中发挥着重要支撑作用。我国发达地区发展历史经验表明，区域子系统通过彼此合作建立有序的“一体化共生”结构状态，能够推动区域经济向更高级的状态演化。作为地方发展的“代理人”，政府在推动区域合作中发挥着关键作用。地方政府通过调整与其他地区政府之间的交流互动关系，积极搭建协商平台，建立内部互动规则，降低共同发展的交易成本，最终实现合作双方或多方更高质量的经济发展。国外学者 Agranoff Robert①、Lowndes V. ②、Richard C. Feiock③ 分别从州际管理、多组织伙伴关系、集权性区域政府和分权性区域政府等视角探讨了政府合作模式及其产生的效果。国内学者早期多关注区域合作理论构建，探讨了新中国成立 70 年以来我国区域经济合作的演进动力，良性合作环境的重要意义，地方政府有效合作对经济增长率的贡献，基础设施、产业结构、科技创新与区域协同之间的互动关系以及区域合作机制的分析框架等。综合来看，国内研究多以京津冀、长三角、泛珠三角等东部发达地区和省份为主，而对欠发达省份跨区域合作的相关研究关注不够。

---

① Agranoff, R. , Mc Guire, M. , *Collaborative Public Management New Strategies for Local Governments* (Washington DC: Georgetown University Press, 2004), pp. 124 - 145.

② Lowndes, V. & Skelcher, C. , “The dynamics of multi-organizational partnerships: An analysis of changing modes ofgovernance”, *Public Administration* 2 (1998), pp. 313 - 333.

③ Richard C. Feiock, *Metropolitan Governance: Conflict, Competition and Cooperation* (Washington DC: Georgetown University Press, 2004), pp. 45 - 102.

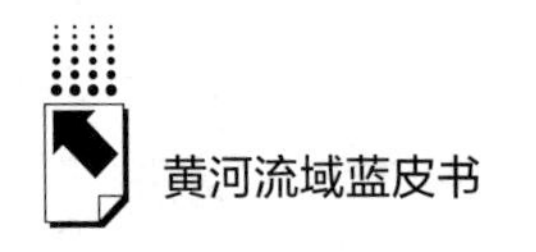

二　欠发达地区政府合作的效应分析

交易成本理论认为，当合作中的收益大于合作前期的信息、谈判、监督、执行等交易成本时，区域之间的政府合作就会形成。同时，地方间政府合作的地理位置、共同目标、激励机制等也是促成政府合作的重要因素。这种合作达成共识会促进形成新的区域治理模式，而这种模式对于解决区域治理过程中的分散、复杂问题，能够取得更好的效果。对于欠发达地区而言，资源与利益是区域合作的基础，也是促成合作的第一动力。通过竞争和合作的互动与耦合，建立“跨省地区合作一体化共生”机制，即从整体市场预期和总体目标实现出发，突破行政区域界线，通过建立文化、资源及管理层面的联系，整合全域发展要素，降低彼此参与区域合作的风险预期，积极开展资源开发、产业发展、市场开拓、品牌打造、基础设施建设、生态环保等全方位的合作，完善区域产业体系和产业链，共建基础设施，共同打造文化品牌，共治生态环境，从而建立全方位交流和相互合作机制，形成稳定的共生关系，进而实现整体利益的最大化。

（一）加强“公共产品”领域合作共建

通过强化政府之间的合作，能够集中原本分散的有限的人、财、物等资源要素，合力推动区域基础设施建设、生态环境治理以及地域文化品牌的打造，在“公共产品”领域实现突破发展。一是在基础设施建设方面，公路、铁路、机场、信息网络等基础设施是推进区域合作的重要物质载体和媒介，单个经济体在有限的财力下难以承担高标准、高质量基础设施庞大的资金投入。通过政府合作，合力共建跨区域道路、信息等基础设施，在避免低效率重复建设的同时，更能提高区域对外交通通达性，并通过获得交通条件改善所带来的综合效益实现地方利益的最大化。二是在生态治理领域，大量研究表明，污染治理的制度性集体行动能够通过将治理成本内生化降低生态治理成本，最终在高层面实现生态保护的共赢。在当前我国生态文明建设已经进入打造全面治理新格局的时代背景下，生态保护与环境治理已经成为各级政府工作考核的重要指标，党中央明确提出各地政府要肩负起生态文明建设的政治责任。通过加强政府合

作，完善协作体制机制，构建合理有序的机制、现实有效的法制约束、灵活可控的监督手段，是实现生态治理效益最大化的关键之举。三是在公共文化品牌打造方面，通过挖掘比邻地区共同的历史文化资源，扩大地域文化宣传力度和影响力，能够增强人们的地域归属感和特色文化荣誉感，有助于摒除行政区观念障碍和地方保护主义对区域合作的不利影响。

（二）推动产业领域实现共赢合作

我国发达地区经济发展的历史经验表明，在市场机制作用下建立“公平协调共享”的多层次产业合作格局，比狭隘的市场保护主义更能推动本地经济的繁荣发展。基于区域个体在资源禀赋、产业基础、人才技术等方面的个性差异，按照一体化原则，通过政府合作制定整体发展规划和具体政策，有利于形成产业集群效应，降低地区之间的商品交易成本，实现资本、技术、人才等要素的自由化流动和最优分配，从而使得地域优势能够得到最大限度的发挥。当前，在“逆全球化”危机日益深化和国内区域产业结构不平衡持续加剧的背景下，我国提出了“以点带面、从线到片”逐步形成区域合作格局以及推动形成以国内大循环为主体的新发展格局的战略构想。对于欠发达地区而言，消除区域内经济和非经济壁垒，基于特定产业领域的复合关联关系，发挥规模经济及集聚经济效应，在地区间形成彼此依赖、协同发展的产业分工体系，在避免产业盲目扩张和重复建设的同时，优化产业空间布局，可最终实现整体经济效能最大化。

三　黄河中游沿线城镇带发展现状

（一）自然地理概况

从内蒙古托克托县河口镇到河南郑州市桃花峪为黄河中游，主要涉及内蒙古、陕西、山西、河南等四省区，其中黄河干流流经的47个县（区、旗、市）构成了一条狭长的城镇分布带。侯仁之院士根据黄河中游地区的自然地理状况，将这一地区分为北、中、东三部分，如表1所示。从河口镇至韩城市龙门镇为北段，通常又称为晋陕峡谷，这一段黄河主干道由北至南将黄土高原一切为二，东西两侧分别为陕北黄土高原和晋西北黄土高原，千沟万壑的黄土地貌成为黄河中游独特的大地景观。河谷两岸悬崖峭壁，形成险峻的“晋陕大峡谷”以及壶口瀑布和龙门峡等自然风景区，两侧陡岸之上，在不同历史时期出现了如府谷、佳县、吴堡等地势险要的军事要塞。从韩城龙门镇至潼关县为中段，黄河从龙门峡口奔腾南下进入开阔的汾渭平原，黄河因河道陡然变宽从一路咆哮狂奔而变得温柔和缓，并接纳了渭河和汾河这两条重要的支流，黄河的该段河床十分宽阔，“欲穷千里目，更上一层楼”即描写该段黄河的开阔景观。历史上该段黄河主干道散漫流动，黄河“三十年河东、三十年河西”的说法来源于此。潼关以下为东段，受秦岭山脉阻挡，黄河从潼关急转东去，黄河谷地陡变狭窄，水流湍急，在古代这里不仅是关中平原与中原地区陆路交通的咽喉之地，也是控制黄河和渭河水上运输的交通要塞。潼关至孟津段黄河河道时宽时窄，三门峡是其中最著名的峡谷，三门峡水库建成之前，两个岩石岛并排立于河中，把河水分为鬼门、神门和人门，“三门峡”由此得名。

表1　黄河中游沿线城镇带所涉及的县（区、旗、市）

段落	地理范围	包含县(区、旗、市)
北段	河口镇至龙门镇	内蒙古:托克托、准格尔旗、清水河县 山西:偏关、河曲、保德、兴县、临县、柳林、石楼、永和、大宁、吉县、乡宁、河津、万荣 陕西:府谷、神木、佳县、绥德、清涧、延川、延长、宜川、韩城
中段	龙门镇以南至潼关县	山西:临猗、永济、芮城 陕西:合阳、大荔、潼关
东段	潼关以东至桃花峪	山西:平陆、夏县、垣曲 河南:灵宝、陕州区、渑池、义马、新安、孟津、济源、吉利、孟州、温县、武陟、巩义、荥阳

（二）资源禀赋情况

相似的地质结构、地理环境和自然条件孕育了黄河中游沿线城镇带相似的资源禀赋。其中，地处陕西、内蒙古、山西三省交界的神木、吴堡、准格

尔旗、清水河、托克托、河曲、保德、偏关、兴县、柳林等地区，属于中国陆上第二大盆地鄂尔多斯盆地，也是多种能源资源富集的“聚宝盆”，煤炭、石油、天然气等能源资源十分丰富，以能源为核心的开采、精深加工产业也成为这一地区的主导产业。地处晋陕大峡谷两侧的陕西省佳县、绥德、清涧等与山西省兴县、柳林、临县等县域，莜面、小米、红枣等杂粮林果资源丰富，这一地区城镇经济总体规模普遍偏小，二产占比普遍较低，除乡宁、延川、韩城外的其他县域经济发展工业基础十分薄弱，农业在地区生产总值中的占比相对较高。地处晋陕豫黄河金三角的永济、芮城、平陆、灵宝、临猗、合阳、大荔、潼关等城镇依托黄河两岸丰富的水土资源，在历史上一直是我国重要的粮食主产区之一，农业发展条件得天独厚，生态养殖、设施农业比较发达，同时，悠久的人类发展历史孕育了这一地区丰富多彩的民俗文化，但城镇工业发展基础较为落后，绝大部分城镇二产占比不足40%。地处中原平原西部的渑池、义马、温县、济源等城镇在中原城市群的辐射带动下，城镇经济发展实力相对较强，城镇普遍拥有良好的工业发展基础，多数城镇二产占比超过60%。

（三）经济社会发展情况

黄河中游干流沿线城镇经济发展差距明显，既有地区生产总值过百亿元甚至千亿元的神木、准格尔、府谷、新安等全国百强县，又有地区生产总值仅1亿元左右的大宁、石楼等经济弱县，经济二元结构特征明显，如图1所示。通过对47个县域单元人均地区生产总值比较，地处晋陕蒙交界的能源大县如神木、府谷、准格尔处于县域经济发展的第一方阵，人均地区生产总值均在20万元以上；陕西省的韩城以及河南省的义马、济源、新安、孟州等县（市）区处于县域经济发展的第二方阵，人均GDP集中于9万~11万元；内蒙古托克托，山西省河曲、保德、柳林、乡宁、河津，陕西省延川以及河南省灵宝、陕州、渑池、孟津等县（市）区处于县域经济发展的第三方阵，人均GDP在5万~9万元；其余县域经济发展较为落后，人均GDP低于5万元。整体来看，黄河中游沿线城镇带经济发展呈南北两端发达、中间弱小的“骨头”状分布格局。

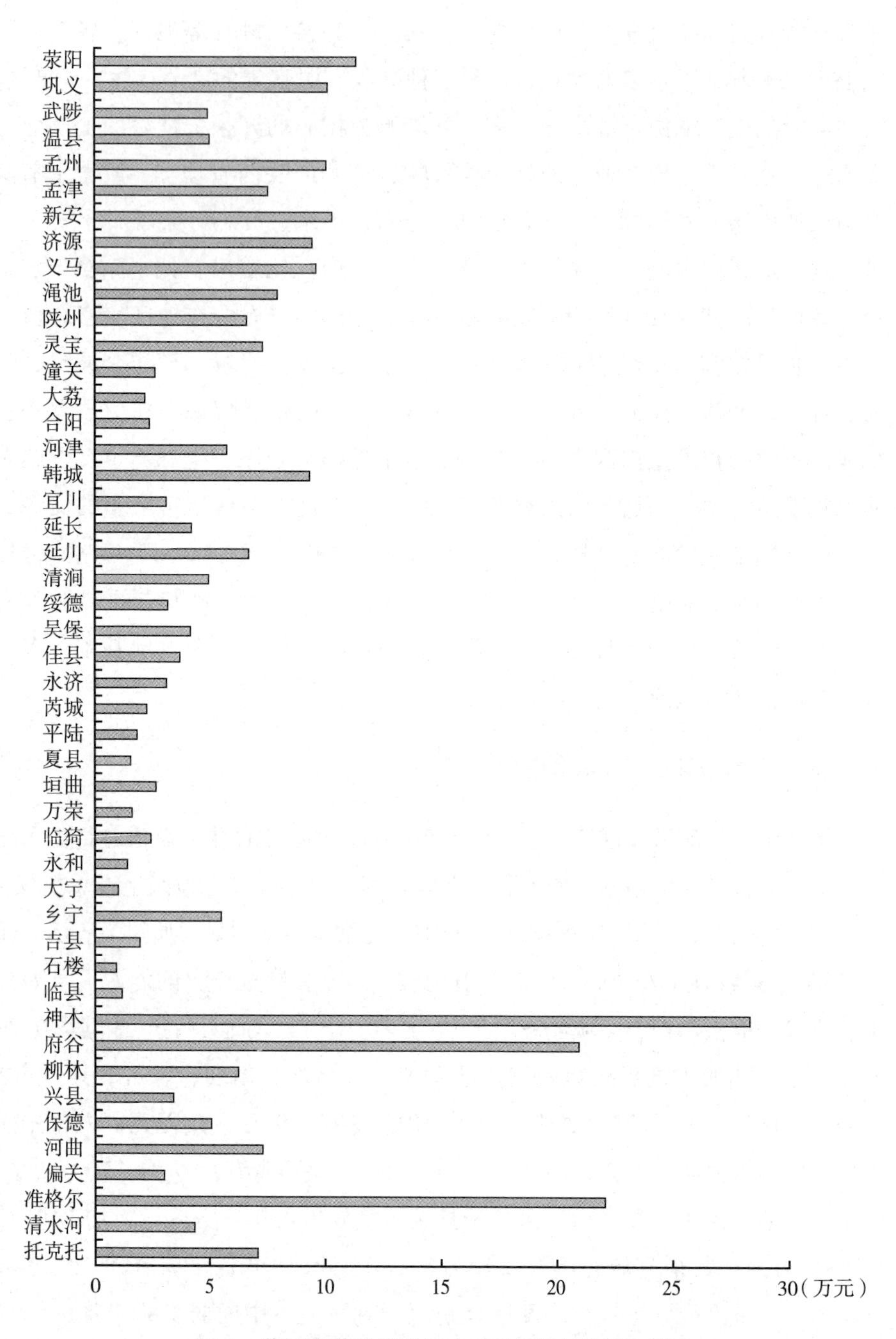

图1　黄河中游沿线地区人均地区生产总值对比

四　黄河中游沿线城镇带建设存在的问题

（一）产业发展低质低效

黄河中游沿线城镇带尽管拥有相似的资源禀赋，但由于分属不同行政单元，长期存在以邻为壑、恶性竞争的问题，产业发展仍以单兵作战的形式为主，难以围绕某一主导产业形成发展合力。内蒙古、陕西、山西交界地区的准格尔、清水河、托克托、神木、府谷、保德、偏关等县域均是以能源采掘及加工为主的能源大县，在蒙、陕、晋三省区各自发展战略的牵引下，上述县域产业发展难以在更高层面推动能源企业合作、实现能源资源利用效益的最大化。晋陕大峡谷两岸多数城镇特色农产品品质优良，但由于缺乏政府主导的整体开发规划及品牌打造，产业发展仍以农产品初加工为主，农业产业链短，农产品附加值小，在一定程度上制约了乡村振兴及城镇经济的高质量发展。黄河中游干流沿线人文及自然旅游资源丰富多彩，如毛泽东东渡遗址、黄河二碛、乾坤湾、黄河瀑布等风景名胜在晋陕大峡谷两侧星罗棋布，但由于晋、陕两省旅游合作开发机制尚未建立，旅游产业因景区分散，线路组织、品牌宣传、市场开发不足而导致整体实力落后，更与丰富的旅游资源不相匹配。

（二）基础设施建设不足

黄河中游沿线多数城镇由于地处行政区交界地带，具有明显分割性和边缘性特征，重大基础设施布局十分有限，且受黄河天险影响，铁路、高速公路等对外交通建设不足，生产要素流动受阻，沿线城镇普遍存在交通闭塞、对外经济联系强度较弱的问题。2017 年，全长 828.5 公里的陕西沿黄公路全线贯通，沿线 13 个县域的对外交通联系取得重要进展，对打赢脱贫攻坚战起到积极促进作用，但由于公路等级过低，配套设施建设滞后，难以满足跨区域物流交通发展的要求。山西沿黄公路经过多年建设，部分路段仍处于停滞阶段，沿黄城镇之间的交通联系仍不便利。跨省交通联系更为缺乏，黄河中游干流 1206 公里范围内仅有 10 座跨省大桥，严重制约了黄河两岸城镇之间经济社会交流与合作。

（三）生态保护任重道远

黄河中游干流北段为毛乌素沙漠，其生态属性为土地沙化敏感地带，地处该段的城镇产业多以煤炭开采为主，矿区生态修复任务十分艰巨，能源化工产业属于高耗能、高耗水、高污染产业，环境保护与高质量发展之间的矛盾尤其突出。黄河中游流经的黄土高原地区因植被稀少，夏季多暴雨，土壤疏松，是我国水土流失最严重的区域之一。经过 20 多年的退耕还林及生态治理，黄土高原输入黄河的泥沙大幅度减少，控制水土流失取得了重要进展，但由于黄土高原土质松散，夏季暴雨多发，目前这一区域仍是黄河泥沙的主要来源。地处汾渭平原和中原平原的黄河中游干流中段及东段区域，人口分布及经济活动密集，黄河两岸生产生活污水及农业面源污染对黄河生态安全构成一定程度的威胁。

（四）居民收入水平偏低

通过对比黄河干流沿线 47 个县（区、旗、市）居民人均可支配收入，发现除准格尔旗之外的 46 个县域单元居民人均可支配收入水平均低于全国平均水平，居民收入水平整体偏低，如图 2 所示。47 个县域单元人均地区生产总值和居民人均纯收入的散点聚类分析表明，地处晋陕蒙交界的能源大县如神木、府谷、准格尔等县域居民人均收入处于中上水平，分别为 24431 元、

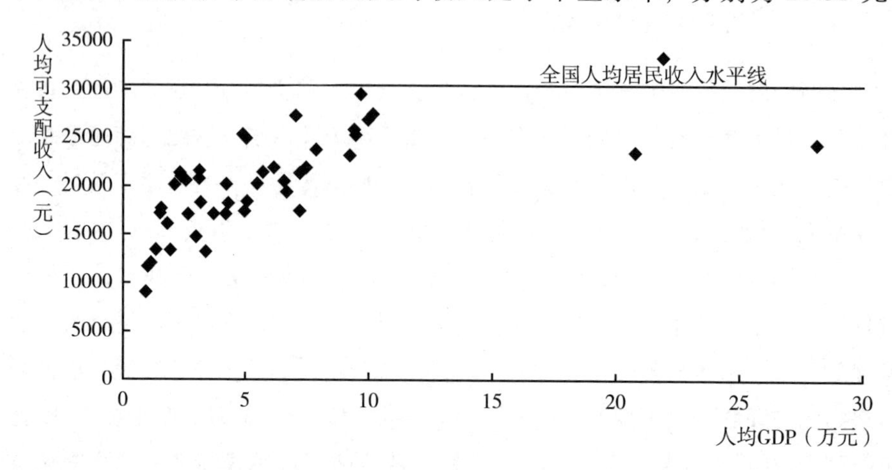

图 2　黄河中游沿线城镇人均可支配收入比较

23571 元、33277 元；山西省的河曲、保德、柳林、乡宁、河津，陕西省的延川、韩城以及河南省的灵宝、陕州、渑池、孟津、义马、济源、新安、吉利、孟州等县（市）区居民人均收入水平相对较高，均在 25000 元以上；其余县域，如山西的河曲、保德、兴县、临县、石楼、大宁、永和、万荣、垣曲、夏县等，陕西的佳县、吴堡、绥德、清涧等地区居民人均收入相对较低，均在 20000 元以下。

五　对策建议

（一）加快推进产业合作

整合黄河中游沿线区域产业发展空间，推动资源、技术、人才等生产要素加快流动，通过优化资源配置推动产业高质高效发展。积极开展能源产业合作。依托陕北能源化工基地已建成的煤炭基地、兰炭基地、火电基地、甲醇基地、煤制烯烃基地和煤制油基地，整合优化内蒙古、山西能源产业，加快推进能源产业链与创新链双向融合，推动能源产业优化升级。推动农业转型升级。围绕果业、畜牧业及粮食种植等主要产业，合力打造区域特色农业品牌，加快特色农业与加工转化、品牌培育、休闲观光等新产业新业态深度融合，促进农业质量、效益、竞争力全面提升，推动现代农业发展跨上新台阶。合力开拓旅游市场。积极整合黄河中游沿线两岸毛泽东东渡遗址、黄河二碛、乾坤湾、壶口瀑布等旅游资源，高标准制定旅游市场整体营销方案，联合编排旅游线路，推出以黄河自然生态和人文历史为主要特色的复合旅游产品，着力打造黄河中游沿线“无障碍旅游圈”，促进黄河中游沿线城镇带旅游产业转型升级与高质量发展。

（二）提升对外交通设施水平

充分发挥交通对城镇建设的支撑引领作用，提高黄河中游沿线城镇与关中平原城市群、呼包鄂榆城市群、中原城市群等区域之间的交通联系强度，借力西安、郑州等国家中心城市的辐射带动作用，提高黄河中游沿线城镇的对外开放水平。建设高质量的综合交通网络，推进高速公路、铁路、民航等现代化、网络化综合交通基础设施体系建设，在黄河中游地区布局规划重大交通设施项目，加速实现流域内外互联互通。强化高质量的交通运输服务，充分发挥各种运输方式的比较优势，科学配置运力资源，推动综合交通枢纽一体化规划建设和降本增效，持续优化运输结构，提高运输服务品质，促进现代化物流集约高效发展。加快农村基础设施深度覆盖和提档升级，持续改善农村交通运输环境，推动农村地区交通运输更高质量发展、更高水平发展、更可持续发展。

（三）重构生态保护体系

以生态命运共同体理念为指导，推进黄河中游沿线城镇缔结合作伙伴关系，达成生态保护与环境治理共识，从而有效应对具有跨域性的黄河生态保护问题，提升黄河中游社会经济持续发展能力。在具体措施中，首先，沿黄各地区要摆脱地方本位主义，以目标、价值、利益为核心达成生态保护的共识；其次，要加强沿黄生态保护目标的顶层设计，基于不同区域的主体地位、主体功能厘清各地区生态保护目标执行责任清单，建立生态保护目标执行绩效考核体制与奖惩体制，用以规范和约束各区域合作推进黄河中游沿线生态保护与环境治理的意识理念、价值取向、行为选择；最后，要建立沿黄区域生态利益共享与补偿格局，加大财政转移支付中的生态利益补偿力度，拓宽生态利益补偿基金来源渠道，丰富资助和援助模式，改善和提升基金利用效益，从而激发沿黄地区参与生态环境合作治理的热情与积极性。

（四）传承弘扬黄河文化

充分挖掘黄河中游灿若星河的文化资源，延续好中华文明、民俗文化、红色文化、生态文化等黄河文脉，阐释好黄河文化核心内涵，树立和推广一批黄河文化精神标识，从黄河文化与生态、生活、旅游、科技融合等方面彰显黄河魅力。挖掘和整理石峁遗址、字圣仓颉、史圣司马迁、大禹治水等历史资源，集中展示陕西黄河流域在孕育中华文明过程中的深厚根基。依托革命文物和红色文化资源，实施革命文物保护利用工程，坚持全面保护、整体保护，推动建成革命文物保护利用传承体系。系统挖掘整理民间剪纸、传统曲艺、营造技艺等非物质文化遗产资源，开展专题展示、展演，使几千年来黄河流域的文化“活化石”创造性转化、创新性发展。合作开发黄河故道、黄河古

渡、黄河峡谷、黄河河湾、黄河湿地、黄河自然景观，发掘和展现黄河生态之美。

参考文献

侯仁之主编《黄河文化》，华艺出版社，1994。

杨妍、孙涛：《跨区域环境治理与地方政府合作机制研究》，《中国行政管理》2009年第1期。

刘昌明：《对黄河流域生态保护和高质量发展的几点认识》，《人民黄河》2019年第10期。

陆大道、孙东琪：《黄河流域的综合治理与可持续发展》，《地理学报》2019年第12期。

任保平：《黄河流域高质量发展的战略设计及其支撑体系构建》，《改革》2019年第10期。

汪伟全、郑容坤：《地方政府合作研究的特征述评与未来展望——基于CSSCI（2003～2017）文献计量分析》，《上海行政学院学报》2019年第4期。

陈雯、王珏、孙伟：《基于成本—收益的长三角地方政府的区域合作行为机制案例分析》，《地理学报》2019年第2期

B.20
山东打造黄河流域科技创新策源地的路径研究

王　韧*

摘　要： 发挥山东半岛城市群在黄河流域的龙头作用，关键是练好内功，要突出科技创新在打造“黄河龙头”中的核心地位。围绕黄河流域生态保护和高质量发展战略需要、围绕山东经济社会发展需求，加强基础研究，注重原始创新，并充分借鉴国内部分地区打造科技创新策源地的经验，全面增强山东自主创新能力，不断完善科技创新体制，勇当黄河流域科技创新的开路先锋。

关键词： 科技创新　黄河流域　山东半岛城市群

创新是引领发展的第一动力，科技自立自强是促进发展的根本支撑。当前及今后一个时期，我国正处于中华民族伟大复兴战略全局与世界百年未有之大变局的历史性交汇期。科技创新面临的形势正发生深刻变化，新一轮科技革命和产业变革加速演进，技术封锁和国际竞争的挑战前所未有。科学技术从来没有像今天这样深刻影响着国家的前途命运，从来没有像今天这样深刻影响着人民的生活福祉。经济社会发展和民生改善比过去任何时候都更加需要科学技术解决方案，都更加需要增强创新这个第一动力。作为黄河流域的发展龙头，山东半岛城市群应把科技创新摆在发展全局的核心位置，以国际化视野、超常规力度实施创新驱动发展战略，打造黄河流域科技创新策源地，为黄河流域发展提供坚实的科技支撑。

* 王韧，博士，山东社会科学院财政金融研究所，副研究员，主要研究方向为宏观经济。

一　山东半岛城市群科创基础分析

“十三五”以来，山东省科技实力持续增强，创新能力不断提升，实现了“十三五”各项任务的胜利收官，为经济高质量发展提供了有力科技支撑。截至2020年，山东省高新技术产业产值占规模以上工业总产值的比重达到45.1%，比2015年提高12.6个百分点；山东省高新技术企业突破1.46万家，是2015年的3.75倍。山东省区域创新能力居全国第6位，青岛、济南跻身全国创新型城市第10位和第14位。山东省科技创新呈现由“量”到“质”、由“形”到“势”的根本性转变。

一是科技发展环境不断优化。进入新发展阶段，山东把科技创新摆到了前所未有的高度。省委、省政府出台关于深化科技改革攻坚若干措施，加快建设高水平创新型省份。整合省直部门科技资金，自2020年起每年设立不少于120亿元的科技创新发展资金，是2015年的6.8倍，集中财力支持重大科技创新。强化放权、减负、激励，全面激发各类创新主体内在动力。加快实行以增加知识价值为导向的分配政策，开展经费使用“包干制”试点，赋予科技领军人才更大的人、财、物自主权和经费使用权。简化财政科研项目预算编制，关键节点实行“里程碑”式管理，大力开展清理“四唯”专项行动，真正为科研人员松绑减负。开展省属院所法人治理结构建设，让科研院所焕发创新活力。

二是战略科技力量不断强化。重点打造了以山东产业技术研究院为示范样板，30家省级创新创业共同体为支撑，300家省级备案新型研发机构为补充的“1+30+N”的创新创业共同体体系。以中科院海洋大科学研究中心、中国工程科技发展战略山东研究院、中科院济南科创城为代表的国家战略创新力量落户山东。“1313”四级实验室体系逐步完善。山东省建有青岛海洋科学与技术试点国家实验室1个、国家重点实验室21个、省实验室（筹）5个、省重点实验室239个。国家级技术创新中心数量位居全国前列。在省级层面，已在生物合成、高端医疗器械、碳纤维等领域布局建设了65家省级技术创新中心，有力地提高了山东省“十强”产业集群的核心竞争力。

三是科技强企方阵初具规模。大力实施科技型中小企业培育工程，构建科技型企业全生命周期梯次培育体系。截至2021年2月，山东省拥有省级以上科

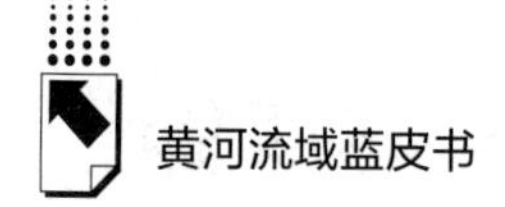

技企业孵化器225家，省级以上众创空间419家，其中，国家级科技企业孵化器98家，国家级众创空间242家，分别居全国第3位、第2位，全省科技企业孵化器、众创空间在孵企业超过2.5万家，为培育高新技术企业提供源头力量。对科技型企业给予研发投入后补助、研发费用加计扣除、中小微企业升级高新技术企业补助、“创新券”补贴等政策，有效降低企业创新成本。2020年科技型中小企业入库数量达到18203家，居全国第3位。大力实施高新技术企业培育工程，“十三五”以来，山东省高新技术企业数量实现大幅增长，年均增幅达到30%。

四是创新人才高地加快隆起。深入实施“人才兴鲁”战略，出台加强集聚院士智力资源10条措施、外国人来鲁工作便利化服务10条措施、促进自贸区海外人才流动便利化措施等改革政策，为人才发展营造良好环境。强化青年科技人才培养，对不超过35岁、全球前200名高校或自然指数前100位科研机构的博士来鲁就业创业的，直接给予省青年自然科学基金项目支持。连续两年举办山东省创新驱动发展院士恳谈会，设立山东院士专家联合会。截至2021年2月，山东省共有住鲁“两院”院士和海外学术机构院士98人、国家杰出青年科学基金获得者118人，长期在鲁工作的外国人才约1.5万人。

在肯定山东科创优势的同时，还应对标先进，找准自身发展短板，特别是要加强自主创新能力。目前，山东省全社会研发创新投入不足，创新体制机制还不够健全，科研成果转化率偏低，自主创新能力亟待提高。基础研究和应用基础研究投入偏少，前沿性关键核心技术的自主创新、原始创新乃至颠覆性创新不足，不少领域的基础材料、关键零部件、先进工艺的“卡脖子”问题远没有得到根本解决；关键装备、核心零部件和基础软件等存在较为严重的进口依赖问题，关键共性技术供给难以满足动能转换的需要。研发投入明显低于北京、上海、江苏、广东的水平。高端领军人才供给短缺，特别是云计算、大数据、人工智能、机器人等快速发展的行业领域面临高层次复合型人才严重不足的制约。两院院士、长江学者、杰青、优秀青年专家等数量在全国排名第12位，低于北京、上海、江苏等省市。

二　国内建设科创策源地的经验借鉴

浙江省提出“十四五”期间要加快构筑高能级创新平台体系，努力打造

创新策源优势。加快培育国家战略科技力量，大力提升自主创新能力。具体措施包括以下六个方面。

一是举全省之力推动杭州城西科创大走廊建设原始创新策源地。围绕打造“面向世界、引领未来、服务全国、带动全省”的创新策源地，聚焦数字科技、生命健康、高端装备以及新材料、量子科技等领域，集中力量建设杭州城西科创大走廊，支持杭州高新区、富阳、德清成为联动发展区。加大实验室和技术创新中心、重大科技基础设施主动布局力度，突破一批重大科学难题和前沿科技瓶颈、催生一批领跑国际的标志性重大成果，提升硬核科技原创力。按照国际顶尖标准，完善更加开放的创新体系和创新规制，大力引进集聚国际顶尖科学家和人才团队，集聚世界级企业和高水平研究型大学、研发机构。以杭州城西科创大走廊为主平台，建设综合性国家科学中心。

二是大力打造全省技术创新策源地。支持宁波甬江科创大走廊加快集聚新材料、智能经济等领域创新机构，打造长三角重要创新策源地。支持温州环大罗山科创走廊打造有全球竞争力的生命健康、智能装备科创高地。支持嘉兴G60科创大走廊打造全球数字科创引领区、区域一体化创新示范区、长三角产业科创中心和科技体制改革先行区。支持浙中科创大走廊以信创产业和智联健康产业为重点，打造具有全国影响力的科创高地和产业创新发展枢纽。支持绍兴科创大走廊打造长三角重大科技成果转化承载区、全省科技经济联动示范区、杭州湾智能制造创新发展先行区。谋划建设湖州、衢州、舟山、台州、丽水等科创平台。联动推进杭州、宁波温州国家自主创新示范区和环杭州湾高新技术产业带建设，打造具有全球影响力的“互联网+”科技创新中心、新材料国际创新中心和民营经济创新创业高地，形成引领全省的创新增长极。

三是加快构建新型实验室体系。完善实验室梯度培育机制，加快构建由“国家实验室、国家重点实验室、省实验室、省级重点实验室”等组成的新型实验室体系，全面提升基础研究和应用基础研究能力。支持之江实验室以国家战略需求为导向，开展前沿基础研究和重大科技攻关，支持西湖实验室发挥人才和体制机制优势，努力打造成为国家实验室的核心支撑。谋划推进新材料等重点领域融入国家实验室布局。推动国家重点实验室重组建设，支持浙江大学、西湖大学、浙江工业大学、中电海康集团等积极争创一批国家重点实验室。支持浙江大学等建设世界领先的基础理论研究中心。推进良渚、湖畔等省

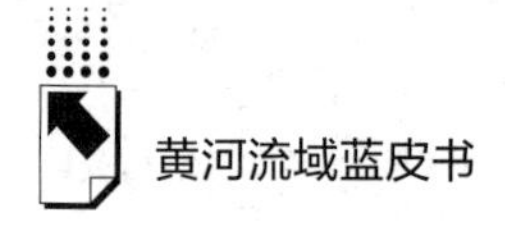

实验室加快建设。支持省级重点实验室开展多学科协同研究，探索组建联合实验室和实验室联盟。

四是加快完善技术创新中心体系。聚焦关键核心技术攻关和重大创新成果转化，加快构建由“国家技术创新中心、省技术创新中心、省级企业研发机构”等组成的技术创新中心体系，形成应用基础研究和技术创新对接融通、相互促进的科技创新发展布局。积极争取综合类国家技术创新中心在浙江布点，支持地方政府或有关部门联合科研优势突出的创新型领军企业、高校院所等，谋划创建领域类国家技术创新中心。依托创新能力突出的领军企业和高校院所，整合产业链上下游优势创新资源，布局建设综合性或专业化的省技术创新中心。推动技术创新中心与实验室、制造业创新中心、产业创新中心等联动发展，加强产业技术研究院等共性技术平台建设，增强行业共性技术供给。推动省级（重点）企业研究院、高新技术企业研发中心、企业技术中心等企业研发机构优化整合、提升能级，打造产业链重要环节的专业化单点技术创新优势。

五是大力引进培育高端新型研发机构。鼓励国内外一流高等学校、科研机构、龙头企业、高层次人才团队等优势科技创新资源，建设一批投资主体多元化、建设模式国际化、运行机制市场化、管理制度现代化、产学研紧密结合的新型研发机构，推动科技研发、成果转化、产业培育协同发展。深化与中国科学院、中国工程院等的战略合作，加快推进浙江省与中国科学院合作共建之江实验室，支持浙江清华长三角研究院、中科院宁波材料所、浙江大学国际科创中心、中国科学院大学杭州高等研究院、宁波工业互联网研究院、中国科学院大学温州研究院、复旦大学浙江研究院等新型研发机构建设和发挥作用。

六是加快完善重大科研设施布局。加快建设超重力离心模拟与实验装置，打造全球容量最大、应用范围最广的超重力多学科开放共享实验平台。围绕数字经济、生命健康、物理学等领域，加快推进重大科技基础设施（装置）建设，打造大科学装置集群。支持浙江大学、西湖大学、杭州医学院（省医科院）等有条件的单位建设高级别生物安全实验室。加快阿里巴巴城市大脑、海康威视视频感知、华为基础软硬件、之江实验室天枢开源等人工智能开放平台建设。支持建设野外科学观测研究站、重要种质资源库、中国人脑库等重大基础科研平台。

三　打造黄河流域科创策源地的路径

在创新成为我国现代化建设全局核心、科技自立自强成为国家发展战略支撑的大背景下，新一轮省际科技竞争将更加激烈，各省份必将有大举措、大动作，山东省要找准自身定位，高水平系统谋划，扎实推进科教强省建设，打造黄河流域科技创新策源地，在具体操作中，要突出抓好以下几个方面。

（一）加强战略科技力量建设

一是推动更多平台进入国家战略科技创新体系。据了解，国家正在加快推进战略科技力量建设，在全国配置一批顶尖科技创新平台。国家实验室方面，已批复北京怀柔等4个综合性国家实验室，下一步还将在专业领域布局一批国家实验室；综合性国家科学中心方面，北京怀柔、上海张江、粤港澳、安徽合肥4个综合性国家科学中心已获批，成渝将成为第5个；基础学科研究中心方面，2020年召开的中央经济工作会议提出，国家将重点布局一批基础学科研究中心，相关工作正在启动；以企业为主体的重大创新平台方面，目前有国家发改委的产业创新中心（山东省已有1家）、科技部的技术创新中心（山东省已有2家）、工信部的制造业创新中心（山东省已有1家），山东要抓住以上机遇，加紧制定相关政策，加快高端平台建设。

经调研分析，山东省有些平台具备了相当的实力，要举全省之力，推动进入国家队。建议：一是在两个专业领域规划建设国家实验室。在海洋领域，加强与国家有关部委的对接，进一步理顺管理体制，调校科研方向，加快推动青岛海洋科学与技术试点国家实验室转正。在种子领域，围绕实施种子工程，依托山东农科院，联合国内高校院所、企业，建设育种加速器，着力打造种子领域国家实验室。二是支持济南、青岛联合创建综合性国家科学中心。落实习近平总书记经略海洋、陆海统筹指示，优先从海洋特色科学中心求得突破。从目前情况看，山东省无论哪个市都无力冲击综合性国家科学中心，但济南、青岛两市汇集了全省80%以上的科教资源，如果联合起来，解决好大科学装置等重大科技基础设施欠账问题，很有希望在“十四五”期间获得成功。关于大科学装置，广东“捡漏”做法值得借鉴。“十三五”期间，国家按照每年 10 个、“选 10 备 5”建设大科学装置。广东将落选项目，先自己出钱择优引进，经过努力提升，进入国家大科学装置序列。三是培育一批国家基础学科研究中心。这是 2020 年中央经济工作会议提出来的，山东省要抢抓机遇，在山东大学、中国海洋大学、中国石油大学和山东省高水平建设大学中遴选一批在全国有优势的数理化、文史哲、生命科学等学科，加快培育引导，冲刺国家基础学科研究中心。四是选拔一批在行业领域具备实力的创新平台冲击国家发改委、科技部、工信部的三大创新中心。如推动海尔高端智能家电、威高医用材料与装备、天瑞重工磁悬浮装备、歌尔虚拟现实等进入国家制造业创新中心序列。

二是对接黄河战略打造引领性科技创新平台，据了解，沿黄各省区都有一些科技战略布局，如河南省计划投资 20 亿元建设黄河实验室，面向全流域、多省份、多学科进行研究，山东省要参与黄河流域竞争、发挥龙头作用，必须坚持科技先行，加快行动步伐。建议依托东营黄三角农高区成立黄河流域生态保护和高质量发展研究院，主要解决流域发展战略、生态保护修复、高质量发展等多学科、瓶颈性难题，并在流域治理保护中打造沿黄九省区协同科研创新平台。

三是建设山东创新经济战略委员会。调研中发现，目前国家有大量的战略科技人才资源可以为我所用。比如，国家部委退休高层次领导干部，这些人了解国家战略方向，组织国内外创新资源能力强。近几年广东聘请了科技部退休的副部长、司长等高层次人员到省实验室任理事会主任，发挥了很好的作用。又如，中国科协所属 200 多个全国学会，其中 50 个左右与山东十强产业密切相关。这些学会集聚了全国各领域院士、专家。山东省可择优培育扶持部分省级学会，使之真正做强做大，发挥它们在“双招双引”中对接全国学会创新资源的独特优势。再如，不少专家建议，一些国家战略思路最初来源于中科院、清华大学等国家高端战略智库。山东省应进一步密切与国家层面战略智库和高端智库人才的联系，发挥他们在把山东区域发展战略纳入国家总体战略布局中的独特作用。建议成立由省委主要领导牵头主抓的山东创新经济战略委员会，将上述战略科技人才吸收进来，给予充足研究经费支持，利用他们的人脉资源和战略眼光，服务科教强省建设。

（二）创新“卡脖子”技术研发组织模式

一是建立“卡脖子”技术预警导航机制。围绕山东省产业需求，瞄准人工智能、生命健康、生物育种、量子信息、深地深海前沿新材料等未来产业，建立预警导航机制，实施精准预测预判，滚动编制攻关清单，每年实施一批重大科技项目，加强科技创新前瞻布局，推动创新链、产业链精准对接。

二是探索适应颠覆式创新的科技管理模式。强化领跑思维，坚持原创导向，探索构建颠覆性和非共识性研究的遴选和支持机制，设置一定比例的非共识性科研项目，允许科研人员自主选题、自主研发，实现更多“从0到1”的突破。

三是提高“揭榜制”参与度和开放度。2020年是山东省实行“揭榜制”的第一年，共发布100个重大科技创新工程揭榜项目，由于山东省外企业和首席专家无法直接获得山东省财政资金，这些项目只能由山东省内企业、高校和科研院所来揭榜，不利于聚集外部顶尖创新资源。还有一些企业反映，不知道“榜”在哪、到哪“揭”。建议进一步完善“揭榜”制度，以海纳百川的胸怀，吸引全球领先的外部企业、科研院所、高校、首席专家参与揭榜，提供最优技术解决方案。相关财政经费管理规定应同步改革。

四是建立“卡脖子”攻关专班。山东省潍坊市对处于前沿的磁悬浮产业单独设立专班，成立专班专家委员会、产业技术研究院等，从财税优惠、高层次人才引育、争取政策等方面给予专门支持，明确责任单位抓好落实，为形成行业先发优势创造条件。可推广这一做法，以专班形式动员各方力量，攻克“卡脖子”技术。对确有可能在国内乃至全球形成领跑优势的产业，建议探索设立省级专班。

（三）深化科技成果转化体制机制改革

一是加大成果转化人的收益分配比例。现行的科技创新激励政策侧重于发明人，一般给予发明人不低于70%的收益分配，而对转化人重视不够，不利于转化中介机构的培育发展。美国1980年出台的《拜杜法案》规定，科技成果收益按成果发明人、转化人、投资人各1/3分配。这一法律性文件出台后，科技成果转化率在短期内由5%翻了10倍，在此后十年内重塑了美国的世界科技领导地位。建议探索针对科技成果认定、推介、中试的成果转化人（企业）的激励机制，合理确定其参与成果收益分配的比例。

二是探索建立绿色技术银行。绿色技术银行是指像存钱一样存储绿色技术成果，通过市场化手段实现成果转移转化。2017 年，全国第一家“绿色技术银行”在上海成立，山东魏桥等企业与其有业务合作。山东省绿色技术市场需求比上海更大、市场更广阔，可考虑依托山东产业技术研究院成立“山东省绿色技术银行”，在铝业、化工、环保、海洋等领域储备并转化更多绿色技术。

三是加强科技成果转化的专业能力建设。山东省技术成果转移转化率偏低，以高校为例，全国高校科技成果转化率平均在 6%，山东省仅为 1.47%，除因为评价导向导致无效专利多、可转化成果少以外，还有一个重要原因是成果转化队伍力量不足、专业能力不强。应研究出台扶持政策，加快培育专业技术转化机构和技术经理人，为发明人提供公司注册、法律咨询、融资路演、交割谈判、公司落地等全链条优惠政策服务。

（四）优化中小科技企业成长政策环境

一是在科研项目立项上为中小型科技企业预留空间。在科技项目争取上，中小企业无法与大型企业竞争，有些项目对中小企业是雪中送炭，对大型企业作用不大。建议在科技计划体系中，除重大科技创新工程外，每年拿出一定比例科技资金，通过竞争方式，对高成长的中小型科技企业进行支持。

二是建立大型科研仪器设备开放共享机制。调研中有的企业反映，大型科研仪器价格高昂，中小企业不舍得投入，一些高校和科研院所受制于事业单位性质而有不能开展营利性活动的规定，无法或不愿向企业提供共享服务。另外，大型仪器设备重复购置、资源浪费的情况也不同程度存在。建议对财政资金支持的大型科研仪器设备、软件系统实行登记制度，向社会公布资源分布情况，做好开放共享。探索在不改变科研仪器设备所有权的前提下，开展所有权和经营权分离机制试点，授权省内高校、科研院所、财政支持的创新平台等作为科研仪器设备的开放共享运营机构，向中小型科技企业提供服务。根据需要建立共享实验室、平台测试中心，进行集约式经营管理。

三是提高中小企业产品政府采购占比。一些中小型科技企业反映，它们的产品属于“新生儿”，市场认可度低，但没有雄厚的资金做广告，需要政府示

范应用。建议参照北京等市做法，把中小企业在政府采购中的份额占比提高到40%以上，其中预留给小微型企业的比例提高到70%以上，帮助其尽快打开市场。对类似山东潍坊天瑞重工这样的既有利于环保，又可大幅降低使用成本的节能、降耗磁悬浮产品，可一事一议，研究更大力度政策。

（五）强化资本要素支撑

一是持续加大财政科教投入。2019年，山东省地方财政科技支出为305.76亿元，为全国第8位，排在安徽、湖北之后，总量仅为广东省的26.16%。财政科技支出占地方财政支出比重，山东省为2.85%，低于全国2.92%的平均水平，而河南省连续三年保持15%以上高增速，浙江2021年提出“十四五”期间全省财政科技投入年均增长要达到15%以上。教育投入方面，山东省高等教育生均经费多年位于全国倒数第1、第2，其中一方面原因是，山东省把临沂大学、济宁学院等共20万学生的8个院校调整为省属高校，由市财政负担变为省财政负担，稀释了省级财政投入。山东省要增强危机感，按照不低于15%的增速加大财政科技投入；出台鼓励政策，增加地市财政对所在地省属高校的投入。

二是设置财政科技投资亏损率。目前，财政、审计、国资等部门为了保障财政资金安全，对尚未盈利的种子期、初创期的企业不敢投、不愿投。建议改革财政科技资金绩效评价办法，建立财政科技资金容错机制，允许有一定的亏损率，以强化对创新的支持。

三是探索建立开放基金。广东省最近提出科技创新券在“全国使用、广东兑换”，吸引各地优质创新资源服务广东；浙江等地也有类似政策。山东省处于南北分化交界地带，这些政策将对我们形成虹吸作用。我们要积极应对，可考虑建立几只开放型科创基金，用于吸引省外创新资源。

四是加强科技金融创新。引进浦发硅谷银行在山东设立分行，鼓励省属独立法人银行申请筹建新型的科技风险银行，允许债权投资和股权投资的混业经营模式，专注服务科技型中小企业。

（六）实施科技治理效能提升行动

一是优化高校专业学科结构。在调研中，教育部门反映，这些年高校虽然在不断调整学科设置，但依据是入学报名率和毕业生就业率，至于与经济社会发展匹配度有多大，不得而知，科教产脱节问题比较突出。建议在省级层面搭建人才培养供需对接平台，由教育、发改、科技、工信、商务、人社等部门参加，通过大数据手段，定期分析山东省经济社会人才需求情况，制定中长期人才培养计划，提前做好专业学科调整布局。同时，围绕产业和科技创新需求，制定年度协同创新方案。

二是采用“技术就绪度”进行科技管理。技术就绪度是由美国军方21世纪初提出并使用的一种有效的科研项目评价工具，分为9个等级，用于量化科研活动阶段和含金量。据了解，国家科技部、广东省已使用这种技术工具，青岛也在技术成果交易中使用此工具作为定价参考。这一工具最大的好处在于对科技活动进行较为精准的量化评价，在科研项目立项、成果交易中较好地排除了人为主观因素，使科技资源得到更为精准的配置。建议山东省在科技项目管理中引入技术就绪度，实现高水平立项，高效使用财政资金。

三是开展科研院所“承包制”改革试点。针对山东省部分科研院所运行效能不高的问题，可选择1～2家科研院所，面向全国，采取竞争上岗办法选择承包人，签订目标协议和任务责任书，进行内部运行机制改革，激发科研活力。

四是简化科技项目审批程序。以山东潍坊华以农业科技有限公司为例，对该公司一个麻类作物科技项目，省政府调研组在评估后决定给予10%的支持，但企业提交材料两个半月后，资金仍在走程序，迟迟没有到位，企业等不起只好放弃。类似环节多、程序复杂问题在科研项目立项方面普遍存在，有些科研项目时效性较强，如果审批时间过长，先发优势将会丧失。建议深化流程再造，最大限度地压缩时间、减少环节；设置必要的应急资金，对一些急需、随机性科研项目进行支持。

五是打造创新生态示范区。利用5年左右时间，在济南、青岛自贸区选择合适区域，打造科技创新“特区”，在科研项目研发组织模式、科研经费管理使用、人才待遇等方面，进行突破性先行先试，布局一流创新资源，打造适宜创新、适宜居住的国际化科技，创造最优创新生态。

六是提升科学普及水平。习近平总书记强调，科技创新、科学普及是实现创新发展的两翼，要放在同等重要的位置。从山东省情况看，2018年公民科

学素质水平为9.18%，位列天津、江苏、浙江、广东等省市之后，仅排在第7位；科普产业发展滞后，科技馆建设总量属于全国前列，但科普产品90%来自省外企业，在建的省科技馆从建设图纸到概念设计，从设计方案到展品制作，没有一家省内科普企业中标。建议重视公民科学素质提高，出台科普产业支持政策，鼓励有条件的市设立科普产业园区，培育骨干企业。

（七）携手打造黄河流域科创大走廊

一是在科创平台方面，加强郑洛新、西安、山东半岛国家自主创新示范区之间的对接，共建科技园区、新型研发机构、联合实验室或研发中心，构建资源优势互补、产业配套衔接的科技创新链，打造黄河中下游协同创新共同体。

二是科技成果交易转化方面，依托沿黄流域重点高校院所、科技中心等开展黄河流域重大课题研发，推进各地开展协同创新。加强原始创新成果转化，重点开展新一代信息技术、高端装备制造、医养健康、绿色技术、新能源、智能交通等领域科技成果的展示、交易与转化，推进技术转移服务一体发展。特别是山东、河南、陕西等省可以联合打造黄河流域科技成果交易转化平台，共建黄河流域量子信息科学中心、健康医疗大数据中心和超算产业合作园。

三是在农业科技创新方面，发挥黄三角农高区耐盐碱作物研究、农业技术装备创新优势，协同攻关盐碱地绿色开发关键技术，加强与杨陵农高区、中国科学院成都分院和北京分院（河南）、西北农林科技大学等合作，重点在耐盐碱植物分子生物育种、盐碱地高效生态农业系统集成示范、智能农机等领域实现创新资源共享。

参考文献

樊杰、王亚飞、王怡轩：《基于地理单元的区域高质量发展研究——兼论黄河流域同长江流域发展的条件差异及重点》，《经济地理》2020年第1期。

刘贝贝、左其亭、刁艺璇：《绿色科技创新在黄河流域生态保护和高质量发展中的价值体现及实现路径》，《资源科学》2021年第2期。

罗巍、杨玄酯、杨永芳：《面向高质量发展的黄河流域科技创新空间极化效应演化研究》，《科技进步与对策》2020年第18期。

焦勇：《数字经济赋能制造业转型：从价值重塑到价值创造》，《经济学家》2020年第6期。

习近平：《在黄河流域生态保护和高质量发展座谈会上的讲话》，《求是》2019年第20期。

习近平：《努力成为世界主要科学中心和创新高地》，《求是》2021年第6期。

曾婧婧、黄桂花：《科技项目揭榜挂帅制度：运行机制与关键症结》，《科学学研究》2021年第5期。

张国卿、陈秋声：《提高科技创新治理能力的时代价值、内在动力、现状挑战与政策启示》，《科技管理研究》2021年第8期。

张志新、孙照吉、薛翘：《黄河三角洲区域科技创新能力综合分析与评价研究》，《经济问题》2014年第4期。

文化篇

Cultural Articles

B.21

黄河青海流域非物质文化遗产传承发展研究

毕艳君*

摘　要：青海立足非遗资源禀赋优势，通过一系列有效措施，使黄河青海流域区域特色文化品牌影响力不断增强，尤其是在助推乡村振兴、实现乡村增收致富和促进乡风文明建设中发挥了重要作用。但面对新形势和新要求，也存在一些问题。于是在取得成绩的经验总结中，本文提出了完善机制，扎实推进巩固拓展脱贫攻坚成果同乡村振兴的有效衔接；夯实基础，为推动非遗保护传承和发展奠定基础；融合发展，将非遗文化特色嵌入乡村振兴战略中；先行先试，探索文化生态保护区与旅游融合共赢发展模式；协调联动，打造非遗文化与其他文化互动融合体系等六项发展建议。

关键词：乡村振兴战略　黄河流域　非物质文化遗产　青海

* 毕艳君，青海省社会科学院文史研究所文学研究员，主要研究方向为民族文学、民族文化。

黄河是中华民族的母亲河，黄河文化是中华文明中最具影响力的主体文化，是中华民族的根和魂，黄河流域非物质文化遗产是黄河文化遗产重要组成部分，活态传承着中华文明的精神基因。2019 年 9 月，习近平总书记在郑州主持召开黄河流域生态保护和高质量发展座谈会时提出“保护、传承、弘扬黄河文化是黄河流域生态保护和高质量发展的五大主要目标任务之一”，强调“要推进黄河文化遗产的系统保护，守好老祖宗留给我们的宝贵遗产。要深入挖掘黄河文化蕴含的时代价值，讲好‘黄河故事’，延续历史文脉，坚定文化自信，为实现中华民族伟大复兴的中国梦凝聚精神力量”。[①] 在中央财经委第六次会议上，习近平总书记再次要求“大力弘扬黄河文化”。青海是黄河的发源地，被誉为“三江之源”“中华水塔”。黄河青海流域多民族聚居、多宗教并存、多文化共融，昆仑文化、河湟文化、河源文化、环湖文化、热贡文化、格萨尔文化、康巴文化等多元文化在黄河青海流域交汇、碰撞和融合。青海是黄河流域文化多样性体现最为集中的流域之一，在整个黄河文化中具有突出的地位和作用。

多年来，青海立足非遗资源禀赋优势，通过建立健全保护传承机制、完善政策体系、拓宽传承渠道、加大资金扶持力度、创新实践非遗扶贫工作、规范项目传承、培育文化品牌、强化服务保障、创新培训模式、持续宣传推介等有效措施，使黄河青海流域区域特色文化品牌影响力不断增强，在许多地区实现了非物质文化遗产传承与发展的双赢。

一　黄河青海流域范围及非物质文化遗产概述

（一）黄河青海流域范围

青海是黄河发源地，黄河在青海省内总长度 1983 千米，占黄河总长度的 36%，为黄河流域贡献了 49.4% 的优质水资源，惠及整个黄河流域。黄河在

① 习近平：《在黄河流域生态保护和高质量发展座谈会上的讲话》，新华网，2019 年 10 月 15 日，http：//www. xinhuanet. com/2019 - 10/15/c_ 1125107042. htm，最后检索时间：2021 年 7 月 8 日。

青海从西到东贯穿青藏高原和黄土高原，呈梯形下降，干流流经玉树州曲麻莱县，果洛州玛多县、玛沁县、达日县、甘德县、久治县，黄南州尖扎县、河南县，海南州同德县、兴海县、贵南县、共和县、贵德县，海东市化隆县、循化县、民和县共16个县；支流涉及果洛州班玛县，玉树州称多县，海西州天峻县，黄南州同仁县、泽库县，海北州海晏县、祁连县、门源县、刚察县，海东市平安区、互助县、乐都区，西宁市城中区、城东区、城西区、城北区、大通县、湟中县、湟源县共19个县（区）。青海黄河流域（包含湟水河、大通河）涵盖8个市州35个县（市、区），占青海省县（市、区）总数的77.8%；总面积28.37万平方公里，占全省总面积的39.4%。行政区总面积约27.77万平方公里，流域面积15.31万平方公里。黄河流域是青海省开发历史最悠久、开发程度最高、经济最发达的地区，下游河湟谷地是黄河流域人类活动最早的地区之一，承载了全省八成以上耕地，集中了全省3/4的人口，是全省政治、经济、文化和交通中心。①

（二）黄河青海流域非物质文化遗产分布概述

青海有人类非物质文化遗产代表作名录6项（热贡艺术、花儿、黄南藏戏、格萨尔、河湟皮影戏、藏医药浴法），国家级非遗名录73项，省级非遗名录253项；国家级代表性传承人88名，省级代表性传承人317名。有热贡文化生态保护实验区、格萨尔文化（果洛）生态保护实验区、藏族文化（玉树）生态保护实验区3个国家级生态保护实验区和土族（互助）、德都蒙古（海西）、循化撒拉族3个省级文化生态保护实验区。黄河青海流域有着丰富的非物质文化遗产资源，人类非物质文化遗产代表作名录6项全部在此区域，国家级非遗名录中69项在黄河流域，占比达到90%以上。近年来，青海省通过采取多种保护方式，创新实践非遗扶贫工作，将非遗保护传承与发展现代服务业、乡村文化振兴相结合，以产业融合发展推动非遗，使一批非遗项目重新焕发了生机和活力，就业带动作用明显增强。黄河青海流域非遗保护传承与发展创新已成为青海工作的新亮点，在促进文化名省、旅游名省建

① 张宁：《弘扬河湟文化 促进非遗融入生产生活》，2020年11月26日全国黄河流域非遗保护传承弘扬交流研讨会上的讲话。

设，扩大社会就业、增加群众收入、助推乡村振兴战略中发挥着越来越重要的作用。①

二　黄河青海流域非物质文化遗产传承发展主要成就

（一）黄河青海流域非物质文化遗产分类保护和系统保护制度体系不断健全

多年来，青海以《中华人民共和国非物质文化遗产法》，国务院《关于实施中华民族优秀传统文化传承发展工程》《中国传统工艺振兴计划》，以及省政府《青海省非物质文化遗产保护办法》《关于贯彻落实中国传统工艺振兴计划的实施意见》《关于加强文化生态保护实验区建设的指导意见》为核心，持续加强非物质文化遗产保护工作，相继出台《青海省非物质文化遗产传承发展工程实施方案》《“青绣”提升三年行动计划（2021～2023年）》，先后印发《青海省关于推进非遗扶贫就业工坊建设的通知》《青海省非物质文化遗产代表性传承人认定与管理办法》等制度规范和专项政策，在资源调查与建档、名录认定与保护、传承与传播、传承人群培训、非遗数字化保护、文化生态保护实验区建设等多方面取得了喜人成绩，形成了保护中发展、发展中保护的良好局面。

（二）非物质文化遗产数字化保护工作硕果累累

青海通过综合运用数字多媒体等现代信息技术手段，实施非遗影像记录工程、培育非遗传播品牌，不断加强非物质文化遗产数字化保护工作，取得明显成效。截至2020年底，国家非遗专项资金已支持青海35名国家级非遗代表性传承人开展记录，已完成24项，经文化和旅游部验收，其中泽库和日石刻国家级传承人贡保才旦、班玛藏家碉楼营造技艺国家级传承人果洛折求、热贡艺术国家级传承人西合道、七十味珍珠丸“赛太”炮制技艺传承人桑杰、加牙

---

① 罗云鹏：《青海出台七项措施推动非遗传承发展》，中新网，2019年9月23日，http://www.chinanews.com/m/cul/2019/09-23/8963226.shtml，最后检索时间：2021年7月8日。

藏族织毯技艺国家级传承人杨永良、撒拉族篱笆楼营造技艺国家级传承人马进明等6项传承人记录成果荣获全国优秀。[①] 此外，“青海文化记忆工程”全面记录和保存了一批省级非物质文化遗产项目的传承和实践过程及非遗代表性传承人所承载的精湛技艺。截至2020年底，青海已完成26项省级非遗代表性项目的记录工作，其中青海搅儿、贵南藏绣、海西蒙古族婚礼、尖扎达顿宴、拉加藏靴制作技艺、藏族夹棋、民和土族婚礼歌、大通桥儿沟砂罐等17项被选为省级优秀。“十三五”时期，青海共计形成104部数字资料、26卷文本资料。[②]

（三）各类非遗文化融入重大节庆活动和文化园建设中，助推乡村振兴

近年来，青海积极调动非遗传承人、非遗工作坊、小微企业、电商平台、行业协会等各方面的积极性，协同发力，除通过组织、举办、参加“玛域格萨尔文化旅游节”“非遗购物节”“香包大展”“成都国际非遗节”“第六届济南非遗博览会”等外，还将各类非遗文化传承发展融入当地重大节庆活动当中，助推精准扶贫和乡村振兴战略。如近年来，西宁市将非遗传承与发展融入西宁河湟文化产业园建设、西宁河湟文化旅游艺术节等系列品牌活动当中，海东市将非遗传承保护融入河湟大剧院、河湟文化产业园、青绣扶贫产业园和青海省第七届少数民族传统体育运动会、青稞酒文化艺术节、河湟文化艺术节、国际抢渡黄河极限挑战赛等文体活动当中。在重要景区和节庆场所设立非遗扶贫产品展销区，设置“青绣”专区，开展网络直播带货等，支持搭建线上线下销售渠道，帮助非遗扶贫带头人、相关企业拓展销售渠道，充分依托传统工艺带动劳动力就近就业和稳定增收的独特优势，发挥非遗的“扶志”“扶智”作用，设立16家省级刺绣类非遗扶贫就业工坊，帮助贫困地区建档立卡贫困人口参与学习传统工艺，激发内生动力。又如2020年“文化和自然遗产日”及“非遗购物节”青海主会场的活动中，传统戏曲、传统体育、传统技艺、

---

① 宁亚琴：《青海非遗数字化记录成果丰硕》，《西宁晚报》2021年1月17日，第3版。
② 宁亚琴：《青海非遗数字化记录成果丰硕》，《西宁晚报》2021年1月17日，第3版。

传统医药等民族优秀文化通过线上线下展示展演的方式走进百姓生活。[①] 此外，2020 年 11 月，青海省西宁市以“三山湟水间 · 花儿与少年”为主题的非物质文化遗产精品展示月活动在北京恭王府开幕。集中展示了西宁近 30 项非物质文化遗产代表项目，400 多件静态非遗展品和 8000 多件文创产品受到北京市民的欢迎。尤其是来自青海湟中的一座高 2.8 米、口径达到 2.01 米的巨大暖锅吸引了众多参观者驻足观看。巧夺天工的技艺、浓厚的文化气息深深震撼了在场的每一个人。[②]

（四）黄河青海流域部分非物质文化遗产项目成为实现乡村增收致富的重要途径

乡村振兴战略的主体是农牧民，传统工艺类非遗紧密联系乡村和农牧民，有着带动本地群众居家就业增收的独特优势。开展非遗技能培训，积极建设传统工艺工作站和非遗就业工坊，人民群众切实从非遗中真正获益，非遗助力增收工作作用显著。许多非遗代表性项目焕发生机活力，有力促进了农村文化市场繁荣，不断丰富农村文化业态，许多国家级和省级文化生态保护区成为新的文化旅游目的地和增长极。截至 2020 年底，青海有星级乡村旅游接待点 741 家，全国乡村旅游重点村 28 个，省级乡村旅游重点村 135 个；民族手工艺品加工生产扶贫基地 191 家；设立非遗扶贫就业工坊 46 家，其中，18 家国家和省级工坊 2020 年签订订单 25.8 万余件，产值 5960 余万元。青海培养了一批非遗扶贫带头人和脱贫中坚力量，特别是“青绣”已经成为黄河流域青海段农牧民和城市社区群众家门口致富增收的重要渠道之一，刺绣行业从业人员达到 30 万。“青绣”在助力脱贫攻坚、乡村振兴中的作用进一步彰显，直接、间接带动从业人员 30 万人，形成了刺绣公司 + 基地 + 农户的发展模式。2019 年以来，16 家“青绣”扶贫就业工坊实现销售收入 6450 万元，带动约 5 万贫困群众及低收入家庭成员就业，人均月收入达 2000 元左右，使青海古老的刺绣艺术在新时代换发了生机和活力。青海 191 家民族手工艺品加工生产扶贫基地直接解决 9428 人就业，

① 马洪婷：《2020 年“文化和自然遗产日”青海非遗盛宴拉开帷幕》，青海新闻网，2020 年 6 月 13 日，http://www.qhxinhuanet.com/2020-06/13/c_1126111135.htm，最后检索时间：2021 年 7 月 8 日。

② 万玛加：《青海：河湟谷地文化兴》，《光明日报》2021 年 2 月 22 日第 7 版。

其中建档立卡户2670户，贫困户人数4378人，有效促进了贫困群众增收和脱贫。青海省各级非遗项目代表性传承人参加各类展演活动260余场次，线上线下参与人数超200万人次。

（五）促进非物质文化遗产赓续传承的代表性传承队伍逐渐形成

2020年前青海以培育非遗扶贫带头人为重点，以点带面，加强传承人群研修培训，不断扩大对建档立卡贫困户的覆盖面，充分调动贫困群众的积极性、主动性、创造性，形成了“公司+基地+农（牧）户”“工坊+基地（合作社）+绣娘”等生产经营模式，通过与企业、工坊、绣娘签订目标责任书，建立带头人激励机制等措施，有效提升了产品的品质，拓宽了增收渠道，涌现出了苏晓莉、完德、哈承清、陈玉秀等一批“全国脱贫攻坚”“全国劳动模范”“全国非遗扶贫品牌行动”“全国巾帼建功标兵”等先进个人和优秀带头人。这些非遗传承人将非遗与脱贫致富相结合，将非遗传承发展与乡村振兴相连接，切实发挥了示范带动作用。黄河流域青海段促进非物质文化遗产赓续传承的代表性传承队伍逐渐形成，呈现“培训一个、带动一片”的良好局面。

（六）青海非遗特色发展促进了乡风文明的建设

2020年前青海充分依托传统工艺带动贫困劳动力就近就业和稳定增收的独特优势，坚持因地制宜，突出特色，有效挖掘利用热贡艺术、刺绣、泥塑、黑陶、金银铜器、石刻等特色非遗资源，逐步建立健全稳定长效的非遗扶贫工作机制，不仅有效发挥了非遗在扶贫中的扶志作用，激发了贫困群众内生动力，有效促进了就业，持续增加了收入，提高了脱贫实效，而且促进了乡风文明建设，丰富了乡村文化。以国家级非物质文化遗产项目黄南藏戏为例，2008年热贡地区的民间藏戏团只有6家，藏戏演员60余人。热贡文化生态保护实验区设立后，至2020年当地民间藏戏团的数量已增加到16家，有六七百名民间藏戏演员活跃在藏戏表演舞台上。江什加民间藏戏团编排的《松赞干布》《卓哇桑姆》等剧目还在国内戏曲会演中屡获大奖。[①] 又如青绣是土族盘绣、湟中堆绣、贵南藏绣、河湟刺绣、蒙古族刺绣等青海各族妇女世世代代传承的

---

① 李欣：《灌溉人民群众共同的精神家园》，《青海日报》2019年11月25日第1版。

民间刺绣的总称，分别先后列入国家级、省级、州（市）级、县级非物质文化遗产代表作名录。青海省设立6家省级“青绣”扶贫就业工坊，青海非遗保护协会、青海刺绣行业协会等行业组织牵头开展民族刺绣展示交流、研发创新、宣传培训、线上线下销售等活动。[①] 通过家庭式作坊、刺绣公司+农户、刺绣协会+农户等发展业态，许多青绣艺人居家就业，在获得可观收入的同时，兼顾了赡养老人和照顾子女，维护了家庭和睦。青绣产业成为展示黄河流域青海段民族团结、生态保护、精准扶贫和乡风文明的重要窗口。互助金盘绣土族文化传播有限公司生产以土族盘绣、土族服饰为主的民族特色文化产品，并依托国家妇女儿童基金、“唯品会”、“妈妈制造”合作社等平台，通过统一设计、统一销售，进行订单式生产，实现了企业增效、农民增收。[②]

三　乡村振兴战略下黄河青海流域非物质文化遗产传承发展面临的困境与挑战

虽然黄河流域青海段内非物质文化遗产保护工作取得了较好的成绩，但面对新形势、新任务、新要求，也存在一些问题和困难。主要表现在：河湟地区农村青壮年劳动力不断流失，许多人在城市中寻找生存和发展机会的同时，也导致了农村的空心化现象，使一些非遗文化项目难以群体性、整体性传承，这对落实乡村振兴战略也形成挑战。青年一代喜欢现代文明生活方式，不愿意学习传承传统非遗文化，致使一些珍贵的非物质文化遗产面临失传或濒危的境地。

黄河青海流域一些非遗项目发展不均衡，非遗传承设施建设不充分，特色文化品牌缺乏、传统文化资源的创造性转化和创新性发展思路不宽，理论研究深度不够，传播区域不广，非遗文化与生态旅游融合深度有待加深。大多州县非遗保护经费主要来自中央和省级层面财政支持，当地没有更多资金对州县级代表性传承人物传习进行补助。黄河青海流域非物质文化遗产主要依托各州县文化馆、群艺馆开展保护、传承和发展，但部分文化馆编制有限、人员数量不足，加之非遗保护传承专业人员缺乏，成为制约非遗保护工作的重要瓶颈。

---

① 罗珺：《“青绣”，青海最具代表性的文化符号》，《青海日报》2020年5月12日第5版。

② 罗珺：《“青绣”，青海最具代表性的文化符号》，《青海日报》2020年5月12日第5版。

四　乡村振兴战略视野下黄河青海流域非物质文化遗产传承发展的思考

（一）完善机制，扎实推进巩固拓展脱贫攻坚成果同乡村振兴的有效衔接

一是推动国家和地方层面对黄河全流域文化保护传承的紧密协调，使黄河青海流域非物质文化遗产成为黄河全流域文化传承创新中的“文化特区”。不断健全完善文化建设领域组织领导、政策引导、资金扶持、人才支撑体系。及时出台《青海省非物质文化遗产保护条例》。制定《青海省省级文化生态保护区管理办法》《青海省省级非遗工坊认定和管理办法》，修订《青海省非物质文化遗产保护与管理暂行办法》。二是加强文化生态保护区建设和管理，持续加强国家级、省级文化生态保护实验区建设和管理。推动设立河湟文化生态保护区。三是继续实施传统工艺振兴工程，推动设立青海省刺绣类传统工艺工作站；加强非遗工坊建设，新增一批非遗工坊，扎实推进巩固拓展脱贫攻坚成果同乡村振兴的有效衔接。四是建立稳定、长效的非遗工坊建设和运行机制，持续发挥非遗工坊的引领带动作用，加大后续帮扶力度，不断增强脱贫地区自我发展能力，为加快建设国家公园、清洁能源、绿色有机农畜产品、民族团结进步、高原美丽城镇“五个示范省”，助推以生态经济、循环经济、数字经济和飞地经济“四种经济形态”为导向的结构转型，发挥非遗力量。

（二）夯实基础，为推动非遗保护传承和发展奠定基础

一是结合前期非遗资源普查工作，摸清黄河青海流域非遗项目的存续状态，进一步完善青海省非遗保护四级名录体系建设，编制《“十四五”时期青海省非遗保护传承弘扬专项规划》。二是继续做好国家级非遗代表性传承人记录工作及“青海文化记忆工程”，对黄河流域青海段非遗项目生存环境、传承人员、传承情况及历史发展脉络，运用文字、录音、录像、数字化多媒体等多种方式进行客观全面和真实系统的调查。优先记录历史文化价值高、传承困难的濒危项目和代表性传承人，加强数字化转化和成果的利用，完善非遗信息存

储和展示，培育非遗宣传品牌。三是完善非遗实物、资料的征集和保管制度。将价值突出、特色鲜明、符合条件的非物质文化遗产资源列入各级政府非遗代表性项目名录予以保护。建立非遗保护工作考评制度，定期对主管部门和保护单位开展非遗保护工作情况及资金使用情况的督促检查。四是持续开展基层非遗保护工作队伍、代表性传承人培训工作。持续开展非遗传承人群研修研习计划，加强管理和绩效考核。支持协会、工坊和传承人利用文化阵地及非遗传习所等开展常态化的传承人群培训。

（三）融合发展，将非遗文化特色嵌入乡村振兴战略中

一是产业兴旺是乡村振兴战略的重要内容，青海许多地方结合当地非物质文化遗产发展起了特色旅游产业，获得了可观的经济效益。只有将非物质文化遗产中的文化资源转化为文化生产力，带来经济效益，才能有更多的资金反过来用于非物质文化遗产的保护和发展。将黄河青海流域非遗保护传承与乡村振兴、地方发展相结合，将当地独特的非遗资源转化为优质文化旅游产品。二是以国家级、省级非遗项目为重点，在挖掘内涵中打造特色文化旅游品牌，探索开展非遗特色小镇、街区建设。推进非遗保护与旅游融合发展，支持开展非遗进景区、进校园、进社区、进乡村旅游点活动，鼓励各地在有效保护前提下，开展非遗研学游、非遗体验游等。三是支持代表性非遗传承人、民间工艺大师利用乡村文化阵地、多功能非遗体验中心和非遗传习所等在乡村开展常态化的传承人群培训，进行传统技能培训，带动群众就业增收。四是鼓励高校、企业和机构在非遗资源集中的地区设立传统工艺工作站，搭建创意设计、工艺提升和推广销售平台，持续推进上海大学、上海美术学院驻青海果洛传统工艺工作站建设，助力乡村振兴战略。

（四）先行先试，探索文化生态保护区与旅游融合共赢发展模式

一是鼓励青壮年回乡就业、创业，秉持见人见物见生活的理念，将热贡文化、格萨尔文化（果洛）等国家级文化生态保护区和土族文化、撒拉族文化等省级文化生态保护区建设与精准扶贫、乡村振兴战略相衔接，积极探索出一条文化生态保护区建设与乡村旅游、全域旅游融合共赢发展的

道路，将文化与生态进行有机融合，促进传统文化的活态展示与体验。二是激活沿黄地区优秀传统民族文化资源，形成一批依托非遗展示场馆、传习中心等开展研学旅游和休闲体验旅游等多种形式的旅游项目，使文化生态保护区在保护中发展，发展中保护。三是将黄河青海流域文化遗产、民俗文化、建筑文化、旅游景区等串联起来，打造一条连接融汇青海各项建设和文化品牌发展的“大融通”流动黄河文化带，在坚持“生态保护优先”的原则基础上，积极为满足沿黄地带人民美好生活需要创造条件，积极适应外来游客市场需求。

（五）协调联动，打造非遗文化与其他文化互动融合体系

一是积极与沿黄省份连接互动，联合打造沿黄红色之旅、民族文化风情之旅、民族团结进步之旅等精品旅游线路。同时加强区域联动，充分展示河湟“花儿”保护传承成果，牵头举办西北五省区“河湟花儿艺术周活动”，立足黄河源头各民族传统民歌传承良好的实际，策划举办黄河民歌大会。二是推动西宁、海东、海南、黄南等地拓展协同发展空间，发挥各地比较优势，促进文旅融合发展，着重围绕昆仑文化、河源文化、河湟文化、红色文化、格萨尔文化、热贡文化、游牧文化、农耕文化、屯堡文化、丝路文化、青绣文化、饮食文化等，重点发展文化旅游、寻根考察、文化创意、红色旅游、研学旅游、游牧农耕文化体验、民族风情考察、演艺会展、民间工艺品制造等重点项目或产业，建设黄河青海流域文化旅游体验点和民族手工艺品加工等生产扶贫基地，形成以黄河文化旅游为载体，以黄河文化产业为支撑的保护传承和创新发展体系。三是推动黄河文化在文化景观模式、特色小镇模式、主题公园模式、旅游演艺模式、文创开发模式、文化节庆模式等多元发展模式中繁荣兴盛起来，实现“黄河文化＋”融合发展。开发复合型度假旅游目的地，将非遗文化保护传承与喇家国家考古遗址公园、柳湾遗址、沈那遗址公园、孙家寨遗址、热水墓群等古遗址串联起来，支持鼓励当地对遗址公园周边公共基础设施进行宜游化改造，大力开展研学游、自驾游、自助游等。

（六）抢抓机遇，非遗传承融入“数字文旅”发展的坐标定位

以非遗文创和文博文创为切入点，用足用好互联网、大数据、人工智

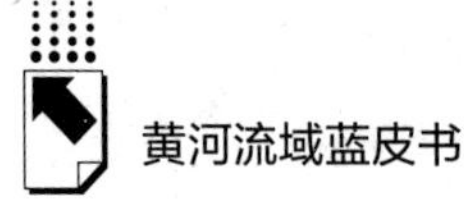

能、5G技术等数字科技，与先进企业互联互通、共建共享，不断带动非遗文化创意产业发展，加大青海公共服务、文旅企业等“数字文旅”建设力度，在文旅产业全链条发展、非遗传承发展、相关数据分析、精准营销等方面构建多方位合作局面，加大信息化对非遗保护传承的推动和共享作用。

B.22 黄河流域（甘青宁段）博物馆与旅游创新融合发展研究

金 蓉*

摘 要：博物馆既是文化资源的重要展示地，也是重要的A级旅游景区，推进黄河流域博物馆与旅游创新融合发展，既有利于黄河流域文物资源的保护、开发和利用，也是黄河流域文化旅游资源开发的一个重点方向。黄河流域（甘青宁段）博物馆数量多、种类全、品位高，具备与旅游创新融合发展的资源基础。找准黄河流域（甘青宁段）博物馆与旅游创新融合的切入点，加强博物馆旅游产品开发和市场推广，推动博物馆和旅游协同发展，是促进黄河流域（甘青宁段）高质量发展的重要途径。

关键词：博物馆创新 博物馆旅游 黄河流域（甘青宁段）

习近平总书记在黄河流域生态保护和高质量发展座谈会上的讲话指出："要从六个方面推动黄河流域高质量发展"，大力保护传承弘扬黄河文化是其中一个重要方面。博物馆是人类文化遗产和实物展示的重要场所，是承载高品质历史文化的重要载体，其服务社会的公益性质和集研究展示、教育娱乐于一体的综合性功能，有助于黄河文化的保护传承弘扬。为了提升博物馆服务黄河文化保护传承弘扬效能，实现黄河流域博物馆协同发展，由中国沿黄九省区

* 金蓉，甘肃省社会科学院丝绸之路研究所副研究员，主要研究方向为区域文化与旅游产业规划。

45 家博物馆联合成立的黄河流域博物馆联盟于 2019 年 12 月 23 日在河南郑州正式揭牌成立，在成立大会上，国家文物局副局长关强表示："黄河流域的历史文化资源非常丰富，也是中国博物馆发展起步较早的区域，黄河流域博物馆在保护传承弘扬黄河文化方面有着不可替代的作用。"[①] 2009 年 5 月 18 日，第 33 个"国际博物馆日"将"博物馆和旅游"作为宣传主题，旨在引导探索博物馆与旅游的最佳结合点，推动旅游和博物馆有效结合。可见，加强博物馆与旅游创新融合发展，不断挖掘黄河文化的历史价值和时代价值，实现博物馆由门票经济向产业经济转变，是旅游业高质量发展的题中应有之义，也是黄河流域高质量发展的题中应有之义。

一　黄河流域（甘青宁段）博物馆与旅游创新融合发展基础

（一）政策高位引领，为博物馆与旅游创新融合发展提供了支持

2008 年以来，为了推进博物馆与旅游创新融合发展，国家相关部门出台了诸多扶持政策。2008 年出台的《关于全国博物馆、纪念馆免费开放的通知》（中宣发〔2008〕2 号），明确了博物馆在宣传和传播文化方面具有重要作用[②]。2014 年，《关于推进文化创意和设计服务与相关产业融合发展的若干意见》（国发〔2014〕10 号）[③] 指出"要促进产品和服务创新"，这为后来的文化创意产品开发奠定了基础。2016 年出台的《关于进一步加强文物工作的指导意见》（国发〔2016〕17 号），从"合理适度利用"和"大力发展文博创意产业"等 6 个方面为文物的拓展利用指明了方向。这些政策意见为丰富博物馆

---

① 《中国沿黄九省区成立黄河流域博物馆联盟》，新华网（2019 年 12 月 23 日），http://www.chinanews.com/gn/2019/12-23/9041128.shtml，最后检索时间：2021 年 3 月 5 日。

② 《关于全国博物馆、纪念馆免费开放的通知》（中宣发〔2008〕2 号），中华人民共和国中央人民政府网站（2008 年 2 月 1 日），http://www.gov.cn/gzdt/2008-02/01/content_877540.htm，最后检索时间：2021 年 3 月 5 日。

③ 《国务院关于推进文化创意和设计服务与相关产业融合发展的若干意见》（国发〔2014〕10 号），中华人民共和国中央人民政府网站（2014 年 3 月 14 日），http://www.gov.cn/zhengce/content/2014-03/14/content_8713.htm，最后检索时间：2021 年 3 月 5 日。

旅游内涵、创新博物馆旅游产品、促进博物馆与旅游扶贫、非遗扶贫深度融合提供了政策保障、方向指导和实践路径①。

（二）博物馆数量众多，为博物馆与旅游创新融合发展奠定了基础

随着社会经济快速发展，文化消费逐渐成为国民消费升级的一个重要标志，博物馆数量的逐年增加为文化消费提供了强大动能。我国的博物馆数量由2010年的3415家增加到2019年的5535家（见图1）。与此同时，截至2020年12月底，代表中国旅游景区最高品质和最具影响力的国家5A级旅游景区数量已经增至302家（不包含摘牌），博物馆与旅游创新融合发展产生的群聚效应越来越受到重视，部分博物馆以其无可替代的历史文化价值和影响力，已经被评为国家5A级旅游景区，具备了博物馆与旅游创新融合发展的资源基础。

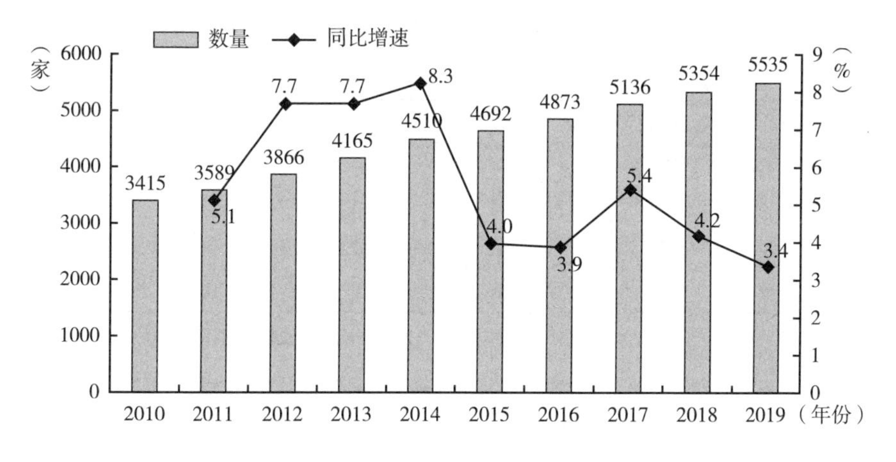

图1　2010～2019年中国博物馆数量

资料来源：国家文物局官网，http：//www. ncha. gov. cn/。

① 苗宾：《文旅融合背景下的博物馆旅游发展思考》，《中国博物馆》2020年第2期，第115～120页。

截至2020年末，沿黄九省区共有各级各类博物馆2166家，占全国总量5535家的39.13%，黄河流域（甘青宁段）共有328家（见表1），分别占沿黄九省区和全国的15.14%和5.93%，其中定级博物馆40家，分别是：一级馆6家，二级馆8家，三级馆26家；其他博物馆288家，构建了以国家定级博物馆为骨干、以其他博物馆为主体的博物馆发展体系，形成了聚焦本省区、辐射西北、面向全国的博物馆资源共享平台。沿黄九省区历史文化资源丰富，自然景观多样，高级别旅游景区数量众多，在全国302家5A级旅游景区中，沿黄九省区共有82家，涵盖了人文景观类景区、综合吸引类景区、现代娱乐类景区、乡村田园类景区和以山岳型景区、湿地型景区、沙漠型景区、森林型景区为主的自然景观类景区。沿黄九省区5A级旅游景区占全国总量的27.15%，黄河流域（甘青宁段）共有5A级旅游景区14家，4A级旅游景区144家，5A级旅游景区占沿黄九省区总量的17.07%。数量众多的博物馆资源和高品质的旅游资源为博物馆与旅游创新融合发展提供了丰富的资源基础。

表1　黄河流域（甘青宁段）博物馆数量

单位：家

省份	博物馆总量	一级	二级	三级	其他
甘肃	227	3	5	16	203
宁夏	63	2	1	6	54
青海	38	1	2	4	31
合计	328	6	8	26	288

资料来源：国家文物局网站，http：//www.ncha.gov.cn/col/col2267/index.html。

（三）博物馆类型丰富，为博物馆与旅游创新融合发展创造了契机

黄河流域（甘青宁段）博物馆类型众多，是黄河文化保护传承弘扬的重要载体和平台。其类型既包括传统的历史文化、综合、艺术、自然博物馆，也有红色革命、生态、数字综合、社区博物馆、遗址博物馆等新业态类型。从博物馆属性看（见图2），文物部门所属博物馆共183家，占总量的55.79%，非国有67家，占总量的20.43%，行业博物馆78家，占总量的23.78%。从甘青宁三省区

具体看，甘肃和宁夏文物部门所属博物馆和行业博物馆数量众多，青海省文物部门所属博物馆和非国有博物馆数量多，行业博物馆数量最少，仅有 4 家。

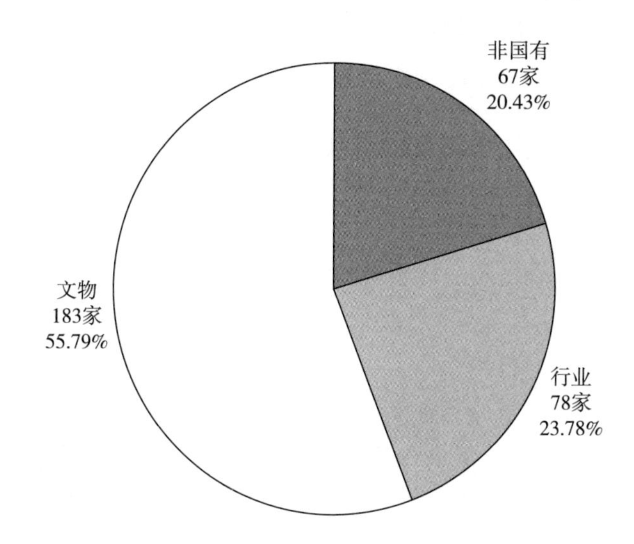

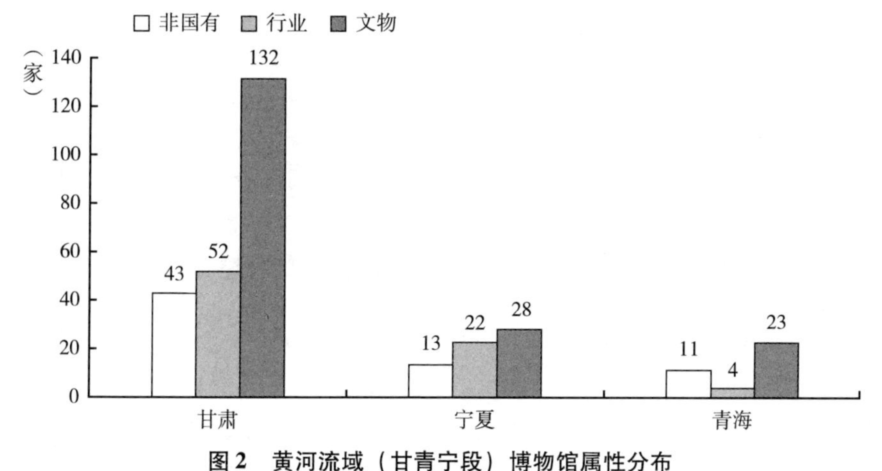

图 2　黄河流域（甘青宁段）博物馆属性分布

从开放情况看（见图 3），自 2008 年 1 月全国各级文化文物部门归口管理的公共博物馆在 2008 年、2009 年间全部实行免费开放政策以来，博物馆免费对公众开放的数量逐步增加。按免费开放程度看[①]，甘肃免费开放 201 家，未免费开放 26

① 《全国博物馆名录》，国家文物局网站，http：//www. ncha. gov. cn/col/col2262/ittdex. html，最后检索时间：2021 年 7 月 6 日。

家，免费开放率88.55%；宁夏免费开放53家，未免费开放3家，其他7家，免费开放率84.13%；青海免费开放31家，未免费开放6家，其他1家，免费开放率81.58%，甘青宁段博物馆整体开放水平较高，尤其是国有定级馆和非国有博物馆均按国家要求实行了免费开放，且非国有博物馆正逐渐成为免费开放新生力量。

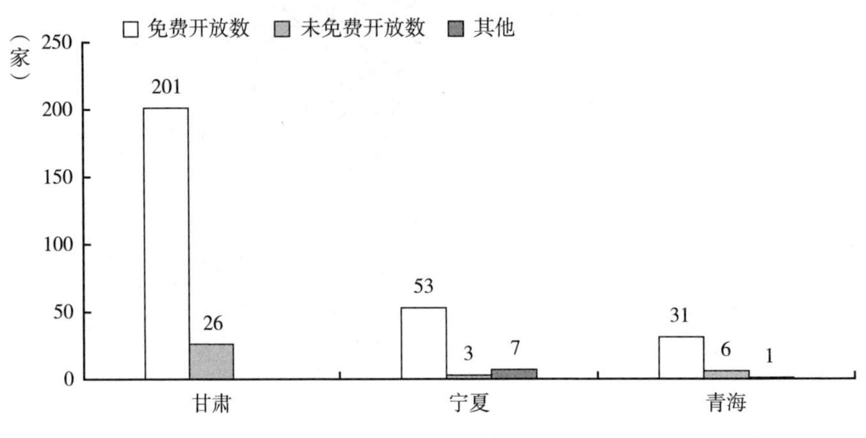

图3　黄河流域（甘青宁段）博物馆免费开放情况

二　黄河流域（甘青宁段）博物馆与旅游创新融合现状

（一）博物馆内容更加丰富，博物馆旅游发展迅速

随着博物馆保护和管理理念的与时俱进，如今的博物馆正在由以物为本向以人为本转变，其功能已经从单一的文化、历史、军事、艺术等知识表达向教育、公共服务、审美等综合表达转变，越来越多内容丰富、形式多样的主题展览让文物藏品“活”了起来，形成了文化品牌，扩大了社会影响，博物馆的体验功能更加突出，内容为王得到更加丰富的表现。国家文化和旅游部数据显示，2019年中国文物机构接待参观人次超过13亿，同比增长9.7%，其中博物馆参观人次已达11.47亿人次，同比增长率高达9.9%。[1] 2019年，黄河流

① 《2020年博物馆旅游行业发展现状及趋势，全方位打造自有IP》，华经情报网（2020年10月13日），http://www.sohu.com/a/424276864_120113054，最后检索时间：2021年7月6日。

域甘青宁三省区博物馆举办展览1080个，举办各类教育活动12406次，吸引4524.37万人次参观（见表3）。随着博物馆与旅游创新融合的进一步深化和市场运营模式的拓展提升，博物馆旅游参观人次规模有望持续扩大。

表2　2019年沿黄九省区（甘青宁段）博物馆举办活动情况

省区	展览(个)	教育活动(次)	参观人数(万人次)
甘肃	786	10391	3381.52
宁夏	102	1181	398.47
青海	192	834	744.38
合计	1080	12406	4524.37

资料来源：从国家文物局官网查询、计算而得，http：//www. ncha. gov. cn/。

（二）重视文创产品开发，品牌价值日益凸显

随着博物馆同质化发展问题的凸显，各地充分挖掘馆藏文物资源，通过跨界合作、馆企合作等形式，积极开发文创产品，拓展新领域，培育新业态，打造自有IP提升博物馆品牌价值。2016年5月，《关于推动文化文物单位文化创意产品开发的若干意见》下发，鼓励博物馆等国有公共文化服务单位积极开发文化创意产品。2016年6月，全国文博单位文化创意产品开发工作推进会召开。2016年11月，全国92家博物馆入选全国博物馆文化创意产品开发试点单位名单，黄河流域（甘青宁段）共有6家博物馆入选，分别是甘肃省博物馆、敦煌研究院、青海省博物馆、青海省柳湾彩陶博物馆、宁夏博物馆和固原博物馆。此后，这6家入选博物馆立足地域特征，凸显文化特色，在文化创意产品开发模式、收入分配和激励机制等方面进行了实践探索。在2020年的甘肃省文化旅游商品大赛中，由甘肃省博物馆选送的文创产品“太初有光系列暖手袋”荣获2020年国家旅游产品金奖、“文物绣片明信片套装”荣获2020年甘肃省文化旅游商品大赛银奖。[①] 在2020年中国旅游商品大赛中，青

① 《甘肃省博物馆文创产品斩获两项大奖》，每日甘肃网（2020年12月2日），http：//gansu. gansudaily. com. cn/system/2020/12/02/030218081. shtml，最后检索时间：2021年3月5日。

海省15件（套）作品入围，其中一件作品荣获金奖。[①] 2020年7月，宁夏回族自治区发布了《宁夏回族自治区文化和旅游厅关于促进文化创意产品和特色旅游商品发展奖补办法》，提出把文化创意融入旅游产品开发，通过奖补引导扶持文化创意产品和特色旅游商品的研发、生产、宣传和销售。

（三）互联网思维加强，线上线下相互促进

在移动互联网环境下，科技进步为博物馆与旅游创新融合发展插上了腾飞的翅膀，以微信、微博、短视频等为代表的交互媒体平台为智慧博物馆建设和智慧旅游发展提供了契机。博物馆已经从传统的说教式陈展向互动式陈展方向转型，旅游业也更加强调博物馆旅游的参与性和体验性。在文创产品开发方面，博物馆积极参与，充分挖掘藏品文化内涵，积极开发文创产品，丰富了旅游购品市场，并通过电子商务渠道，拓展文创产品营销市场。在活动策划执行方面，除了日常的展陈功能外，还积极推出大型节庆日（国庆节专题、端午节专题等）、专题性（教育）等展陈。同时，各地充分利用互联网，推出“云游博物馆”、微博、微信和虚拟展厅等线上展览方式，实现线上线下互动。

三 黄河流域（甘青宁段）博物馆与旅游创新融合发展存在的问题

（一）发展不平衡，冷热不均

与全国整体形势一样，黄河流域（甘青宁段）博物馆与旅游创新融合发展表现出冷热不均特征，遗址类、科技类、行业类博物馆和具有国际国内影响力的博物馆受到游客热捧，如宁夏回族自治区博物馆、西夏博物馆、青海省博物馆、青海藏医药文化博物馆、甘肃省博物馆、敦煌研究院等参

① 《2020中国旅游商品大赛“青海制造”获金奖》，青海新闻网［旅游频道］（2020年11月12日），http：//www.qhnews.com/qhly/system/2020/11/12/013282425.shtml，最后检索时间：2021年3月5日。

观人数均较多，博物馆与旅游创新融合的活跃度也较高。展示陈列类、综合类、历史类博物馆由于争取资金渠道有限，基础设施水平不高，缺乏有效宣传，经营管理相对趋于保守，核心产品和附加产品开发能力较低，对游客吸引力相对不足，既影响了博物馆自身的发展，也制约了博物馆与旅游创新融合发展。

（二）静态陈列展示为主，游客互动参与不足

首先，受资金、技术和保护管理规定的制约，黄河流域（甘青宁段）博物馆均面临展陈创新性不足、现代科技运用不够、展陈效果不佳等困境。其次，展陈内容缺乏新意，过于跟风追求展陈数量和声光电等辅助手段，忽视展品的文化内涵体现，有些展馆在准备不充分的条件下盲目建设，还有部分展馆对内容把握不够，误导观众。游客互动参与不足，大多数展陈还是停留在“隔着玻璃看”的传统橱窗式展览模式，难以满足游客的文化感知和深层体验。由于博物馆最初的功能都集中在保护和展示上，旅游配套设施相对不足，休憩、餐饮、零售等旅游服务设施跟不上游客的需求，影响游客的体验。文创产品略显单薄，传统的文物复制品、明信片等购品无法激发游客购买欲望。

（三）市场化运营水平有待提升，博物馆与旅游融合不深

首先，受资金、人才、经营理念、博物馆性质等因素制约，黄河流域（甘青宁段）博物馆过于强调文物产品的收藏保护功能，市场化运营水平不高，经营意识不强，将游客接待作为日常性工作，没有过多考虑优质服务和馆客互动。其次，博物馆的市场推广和宣传缺位，导致博物馆在少数专业人士眼中价值连城，却没有得到数量庞大的普通游客的认可和青睐。绝大多数博物馆的官网设计过于单调，没有从游客的角度将资源特色、游客体验、产品线路等展示出来。最后，博物馆的讲解过于专业，学术性与趣味性兼顾不够，参与性与互动性不足，游客的体验性不强。同时，在线路设计上，博物馆也很少主动与旅行社沟通，旅行社在选择博物馆的时候也大多从成本角度考虑，很少站在产业发展、博物馆与旅游创新融合等战略高度选择博物馆产品和设计旅游线路。

四　黄河流域（甘青宁段）博物馆与旅游创新融合发展对策建议

（一）内容为王，积极创新博物馆旅游产品

1. 挖掘文化内涵，创新文化传播途径

基于博物馆的属性特征，博物馆旅游在产品设计上既要满足专家学者等小部分特定人群的文化鉴赏需求，也要满足广大群众和游客的大众文化欣赏需求。这就要求博物馆在展陈设计、知识讲解、服务全局等方面统筹考量，针对特定的人群设定特定的开放布局和讲解服务，让博物馆旅游更加人性化、弹性化，让不同需求的访客各取所需，既不让讲解流于表面，也做到深入浅出，既要满足访客的求知动机和教育动机，也要充分考虑游客的消遣动机和娱乐动机。在表现形式上，博物馆应充分利用人工智能、物联网等高科技，通过合理的声光电等情景化设计，让文物“活”起来，进一步提升文化传播的趣味性和有效性。

2. 加强战略合作，拓展博物馆服务范围

积极加强与影视制作集团的战略合作，在与博物馆文物资源相关主题的电影、电视、动漫等文化作品创作方面开展合作，共同挖掘本土历史文化、开发文化创意产品、打造地域文化品牌，实现合作共赢。积极与科技公司合作，联合开发相关产品 App，让静态的、冰冷的文物“动”起来、“暖”起来、“活”起来。加强与其他类型博物馆的合作，互相输入文物资源，丰富展示内容，满足不同群体对不同展示主题的需求。加强不同区域同类型博物馆之间的合作，联合开发考古类、遗址类等专题旅游线路产品，既丰富了地区旅游资源，也加强了不同区域博物馆之间的互动合作。推动博物馆积极参与“互联网 + 中华文化”行动计划。

3. 搭建互动平台，提升核心竞争力

教育科普是博物馆的基本功能，博物馆在服务好这个基本功能以外，应积极搭建教育科普互动平台，提升核心竞争力。推动博物馆与本地高级别旅游资源相关性研究，在导游词中将博物馆文物资源与旅游景区相互穿插，在讲解体

系上将博物馆文物资源和旅游资源融为一体，相互带动。在传统旅游目的地建筑小品设计、服务设施设计、交通导览设计等方面融入博物馆核心文物的文化元素，同时，在博物馆醒目位置布局本地旅游资源分布图、导览图等设施，实现博物馆和旅游充分互动。

4. 接轨数字经济，加强文化创意产品开发

随着数字经济的快速发展，互联网企业已经将关注目光投向了博物馆文化创意产业的开发，从前期用户需求调查，到中期产品设计和推广营销，以及后期用户满意度调查，均可以看到互联网企业的触角。博物馆应加强与互联网企业的互动合作，在需求调研、文化内涵挖掘、产品设计、精准营销、专利申请等文化创意产品全产业链实现数据共享，打破传统文化创意产品生产成本高、产出成本低的现实困境。通过“线下博物馆、景区展示 + 线上互联网营销”模式，推动文化创意产品跨区域营销。

（二）打造品牌，加强博物馆旅游市场推广

1. 打造文物保护品牌

黄河流域（甘青宁段）遗址遗迹数量众多、品质高，但遗址遗迹与旅游创新融合程度不高。下一步需要积极改造和提升区域内世界遗产陈列设施，努力创建遗址类博物馆。充分发挥国家考古遗址公园的科研、教育、游憩等功能，继续推动甘肃大地湾考古遗址公园、甘肃锁阳城考古遗址公园和青海喇家考古遗址公园申报国家考古遗址公园。积极加强城市遗址公园建设，在兼顾遗址保护与公园建设基础上，充分展示遗址核心价值，推动遗址文化传播，打造遗址文化品牌。

2. 创新博物馆旅游营销模式

利用“5·18 国际博物馆日”、“9·27 世界旅游日”和“6·13 中国文化遗产日”等特定日期，通过举办主题展、发放宣传册、举办知识竞赛等各种途径加强博物馆旅游的市场推广和营销。充分利用互联网，调整运营方式，创新营销思维，敢于在互联网“晒宝”、勇于接受“吐槽”、善于发现“引爆点”，通过与抖音、微博等 App 的积极互动，达到引流、吸粉的效果。对博物馆旅游来说，市场营销是一把“双刃剑”，它既对博物馆的运营和发展起到积

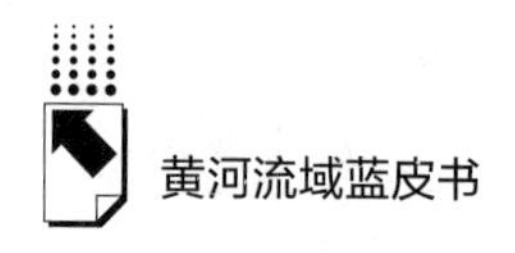

极推动作用，同时也面临商业化的威胁①，博物馆需要把准传承优秀文化的社会使命，掌握正确的理念，讲好博物馆文化故事。

（三）理解差异，找准创新融合切入点

1. 坚持“宜融则融”

博物馆与旅游既相互联系，又存在一定的区别，博物馆与旅游创新融合发展既要考虑二者的性质、目的、受众等差异性，也要充分认识二者创新融合发展对提高文化软实力、促进地区高质量发展的重要意义。一方面，切忌为了迎合大众游客的喜好，使得博物馆展陈过于娱乐化、休闲化、泛滥化；另一方面，旅游从业者要积极承担相应的社会责任，在将免费的博物馆纳入旅游线路后，配合做好文化传播的保障工作，让游客能充分享受博物馆的文化魅力。

2. 坚持“能融尽融”

博物馆旅游与景区旅游具有较大融合潜力，可抱团出击，实现经济效益和社会效益的统一。首先，通过有效措施积极推动博物馆创建A级旅游景区，通过A级旅游景区建设进一步完善博物馆旅游基础设施，提升博物馆管理水平、服务质量和品牌影响力。其次，建议旅游管理部门在A级旅游景区创建中适当向博物馆倾斜，充分考虑博物馆的公益属性，对参与A级旅游景区创建的博物馆，适当放宽游客人次和旅游收入等评定标准。最后，加强博物馆旅游与景区旅游线路合作，在景区旅游专题线路设计中穿插博物馆旅游，在博物馆旅游专题线路中根据主题穿插景区旅游，实现二者在线路设计上的有机结合。

3. 坚持“有机衔接”

适当调整开放时间，将博物馆旅游和景区旅游时间有机衔接。景区旅游大多有时间制约，如自然景观的观赏和体验式景区的参与就只能在白天进行，而游客旅游时间往往有限，不可能像本地居民那样悠闲地规划景区旅游和博物馆旅游的时间段，若能适当调整“朝九晚五、周一闭关”的开放制度，在一周的某几天将博物馆开放时间适当延长，就能为游客的夜游提供更多的选择。博

① 单霁翔：《博物馆市场营销是一把“双刃剑”》，《故宫博物院院刊》2013年第4期，第6～19+159页。

物馆旅游夜间开放将在一定程度上弥补夜游产品的不足，促进博物馆旅游与景区旅游互补互促。同时，各地可根据情况，选择游客较为集中、有开放夜场条件、品质较高的博物馆打造“灯光秀”，让夜间漆黑一片的博物馆“亮”起来，将博物馆打造为夜间旅游打卡地。

（四）加强融合创新，实现博物馆资源“活”化

1. 推动博物馆文化资源“活”化

通过“历史再现”工程，实现博物馆文物资源数据化，通过数据化的文物资源实现文物资源网络化，从而打造线上虚拟“3D”博物馆，打破传统实地旅游模式和空间距离限制，满足游客的线上游览需求，实现博物馆文物价值最大化。借助“网络直播”活动，丰富博物馆文化呈现形式，利用“网络+实体”的互动宣传，拓展博物馆文化传播范围、辐射广度、传播速度和网络热度，提升游客对目的地的探究欲望，让受时间、交通、费用等限制的上班族、残疾人、低收入群众等受众享受平等的公共文化服务。

2. 实现博物馆旅游环境“活”化

首先，加强博物馆设施现代化建设，在保持各博物馆外形古朴特征的前提下，按照内部功能分区，加强现代功能融入，收集、保存、修护、研究等传统功能区域可继续保持传统博物馆风格，而展览、教育、文化体验等区域则要更加强调现代功能。其次，强调服务智能化，完善手机、身份证、刷脸等认证系统，拓展联网购票、预约门票等业务。最后，实现展陈方式多元化，更加注重展台的科学性、现代性、文化性，按一定比例设置活动展台，活动展台可轻易通过空间变换设计几百场主题活动且不断更新，利用现代科技，在压缩的时空下最大化还原历史场景①，给二次到访游客耳目一新的感觉。

3. 实现博物馆运营模式“活”化

在保持博物馆公益性的前提下，适当引入市场机制，提升博物馆社会化运营水平，通过组建博物馆文化旅游公司等形式，推动博物馆积极与会展、旅游、节庆等深度融合，实现博物馆机制上、理念上的创新发展。进一步探索博

---

① 陈怡宁、李刚：《空间生产视角下的文化和旅游关系探讨——以英国博物馆为例》，《旅游学刊》2019 第 4 期，第 11 ~ 12 页。

物馆财政管理模式，拓宽博物馆资金来源渠道，鼓励个人、团体、企业等社会力量通过资助、捐赠等方式积极参与博物馆建设和管理，加快博物馆与文化产业融合发展，实现博物馆运营模式“活”化。

参考文献

陈琴、李俊、张述林：《国内外博物馆旅游研究综述》，《人文地理》2012 年第 6 期。

董芙蓉：《文旅融合背景下博物馆与旅游的关系研究》，《四川旅游学院学报》2021 年第 2 期。

林锦屏、韩雨婕等：《博物馆旅游研究比较与展望》，《资源开发与市场》2020 年第 7 期。

苗宾：《文旅融合背景下的博物馆旅游发展思考》，《中国博物馆》2020 年第 2 期。

杨扬、张蓓蓓：《关于博物馆旅游资源开发的几点思考》，《资源导刊》2017 年第 6 期。

杨颖、王琴：《以融合视角看博物馆旅游的发展创新》，《经济研究导刊》2019 年第 14 期。

B.23
黄河上游地区非物质文化遗产数字化保护与传承研究

魏学宏*

摘　要：黄河上游地区非物质文化遗产（以下简称非遗）数字化保护与传承工作取得了一定的成绩，政府科学规划，出台了系列政策，培养非遗数字化人才，积极开发数据库和建设非遗大数据平台，不同网站和非遗栏目不断展示与传播非遗。但工作中还存在非遗数字化保护形式不够多元化，缺乏足够的资金支持，缺乏先进技术的充分利用以及先进设备的投入使用，数据库建设乏力，专业人才匮乏，地区建设不平衡，宣传推广意识不强等问题。要改善这些状况，需要充分借力国家扶持政策，加强非遗数字化保护的有效机制建设，建设好非遗数据库和非遗数字化博物馆，利用先进科学技术丰富保护手段，加大资金支持力度，着力培养数字化技术人才和专业化团队。

关键词：黄河上游地区　非物质文化遗产　数字化保护

黄河上游青、川、甘、宁、内蒙古五省区的非遗异彩纷呈，地域性、民族性等特点比较浓厚。随着经济、文化的发展以及两大因素的相互作用，民族民间非遗的保护和传承机制受商业化冲击，传统记忆日益减弱甚至灭绝，再加上相关法律、法规制约的弱化，黄河上游地区非遗保护和传承陷入了不同程度的困境。为了推进黄河流域非遗的系统保护，讲好黄河故事，担当起保护传承弘

* 魏学宏，甘肃省社会科学院决策咨询研究所研究员，主要研究方向为美学、信息与文化。

扬黄河文化价值的历史责任，延续历史文脉，黄河上游省区近年来先后启动了非遗数字化工程，希望借助音频、视频、图片等数字化技术实现非遗的保护与传承。

一　非遗数字化保护的科学内涵

非遗的数字化就是“运用数字记录、数字采集、数字处理、数字呈现、数字传播等数字信息技术手段将非物质文化遗产进行转换、复原和再现为能够共享、可再生的数字式，运用新的视角加以解读，保存和利用”。[①] 这其中包含了非遗数字化保护的三层意思：“非遗数字资源的长期存储、长期获取利用、长期传播。随着数字技术的发展，尤其是数字摄影、三维信息制作、高保真存储、虚拟现实与互联网的应用，为非遗的保护和传播提供了现代数字技术手段和技术路径。数字技术运用，各种文化遗产如文献资料、音乐、舞蹈、民间体育技艺、图形、图像、美工等，在互通、互融的过程中形成不同地域人们可共享的文化资源，进而推动文化成果的保护与传播。”[②]

非遗的数字化保护工作使各种文化遗产冲破了相对封闭的原始的自然状态，为文化之间的交流与发展提供现实空间，创造更多机会，加深了解和相互借鉴；运用数字化技术使非遗的保护与呈现不受时空地域的限制，并能够以一种直观形象的方式向大众展现；借助数字化技术各种文化遗产可以有效互通、互融，形成共享的文化资源，进而扩大文化成果的传播。[③]

二　黄河上游地区非遗数字化保护与传承现状

近年来，黄河上游地区非遗保护与开发取得了许多成果，产生了一定成效，为更好地开展非遗数字化保护与传承工作创造了条件、奠定了基础。

---

① 王耀希主编《民族文化遗产数字化》，人民出版社，2009，第8页。

② 《湖南非物质文化遗产》，http：//www.huaxia.com/hntw/xtjl/jczt/swjsjyhnsfwzwhycwlz/index.html，2012-2-12，最后检索时间：2021年3月10日。

③ 贾磊磊主编《数字化时代文化遗产保护和呈现：中美文化论坛文集》，文化艺术出版社，2010，第6~16页。

（一）大力推进非遗抢救性记录和数字资源采集工作

从2015年开始，黄河上游地区各省区按照文化部的统一部署，积极开展国家级非遗代表性传承人的抢救性记录工作。如青海6名国家级传承人的抢救性记录工作，共形成约33小时视频成片，约500小时素材，7000余张照片，38.5万字双语字幕，截至2020年底，26项省级非遗代表性项目完成数字化记录工作。四川省首批国家级非遗10名代表性传承人的记录工作共形成了约391小时视频素材、约159小时成片，3.4万余幅图片，167.9万余字文档，约217小时音频，约22.09TB的资源总量。宁夏对40余位花儿的代表性传承人进行了抢救性记录。

（二）积极推进数据库开发和非遗大数据平台建设

青海省2016年启动“青海文化记忆工程”，真实、全面、系统地采集、记录非遗项目所关联的各类信息，并建立数据库。2016年四川省开始建立四川省非遗研究保护数据库，并积极推进非遗数字保护平台建设。甘肃省2005年开发了“环县道情皮影数字化管理系统”，2014年兰州大学图书馆建成校内可观看的“甘肃非物质文化遗产数据库”，2020年省文旅厅与腾讯云合作开始建设非物质文化遗产大数据平台。宁夏2006年开始由宁夏图书馆建设宁夏非遗数据库，在该数据库中可以观看到75个非遗项目的文字、图片、音频和视频（约2000余条多媒体信息）。内蒙古稳步推进非遗档案建设与数字化保护工作，非遗保护中心建设的数据库安装了“中国非物质文化遗产普查数据库”系统和媒体资源管理系统，12个盟市级都建立了非物质文化遗产普查资源库，并以蒙汉双语的形式呈现。

（三）不断推进非遗的数字化展示与传播

1. 注重非遗的数字化展示与传播

黄河上游五省区注重非遗的数字化展示与传播，青海省截至2020年底，49部非遗影片通过“云上非遗影像展”线上展播，累计播放量超过202.7万次。内蒙古200名非遗传承人进驻抖音平台，通过新媒体展示技艺。黄河上游五省区每一年的文化和自然遗产日（6月13日）都积极开展线上非遗宣传展示系列活动，通过直播推介、网红探店等系列活动，提升非遗文化的影响力和知名度。

2. 运用网站和微信公众号促进非遗的传承发展

四川省的“记忆四川”非遗主题网站以视频、精美大图的形式，从网友的视角向全国展示四川非遗动态、蜀中瑰宝、非遗知识、非遗专家论点、非遗传人等非遗保护传承工作。甘肃的档案信息网“非物质文化遗产”栏目、文化甘肃网“历史文化”栏目的文化遗产板块、甘肃文化产业网的“民俗 & 非遗”栏目通过静态的文本、图片等史料表现甘肃特色非遗资源。甘肃省文化和旅游厅主办的“陇上非遗”微信公众号自 2019 年 2 月 5 日起从不同层面展示甘肃非遗代表性项目及其文化内涵，以及传承人、项目保护单位传承、展示、创新的情况。截至 2020 年 5 月，微信公众号发布 2000 多条稿件，获得了 180 万次的读者点击量。宁夏文化馆的宁夏花儿网站囊括了展示宁夏花儿的所有资源，银川市文化艺术馆、中卫市和海原县文化馆通过“非遗传承”“非遗保护”栏目，以文字、图片、音频和视频等多媒体介绍非遗动态新闻及知识。内蒙古开设了非物质文化遗产保护中心蒙汉双语门户网站和微信公众号“内蒙古非遗”网络平台，介绍宣传展示丰富且厚重的非遗资源。

3. 运用多种数字化措施和形式提升非遗影响力

青海省各地围绕特色非遗项目，制作微电影、宣传片、纪录片等，通过新闻、直播、短视频等多种形式，宣传非遗。甘肃电视台 2020 年 4 月 1 日开播的《丝路非遗》栏目将传播非遗、传承文化、展现风光、推介旅游融为一体，通过专家解读非遗文化、历史溯源非遗内涵、古迹串联非遗生态环境，通过银屏多角度、全方位地呈现甘肃非遗。内蒙古利用当下热门的 VR，开发出了 VR 射箭、VR 祭敖包、VR 蒙古族服饰试衣间，利用多屏交互、云计算等技术开发出了全息蒙古族婚礼、全息祭敖包等数字化产品，全方位地、充分地展现和传播非遗中最难表达的意识元素。

（四）积极培养非遗数字化人才

黄河上游五省区不断加强非遗数字化技术人员的培训和引进。如青海省青海民族大学 2015 年举办了“中国非遗唐卡传承人群培训班”，青海师范大学致力于本省传统美术类项目的数字化研究，承担民族民间音乐非遗传承人群的

培训。甘肃省的甘肃民族师范学院藏学院 2014 年成立“藏区非物质文化遗产数字化保护技术研究重点实验室”，兰州职业技术学院 2018 年成立了非遗学院，都致力于各类非遗数字化资源的采集、保存及数字化智库团队的培养。原甘肃省文化干部培训中心 2018 年转变职能，在撤一建一的基础上成立了省非遗保护中心，着力破解非遗数字化人才队伍建设问题。四川省文化产业（职业）学院非物质文化遗产学院，专注于非遗的数字化保护专业人才培养。

三　黄河上游地区非遗数字化保护中的问题

黄河上游五省区的非遗数字化保护与传承工作都处于探索阶段，可借鉴利用的经验还不丰富；加上地域偏远，经济文化相对不够发达，因此在非遗数字化保护和传承工作中困难重重，仍然面临一系列不可回避的问题。

（一）非遗数字化保护形式比较单一

目前，黄河上游五省区都开展了有关非遗资源的数据库建设。从数据库的类型看，比较常见的数据库是在非遗名录申报过程中形成的，主要以非遗资料存储为主。从所存储的资源类型看，以文献、图片为主的数据库居多，而多媒体库动态性的数据库比较少，一些动态的也仅是唱片、音频、视频的简单录制。大量非遗项目涉及的灵活多变舞姿、动作、唱腔、旋律、调式的活态资源梳理工作没有完成，一些国家级非遗项目的数字化储存也只进行了部分工作，众多具有代表性的非遗项目缺少全方位、多角度、完整的数字化技术转换储存使用。从数据库主体功能看，目前仅有的数据库还不具备全面的数据分析功能，向民众提供的数据不够丰富，没有充分发挥出应有的潜力。可以说，黄河上游五省区的国家级、省级非遗代表项目的数字化保护工作刚刚起步，多处于非遗原始信息资源的存储阶段。

（二）非遗数字化保护和传承机构不健全，缺乏专业人才

目前，黄河上游五省区的数字化保护和传承工作主要集中在非遗保护中心、图书馆、博物馆、文化馆及个别高校，还没有形成从上到下、职能完善、专门的机构致力于非遗的数字化保护和传承工作。非遗数字化保护和传承工作对于人员

的技术和专业性要求都比较高，但各地“三馆”的工作人员对数字化技术应用熟悉程度不高，非专业水平难以支撑非遗的数字化保护和传承工作。而且黄河上游五省区很多非遗民族性比较强，部分非遗传承靠本民族语言口耳相传，而从事非遗数字化保护工作的工作人员受语言、文字以及专业的限制，难以满足非遗数字化保护工作的需求，更难保证工作的专业化开展。

（三）非遗数字化保护资金不足，缺乏领先技术使用和先进设备投入

近年来，黄河上游五省区都比较重视非遗的数字化保护和传承，省级层面在颁布实施相关非遗保护条例的同时，加大了财政资金的投入力度，数字化建设经费不断增长。但很多非遗项目数字化的保护和传承首先是数字化图片、音视频的采集，然后运用数字化技术设计出相应的程序，把所有的资料数字化，再运用3D数字技术建模，最后用三维的数字平台合成复原再现原汁原味的非遗。但黄河上游省区经济发展相对落后，很多地区没有足够的资金投到技术上对非遗进行高质量的数字化保护，以及购买先进的设备，这在一定程度上阻碍了非遗的数字化，使得黄河上游五省区目前已经列入国家级、省级非遗名录中的很多项目数字化保护工作进度缓慢、力度不足，目前做得最多的事就是音视频的录制，非遗资源中真正实现数字化的占非遗资源总量的比重并不是很高，可以说，距离真正的数字化还有很长的路。

（四）宣传推广意识不强，互动性较差

当前，黄河上游五省区在非遗数字化保护和传承方面的牵头单位各有所属，五省区及一些市县的文旅局、文化馆、博物馆等不同单位各自单独建设非遗网站或者在自己的网站上设置非遗栏目。独立的非遗网站设置多个栏目，内容相对齐全、丰富，参考利用价值相对较高；网站上设置非遗栏目的，相比较之下，内容一般相对简单，重复内容较多，可观性不足。从部分网站的浏览量统计中可以看到访问者并不是很多，对有些市级、县级代表性项目普通群众更是知之甚少。网站建成后的推广宣传没有做到位，再加上相关非遗信息网页基本未设置评论、留言互动功能模块，造成了现有的非遗网站中点击率较低、浏览量不高、缺乏互动、传播不广泛。

四　对策建议

随着非遗赖以生存的自然环境与人文环境的改变，要利用数字化技术实现对非遗的保护，黄河上游五省区需要因地制宜地开展非遗数字化保护和传承工程，具体建议如下。

（一）充分借力国家及省区专项资金和扶持政策

2005 年 3 月国务院办公厅发布的《关于加强我国非物质文化遗产保护工作的意见》指出："要运用文字、录音、录像、数字化多媒体等各种方式，对非物质文化遗产进行真实、系统和全面的记录，建立档案和数据库。"2010 年文化部启动"中国非物质文化遗产数字化保护工程"。2011 年 2 月颁布的《中华人民共和国非物质文化遗产法》第十三条规定："文化主管部门应当全面了解非物质文化遗产有关情况，建立非物质文化遗产档案及相关数据库。"当年，文化部成立中国非物质文化遗产数字化保护中心，并对陕西秦腔、安徽徽派传统民居营造技艺、山东高密扑灰年画等 30 个国家级非遗项目实施了数字化保护工作。全国各省市由此拉开了本地域特色非遗数字化工作的序幕。截至 2020 年底，青海省利用国家非遗专项资金支持完成了 24 名国家级非遗代表性传承人数字化记录。黄河上游五省区也先后公布实施了非遗保护条例或者传承发展实施方案，从立法层面保护非遗。所以，做好非遗数字化保护工作，黄河上游省区首先要最大化地利用好国家对非遗数字化工作的支持政策，强化组织领导，做好顶层设计，加强机制建设，夯实非遗数字化保护基础。

（二）加强非遗数字化保护的有效机制建设

黄河上游五省区首先进一步加强政府主导机制，加大对非遗文化载体的数字化收集力度，有效抢救、保护、传承好本省区的非遗文化，积极指导组织开展好传承活动。市、县一级的政府发挥积极指导作用，有序组织，利用节庆、婚聚等时机搭建非遗文化数字化保护与利用平台，营造浓厚的保护氛围。其次，形成民众和社会团体参与机制。非遗数字化保护工作是一项长期的工作，政府对非遗项目的数字化保护起主导作用，但单靠政府的力量远远不够。因此，政府要强化网络宣传，注重引导，进一步提高群众、社会团体对非遗数字化保护与利用的重要性认识，鼓励民众和社会团体参与非遗的数字化保护工作，提高他们抢救、保护非遗的积极性和主动性，发挥民众、社会组织的力量，使其成为非遗数字化保护的主力军和中坚力量。

（三）整合非遗数据，建设好非遗数据库

非遗信息的存储是做好数字化保护的第一项工作，也是基础性工作。“巧妇难为无米之炊”，要做好非遗的数字化保护，首先需要做好的是非遗基础信息资源的数字化存储，建设好数据库。一个地方的非遗数据库，可以说是一个地方的信息资源的收纳箱、历史文化的记忆库、文明传承与创新的展示窗，有利于地方各种非遗数字信息资源的收纳、存储、整合、展示，有利于地方历史文化文明记忆的传承与创新，可最大限度地避免因传承人离世、缺乏而导致的断代风险，有利于地方非遗文化的共享和传播推广。因此，黄河上游五省区由上到下或者由下到上，建立非遗数据库和数字化保护系统平台可以说是当务之急。各省区已经建设好的和正在建设的数据库要与时俱进，不断完善，最终形成非遗档案材料的全方位存储，再通过网络链接，形成一个国家、省、市、县四级，上下贯通的立体的非遗信息资源库，实现非遗资源、数据共享。

（四）构建各具特色的非遗数字化博物馆

黄河上游五省区可以根据自己非遗的丰富程度，构建各具特色的省、市、县大小不一的非遗数字博物馆。非遗数字博物馆主要以数字化的形式对有形及无形的非遗各方面信息进行存储、处理、管理，并通过互联网为受众提供数字化展示、教育和研究等各种服务。具体可以从科普系统、藏品系统、知识服务系统、衍生产品系统等方面架构。其中，科普系统主要提供与本地区非遗相关的科普知识、背景介绍和宣传，包括非遗的文化特色、非遗项目的起源与发展、地域民俗等栏目；藏品系统主要提供本地区非遗的相关图文并茂的影像展示、相关视频的播放，道具实物展示，如表演、制作工艺等，以展演结合的活态方式综合展示、演示各个非遗代表作项目的工艺流程、文化内涵；知识服务系统主要对本地区非遗相关的各类知识进行管理，包括地方文献、档案资料、口述历史、理论研究等；衍生产品系统则是提供与本地区非遗相关的各类艺术

设计、文学创作、创新创意的展示，如手工艺品、游戏、动漫等。通过构建非遗数字化博物馆，全方位展示本地区丰富的非遗资源和非遗数字化保护成果。同时从技术上解决好研究者、社会大众的电脑和手机与博物馆服务终端建立链接问题，实现普通大众能实时了解和欣赏非遗，从而共享传播中华民族优秀文化。

（五）利用先进的数字化技术丰富非遗保护和传承方式

利用先进的数字化技术丰富非遗保护和传承方式，需要将科学与文化、技术与艺术相结合，凸显出非遗本身所具有的活态性、生态性、传承性、渐变性等特征。采用云计算可以一次性解决好非遗数据库设备维护升级、硬件系统功能、数据吞吐安全、网络流量处理、存储容量及管理员技术水平等问题。当前的3D技术、非遗VR、非遗AR+体感互动、全息投影可以真实展示非遗项目存在的物理空间，全方位地展示某一非遗项目中的动作要领，让民众深度感受认知非遗的生存语境。例如，表现某一非遗项目的节日庆典，通过动作捕捉和三维建模技术，通过3D摄像机拍摄才会让观者有身临庆典的真实感。同时在当前已有的数据库基础上利用开发移动App，及时发布与更新非遗的内容及动态信息，增加App的用户黏度。总之，非遗的数字化保护，要在充分把握新兴IT技术的基础上，结合黄河上游五省区的非遗保护实践，合理利用新技术，实现资源的多元化利用，实现对非遗的保护和传承。

（六）加大非遗数字化保护工作的资金支持力度

非遗的数字化保护工作，特别是信息的转换、数据库的建设等都需要投入大量资金和人员。但现实是黄河上游五省区很多地方财政收入有限，经费投入无保障或者不能及时到位，导致很多非遗数字化工作无法启动或者工作推进缓慢。所以五省区的县级及以上政府应将非遗数字化保护工作纳入每一年的国民经济和社会发展计划，列入财政预算并设立非遗数字化保护专项资金，并随财政收入增长而增加，任何机构单位和个人不得截留、挪用专项基金。除了政府投入资金、担当责任外，还要组织企业、民间组织、个人等投入资金和人力参与非遗数字化保护工作，特别是一些民间组织对当地非遗非常熟悉而且热爱，其中一些人就是当地某一种非遗的直接传承者，可以保障非遗原汁原味地传承下去。鼓励企业参与非遗的数字化保护工作，对其实施优惠政策，利用非遗、开发非遗，用数字化非遗文化吸引游客，实现对非遗的旅游开发。

（七）着力培养数字化技术人才和专业化团队

黄河上游五省区除了不断改善和加强数字化硬件设施建设之外，还要注重和加强对数字技术人才和专业化团队的培养。一是建立非遗传承人培养的长效机制。非遗数字化保护工作的开展，其主体应该是非遗的拥有者和传承人。数字化技术的掌握和熟悉，非遗拥有者和传承者不可能一蹴而就，但只要他们循序渐进地真正接受和掌握了数字化技术，非遗数字化技术就能真正实现从外在技术向内在传承传播的转化。因此，政府除了给予传承人基本补助外，还需要加大支持力度，建好传承场所的配套设施，供其研习发挥，由此形成一定知名度并产生集群效应，实现对非遗的数字化保护。二是高校和各研究院及研究机构，有条件有针对性地抽调相关专门人员组成研究团队，专门从事非遗数字化保护工作，让非遗数字化保护工作真正走向专业化，产生精品化作品。或者黄河上游省区非遗保护中心及各级图书馆、文化馆、博物馆积极对接高校和各研究院及研究机构，在目前数字化工作的基础上，深度合作、共同探索推进非遗数字化保护和传承体系建设。

非遗数字化是非遗的保护传承与数字化技术相结合的时代产物。黄河上游五省区在未来非遗的数字化保护和传承中，对非遗数字化保护技术需要不断优化和深化，使数字化技术内化到非遗的保护和传承实践中，由此可以生动地全方位地阐述非遗自我生存、自我创新发展的本质，而且有利于非遗生命力的延续。

参考文献

[1] 毛金金、张红梅：《宁夏非物质文化遗产数字化应用现状与策略分析》，《遗产与保护研究》2018 年第 1 期。

[2] 黄成、李继晓：《网络时代背景下青海非遗保护现状分析及数字化保护设想》，《内蒙古科技与经济》2020 年第 16 期。

[3] 青海非遗数字化记录成果丰硕，https：//baijiahao. baidu. com/s？ id = 16888112

99830674959&wfr = spider&for = pc，最后检索时间：2021 年 2 月 27 日。
[4] 刘勐、李亮、杨正：《甘肃非物质文化遗产数字化保护：现状、问题与对策》，《社科纵横》2019 年第 2 期。
[5]《内蒙古非物质文化遗产保护现状分析》，https：//www. sohu. com/a/386156457_100019887，最后检索时间：2021 年 2 月 25 日。

B.24

内蒙古黄河区域文化研究的方向与路径*

康建国　翟 禹**

摘　要： 内蒙古黄河区域文化，即内蒙古黄河流经范围的区域文化，其研究对象是在该区域范围内物质文化与非物质文化遗产的总和。因此“文化遗产”是我们研究的对象和核心。内蒙古黄河区域文化既是内蒙古的地域文化，也是整体的黄河文化的重要构成。做好内蒙古黄河区域文化研究，首先就是要处理黄河文化和内蒙古的关系，处理好黄河文化的区域特点与整体的关系，处理好内蒙古黄河区域文化与内蒙古区域文化之间的关系，处理好黄河文化区域内影响与对外交流之间的关系。

关键词： 黄河文化　草原文化　内蒙古

一　引言

习近平总书记强调：“让收藏在禁宫里的文物、陈列在广阔大地上的遗产、书写在古籍里的文字都活起来。”① 2019 年 8 月 20 日，在甘肃考察的习近平总书记在嘉峪关强调，“当今世界，人们提起中国，就会想起万里长城；提

---

* 项目基金：“内蒙古民族文化建设研究工程”2019 年度课题“内蒙古黄河区域文化研究”，及国家文化和旅游部“黄河文化研究”2021 年度专项课题“内蒙古黄河文化与草原文化、长城文化交融互动关系研究”的成果。

** 康建国，内蒙古社会科学院草原文化研究所研究员，主要从事中国北方民族史、蒙元史、草原文化研究。翟禹，内蒙古社会科学院历史研究所副所长、副研究员，主要从事元史、民族与边疆研究。

① 2014 年 3 月 27 日，习近平总书记在巴黎联合国教科文组织总部演讲。

起中华文明，也会想起万里长城。长城、长江、黄河等都是中华民族的重要象征，是中华民族精神的重要标志。我们一定要重视历史文化保护传承，保护好中华民族精神生生不息的根脉。”①

本文以“内蒙古黄河区域文化”为这一研究的主概念，是为了行文方便，展开讨论。关于文化命名，我们有一些初步思考。对于黄河内蒙古段，我们有几种命名思考，首先比较具有代表性的是“河套文化”。“河套”这一称谓历史悠久，影响深远，具有一定的知名度和文化底蕴。但是作为传统地域文化概念的“河套”一般会包含宁夏等周边地区，这样容易在行文表达中造成不同理解。其次是“黄河几字弯文化”，这一概念是基于黄河地理来表述的，从客观地貌上来说是准确的，但是在文化上没有体现任何内涵，不如专以文化内涵为表达目的的概念如“河套文化”具有鲜明的历史厚重感。最后是“内蒙古黄河区域文化”，这个毋庸置疑能够准确表述文化内涵和界限。但是，是否将来黄河流域经过的各省市都如此命名，用行政区划代替地理概念？本文为了表述的准确，暂时使用了“内蒙古黄河区域文化”这一称谓。

二　黄河文化与内蒙古黄河区域文化研究现状

黄河文化并非一个鲜见的地域文化概念，在国内外都有着较为深远的影响，广为学界和社会所知。关于地域文化，有《中国地域文化丛书》《中国地域文化通览》《中国地域文化大系》等，体现了目前学术界对中国多元文化区域的认识。目前学术界已经先后开展了关于长江文化、黄河文化和草原文化等地域性文化的研究。可见，经过多年的学术研究和理论探讨，黄河文化已经是国内公认的一个非常重要的文化概念，目前多数研究都是基于黄河文化的概念所开展的大量个案、具体的实证性研究，较少专门从黄河文化这一概念出发开展整体性研究。

成果中比较重要的有河南大学李玉洁先生主持编纂的《黄河文明的历史变迁丛书》，丛书由科学出版社在 2010 年出版，包括九部著作，对黄河文明形成的要素、特质、演变与发展、在华夏文明形成及发展中的历史地位等问题进

① 2019 年 8 月 20 日，习近平总书记在甘肃考察时在嘉峪关的讲话。

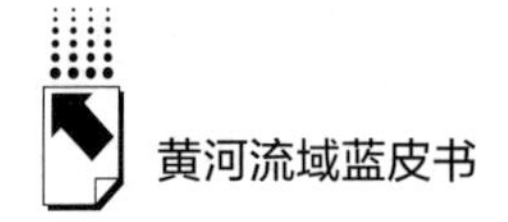

行了全面系统的研究。其中与内蒙古黄河文化相关的是薛瑞泽的《秦汉魏晋南北朝黄河文化与北方草原文化的交融》[①] 一书，以秦汉魏晋南北朝时期黄河文化与草原文化的关系为主题，对我们认识两大地域文化的关系启发颇深。

不过目前已有一些学者认识到黄河流域的文化面貌是多元的、高度融合和不断变迁发展的，黄河流域所经过的不同地段文化特征有所不同，如有的学者认为，“黄河上游地区文化的典型是游牧文化，中游地区文化的典型是农耕，下游地区的典型文化是海洋文化”。[②] 这种认识表述主要是基于不同地段的主要文化特征，而不是绝对的单一文化面貌，所以应对其有正确的理解。但是，这也为我们从多视角综合认识黄河文化的内涵和特征提供了思路，尤其是在今天我们要单独提出“内蒙古黄河区域文化”的概念，即使是仍然以“河套文化”或者“黄河几字弯文化”来表达，仍需要对这一特定区域文化概念的内涵、外延和价值、现代意义等开展多方面的深入研究。

李学勤、徐吉军主编的《黄河文化史》[③] 一书是目前唯一专门以“黄河文化”为主题的通史型著作，全书分上、中、下三册，系统论述了从史前时期一直到近代的黄河文化的各个历史时期。本书将黄河文化的发展分为史前、夏商周、东周、秦、汉、魏晋南北朝、隋唐、五代、北宋、辽夏金元、明清、近代等 12 个时期，从发展历程、主要成就、与其他文化的交流等视角，叙述了不同时期黄河文化的发展面貌。徐吉军先生还撰文将黄河文化从广义文化和狭义文化两个角度进行论述，并将黄河文化区划分为三秦文化区、中州文化区、齐鲁文化区、燕赵文化区、三晋文化区、河湟文化区等六大文化区。[④]

陈梧桐、陈名杰的《黄河传》[⑤] 是“大江大河传记丛书”中的一种。[⑥] 本

---

① 薛瑞泽：《秦汉魏晋南北朝黄河文化与北方草原文化的交融》，科学出版社，2010。

② 李玉福：《“美术考古”视域下的黄河文化旅游品牌建设——以沿河艺术遗存为例》，《文化产业》2019 年第 12 期，第 20 页。

③ 李学勤、徐吉军主编《黄河文化史》，江西教育出版社，2003。

④ 徐吉军：《论黄河文化的概念和黄河文化区的划分》，《浙江学刊》1999 年第 6 期，第 134 ~ 139 页。

⑤ 陈梧桐、陈名杰：《黄河传》，河北大学出版社，2009。

⑥ 大江大河传记丛书分两辑，第一辑七本，分别是《黄河传》《长江传》《珠江传》《运河传》《淮河传》《塔里木河传》《雅鲁藏布江传》，第二辑四本，分别是《松花江传》《辽河传》《海河传》《澜沧江、怒江合传》。

书有两条主线，一是黄河的自然史，二是黄河流域的人类文明史，以时间为经，以空间为纬，用通俗流畅的笔法来描述作为自然的黄河地理、流域、山川和河道变迁等，描述黄河文明的历史，包括生产劳动、政治活动、军事斗争、文化建设等多方面的历史。正如这套丛书的“编者的话”中所解释的那样：“这套传记丛书不是通常意义上的历史书和地理书，也不是旅游指南，而是以江河为载体，综合历史、地理、环境、生态、经济、文化、民族、民俗等多个学科，糅成一个有机的整体，既写出江河的共性，又突出每条河流的个性，展示江河文化的博大精深，体现历史的久远、文化的厚重、思想的深邃、江河的魅力，表现中华民族的历史、现在和未来。”①

“黄河百害，唯富一套”，指的就是内蒙古黄河区域文化的核心区域——河套地区，内蒙古黄河文化区域是黄河文化与草原文化交融互动之地，学界也基本上是将巴彦淖尔的河套地区、鄂尔多斯及周边包括包头、呼和浩特等地一带作为一处独立的区域进行考察，比如王天顺先生的著作《河套史》。② 王天顺先生的《河套史》是目前有关“河套”历史的比较深入系统的学术著作，但这部河套史仍然不是完全意义上的“河套通史”，而更像“河套史论”，这部著作并非按照历史发展的时间顺序来撰写河套地区的历史，而是分为“地理卷”“民族卷”“经济卷”三部分。正如作者在本书绪论“黄河与河套”中也作了解释：“作者本意并不是想重修一部《河套史》……毋宁把它看作一部专题史的研究。”③ 这部河套专题史的研究著作，笔者认为最大的亮点在于通过专题论述河套地区的地理、民族和经济这三个最为重要的问题，对人地关系进行全面系统的诠释，也正如作者所提出的观点：“因为人、地是构成一切社会历史的两大要素，缺一不可。”④

宁夏大学民族史学者陈育宁先生长期关注鄂尔多斯历史，成果卓著，如《鄂尔多斯史论集》《鄂尔多斯学概论》，等等。⑤ 陈育宁先生是知名的民族史

① 陈梧桐、陈名杰：《黄河传》“编者的话”，河北大学出版社，2009，第3页。

② 王天顺：《河套史》，人民出版社，2006。

③ 王天顺：《河套史》“绪论 黄河与河套”，人民出版社，2006，第24页。

④ 王天顺：《河套史》“绪论 黄河与河套”，人民出版社，2006，第24页。

⑤ 陈育宁：《鄂尔多斯史论集》，宁夏人民出版社，2002；陈育宁：《我与鄂尔多斯学》，宁夏人民出版社，2009；奇朝鲁、陈育宁主编《鄂尔多斯学概论》，内蒙古人民出版社，2012。

学家，他开展研究的重点是在北方民族的历史、地理等方面。进入21世纪以后，陈先生在鄂尔多斯区域历史文化研究方向倾注了大量心血，发表、出版了一系列研究成果，尤其是与鄂尔多斯学研究会合作编写了《鄂尔多斯学概论》，站在地方学的视角提出了一门新的学科——鄂尔多斯学。这是内蒙古地方学研究中近些年比较显著的一个重要成果，对于我们今天开展“内蒙古黄河文化”研究，有很大的启发和帮助，鄂尔多斯学是一门综合性学科，除了鄂尔多斯的历史文化以外，还广泛地涉及当代社会的发展以及相关的各门学科，这与内蒙古黄河文化的研究内容有一定的交叉，但实际上并不完全相同。

零散研究有谭其骧主编的《黄河史论丛》，收录了与黄河历史相关的一些学术论文，主要有《〈山经〉河水下游及其支流》《西汉以前的黄河下游河道》《黄河在中游的下切》《何以黄河在东汉以后会出现一个长期安流的局面》《读任伯平“关于黄河在东汉以后长期安流的原因”后》《隋唐五代时期黄河的一些情况》《宋代黄河下游横陇北流诸道考》《金明昌五年河决算不上一次大改道》《元代河患和贾鲁治河》《万恭和〈治水筌蹄〉》《清代铜瓦厢改道前的河患及其治理》《黄河下游明清时代河道和现行河道演变的对比研究》《黄河下游河道变迁及其影响概述》《大伾山、广武山与黄河》等。[①] 从收录论文能够看得出来，这些主要是针对黄河的历史地理方面的考订性实证研究。综上诸成果，多少都涉及内蒙古黄河文化的相关问题，但均不够全面。

开展内蒙古黄河区域文化研究，能够充实黄河文化（黄河文明、黄河学）的研究内涵。目前国内学界在开展黄河文化研究的时候，对黄河文化内涵的界定，主要是基于中原地区的历史文化，有的以平原大河流域文化为主要论述基础，如李振宏的《谈黄河文明的变革精神》（《光明日报》2017年12月4日）。开展黄河文化的研究，还能够丰富草原文化的内涵，从而为中华民族多元一体增添更丰富的内涵。目前关于黄河文化的研究，很容易与中原文化、中华文化等同，比如将儒家文化、中华传统天人合一、天地之中等思想作为黄河文化的重要内容来进行讨论。有学者认为，“黄河文化”一词可以从广义、狭义两种视角来认知。广义范畴的黄河文化“应是一种以黄河流域特殊的自然地理和人文地理占优势及以生产力发展水平为基础的具有认同性、归趋性的文

① 谭其骧主编《黄河史论丛》，复旦大学出版社，1986。

化体系，是黄河流域文化特性和文化集合的总和或集聚。通俗地讲，黄河文化就是黄河流域人民在长期的社会实践中所创造的物质财富和精神财富的总和，它包括一定的社会规范、生活方式、风俗习惯、精神面貌和价值取向，以及由此所达到的社会生产力水平等等”①；狭义范畴的黄河文化，“是历史学意义上的文化”。② 我们在前贤基础上讨论和研究内蒙古的黄河文化，则既要遵循前贤已有的认知，也要在其基础上结合内蒙古的实际情况，有所突破和前进。

根据徐吉军先生的划分，黄河文化的六大文化区有三秦文化区、中州文化区、三晋文化区、燕赵文化区、齐鲁文化区和河湟文化区③，从其对每一个文化区的详细论述中发现，并没有明确指出流经内蒙古地区的黄河属于哪一个文化区。那么，可否在徐吉军先生对黄河文化区的划分基础上，作一个进一步的调整，即增加一个“黄河草原（河套）文化区”，将这一独特区域单独列出来，并对其内涵予以讨论。

三　内蒙古黄河区域文化的研究对象、地理范围与基本特征

本部分是在以“内蒙古黄河区域文化”为核心概念的基础上，对其研究对象、地理范围和基本特征等问题进行初步思考的结果，尚不够成熟，期待以此与学界讨论，以收抛砖引玉之效。

（一）内蒙古黄河区域文化的研究对象

内蒙古黄河区域文化主要是指黄河流经今内蒙古自治区境内地理范畴之内的地域文化。从文化遗产类型来分，包括物质文化遗产、非物质文化遗产两种；内蒙古黄河区域文化的研究内容是在该区域范围内的物质文化与非物质文化的总和，因此，以“内蒙古黄河区域文化遗产”为核心的各种文化总和，

---

① 徐吉军：《论黄河文化的概念和黄河文化区的划分》，《浙江学刊》1999 年第 6 期，第 134 页。

② 徐吉军：《论黄河文化的概念和黄河文化区的划分》，《浙江学刊》1999 年第 6 期，第 134 页。

③ 徐吉军：《论黄河文化的概念和黄河文化区的划分》，《浙江学刊》1999 年第 6 期，第 135 页。

是我们研究的对象和核心。从区域性社会经济发展角度来说，就是黄河流域的内蒙古段区域范围之内的历史文化资源，所谓历史文化资源是从经济社会视角而言，既是能够包含和体现这一区域历史文化特征的实物型和精神型文化，又是能够在当代文明内蒙古建设、内蒙古北疆生态文明建设和模范自治区建设等方面为当代社会所利用和开发的资源型文化。

总体来说，“内蒙古黄河区域文化”是中国历史上著名的农耕文化与游牧文化交融地带，中国北方民族历史和北部边疆中的大部分历史事件都是在这一地带发生的，这一地带是黄河流域的最北端，在东—西绵延的黄河文化与草原文化交汇的广袤区域内，丰富多彩的历史给我们留下了许多重要的遗迹遗存，尤其是建在北方草原地区的历代城址和长城等军事防御设施、行政建置等遗存实物见证，还有大量人居聚落遗址、民间信仰和社会生产生活遗存，而这其中最重要的文化遗产就是以长城及其相关遗迹为代表的世界文化遗产，以及与之相关的堡寨文化、村落文化和移民文化等。① 这是我们经过长期思考和总结之后，得出的有关内蒙古黄河区域文化的基本内涵。

（二）内蒙古黄河区域文化的地理范畴

内蒙古黄河区域文化的地理范畴，首先要在今天内蒙古行政区划之内，即黄河流经内蒙古的这一广大区域。但是，从文化地理学视角来说，这个区域只能是“内蒙古黄河区域文化”的核心地段，不能是唯一地段，因为特定区域特定人群的文化不是完全受制于地理空间范围的，往往是以某一地区为核心向四周扩散辐射。因此，内蒙古黄河区域文化的地理范畴也要有一个核心区和辐射区。黄河所流经的内蒙古中西部地区，其最为核心的地段——河套地区就是内蒙古中西部最重要的农耕区，这一切均得益于黄河水的灌溉和滋养。从现行行政区划看，黄河从西向东流经内蒙古地区的乌海、阿拉善、鄂尔多斯、巴彦淖尔、包头、呼和浩特和乌兰察布七个盟市，故这七个盟市算作内蒙古黄河区域文化的核心区域。乌兰察布是黄河上游最后一条支流大黑河的发源地和主要流经区，大黑河发源于乌兰察布卓资县。

---

① 翟禹：《内蒙古沿黄经济带文化旅游走廊的理论构建》，《赤峰学院学报》（汉文哲学社会科学版）2020 年第 4 期，第 26 页。

王天顺先生所著的《河套史》涉及一个很重要的问题，即河套地域范围。“河套”一词最早见于明代，实际指的就是秦汉以来所称的“河南地”，即黄河进入今内蒙古以后沿线及其以南地区，延伸至明代长城以北。王天顺先生所研究的河套地区，范围要广于古代的河套（河南地），即“地跨今内蒙古、宁夏、陕西三省区，略涉晋北沿河偏关、河曲等县。在内蒙古自治区境内的有伊克昭盟全境，巴彦淖尔盟、包头市、呼和浩特市的阴山以南部分；属于巴彦淖尔盟的有磴口县大部分，杭锦后旗、临河市、五原县、乌拉特前旗；属于包头市的有包头市区、土默特右旗；属于呼和浩特市的有呼和浩特市区、托克托县、清水河县东北一角和林格尔县西北部。在宁夏回族自治区境内的青铜峡北部（峡口以北）、灵武市西北和北部、盐池县北部、永宁县、贺兰县、平罗县、惠农县、石嘴山市、陶乐县……在陕西境内的有定边、靖边县的北部，横山县、榆林市、神木、府谷县的西北部和北部”。[①] 这个河套地理范围的界定是王天顺先生综合了历史上河套地区的发展变迁、自然地理形势和今天河套地区的行政区划特征等因素，做出的一个界定。这对于我们开展内蒙古黄河区域文化研究，尤其是确定地理范围很有启发，我们站在今天内蒙古自治区行政区划之内的视角开展黄河文化研究，一方面既要考虑当代行政区划的实际情况，以“内蒙古自治区境内的黄河文化”为主要研究对象；另一方面也要知道，历史上的河套地区不局限于今天的内蒙古自治区范围，它在文化内涵上越出省界，向周边地区延伸。因此，这个认识要求我们在从事与“内蒙古黄河区域文化”有关的研究、挖掘、保护、利用和开发的时候，应该具体灵活掌握，不能一概而论。

（三）内蒙古黄河区域文化的基本特征

经过我们初步思考，内蒙古黄河区域文化的基本特征有二：一是交融多元，二是自成体系。

1. 交融多元

从地域文化史的视角来看，中国北方的草原文化区域和黄河流域文化区域之间，其实不存在泾渭分明的边界，两个区域文化的边缘地带往往存在交叉、

---

① 王天顺：《河套史》“地理卷”，人民出版社，2006，第4页。

融合、混居和杂糅等多种现象。这也是地域文化的基本特征，任何一个地域文化都必然要与周边文化相融合，在一定历史时空条件下不断发生多种多样的交往交流交融。黄河流域的文化并非纯粹的农耕文化，而是以农耕文化为主、其他多元文化交错杂居形成。内蒙古境内的黄河文化是“作为整体的黄河文化史”中一段被忽略甚至未被记载的篇章，当然这不是说这一区域的历史文化从未被人关注和研究，但我们往往都是从北方民族历史、农牧文化交融史、草原文化和内蒙古地区史等学界已有的研究领域入手加以认识并开展研究。从考古学上讲，这一区域是北方长城文化带的中段地区，是一处典型的农耕与游牧文化交错地带。故这一区域的一大特征是交融多元。

2. 自成体系

内蒙古黄河区域文化的另一大特征是自成体系。在内蒙古黄河文化区域及其周边地区，历史上活动的典型农牧交错地带的人类群体创造并遗留至今的包含历史信息，具有艺术、科学和研究价值的文物遗址，此条强调的是历史文化遗产曾经的使用者主体是表征着古代中国中原地区的农耕文化与北方草原地区的游牧文化之间发生过冲突、交融、往来等关系的遗留物。这些文物遗址在当时的时空条件下承担着沟通农耕地区和游牧地区在政治、经济、文化等多方面交融往来的功能，但随着历史形势的变迁，它们逐渐失去了发挥其原本功能的内外条件，成为历史遗留物，通过人为保护和自然存在两种方式留存到今天，其本质发生了变化，成为文物遗址。[①] 内蒙古黄河区域文化历史中有许多典型历史事件，在中国历史上有着重要的影响，比如秦汉时期的河南地和明代河套地区的争夺等，都是在这个特定区域内发生的自成体系的历史事件，它们既独立存在，又对中国历史甚至世界历史产生了深远影响。从当代社会视角来看待历史文化传统，黄河流域内蒙古段具有非常丰富的可资利用的历史文化资源，比较典型的如鄂尔多斯地区的萨拉乌苏文化、北方游牧民族典型代表器物——鄂尔多斯式青铜器、河套地区的“塞上江南”文化区，阴山南麓的土默川（敕勒川）文化、阴山历代岩画、乌兰察布地区的察哈尔文化，具体到一些典

① 翟禹：《内蒙古草原丝绸之路历史文化遗产论纲——以文物遗址为例》，载西华大学地方文化资源保护与开发研究中心编《地方文化研究辑刊》（第十一辑），四川大学出版社，2016。

型的草原历史文化遗产如明代归化城、美岱召（福化城）、清代绥远城和林格尔北魏盛乐城以及清代西口文化（和林格尔清代驿路）等，不一而足。

3. 多元交融与自成体系的辩证关系

多元交融与自成体系是并行不悖的两大特征，相互支撑，即多元交融的是这一区域漫长历史进程中的发展模式、演进方式，而自成体系是这一区域历史进程的最终结果，二者相互促进、相辅相成，自成体系是多元交融的最终结果，多元交融是自成体系的形成方式。多元交融促成了兼容并蓄的文化心态和面貌，自成体系造就了内蒙古黄河区域文化生生不息的发展历史、蓬勃向上的生机活力以及独具一格的当代新貌。

总体来说，内蒙古黄河区域文化既是“整体的黄河文化”的重要组成部分，也是文明内蒙古的重要组成部分，既是文明中国的重要组成部分，也是人类文明史中的一分子。

四　关系的辨析——内蒙古黄河区域文化的研究重点

不论我们以什么名称来称呼，“内蒙古黄河区域文化”注定是一个结合了多种文化内涵，从不同层次的文化概念中根据现实的需要而经过“合理抽离”“科学选取”“选择过滤”“特定表达”等一些方法和思路产生的一个创新性概念。因此，这就决定着我们在讨论和研究“内蒙古黄河区域文化”这个概念的时候，不能无视与它关系密切的其他文化概念。我们认为，开展内蒙古黄河区域文化研究，就要处理好内蒙古黄河区域文化与草原文化的关系，处理好内蒙古黄河区域文化与长城文化的关系，处理好内蒙古黄河区域文化与丝路文化的关系，处理好内蒙古黄河区域文化与其他区域黄河文化的关系。

（一）黄河文化与草原文化的关系

从区域文化角度讲，内蒙古黄河区域文化是黄河文化与中国北方草原文化的重合带。这也是内蒙古黄河区域文化的最大特点，既是黄河文化的重要组成部分，也是草原文化的核心区域之一。草原文化中特征显著的“游牧”“民族”等文化因素特性，体现了草原文化的典型性，但这些因素在黄河文化中也有相当重要的比重，这两者高度重叠的地区当属“内蒙古

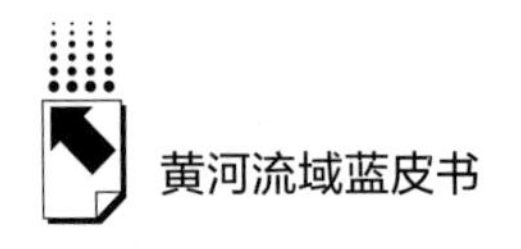

黄河文化”这一区域。

这里草原文化中的关键词“草原”，是指存在于中国北方地区的草原及其边缘地带，故“草原文化”是中华文明历史进程中的地域文化之一。在地域文化研究理论与实践的发展过程中草原文化被提出，并被作为中华文明的三大主源之一。虽然学界对草原文化研究的时间不长，但已经得到了广泛认同。知名的草原文化学者吴团英先生说：“除我们已知的黄河文化、长江文化之外，中华文化还有一个重要的源头，即草原文化。”①

关于“地域文化”概念的讨论，学界给出的界定并不一致，有的认为地域文化是专指先秦时期中华大地不同区域的文化，也有人认为是中华大地特定区域的人们在特定历史阶段创造的具有鲜明特征的考古学文化，更有学者将地域文化分为广义和狭义两种，狭义的地域文化专指先秦时期中华大地不同区域范围的人类文明，而广义的地域文化特指中华大地不同区域的人类文明及其发展过程中的一切文化遗产。关于地域文化的定义和阐释，首先都是界定在中国范围内的、特定区域的、具有特色的和传承性的人类活动文明成果。在中华大地上，不同社会结构和发展水平的地域，其自然地理环境的不同造就了不同地域人民的生活习惯，从而形成了别具一格的民俗民风，再加上基于历史上的政治变革、经济发展而产生了拥有独特属性的地域文化，比如中原文化、秦文化、燕赵文化、齐鲁文化、晋文化、巴蜀文化、闽越文化等。从这个视角来说，草原文化毫无疑问是中国的地域文化之一。其地域范围就是我国北方以草原（历史上包括整个蒙古高原）为自然背景的区域，时间跨度上就是自草原地区有人类生存以来直至今天的一切人类文明的总和。作为我国影响面积最大的地域文化之一的草原文化，其最大的特点就是它与黄河文明、长江文明同样都是中华文明的重要组成部分。它不仅是中华文明的“源”，而且在中华文明发展过程中是不可或缺的重要支脉。

草原文化的第二大特征是草原文化是生活在草原上的以草原游牧民族（包括历史上的）为主体的多民族共同创造的文明成果。草原地域广大，与其他地区在很大的地理空间上交叉并存。历史上，这一地区东面与渔猎经济生活区交叉并存，南面与农耕经济生活区交叉并存，西面与戈壁绿洲农牧业生活区

① 吴团英：《草原文化讲演录》，内蒙古出版集团、广西师范大学出版社，2016，第120页。

交叉并存。草原文化的形成是草原民族原生文化，以及草原民族与其他民族交往过程中形成的独具草原特色的地域文化，特别是草原文化与黄河文化的部分地域，我们很难做出明显的界限分割，实际上在某些地段，黄河文化与草原文化就是完全重合的，如黄河的河套地区。历史上社会不同族群的交流交往，特别是不同政权之间的军事政治冲突、相互之间反复争斗，让文化交叉和杂糅成为草原文化的又一大特征。

（二）黄河文化与长城文化的关系

出于地理位置和历史原因，内蒙古军事城堡的出现与长城和城市的出现关系极度紧密，割裂开来并不能真正反映内蒙古的历史文明进程。在黄河河套地区，长城防御体系都是围绕黄河展开的。因此在这一地区，黄河文化与长城文化多点重合，很多历史与文化内容同步相关。

在内蒙古黄河文化区域，史前城堡普遍存在线性分布，位置也大多处在军事交通线上，这种线性堡寨的存在，为长城的形成奠定了基础。这一现象在内蒙古东西部的长城地带都存在，东部区的夏家店下层文化城堡，苏秉琦先生很早就指出了这样的分布特点。在西部黄河附近，这样的城堡也具有围绕黄河分布的特点。战国以来各诸侯修筑长城，赵长城、秦汉长城更是围绕黄河布防。黄河既是屏障，也是通道，因此各方利用黄河，在各方不同实力的作用下，导致不同时期长城形成了不同的分布特点。长城重要的组成部分城堡，有一部分成为今天村镇、城市的开端，是城市文化的重要研究内容。

内蒙古是长城资源最为丰富、总量最大、跨越时代最为全面的地区，占全国长城资源的40%以上。美国学者拉铁摩尔的长城边疆学说在当今学界有着广泛而深远的影响，长城作为中原农耕文化与草原游牧文化交错地带，历来是历史学、考古学、民族学等领域长期讨论不衰的重要热门话题，长城作为世界文化遗产，也是国内外学者和民众关注的焦点。内蒙古地区的历代长城大多数呈东—西走向横跨内蒙古，其走向和分布与黄河流域的内蒙古段基本上是一致的。[①]

---

① 翟禹：《明代宣大山西三镇长城研究的回顾与思考》，《河北地质大学学报》2019 年第 1 期，第 138 页。

总体来说，历代长城所处地带是中国历史上非常重要的农耕和游牧文化交错地带，而这个交错地带的核心区就是今天内蒙古的绝大部分。从最早的战国赵北长城至后来秦汉长城，横跨内蒙古东西广大地域，后来的北魏长城、金界壕都绵延在战国、秦汉长城的南面或北面，东西横亘，长达万里。明朝是最后一个大规模修筑长城的时代，在今天的北方地区修筑了绵延万里的长城体系。内蒙古段明长城与黄河的走向大体一致，在黄河与长城一线上，留下了种类繁多、数量众多的遗迹遗存，是我们今天草原文化中的集大成者，是最为精华和集中的部分，这都是值得我们保护和开发利用的珍贵历史文化资源。

（三）黄河文化与丝路文化的关系

一个特定群体或地域文化，时刻都在向周边辐射其文化因素，影响着其他文化，但是形式往往有所不同，有的表现为产生一个辐射面的影响，有的表现为产生一个线性的影响。我们划定的是内蒙古黄河区域文化的影响范围，但文化具有流动性，既向外流动，也向内流动。内蒙古在贺兰山、阴山、黄土高原和沙漠的共同作用下，相对封闭。在这个封闭环境中，黄河成为实现文化传播的最重要通道。正是这一通道构成了历史上的丝绸之路，尤其是草原丝绸之路。黄河文化的影响从这些通道走出去，其他文化从这条通道走进来。丝绸、茶叶、瓷器的传播，河套地区存在的晋文化、伊斯兰、斯基泰文化等都是明证。

“草原丝绸之路”在不同时期的起点不同，总的说来都是通过几条路线向北进入鄂尔浑河等蒙古高原腹地，转而向西行进，经过西伯利亚大草原抵达中亚、东欧，亦有翻过杭爱山后沿阿尔泰山西行，再向南进入天山以北地区，继续向西来到咸海、里海和黑海沿岸。这条路线横贯欧亚北方草原地带，地理景观以草原为主，兼有荒漠、戈壁和山地、河谷等。内蒙古地区作为草原文化的集成区，是欧亚大陆上的重要交通枢纽，在中国历史和欧亚历史上始终发挥着沟通东西方经济文化的角色，从这一点来说，内蒙古是草原丝绸之路上的黄金通道。

这条通道最近一次兴盛并造成重大影响是在清初。以福建武夷山、湖北汉口等地为源头，一路向北跨越大半个中国，穿过内蒙古至俄罗斯圣彼得堡等地行程过万里的国际商贸通道，是草原丝绸之路在这一时期的新发展。由于商路上最著名的商品由“丝绸”变成了“茶叶”，因此它又被称为“万里茶道”。

在万里茶道上，茶叶无疑是最为著名的明星商品。在游牧民族地区，无论长幼贫富人人嗜茶，以致达到“宁可一日无食，不叫一日无茶”的地步。不仅如此，茶叶还在贸易中充当了货币角色，“行人入其境，辄购砖茶以济银两所不通”。在草原上“羊一头约值砖茶十二片，或十五片，骆驼十倍之”。[①] 19 世纪 40 年代起，茶叶已经居恰克图对俄贸易商品的首位。

这条商贸通道影响巨大，诸多城市因此出现或繁盛。以内蒙古包头为例，两百多年前的包头还只是一个小村庄，黄河的一次小小的改道使这里成为新的黄河码头。清代西北通道的打通，使草原丝绸之路上的商贸活动再度繁盛，包头这个水旱码头，借势从一个名不见经传的小村落，迅速发展成为当时中国西北地区著名的皮毛集散地。大量内地的茶叶、烟草、棉布等在这里汇聚，之后被运往草原腹地售卖，换回皮毛、羊、骆驼等，再销往中原。凭借大漠草原的广阔市场和远销俄罗斯等地国际贸易的兴盛，包头逐渐成为当时口外新兴的商业城镇。

内蒙古地区在草原丝绸之路上占有重要地位，可以说是黄金通道。内蒙古绝大部分地区是草原丝绸之路的必经之地。中国自 2013 年提出“一带一路”倡议至今，在新时代国际合作中充分彰显了“丝路精神”。作为“一带一路”国际合作的重要组成部分，参与“中蒙俄经济走廊”建设的中蒙俄三国都是昔日的“草原丝绸之路”上的重要国家。从 2014 年 9 月中蒙俄三国首脑首次会晤达成“中蒙俄经济走廊”建设合作共识，到 2016 年 9 月《建设中蒙俄经济走廊规划纲要》出台，以及 2015 年中华人民共和国与俄罗斯联邦关于丝绸之路经济带建设和欧亚经济联盟建设对接合作的联合声明和 2017 年《蒙古国发展之路计划与中国一带一路倡议对接》谅解备忘录的签署，中蒙俄三方合作的政治磋商机制、经济合作内容及路线图等逐渐落到实处，政治、经济、国际事务和人文领域的三边接触发展路线图也已经开始执行，“中蒙俄经济走廊”建设的“互联互通”不断向前推进。截至目前，“中蒙俄经济走廊”建设已经形成“高层引导”、“共同规划”和“战略对接”的三维立体构架，为“一带一路”中中蒙俄三国的互联互通发挥了重要作用，推动“一带一路”建设迈进了新的发展阶段。

---

① 姚明辉：《蒙古志》卷三《贸易》，光绪三十三年版，第 32 页。

（四）内蒙古黄河区域文化与其他区域黄河文化的关系

黄河流域的内蒙古段是黄河上游的后段，与山西黄河中游上段相连接。因此这里晋文化影响深入，而甘青地区作为黄河源头，其文化对内蒙古黄河流域地区的影响也很大，特别是这一地区的回族（伊斯兰）文化。

随着清政府对蒙古地区封禁政策的松弛，大批山西、陕西、河北等地居民从张家口、杀虎口进入草原。长城内居民称张家口为东口，杀虎口为西口，长城以南为口内，长城以北的草原为口外。出杀虎口进入西北草原地带，从这里往西可通宁夏、青海、新疆，往北则可进入蒙古腹地，大量口内居民通过杀虎口到口外谋生、经商，民间称之为“走西口”。晋商越过长城进入西北草原的贸易活动，使他们成为“走西口”的拓荒者。商路的发达，促进了内蒙古各地城镇的发展。“内蒙古城市至乾嘉年间，由于商品贸易发达，原设厅治归（归绥）、丰（丰镇）、萨（萨拉齐）、托（托克托）各县，均已开辟商场，人口稠密，市廛栉比，工商各业规模略备。”① 城市的发展、商业的繁荣，促进了人口的流动，除了山西、陕西、河北等地的商人、农民、手工业者外，也有新疆、甘肃、宁夏等地的回族，他们与当地蒙古人共存共生，促进了文化的交融。进入蒙古各地的山西商人，为了做好对蒙贸易，很注意学习蒙古语，他们曾编纂用汉语注音的《蒙古语言》工具书，“每日昏暮，伙友皆手一编，习语言文字，村塾生徒无其勤也”。②

在内蒙古西部地区存在的“二人台”“漫瀚调”等民间戏剧也是文化交融的典型。特别是漫瀚调以山西、陕西等地的民歌为基础，混合以蒙汉双语的歌词，成为内蒙古西部地区最具特色的民歌种类。山西素有“中国戏曲的摇篮”之称，旅蒙晋商将商品带到草原的同时，把山西的戏剧和民歌也带到了草原。山西戏曲二人台《走西口》在山西、内蒙古以及河北、甘肃、青海广泛流行，都是沿着晋商的商路传播开的。

从饮食上来说，莜面、炸糕、腌菜等典型的山西饮食，目前在内蒙古西部已经成为特色的家常食品。饸饹面、焙子等面食既是山西传统的面食，也是草

---

① 绥远通志馆：《绥远通志稿》第八册，内蒙古人民出版社，2007，第675页。

② 徐珂编撰《清稗类钞》（第五册·农商类），中华书局，1984，第2307。

原商路上的特色，食用方便快捷，特别是焙子能长期存放，成为远行客商的干粮。烧麦、羊杂这些则是当地食材利用异域加工方式的典型。如羊杂就是来草原生活的回民商户从蒙古牧民手里买来廉价的羊下水加工而成的美食，这种热量丰富、价格低廉的肉食，最受下层穷苦民众青睐。

宗教信仰上，蒙古民众信奉藏传佛教，大量口内居民的迁入，将中原汉传佛教也带到了草原。山西是关公故里，关公崇拜自然也被带到草原，包头的东河区现存清代关公庙，关公形象也比较受蒙古民族推崇，关公文化在草原上盛行。回族商户则在自己的聚集地修建了清真寺等宗教场所。建筑方面，包括一些藏传佛教寺院与伊斯兰教清真寺也都深受晋文化影响，乡村地区的民居今天仍然坚守着晋文化的传统风格。

五　内蒙古黄河区域文化的研究方法与现实意义

（一）考古学与历史学调研

利用考古学、历史学研究方法，系统梳理内蒙古黄河地带区域文化的历史演进历程，初步总结其阶段性特征，主要是内蒙古黄河区域文化的初始与勃兴（先秦两汉至魏晋隋唐五代时期）、内蒙古黄河区域文化的底定与繁荣（辽宋夏金元明时期）、内蒙古黄河区域文化的最终形成与稳定持续发展（清代至民国）时期、内蒙古黄河区域文化的现代化转型与当代价值（1949 年至今），进而总结内蒙古黄河区域文化的总体特征、与周边文化的交流交融交往互动以及在新时代的未来走向等内涵。按照地域文化史的研究思路，对内蒙古黄河区域文化开展全面系统的研究，梳理各个发展阶段的历史事实，总结历史发展阶段性特征，为今天内蒙古区域文化和区域经济社会的发展建设提供历史经验借鉴。

研究方法主要是历史学、考古学和人类学等学科的主要手段，以历史文献资料、考古资料和民族志资料为基础，对其综合分析，同时多方搜求地方档案、民间文书、出土文献以及口述史资料等，结合传统文献资料，深度总结、综合分析，并不失时机地提升到理论层面的高度，对内蒙古黄河区域文化的历史演进历程予以理论性总结和阐释分析。

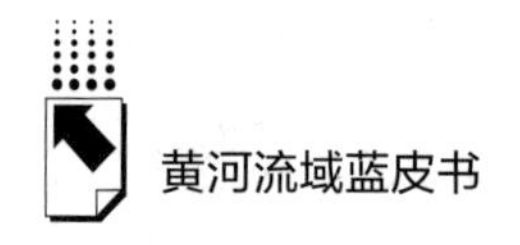

总体来说，应以历史学、考古学为基础，以文化地理学、历史地理学、人类学、民族学等多学科辅助手段开展研究。对于历史文献资料务必要进行梳理、总结、提升，经过总结提升的理论性文字，才可以更准确地涵盖所要描述的区域性特征。

（二）挖掘整理展示与推广开发

1. 历史文化价值，丰富大众的文化生活

文化遗产是承载历史信息和传统文化的活的载体，是最客观、最可靠的关于历史文化的真实遗留，是人类社会生生不息向前发展的动力源泉。内蒙古黄河区域文化历史悠久，文化内涵丰富，能够为今天内蒙古文化强区建设添砖加瓦，为满足北疆地区民众美好生活的需要提供丰富的精神财富。

2. 社会价值——教育的基础

内蒙古黄河区域文化丰富的文化内涵，为内蒙古地区开展知识传授、民众教化提供重要资源，有助于提升民众文化的自豪感和凝聚力，可成为经济社会和谐发展的黏合剂，是宣传和展示本土文化的最有力见证和最佳方式。它的社会价值还体现在教育上，有助于群众社科普及和传统文化的学习。

3. 经济价值——旅游开发、文化产业的基础

内蒙古黄河区域文化作为丰富的历史记忆与人类情感的载体，具备旅游开发的强大潜能。文化遗产承载了太多的历史记忆包括惨烈的军事斗争、历史兴衰等，其深厚的历史底蕴让它有了不可比拟的旅游产品价值。文化遗产地处偏远和环境特殊地区，因人民有寻根访古、回归自然的综合心理需要，这些地方成为人们喜欢、向往的旅游目的地。

4. 国际交流价值——国际交往的话题和国际旅游目的地

文化遗产是人类的共有财富，是国际合作交流的重要媒介。文化遗产是国际交流过程中的重要“话题”。“和平合作、开放包容、互学互鉴、互利共赢”的丝绸之路精神，将在新时代延续下去。沿线的文化遗产是各国、各族人民的共同文化财富，最终将成为各国、各族人民相互沟通和交流的重要主题，成为各国、各族人民友好交流的最佳媒介。

5. 研究人地关系——促进生态文明建设

虽然人地关系、生态环境的观念由来已久，尤其是在黄河治理的漫长历史

过程中，保护生态环境、河道治理和黄河流域内的社会生产已经成为黄河文明进程中最为重要的人类活动，这一点于我们今天提出的生态文明建设，以及新时代的黄河流域的治理工作而言，都有着重要的历史借鉴意义，相信我们梳理前人研究成果、所做的探讨工作以及我们今后研究河套地域历史，都会获得更多新的启示，有益于今天的生态文明建设。

案 例 篇

Cases

B.25 济南建设黄河文化龙头城市研究

张华松*

摘 要： 济南作为黄河流域中心城市，理应争创国家黄河文化龙头城市，而争创国家黄河文化龙头城市，必须做好三个方面的工作：追溯济漯文化和清河文化，彰显济南黄河文化的厚度和特性；打造百里黄河景观风貌带，集中展现济南特色黄河文化；整合济南乃至山东全省文化资源，做强支撑黄河文化龙头挺起的“四极”——中华文明之轴、齐鲁文化之都、山水园林之城、对外开放之门。

关键词： 黄河文化 龙头城市 济南

黄河流域生态保护和高质量发展国家重大战略的实施，为济南带来了千载难逢的发展机遇。济南作为黄河流域中心城市，理应争创国家黄河文化龙头城市，而争创国家黄河文化龙头城市，必须做好三个方面的工作。

* 张华松，济南社会科学院党组副书记、副院长、研究员，主要研究方向为区域历史文化。

一　追溯济漯文化和清河文化，彰显济南黄河文化的厚度和特性

清咸丰五年（1855），黄河在河南兰阳铜瓦厢决口，夺占大清河入海。从那时算起，黄河经行济南腹地，仅有166年。166年的济南黄河，是不足以奢谈历史之悠久与文化之厚重的。也就是说，如果我们只从166年前黄河改道流经济南立论，那么济南黄河的历史和文化是根本不能同郑州、银川、兰州等沿黄城市相提并论的。这是客观存在的事实。

所以，我们今日发掘、传承和弘扬济南黄河文化，体现济南黄河文化的厚度和特性，必须上溯大清河文化，尤其要上溯古济水文化、古漯水文化，因为今济南境内及以东直到大海的黄河河道，原本属于大清河河道，而大清河河道是由古黄河的两条最重要的分流——济水和漯水演变来的。

济、漯虽是黄河的分流，在中华文化发展史上却占有重要的地位，尤其是济水，其与河、淮、江并驾齐驱而称“四渎”，是公认的华夏民族和华夏文化中的名川。此外，我们还应注意到，我国最早的三个王朝（政权）——虞、夏、商，它们的起源皆与济水密切相关。济水与黄河共同孕育了中华文明源头和主体的河济文明。

我们要开展“山东（济南）黄河暨黄河文化溯源工程”，加大研究力度，深入发掘济南乃至山东黄河文化底蕴，展示文化成就，彰显文化特色，凸显文化地位，为济南建设国家黄河文化龙头城市夯实学术研究的基础、提供强大智力支持。

二　打造百里黄河景观风貌带，集中展现济南特色黄河文化

济南争创中国黄河文化龙头城市，必须有集中展现黄河文化的载体，这载体便是正在规划和建设中的济南百里黄河景观风貌带。百里黄河景观风貌带无疑可以极大地提升黄河之于济南的存在感，凸显黄河之于济南的地标意义和文化价值。

现就打造济南百里黄河景观风貌带，提出刍荛之见如下。

（一）争取齐河早日回归济南，让济南黄河成为完全意义的城中河

济南黄河上起平阴县东阿镇，下止济阳县仁风镇，河道长 183 公里，流经平阴、长清、槐荫、天桥、新旧动能转换起步、历城、高新、章丘、济阳九区县。济南辖域主要在黄河以南，与济南市槐荫区、长清区隔河相望的齐河县，隶属于德州市。回溯历史，金初，发迹于济南的刘豫，为拱卫和加强济南府，新设了济阳和齐河两县。只是到了近世，齐河才隶属于德州。因此，要积极争取尽早使齐河回归济南，唯其如此，济南黄河才可谓完全意义的城中河，济南黄河景观风貌带才可谓完整无缺。齐河回归济南，也有利于统一整合和重组黄河文化资源，提升济南黄河景观风貌带的影响力。因此有必要及早启动区划调整——“齐河回归济南”推动工程。

（二）发挥济南黄河独特的景观禀赋

黄河下游河道，从河南郑州桃花峪至东营入海口，全长 768 公里，落差 89 米，平均比降为八千分之一。由于纵比降上陡下缓，排洪能力上大下小，河床逐年抬高，形成地上“悬河”，一般河床滩面高出背河地面 3～5 米，设计防洪水位高出两岸地面 8～12 米。山东占“悬河”总长度的 80%，其中尤以济南段最有代表性。济南黄河处在山东黄河的咽喉河段，是典型的弯曲型窄河段，河宽一般为 0.5～1 千米（最窄处曹家圈仅有 460 米），河道排洪能力仅为河南郑州花园口的一半，是防洪防凌的重点河段。

济南河段堤防是自同治六年至光绪年间在原民捻基础上陆续培修发展起来的，并相继增建险工。新中国成立以后，先后进行了三次堤防大修。2003～2010 年进行的标准化堤防工程建设，更使济南黄河大堤成为集防洪保障线、抢险交通线和生态景观线于一体的高标准堤防工程。如今的济南黄河大堤，临河有防浪林，堤顶有行道林，背河有生态林，是名副其实的绿色生态长廊、人们休闲旅游的好去处。尤其是槐荫、天桥黄河淤背区内由 19 万株银杏组成的 2000 多亩银杏林，更是一道亮丽的风景线。

关于发挥济南黄河独特的景观禀赋，具体建议如下。

第一，在玉符河入河口择址建立以黄河水为主题的纪念性的景观建筑。黄河全长 5464 公里，流域面积 75.24 万平方公里，流域面积大于 100 平方公里的支流有220条，最后一条支流是位于济南西郊的玉符河。玉符河，古称玉水，源于泰山北麓山地的锦绣、锦阳、锦云三川之水，于仲宫合流，至北店子注入黄河，全长约70公里，流域面积687平方公里。因此，万里黄河只有到了济南，才是“完全意义”的黄河。或者说，只有到了济南，黄河水才堪称集万里黄河水之大成。因此，可以考虑择址（济西湿地或泺口）建立以黄河水为主题的纪念性的景观建筑或标志。

第二，在保障安全的前提下，为黄河大堤上的游人提供亲水平台和场所。由于黄河干支流相继修建了三门峡、小浪底、陆浑、故县等水库，开辟了东平湖、北金堤等分滞洪区，初步形成了由堤防、干支流水库、分滞洪区组成的“上拦下排，两岸分滞”的下游防洪工程体系，如今济南段黄河很少能形成超过每秒4000立方米的流量。2020年7月1～2日，泺口站洪峰流量达到4680立方米/秒，为“96.8”洪水以来的最大流量，然而与“96.8”洪水比较，泺口站水位下降1.95米，表明经过多年来小浪底水库调水冲沙，黄河行洪能力大幅提升。承蒙市黄河河务局副局长俞宪海先生告知，泺口站流量只有达到每秒6500立方米，黄河水面才能与黄河险工根石台取平。黄河险工根石台顶宽2米，边坡1∶1.5，完全可以用来铺设有护栏的亲水栈道。济南黄河，仅是右岸险工就有15处，每处险工根石台都可借用改作亲水步行栈道，尤其是位于黄河风貌带核心地段的泺口险工，长达3600米的根石台最适宜于修建亲水栈道，让游客能够亲手掬一抔黄河水，真切感受母亲河的体温和心跳。

第三，畅通“南山北水”视觉长廊。济南，远有城南连绵起伏的泰山等群山，近有环绕老城的“齐烟九点”，故而自古又有“山城”之美誉。清初大诗人、济南府新城（今桓台）人王渔洋从北京回济南，临近济南，有诗吟诵济南山，曰：“十万芙蓉天外落，今朝正见济南山。”晚清小说家刘鹗在《老残游记》中有寒冬月夜从黄河北岸大堤远眺济南山景的精美文字。山是人们登上济南黄河大堤不能不领略的美景，可是由于茂密的堤顶行道林和背堤生态林的存在，如今在大堤上是很难看到山的。因此，建议在堤顶择址搭建一些观山台或观山阁，打通远眺山景的视觉长廊，使游客不仅能近观市容市貌，还能远眺壮丽山景，体验“十万芙蓉天外落，今朝正见济南山”的惬意和快感。

“泰山雄地理，巨壑渺云庄”（李邕咏济南诗），“迹籍台观旧，气溟海岳深”（杜甫咏济南诗），“云从四岳出，水向百城流。”（高适咏济南诗）。济南

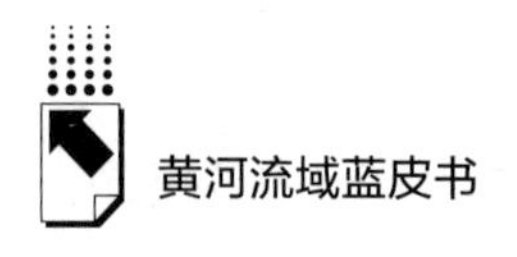

黄河风貌带的规划和建设，必须充分借重得天独厚的山水形胜，照应到黄河与泰山以及“齐烟九点”的空间关系，努力营造一种与黄河流域中心城市、国际化大都市相称的恢宏壮阔的格局和气象。

第四，启动黄河堤防体系世界遗产申请。一百多年来，济南以及山东人民在黄河堤防建设、险工建设、河道整治、引黄灌溉、淤改供水方面，积累了大量行之有效的经验，发明了许多先进的工程技术，取得了举世瞩目的成就。1952 年 8 月，黄委会召开黄河大堤锥探工作先进经验座谈会，山东河务局齐东修防段马振西锥探小组在会上介绍经验，并向全河普遍推广。济南首创的“引黄放淤固堤”和简易吸泥船科技，于 1978 年分别荣获全国、全省和山东河务局科学大会奖。济南黄河标准化堤防工程，2007 年荣获水利部颁发的“大禹奖”，2008 年荣获中国建设工程质量最高奖——鲁班奖。这是人民治黄历程中的第一个“鲁班奖”，是全国水利工程中唯一获此殊荣的堤防工程，是黄河水利工程建设史上的一座丰碑，综合体现了黄河标准化堤防在设计理念、施工质量、建设管理等方面的国内领先水平。有鉴于此，可以考虑主动对接黄委会、山东省河务局以及沿黄各市，发掘和总结济南乃至整个山东段黄河的河堤文化以及工程技术特点和成就，适时启动黄河堤防体系申报世界遗产工作。

（三）建设和提升黄河文化湿地公园

济南百里黄河风貌带沿线目前已开辟的五大湿地公园，虽然自然景观堪称优美，文化内容却显得单薄且少特色。因此，有必要借助建设黄河风貌带的机会，将五大湿地公园打造成集中展现济南黄河文化的五大平台。

为了减少重复建设，五大湿地公园展现济南黄河文化应各有侧重，比如济西湿地公园以黄河文化为主题，齐河湿地公园以大清河文化为主题，华山湿地公园以小清河文化为主题，白云湖湿地公园以济水文化为主题，澄波湖以漯水文化为主题。

规划建设中的北湖，大致地处古代鹊山湖的中央位置，笔者认为此湖应当跨过小清河，向黄河方向做较大拓展，并沿用“鹊山湖”（或“莲子湖”或“泺湖”）的旧称，以利于接续鹊山湖之文脉。鹊山的北面，历史上曾有湖泊湿地“怀家洼”，周广六十余里，为“鹊湖北足”。明万历年间，历城知县张鹤鸣开河泄其水而入大清河，人称“张公河”。在新旧动能转换起步区规划蓝图中，有所谓中心湖，建议组织专业人员踏勘怀家洼故址，如果条件适宜，似应利用怀家洼故址开辟中心湖，以求事半功倍之效。可考虑将“中心湖”定名为“怀家湖”或“鹊山北湖”或“北泺湖”。

（四）开辟济南黄河两岸访古旅游专线

将济南黄河沿线的古城址、古遗址、古战址、古城镇以及名山胜水串联起来，规划打造济南黄河访古旅游专线，在这一方面可供调动和利用的资源相当丰富，如：平阴东阿镇，古称谷城，古齐名相管仲的封邑所在，秦汉之际谋略大师黄石公的故里，圣药阿胶的原产地。东阿县鱼山，著名文学家曹植做东阿王期间经常登临此山，死后归葬此山。肥城陶山，春秋前期齐鲁两国界山，据传范蠡归隐于此，至今尚有范蠡的祠与墓。长清东张，齐国平阴城址，扁鹊“家在于郑”，即此。公元前 555 年，以晋国为首的十一国联军攻齐，齐国为御敌于国门之外，在古平阴城南的防门两侧，利用原有的堤防修建御敌的巨防，齐长城由此形成。另外，作为中国四大民间传说之一的孟姜女哭崩长城的传说，也产生于东张一带。孝里，有孝堂山汉画像石祠，乃中国现存最古老的地面房屋建筑，祠内壁画堪称汉画像艺术的极品，这里是国家首批重点文保单位。归德有卢城遗址，卢城为卢医扁鹊的故里，卢氏郡望所在，秦汉济北郡或济北国的治所，附近有月庄后李文化遗址，所出土碳化稻为我国北方已发现的最早人工栽培水稻遗存。小屯为殷商时期异族的聚居地，有大宗异族青铜器出土。至于双乳山汉墓，则在已发掘的汉代王墓中具有重要地位。槐荫北店子，古大清桥故址所在，重要的黄河渡口，对岸为齐河县故址。槐荫古城村，祝阿古城所在地，汉将耿弇渡朝阳桥、破祝阿之战发生地。峨眉山，古称靡笄山，公元前 589 年齐晋约战之地，“余勇可贾”典故出于此。北马鞍山，公元前 589 年齐晋鞍之战发生地。药山，《山海经》称岳山，即乐山，为古泺水最初的发源地，产阳起石，传扁鹊曾采药于此。泺口，古称泺邑，公元前 694 年齐襄公与鲁桓公相会于此。鹊山，相传扁鹊于此山炼药，古时有鹊山院、扁鹊祠，今有扁鹊墓。历城华山，公元前 589 年晋国大夫韩厥追逐齐顷公“三周华不注”于此，山阳华阳宫有忠祠孝祠，李白登临华不注，有《古风》传世。大辛庄，殷商王室在大东地区的统治中心，有闻名遐迩的殷商文化遗存出土。王舍人村，北宋名臣张掞张揆兄弟读书堂在此，有苏轼手书“读书堂”碑刻

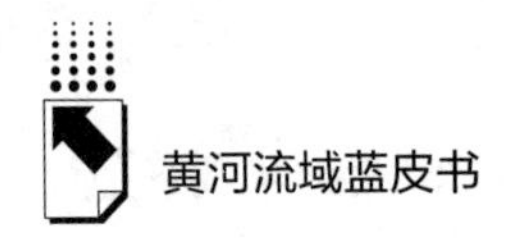

拓片，明代文坛“后七子”领袖的李攀龙故居在王舍人村东北隅，古有白雪楼。鲍山，山下有齐桓公大臣鲍叔牙受封的鲍邑，山上有鲍叔牙墓。章丘土城，自西周前期开始即为齐国崔邑，为崔氏起源地。济阳张稷若村，明清之际大学者大思想家张尔岐的故里，有墓。曲堤，旧有闻韶台等。

（五）泺口古镇做足“乐”字文章

泺口镇古称泺邑，是济水上的繁华城镇（另有北泺口和下泺口，也因水运而兴）。建议恢复重建泺口古城以及齐鲁诸侯会盟台和清代私家名园——亦园、基园，植入音乐文化和娱乐文化的内容和因素，恢复和提升泺口久负盛名的特色饮食，将济南北跨黄河桥头堡的泺口打造成著名的“音乐之城”“娱乐之城”“黄河饮食文化之城”，打造成堪与兰州河口古镇齐名的万里黄河上数一数二的黄河名镇。

（六）在鹊华之间规划建设黄河风貌带经典景区，并将“鹊华夹卫大河”打造成国家黄河地理标志

老舍先生曾说：“从千佛山上北望济南全城，城河带柳，远水生烟，鹊华对立，夹卫大河，是何等气象!”鹊山如卧，华山如立，黄河从鹊华之间穿过。郦道元、李白、杜甫、曾巩、赵孟頫、张养浩、李攀龙、王士禛等都有状写鹊华的诗章或名画传世。“鹊华烟云”和“鹊华烟雨”在古代是具有全国影响的大型景观，乃至成为济南古城的文化意象。我们要充分利用鹊华文化遗产，整合其他资源，在鹊华之间规划建设黄河风貌带核心经典景区，将“鹊华夹卫大河”打造成为国家黄河地理标志。

具体建议如下。

第一，择址设计建造宏伟壮丽的鹊华楼，或者分别在华山和鹊山之巅建立华山楼和鹊山楼，作为济南黄河的地标性建筑。

第二，鹊华之间架设世界之最的跨河观光索道，为济南增添一“世界之最”。就工程技术而言，完全可行。

第三，黄河铁路桥改作步行观光桥。实际开工于 1909 年 7 月的济南泺口黄河铁路大桥，是英德合修的津浦铁路的第一大工程，也是当时中国乃至亚洲最大的悬臂式铁路大桥。2013 年 3 月 5 日国务院公布其为近现代重要史迹及

代表性建筑。如今该铁路大桥只供济南至邯郸列车通行。可以争取让济邯列车改行他线，而将黄河铁路大桥改为步行观光桥，其于济南黄河的旅游观光的价值和意义，将不亚于中山铁桥之于兰州。

第四，泺口黄河水文站作为万里黄河第一水文站，对公众限时开放，是黄河水文科普教育基地。泺口在治黄历史上拥有十分突出的地位。1917 年，主管山东全省黄河事务的三游河务总局始驻泺口，次年奉内政部令，改称山东河务局。1919 年，泺口水文站建立，这是黄河干流上设立的最早一处水文站。经过一百余年的发展，如今的泺口水文站是全国基本水文站和重点报汛站，开展有降水、水位、流量、泥沙、水质、水温、气温、冰情等观测项目，为黄河下游防洪、防凌及水资源调度提供各项水文资料，对黄河下游治理开发及经济发展发挥了不可替代的作用。

第五，做好国家领导人视察黄河纪念地的大文章。1952 年 10 月 27 日，毛泽东视察济南泺口大堤，指出："如果用引黄河水的办法，将泺口这一带的几十万亩卤碱地改为稻田就更好了"；1958 年 7 月，刘少奇视察济南泺口黄河险工；1958 年 8 月 6 日，周恩来视察泺口黄河铁路大桥，指挥抗洪抢险工作；1959 年 9 月 20 日，毛泽东视察济南泺口险工，指出："黄河水还可以充分利用。"领袖视察黄河，是有关济南黄河的具有重大纪念意义的事件，属于济南黄河文化的重要组成部分，应该着力提升领袖视察黄河纪念地周边环境，做好领袖视察济南黄河纪念地的大文章。

第六，将鹊华之间的黄河险工（包括泺口险工、盖家沟险工、后张庄险工等）以及泺口枢纽遗址等作为黄河风貌带核心景区核心景观资源予以保护和利用。

第七，发掘鹊山历史文化资源，重建鹊山院和扁鹊祠，建设鹊山国家历史文化公园。

元人于钦《齐乘》："鹊山，王绘《太白》诗注云，扁鹊炼丹于此。俗又谓每岁七八月，乌鹊翔集，故名。"至于鹊山与扁鹊关系的认定，最晚始于北宋，齐州知州曾巩《鹊山》诗说："一峰孤起势崔嵬，秀色拖蓝入酒杯。灵药已从清露得，平湖常泛宿云回。"故当时山上有扁鹊祠。另外还有鹊山院，北宋江西诗派诗人陈师道有诗为证。如今只有鹊山西南麓的扁鹊墓，封土高约 2 米，直径约 5 米，墓前有康熙三年立"春秋卢医扁鹊之墓"碑。

建议依托扁鹊墓，重建扁鹊祠，并于扁鹊祠旁开辟“半夏园”，辟地栽植半夏等齐州名贵中草药（北宋名士孔平仲《常父寄半夏》：“齐州多半夏，产自鹊山阳。”）。山阳复建鹊山院，与华山之阳的华阳宫遥相呼应。以上可作为鹊山国家历史文化公园建设的起步工程。

第八，建设济南黄河诗词碑林，展示历代（如曹植、杜甫、高适、曾巩、苏辙、张养浩、顾炎武、刘鹗、老舍）吟咏济南济水、清河、黄河的诗文佳句。

第九，择址恢复重建赵孟頫别墅园林——砚溪村，作为赵孟頫纪念馆。砚溪村为赵孟頫在地处泺口不远处建设的以泉水为主题的别墅式园林，明清诗人游砚溪以凭吊赵氏者所在多有。可参考杭州富阳黄公望纪念馆（黄乃赵之弟子），规划建设砚溪村作为赵孟頫纪念馆，讲好《鹊华秋色图》故事，擦亮“鹊华秋色”的文化品牌（也可扩展为济南名士展览馆）。

第十，开辟大禹广场，举办大禹祭典。

《孟子·滕文公上》：“禹疏九河，瀹济、漯而注诸海。”济、漯为今济南黄河的前身，而“九河”是指黄河下游众多的入海岔流（分流），济南商河马颊河当为“九河”之一。大禹疏通济、漯，疏通“九河”，目的都是缓解洪水对黄河下游河道的压力。大禹治水的重点区域在济、河之间的“古兖州”，也就是今济南以北地区。中国源远流长的治河史和治河文化要从大禹说起，要从济南说起。济南及周边地区遗留不少“禹迹”，如济南的禹登山和禹登台（北宋元丰三年李元膺《顺应侯碑记》：“世言昔大禹尝登兹山，起蛰龙以理百川，至今民间犹谓之‘禹登山’。”）、禹城的禹息城和具丘（相传禹治水筑此以望水势）、夏津和夏口，等等，都可视为大禹在济南一带治水的佐证。

由此，建议在黄河北大堤外选址规划建设大禹广场，在广场中央树立大禹塑像，定期举办祭禹大典，弘扬大禹文化和大禹精神；于广场周边树立大禹之外的历代济南治河名人（如丁宝桢、张曜、李鸿章、刘鹗、陈汝恒等）塑像，展示济南源远流长的治水文化。如此，则可以极大地弥补济南黄河以北新旧动能起步区历史文化底蕴不足、文化品级不高之缺憾。

儒、墨为先秦时期的两大“显学”，皆出自山东。儒家追尊大舜，墨家推崇大禹，济南作为齐鲁之邦的首府，于济南古城南郊的历山北麓公祭大舜，于济南古城北郊的黄河之滨公祭大禹，山河岳渎之间，两大文化盛典南北呼应，其于提振济南在中华文明枢轴上的地位，提振济南在黄河流域的文化龙头地位，意义和价值无可限量。

第十一，择址重建河神庙，展示济南固有的济伯（济水神）文化、大龙王（黄河神）文化。

第十二，在泺口建设黄河主题展馆群。

总之，鹊华核心经典景区理应成为海内外广大游客认识黄河、亲近黄河、感悟黄河、体验黄河的最重要场域，“鹊华夹卫大河”也理应成为万里黄河的数一数二的标志性景观。

三　做强“四极”，支撑黄河文化龙头挺起

济南争创国家黄河文化龙头城市，还要从更高视点和更宽视域来整合济南乃至整个山东的文化资源，做强支撑黄河文化龙头挺起的“四极”。

（一）中华文明之轴

中华文明轴的概念缘起于明朝人的“东方三大图”。所谓“东方”，即山东省；所谓“三大”，即“一山一水一圣人”，山指泰山，水指东海，圣人指孔子。近世，有人将“一水”指称趵突泉，或者指称黄河。若从与泰山、孔子作文化对称的角度立论，应以黄河为宜。故而20年前，山东省就以“泰山从这里崛起，黄河从这里入海，孔子从这里诞生”作为山东文化的推介语。

泰山为五岳独尊，黄河为四渎之宗，孔子为万世不替的至圣先师，三者是中华地理、中华民族、中华文明的标志和象征。由此，今人遂有中华文明枢轴（或轴心）概念的提出。

为进一步丰富中华文明枢轴的文化内涵，凸显济南在中华文明枢轴的位置，现提出三点建议，仅供参考采择。

第一，“一山一水一圣人”宜改作“山水圣人”。中华文明枢轴上的名山，不只有泰山，还有历山（大舜文化的圣山）、鹊山、华山、灵岩山（佛教名山、北方茶文化的发源地）、昆瑞山（朗公寺四门塔，中古山东佛教中心）、玉函山（方仙文化之山）、梁父山（祭地禅地之山）、蒿里山（魂归之所）、新甫山（《诗经》“新甫之柏”，禅地之所）、徂徕山（《诗经》“徂徕之松”，泰

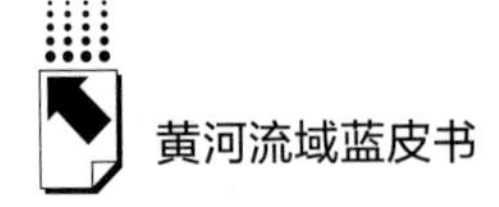

山屏障）、尼山（孔子诞生地）、凫山（《诗经》“保有凫、绎”，有羲皇庙）、绎（峄）山（太昊族聚居地，秦始皇东巡第一山）等历史文化名山。

水不只有黄河，还有徒骇河、马颊河、小清河、汶河、泗水、洙水、小沂河（孔子沂水舞雩）等历史文化名川。

圣人，不只有孔子，还有孔子之前的圣王大舜。大舜是史前文化的集大成者，堪称“元圣”。舜耕历山在济南，济南自古雅号舜城，是大舜文化的发祥地。与孔子同时及孔子身后，有复圣颜子、述圣子思、宗圣曾子、亚圣孟子，还有和圣柳下惠（新泰有和圣庙），更有科圣墨子、工圣鲁班（历山有鲁班祠）、医圣扁鹊等。

中华文明枢轴纵贯济南、泰山、曲阜三地，长度仅有300华里，汇聚了早期中国的多数的圣人，这不能不说是一个十分令人惊奇的文化现象。

第二，要重视史前文化对于中华文明枢轴的贡献。中华文明枢轴的形成，是有深远的历史背景和文化基础的。且不论沂源猿人、新泰智人，仅从新石器时代说起，在中华文明枢轴之上，有距今将近一万年的张马屯（历城）文化，八九千年的西河（章丘）文化，六七千年的北辛（滕州）文化，五千多年的大汶口（泰安）文化，四千多年的龙山（章丘）文化，这些考古学文化的发现地和命名地都在中华文明枢轴上，代表性的文化遗址也大多分布在中华文明枢轴及其附近。

中华文明枢轴与东亚史前文化隆起带基本重合，充分表明中华文明枢轴是以异常发达的远古文化为基础为背景的。比如，我们常说华夏文明是礼乐文明，大舜是礼乐文明的开创者，其实从考古发掘资料来看，礼乐文明当起源于比大舜还要早一千多年的大汶口文化时期，济南巨野河畔的焦家大汶口文化遗址就是证明。2018年，国家博物馆举办焦家遗址考古成果大型展览，主题便是“礼出东方”。

因此，我们要重新审视史前文化之于中华文明枢轴的贡献，规划建设或提升有关的考古文化展览馆或考古遗址公园，尤其应该将巨野河中游南北五公里河段两岸的三大著名史前考古文化遗址——城子崖龙山文化遗址、西河后李文化遗址、焦家大汶口文化遗址——串联起来，打造为大东考古大遗址公园集群（《诗经》“大东”诗篇，出自西周初年谭国大夫之手，谭国立国于城子崖，商周时期的今济南以东之地，称“大东”），使济南成为众望所归的东亚远古文

化巡礼高地。

第三，中华文明枢轴的核心要素，除了山水圣人外，还应包括齐长城。长城是我们民族和国家的精神象征，而齐长城是我国长城的鼻祖，即便“长城”一词最初也来自齐长城。齐长城始建于春秋，完成于战国。它西起黄河之畔，绵延于泰沂长城岭，东抵黄海之滨。泰山长城岭，今为济南与泰安两市的政区分界线，岭上长城遗址保存最好，诚如顾炎武《长城考》所言：“至泰山之阴、历城境内，则崇高连亘，言言仡仡，依然坚城。”

2019 年 9 月 29 日，中共中央办公厅、国务院办公厅联合印发中央全面深化改革委员会会议审议通过的《长城、大运河、长征国家文化公园建设方案》。2020 年济南市政府工作报告提出“全面推进十大文化传承工程”，其中就包括抓好齐长城等历史遗迹保护修复，“延续历史文脉、保留城市记忆”。我们认为在保护修复齐长城遗迹的同时，还应抢抓国家建设三大主题文化公园的战略机遇，积极规划建设齐长城国家文化公园。

总之，我们要做强中华文明之轴，加强与泰安、济宁的协同合作，高标准打造中华文明枢轴标识和文旅黄金通道。

（二）齐鲁文化之都

黄河文化主要由黄河支流文化和黄河分流文化所构成。上古之时，济水、漯水是黄河的分流，而汶水、淄水则是济水的支流（济淄之间有运河连通），至于菏水以及菏水进入泗水之后的泗水，则是济水的分流。因此广义的济、漯流域，应包括淄水、汶水、泗水在内。济、漯、淄、汶、泗，分处泰山南北，共同孕育了灿烂辉煌、彪炳千古的齐鲁文化。

齐鲁文化是春秋战国时期最富有创造力、成就最高的地域文化。如果说，春秋时期中国文化的中心在汶泗流域的鲁国，那里诞生了孔子及儒家学派、墨子及墨家学派，那么到了战国时期，中国文化的中心就转移到了泰山以北的济淄流域的齐国，齐国稷下学宫是战国诸子百家争鸣的摇篮。秦汉以后，齐鲁文化逐渐融入中华文化并成为中华文化的核心和主干。由此也可以说，齐鲁文化尤其以孔孟为核心的儒家文化，在很大程度上决定了黄河文化乃至整个中国文化的内核、特质和发展方向。

济南位于齐鲁之间，济南文化是沐浴着齐风鲁雨成长壮大的，历史上在思想、学术、史学、文学等领域都做出了卓绝的贡献，特别是每当历史转折的关键时期，往往引领时代潮流。因此，济南不仅是齐鲁之邦的首府，也是名副其实的齐鲁文化之都。我们要高扬齐鲁文化之都的旗帜，规划建设齐鲁文化展馆和研究中心，把讲好济南故事与弘扬齐鲁文化结合起来，不断提升齐鲁文化的时代价值。

（三）山水园林之城

济南南依泰山，北临黄河（济水），周围有历、标、药、匡、鹊、华等众山环峙，城厢内外，清泉星罗棋布，溪渠迤逦交络，陂湖苍苍，烟水茫茫。黄河以北，更有一望无垠的平原旷野。北齐齐州刺史魏收曾登舜山（千佛山），徘徊顾眺，感慨系怀，说："吾所经多矣，至于山川沃壤，衿带形胜，天下名州，不能过此。"济南占尽山水形胜，天生一座美丽的山城、水城，一座山水园林之城。

济南山水园林之城的基本风貌和格局，早在西晋末年济南郡治由东平陵西迁历城之时，就已形成。北宋时期，曾巩等"风流太守"巧妙利用山水资源规划和建设济南城市和城市景观，济南享誉天下的园林之城的地位最终确立，故稍后于曾巩来济南做官的苏辙用"林泉郡"——"园林之城"来称誉济南。

济南是山泉湖河城的完美统一体，是一座天然的大园林。近年，济南市在新发展理念和生态文明建设的国家战略指引下，将山水生态修复和环境提升提到议事日程，采取多项重大举措，加大济南古城传统风貌带的保护和景观提升，修复济南山河，再造山水名城。与此同时，济南先后获得国家森林城市、国家水生态文明试点城市以及国际花园城市等殊荣，为济南山水园林之城锦上添花。

因此，济南完全有条件有基础有理由争做黄河流域最佳山水园林之城，争做黄河流域生态保护和高质量发展的龙头城市。

（四）对外开放之门

黄河不择细流，故能破除千万险阻，奔流入海。黄河是包容和开放的，黄河文化也是包容和开放的，黄河文化也正因其包容和开放而生生不息、发展壮大。

作为黄河的分流，济水和漯水西接中原，东通大海，在中原王朝开发山东半岛和海洋的过程中，发挥了不可替代的作用。尤其济水，更是古代齐国的生命线，齐国“通商工之业，便鱼盐之利”，“通轻重之权，徼山海之业”，主要是依靠济水开展对外贸易、发展外向型经济的。近古时期的大小清河，西通京杭大运河，东通渤海湾，河海联运，对于促进内陆与沿海地区间的经济和文化交流，发挥了巨大的作用。近代济南黄河上的舟船，仍可以西通郑州，东达渤海。如今，济南作为黄河航运枢纽的地位虽然一去不返了，但是济南在黄河流域的区位优势和交通枢纽地位并没有改变。济南作为黄河流域唯一沿海大省的省会，是沟通中原腹地与黄渤海的节点和枢纽，是黄河流域东西互济、陆海统筹的战略支点。

岱青海蓝，大风泱泱。在先秦地域文化中，齐文化是最具有海洋文化特色的文化，滨海的自然环境和以工商立国的历史背景及特殊的生产生活方式，决定了齐人时间上“与时变，与俗化”、好动而非好静的变革精神，空间上见异不拒、开放而非封闭的豁达心态。齐文化以包容、开放、变革为主要特征，济南作为“三齐”之一地，在文化上也是兼容并蓄和开放进取的，1904 年济南自主开埠通商，就是一个佳例。济南开埠，开启了济南乃至整个山东省现代化进程，而胶济铁路和津浦铁路的开通，更使济南成为黄河流域海外贸易的物资集散地和中转地。当下济南，正在建设对外开放新高地，充分发挥济南“一带一路”重要节点区位优势，加快自贸试验区、综合保税区和跨境电商综试区建设，推进绿地（济南）全球商品贸易港、“一带一路”黄金产业金融中心、内陆港高端物流商务集聚区、会展经济科创园以及济南国际招商产业园等重大项目建设，构筑开放发展新优势，打造东部陆海通道中心城市。济南在黄河流域生态保护和高质量发展国家战略中，理应肩负起引领黄河流域高水平对外开放的历史使命。

“黄河落天走东海，万里写入胸怀间。”黄河九曲十八湾，最终是从济南的“鹊华海门”奔向大海的。

济南北郊，鹊华二山隔河对峙，宛如门阙。古人认为，渤海的海气溯流而上，自鹊华之阙涌入北郊，从而形成“鹊华烟雨”的奇观胜景，于是鹊华之阙又有“海门”之称，所谓“北望海门，浩荡无际”，所谓“杯浮银汉水，袖挽海门烟”是也。

鹊华海门——黄河走向大海之门，展现的是济南面向大海、走向世界的开放胸襟，展现的是中华文化开放、包容、心怀天下的伟大品格。因此，无论是打造黄河风貌带，还是建设新旧动能转换起步区，抑或建设“大强美富通”国际化大都市，都应该在“鹊华海门”上多做一些文章，多做一些大文章。如若从支撑黄河文化龙头挺起的角度出发，我们更应该重视“鹊华海门”，将它打造成堪同壶口瀑布等量齐观的黄河经典景观，打造成黄河国家地理标志，打造成黄河文化对外传播的标志性符号、黄河文化走向世界的象征。

“鹊华海门”的最佳取景点和观赏点，在泺口黄河公园宪法广场。建议济南市及早将“鹊华海门”作为黄河国家地理标志予以精心塑造和重点推介。

参考文献

济南黄河河务局编《济南黄河大事记》，山东省地图出版社，2008。
济南社科院编《黄河与济南——黄河流域生态保护和高质量发展研究文集》，2020。
济南市黄河河务局编《济南市黄河志（1855～1985）》，1993 年 2 月内部印刷。
鲁枢元、陈先德主编《黄河史》，河南人民出版社，2001。
秦若轼：《济南水利漫话》，华文出版社，2013。
山东省水利史志编辑室编《山东水利大事记》，山东科学技术出版社，1989。
张华松：《济水与济南》，中国文史出版社，2020。

B.26

东营市黄河三角洲生态保护和高质量发展研究

马庆华*

摘　要：　黄河流域生态保护和高质量发展的重大国家战略为东营带来重大历史机遇。本文总结了东营市推动黄河流域生态保护和高质量发展的四项重要举措，包括抓好黄河三角洲生态保护、实施湿地生态系统修复、推动黄河三角洲高质量发展、加强黄河入海文化保护传承弘扬，指出了生态环境敏感脆弱、水资源供需矛盾突出、产业转型任务繁重、文化旅游资源整合不足的问题，并结合东营定位对下一步发展进行了展望。

关键词：　黄河三角洲　生态保护和高质量发展　东营市

一　东营市基本情况

东营市是适应胜利油田和黄河三角洲开发建设需要，于1983年10月成立的省辖市，辖东营、河口、垦利三区和广饶、利津两县，面积8243平方公里，人口219万，是全国文明城市、国家卫生城市、国家环境保护模范城市、全国科技进步先进市、中国优秀旅游城市、国家生态园林城市、中国温泉之城、国际湿地城市，获中国人居环境奖。2020年全市实现生产总值2981.19亿元，同比增长3.8%。

东营是一座沿海城市。地处山东半岛和辽东半岛环抱的环渤海湾中心，

* 马庆华，东营市政协提案委员会副主任，东营市社科联一级调研员。

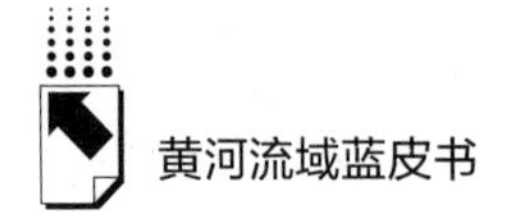

东、北两面环海，同时是“渤海三大海湾”中的两个——渤海湾、莱州湾的环湾城市，拥有海岸线413公里，滩涂和浅海近6000平方公里。境内建有东营港、广利港两座港口，其中东营港是国家一类开放口岸，现有生产性泊位57个，对外开放泊位26个，可接卸8万吨级油轮，年吞吐量6000万吨，一次性仓储能力突破1000万立方米，是环渤海地区以石油化工货物运输为主，兼具滚装客运、集装箱等运输功能的区域性重要特色港口。

东营是一座沿黄城市。黄河从东营汇入渤海，河段总长138公里，流经4个县区，年均径流量304.7亿立方米，每年淤积造陆3万亩左右，孕育了神奇壮美的黄河三角洲，集聚了河海交汇、新生湿地、野生鸟类三大世界级旅游资源。黄河三角洲国家级自然保护区素有“鸟类国际机场”“鸟的天堂”的美誉，有野生植物685种，已发现鸟类368种，是东北亚内陆和环西太平洋鸟类迁徙重要的中转站、越冬栖息地和繁殖地。

东营是一座石油城市。东营因油而建、因油而兴，是我国唯一入选世界十二大石油城的城市。东营是胜利油田的发祥地。胜利油田80%的油气地质储量和85%的油气产量集中在东营境内，累计探明石油地质储量55亿吨。东营是渤海油田的重要产区，渤海油田20%的原油储量、33%的天然气储量和16%的原油产量集中在东营沿海，即将开发的渤中19-6凝析气田，天然气探明地质储量1000亿立方米，全部在东营海事管辖范围。东营是全国炼油能力最强的地级市，全市原油一次加工能力达7220万吨，占全国的1/10，16家地炼企业获得3735万吨/年进口原油使用指标，占全国的1/5，是山东省着力打造的“鲁北高端石化产业基地”核心区。

东营是一座湿地城市。境内浅海、陆地、湖泊湿地资源4581平方公里，湿地率达41.58%，其中内陆湿地1880平方公里，中心城28.4%的湿地率全国少见，被国际湿地公约组织评为全球首批国际湿地城市（全世界共18个，中国6个）。黄河入海口两岸拥有中国暖温带最完整、最广阔、最年轻的湿地生态系统，面积达1530平方公里，被誉为“中国最美湿地”。中心城区有各类水系河道21条、大小湖泊20多个，公园绿地服务半径覆盖率96.6%，绿化覆盖率42.5%，人均公园绿地面积25平方米，景观大道串联生态公园、街头游园连接居住小区，呈现“蓝绿交织、清新明亮，湿地在城中、城在湿地中”的鲜明特色。

二 东营市推动黄河流域生态保护和高质量发展情况

东营作为黄河入海口城市、黄河三角洲区域中心城市，在国家战略中居于特殊重要地位。黄河流域生态保护和高质量发展上升为重大国家战略，为东营带来重大历史机遇。从2019年10月开始，成立由市委、市政府主要领导任组长的领导小组，聘请国家规划纲要编制单位——国家宏观经济研究院，联合中国水利水电研究院、农业农村部规划设计院、石油和化学工业规划院、省宏观经济研究院等专业机构，共同编制黄河三角洲有关规划。率先启动编制黄河三角洲生态保护与修复、水资源节约集约利用、生态补水等9个专项规划，通过系统集成提升，精心编制完成《黄河三角洲生态保护和高质量发展实施规划》，形成“1+9”规划体系，各项工作陆续展开。

（一）大力抓好黄河三角洲生态保护

坚决贯彻习近平总书记关于“下游的黄河三角洲要做好保护工作”[①] 的重要指示精神，坚持生态优先，建立了由党政主要负责同志任主任的生态环境委员会，全面统筹环境保护工作，制定出台了《关于全面加强生态环境保护坚决打好污染防治攻坚战的实施意见》等50多个相关政策文件，扎实推进源头治理、系统治理和综合治理，生态环境质量不断改善，2020年，省控以上河流断面水质均达到山东省考核目标要求，近岸海域水质优良面积比例达到70.8%，较2018年实现翻番；全市PM2.5年平均浓度达到45微克/立方米，空气优良天数251天，同比增加29天，环境空气质量综合指数4.92，居山东省第5位。

1. 坚决打赢污染防治攻坚战

出台污染防治攻坚战“1+1+8”系列文件和山东省驻区督察反馈问题整治方案，分行业制定工作导则和标准；实施生态环保和“四减四增”三年行动计划，坚决打好污染防治攻坚战8场标志性战役；2018年以来投资200多亿元实施水、气、土、固废污染治理项目280余个，共清理“散乱污”企业933

① 习近平：《在黄河流域生态保护和高质量发展座谈会上的讲话》，《求是》2019年第20期。

家，淘汰小吨位燃煤锅炉1896台，164台在用燃煤锅炉实现超低排放；重点工业企业和污水处理厂全部安装电子闸门，48家化工企业实施“一企一管”改造；开展小区雨污分流改造，2559个入河排污口全部达标排放，提前1年消除河流劣五类水体；开展危废专项整治，616家企业建立起危废全过程规范化管理体系，统筹布局5处综合处置中心，建成后可处理44类危险废物，年处置能力达27.6万吨。

2. 强力推进“四减四增”工作

聚焦新旧动能转换调整产业结构，出台石化、橡胶等六大产业发展规划，引领产业结构调整；以建设绿色循环能源石化基地为目标，依托PX项目上下游延伸产业链条，上大压小、上新压旧、减油增化。聚焦煤炭消费压减调整能源结构，2020年在全国率先启动能源节约型城市建设，年内煤炭消费净压减25万吨，增加太阳能、风能等绿色能源供给，三年内新能源装机计划新增100万千瓦以上，发电量增长15亿千瓦时以上。聚焦多式联运调整运输结构，实施交通基础设施建设三年行动计划，减少公路运输，提高港口、铁路、管道运输能力；东营港成为环渤海地区最大的油品及液体化工品特色港口，东营港疏港铁路、黄大铁路东营段试运行；规划建设“四横两纵十支线”油品输配网络，2020年管道运输原油3966万吨，替代大型运输车109万辆次。推进乡村振兴战略落细落实，2020年全市实现农林牧渔及服务业总产值304.16亿元，比上年增长4.3%，第一产业增加值156.56亿元，比上年增长4.2%，增幅均列全省第一位。

3. 不断增强生物多样性

通过科学调度生态用水、补水工作，实施关键物种繁殖栖息地保护和鸟类保护工程，实现了生态系统的良性维持，生物多样性明显增强。自然保护区内鸟类种类由建区时的187种增加到368种，其中国家二级以上保护鸟类63种，在世界8条鸟类主要迁徙通道中，黄河三角洲横跨2条，每年途经东营的候鸟数量超过600万只；其中38种鸟类种群数量超过全球1%，是白鹤全球第二大越冬地、东方白鹳全球最大繁殖地、黑嘴鸥全球第二大繁殖地，荣膺“中国东方白鹳之乡”“中国黑嘴鸥之乡”称号。植物种类由1995年的393种增加到现在的685种，其中野生种子植物116种，是中国沿海最大的新生湿地自然植被区之一。昆虫调查鉴定512种，99种为山东省新记录。

（二）大力实施湿地生态系统修复

湿地是东营最大的生态特色，据第二次全国湿地资源调查，东营市湿地有5类14型，总面积约占山东省的1/4。围绕东营河、海、湖、湿地、城五大特色要素，大力实施退耕还湿、退养还滩等，加快推进海洋生态修复、盐地碱蓬植被修复等一系列重大生态工程，全力修复湿地生态。

1. 加强自然保护区生态保护

黄河三角洲国家级自然保护区湿地面积1131平方公里，占总面积的74%，以芦苇沼泽湿地为主，其次为河口滩地、带翅碱蓬盐滩湿地、灌丛疏林湿地以及人工槐林湿地等，2019年12月创建为国家5A级生态旅游景区。近年来，以生态补水为主要手段，实施了刁口河故道生态调水等工程，累计疏通水系75.8公里，退耕还湿、退养还滩7.25万亩（其中退耕还湿6.6万亩，退养还滩0.65万亩），自然保护区土地权属范围内退耕还湿、退养还滩已全部完成，正在或计划实施生态修复项目9个、总投资6.5亿元，维护生态系统完整性和原真性。

2. 加强湿地城市建设

牢固树立“做湿地就是做城市”的理念，“以湿定城、依湿治城”，全力打造富有活力的现代化湿地城市。颁布《山东黄河三角洲国家级自然保护区条例》《东营市湿地保护条例》，建成国家湿地公园2处、省市级湿地公园14处、湿地保护小区59处，新增湿地保护面积400平方公里以上。2020年，实施黄河三角洲自然保护区国际重要湿地保护与修复工程，面积32平方公里，是东营建市以来最大的湿地修复工程。坚持以规划引领提升城市建设品质，启动实施“湿地城市建设”三年行动计划，编制《东营市湿地城市建设三年行动计划实施方案》，完善湿地保护与城市建设融合发展机制，以湿地城市总体设计引领城市风貌，推进重点片区开发，精心打造水环境，彰显湿地城市特色。

3. 加强生态水系构建

坚持“水资源、水环境、水生态、水灾害、水文化”五水统筹和“分雨水、纳洪水、排涝水、治污水、节黄水、用中水”六水共治，科学编制中心城水系连通、水循环利用和水生态治理方案。2020年，重点实施总投资130亿元的小清河流域防洪综合治理、中心城区水环境综合治理等227项水务工程，打造内外贯通的水循环系统，2021 年汛期前完工，从根本上解决干旱水患矛盾。投资 29 亿元，实施 40 平方公里的天鹅湖蓄滞洪工程，开挖水系 4 条 11 公里、疏挖蓄滞洪区 32 平方公里，可蓄滞洪水 4000 万立方米。中心城广利河、溢洪河及内水系环境综合治理工程，累计完成投资 21.12 亿元，铺设雨污管线 134.3 公里、清淤河道 33 万立方米、清淤管道 514 公里，中心城河道（水系）水质稳定达到地表水 V 类标准，并逐步向地表水 IV 类标准提升。

（三）大力推动黄河三角洲高质量发展

依托区域资源优势和产业发展基础，按照“延伸产业链、形成产业集群、构建产业生态”的理念，优化增量、调整存量，加快新旧动能转换，积极构建具有东营特色和持续竞争力的“5+2+2”产业体系，2020 年，全市上榜中国企业 500 强 8 家、中国制造业 500 强 15 家。上榜企业数量居全省首位。

1. 打造绿色循环能源石化产业

按照“优化重组、减量整合、上大压小、炼化一体”的原则，加快炼化产能整合，以东营港经济开发区为主体，打造鲁北高端石化产业基地核心区，推动炼化产业向规模化、集约化、链条化方向发展。深化石化产业链条接续发展，以芳烃、烯烃综合利用、化工新材料三大产业链为核心，延伸产业链条，发展终端消费产品，打造高能级化工新材料和精细化工产业集群，建设世界一流的化工新材料和精细化工产业基地。依托威联化学 200 万吨/年对二甲苯项目，加快贯通上下游产业链条，带动炼化产能整合、减油增化。全市 7 家化工园区、25 家化工重点监控点通过山东省政府认定，临港产业园丙烯产业集群入选全省首批“雁阵形”产业集群储备库。营业收入 100 亿元以上石油化工企业 17 家，10 家企业入围“2019 中国民营企业 500 强”，12 家企业入围“2020 中国民营企业 500 强”。2020 年，实现主营业务收入 4346.3 亿元、利润总额 107.5 亿元。

2. 优化提升特色产业

橡胶轮胎产业，加快推进橡胶轮胎产能整合，鼓励企业通过产能置换、指标交易、股权合作方式开展兼并重组，推动产能向优势企业集聚，集中力量培育 3~5 家全球领军型企业，建设全国一流高端橡胶轮胎产业基地。有 7 家企

业入围全球轮胎行业75强，整体实力明显增强。有色金属产业，控制现有铜冶炼规模，倒逼企业提高冶炼技术水平，重点发展电磁线、特种线缆等高附加值产品，推进铜基新材料研制和产业化，拓展在轨道交通、海洋工程装备、新一代信息技术、航空航天等领域的研发应用。有色金属产业被列入山东省主导产业集群转型升级示范工程，产业智能制造化水平明显提升。石油装备产业，把握石油装备高端化、智能化、服务化发展趋势，坚持产品和服务并重、海陆并重发展方向，巩固石油装备总装及配套产业一体化发展产业集群，打造具有国际竞争力的高端智能石油装备制造基地。建成了全国唯一的国家采油装备工程技术研究中心，被授予“中国石油装备制造业基地”称号，核心竞争优势明显增强。新材料产业，依托国瓷等龙头企业和国家级稀土催化研究院、高性能氧化铝纤维研究院等创新平台，聚焦功能陶瓷材料、高性能纤维材料、稀土催化材料、5G功能材料、铜基新材料等关键和前沿新材料领域，拓展高附加值产品，培育高能级特色新材料产业集群。首家国家级稀土催化研究院挂牌成立，国瓷公司成为国内最大的功能陶瓷材料、纳米级复合氧化锆等产品生产企业，全球第二家高档纳米级钛酸钡生产企业。

3. 巩固强化优势产业

现代高效农业，依托国家级黄三角农高区，与中科院共建黄河三角洲现代农业技术创新中心，打造盐碱地高质高效农业创新高地；做强做优绿色蔬菜、食用菌、莲藕、中草药等特色产业，推动农业标准化生产，强化农产品品牌创建，塑造“黄河口农品”整体形象。黄河口大闸蟹获中国农产品地理标志、跻身“山东省十大渔业品牌”，蝉联“中国十大名蟹”，品牌价值达到19.92亿元。文化旅游产业，发挥世界级旅游资源优势，强化顶层设计与规划引领，优化旅游发展环境，构建“两区、两线、多点、全域”的黄河入海文化旅游目的地空间格局。实施“旅游富民”三年行动计划，制定全市乡村振兴战略规划和五个工作方案，利津县和全市9个乡镇、95个村被纳入全省乡村振兴“十百千”示范创建工程，初步打响了“黄河入海，我们回家”文化旅游品牌。

4. 聚力发展未来产业

生物医药产业，坚持大健康发展理念，发挥精细化工、传统医药产业优势，主攻医药化工，抢占生物技术药，做大做强高端化药和现代中药，培育发

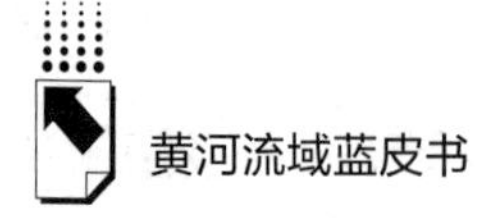

展医疗器械、海洋药物、生物食品等产业，构建现代生物医药健康产业体系。全市规模以上生物医药工业企业达到17家，天东制药产品通过了美国食品和药物管理局、欧盟药品质量管理局认证，新发药业成为世界上最大的D－泛酸钙供应商。航空航天产业，高水平规划建设20平方公里空港产业园，建设中国商飞民机试飞中心和北航航空导航与飞行校验测试基地，优先发展航空制造业，配套发展航空关联制造业，培育航空配套服务业，打造民机试飞基地、无人机试飞基地和山东北翼空港经济中心。与北京航空航天大学共同创办北航东营研究院，中国商飞民机试飞中心东营基地项目建设顺利推进，C919大型客机成功转场东营试飞。

加快推进绿色制造体系建设。一是深入推进绿色制造工程。举办了东营市绿色制造体系培训班，印发节能文件政策汇编。耐斯特炭黑、鲁方金属入选工信部绿色工厂示范名单，万达化工ABS高胶粉、赛轮轮胎轿车子午线轮胎UHP轮胎系列、绿色SUV轮胎系列CROSSPRO YS72入选工信部绿色产品示范名单。鲁方金属、胜星化工等6家企业入选山东省绿色制造项目库“绿色工厂”名单。胜星化工、东辰电力入选省能效“领跑者”名单。2020年组织利华益维远化学申报绿色工厂、金宇卡车轮胎系列产品申报绿色设计产品、东营港经济开发区申报绿色园区，均上报国家工信部。推荐森诺科技申报山东省绿色制造第三方评价机构，东源新材料申报推广类环保技术装备目录、符合环保装备制造业规范条件企业。二是积极扶持鼓励企业加强技术改造。市财政每年拿出3亿元，连续三年支持工业技术改造。2020年3月组织申报全市工业企业第一批技术改造扶持项目，经县区推荐、专家评审、研究论证和公示公开，全市确定扶持项目48个。三是加强资源综合利用，推动资源综合利用和高质量发展。根据国家、山东省工作部署，积极推进工业废弃物减量化、资源化、再利用。2019年工业固体废弃物产生量274.103万吨，综合利用量270.49万吨，综合利用率98.68%，超额完成省下达的任务目标。2020年上半年工业固体废弃物产生量103.457万吨，综合利用量102.857万吨，综合利用率99.42%。根据省工信厅部署，开展工信领域废旧塑料资源综合利用工作，出台《关于贯彻国家、省完善废旧家电回收处理体系推动家电更新消费有关政策的通知》，组织4家企业参加工信部举办的电器电子产品有害物质限制使用视频培训工作。

（四）大力加强黄河入海文化保护传承弘扬

“万里黄河水，到此入海流”，河海交汇的东营滋养孕育了由孙子文化、红色文化、石油文化、吕剧文化、湿地文化等构成的丰富多彩的黄河文化。着力加强黄河文化资源保护，构建文化保护传承弘扬体系，推进文化生态旅游融合发展，构建全域旅游发展新格局，不断提升黄河入海文化内涵。重点实施了黄河文化资源普查工程，开展全市黄河干流流经区域盐业遗址、革命文物资源排查，确定垦利海北、利津铁门关等重点文物点 64 处，建立完整工作档案，推动东营市海上丝绸之路保护和申报世界文化遗产。传统工艺振兴工程方面，实施“吕剧振兴”工程，大型吕剧《梅骨丹心》在中央电视台戏曲频道播出。举办黄河系列文化旅游活动，着力打造立足东营、辐射沿黄、带动整个黄河流域发展的常态化节庆会展活动。建设黄河三角洲研学游一体化科普文化旅游示范基地、滨海廊道农旅产业园、旅游配套服务提升工程等一批重大工程。东营市成功创建第三批国家公共文化服务体系示范区，是山东省唯一入选城市。全市 5 个县区、40 个乡镇街道、231 个村（社区）建设了历史文化展馆（室），并建设了 25 处企业文化展馆。全市 6 处公共图书馆全部建成“尼山书院”，并建成学校“尼山书院”6 处、乡村（社区）儒学讲堂 502 个。

三　东营市黄河三角洲生态保护和高质量发展中存在的问题

（一）生态环境敏感脆弱

黄河三角洲湿地作为新生湿地生态系统，具有年轻性、脆弱性、不稳定性等特点。受黄河入海流路、水沙量、降水量、人为活动等多重因素影响，陆海相互作用强烈，问题复杂多样、相互交织，面临整体性生态退化风险。面临湿地面积缩减、生物多样性降低、生态系统服务功能下降等问题，保护形势依然严峻。近 10 年黄河年均入海水量、年均来沙量显著衰减，导致河口地区不断受到海水侵蚀，除现行流路尚有淤积延伸外，整个三角洲地区沿海滩涂全面侵蚀，对保护物种环境造成巨大威胁。海水倒灌和区域水系不贯通，导致陆域生态系统出现逆向演替，难以实现湿地系统的良性维持。互花米草等外来物种入侵不断挤占原生物种生存空间。

（二）水资源供需矛盾突出

黄河三角洲属半湿润半干旱气候，受自然条件限制，地表水、地下水资源匮乏，黄河水是主要的淡水客水资源。全市人均占有当地水资源量仅为 296 立方米，低于全省平均水平，不足全国平均水平的 1/6。同时，节约集约用水观念不足，不合理用水现象依然突出。随着黄河三角洲地区用水以及经济社会发展的需要，水资源供应矛盾日益尖锐，多水源优化与空间均衡配置体系急需建立。

（三）产业转型任务繁重

新旧动能转换初见成效，传统动能主体地位尚未根本改变。高校院所、高层次创新平台、新型研发机构等创新资源相对缺乏，区域创新体系有待完善。在区域经济分化、核心城市加速崛起背景下，人才、科技等要素引进难度加大，转型升级任务更加艰巨。

（四）文化旅游资源整合不足

对黄河文化、海洋文化、石油文化、生态文化等优秀文化重视程度不够，创造性转化、创新性发展不足，保护传承弘扬体系有待完善。旅游资源整合缓慢，项目布局分散，基础配套不完善。与黄河流域沿线地区的旅游合作和互动不够，不利于共建“中华母亲河”文化旅游品牌。

四　东营市黄河三角洲生态保护和高质量发展展望

2020 年 8 月 31 日，中央政治局会议专题审议《黄河流域生态保护和高质量发展规划纲要》，标志着国家规划纲要在中央和国家层面基本定型。按照中央和省委部署，东营市编制完成国民经济和社会发展五年规划和 2035 年愿景目标。未来五年将抓住黄河流域生态保护和高质量发展重大国家机遇，积极探索生态保护和高质量发展互融互促的路子，聚力打造山东高质量发展的增长极、黄河入海文化旅游目的地，建设富有活力的现代化湿地城市，在黄河流域生态保护和高质量发展中作示范，在新时代现代化强省建设中走在前列，奋力开创高水平现代化强市建设新局面。

（一）打造大江大河三角洲生态保护治理重要标杆

做好黄河三角洲保护，是习近平总书记做出的重要指示。东营市坚决落实“重在保护，要在治理”的要求，以推进建设黄河口国家公园为龙头，统筹黄河三角洲生态系统修复、种质资源保护和生物栖息地建设，推进河湖生态连通、河海交流平衡，探索可复制可推广的生态保护治理模式，打造大江大河三角洲生态文明建设样板。

（二）打造国家现代能源经济示范区

习近平总书记要求，“沿黄各地区要从实际出发，积极探索富有地域特色的高质量发展新路子”。[①] 东营作为国家重要的能源基地，将在退出200万吨以下炼油装置的基础上，按照《鲁北高端石化产业基地规划》要求，通过搬迁整合、上大压小、减油增化等措施，加快推动石化产业创新、安全、绿色、循环、高效、集群发展，为黄河流域能源产业高质量发展创出经验、提供借鉴。

（三）打造黄河入海文化旅游目的地

习近平总书记提出“打造具有国际影响力的黄河文化旅游带”。[②] 东营将紧扣“黄河入海”地域标识特色，深入挖掘黄河口文化内涵，建设黄河三角洲生态文明教育基地，成立“国家湿地城市联盟”，举办黄河国际论坛，努力让黄河三角洲成为向世界展示黄河文化的标志地。围绕“河海交汇、新生湿地、野生鸟类”世界级旅游资源，策划生态教育、自然体验、文化旅游精品项目，打造国家级黄河文化旅游带示范点。

（四）打造盐碱地高质高效农业创新高地

盐碱地综合治理是世界性难题。我国有5.2亿亩盐碱地，占可利用土地的

---

① 习近平：《在黄河流域生态保护和高质量发展座谈会上的讲话》，《求是》2019年第20期。

② 习近平：《在黄河流域生态保护和高质量发展座谈会上的讲话》，《求是》2019年第20期。

近5%。2015年国务院批复设立黄三角农高区，赋予其盐碱地综合治理和高效利用科技攻关的重大使命，在山东省委、省政府直接推动下，黄三角农高区正与中科院共建黄河三角洲现代农业技术创新中心，聚焦盐碱农业核心关键技术，加快布局国家级研发平台、中试基地和孵化园区，建设以盐碱农业技术创新为引领、具有国际影响力的农业创新高地。

（五）打造沿黄沿海和山东半岛城市群交通物流重要节点城市

东营是衔接环渤海地区与黄河流域的重要战略节点，是山东半岛城市群重要的沿海港口城市。东营将按照“大港口、大交通、大物流”的思路，加快高铁、高速、港口、机场、管道等重大交通设施及物流体系建设，打造黄河流域重要出海通道。加强开放合作，建立区域协作机制，建设黄河流域高质量发展增长极、对外开放新高地。

参考文献

习近平：《在黄河流域生态保护和高质量发展座谈会上的讲话》，《求是》2019年第20期。

杨丹、常歌、赵建吉：《黄河流域经济高质量发展面临难题与推进路径》，《中州学刊》2020年第7期。

陈晓东、金碚：《黄河流域高质量发展的着力点》，《改革》2019年第11期。

陆大道、孙东琪：《黄河流域的综合治理与可持续发展》，《地理学报》2019年第12期。

李小建、文玉钊、李元征、杨慧敏：《黄河流域高质量发展：人地协调与空间协调》，《经济地理》2020年第4期。

周伟：《黄河流域生态保护地方政府协同治理的内涵意蕴、应然逻辑及实现机制》，《宁夏社会科学》2021年第1期。

B.27
东阿县推进沿黄县域生态保护和高质量发展的探索与实践

王承敏　孙　青*

摘　要： 沿黄县域是落实黄河流域生态保护和高质量发展战略的基础载体和关键主体。东阿县地处黄河下游平原地带，在生态、文旅、区位、产业基础等方面优势相对突出。在黄河流域生态保护和高质量发展战略引领下，东阿县对自身基础优势进行再认识，对规划进行再优化，以生态优先的发展理念为引领，正确处理近期与长远、局部与全局的“舍与得”关系，重点推进“五加快、五促进”工程，在助推沿黄县域生态保护和高质量发展方面取得了明显成效，为全国沿黄县域发展积累了宝贵经验。报告建议，应进一步强化县域黄河生态修复治理主体责任，积极开展黄河流域生态产品价值实现机制县域试点，加快提升沿黄县域生态科技战略融入能力，探索建立沿黄县域间合作交流常态化机制。

关键词： 沿黄县域　生态保护和高质量发展　东阿县

山东省聊城市东阿县地处黄河下游，沿黄河河道左岸呈西南东北狭长带状展开，黄河下游最窄的艾山卡口位于县境内，常住人口 40 万，是鲁西平原重要的粮食主产县，在沿黄县域生态保护和高质量发展方面责任重大、任务繁

* 王承敏，中共东阿县委党校副书记，四级调研员；孙青，中共东阿县委党校教研室副主任，高级讲师，主要研究方向为经济管理。

重。为更好地服务服从于黄河流域生态保护和高质量发展，东阿按照县委“一二三四五六”的工作思路①，坚守定位，保持定力，锚定“阿胶名城、生态强县、康养东阿”的目标定位，筑牢绿色发展基底，强化系统谋划，坚持理性推进，一个领域接着一个领域突破、一个项目接着一个项目攻坚，破解了很多有形无形的瓶颈制约，积累了不少点上面上的有益经验，塑造了很多显在潜在的比较优势。东阿县的探索与实践为进一步推进全国沿黄县域生态保护和高质量发展积累了宝贵经验。

一　东阿县的基础与优势

东阿县境内沿黄线达 57 公里，占山东黄河段总长度的 9%，占聊城市黄河河道长度的 95%。黄河位山灌区作为全国第五大灌区，承担着鲁西地区 540 万亩农田灌溉任务，是“鲁西粮仓”名副其实的压舱石、定盘星，同时还担负“引黄入卫”“引黄济津”“引黄入冀（淀）”等大型跨省跨流域输水任务。位山灌区沉沙池区是全国最大的沉沙池区，自 1970 年复灌以来，引进黄河泥沙总量超 3 亿立方米。南水北调东线一期工程穿黄而过，黄河水、长江水在此交汇，进一步奠定了东阿县在山东乃至中国治水史上的重要地位。

（一）生态资源基础厚实

东阿县具有独特的资源优势，特别是水资源量大质优，富含多种矿物质，被鉴定为天然优质饮用矿泉水，是聊城饮用水源地。东阿是国家园林县城，被原国家林业局誉为“平原林业的一面旗帜”。现有国家级黄河森林公园 1 处、国家级湿地公园 1 处和国家级水利风景区 2 处。其中，国家级黄河森林公园森林覆盖率高达 72%，有野生动物 300 余种、植物 230 余种。东阿县空气质量综

① 即围绕一个总体目标，即“争先进位，科学发展，建设阿胶名城、生态强县、康养东阿”；突出两大特色优势，即“健康养生独有的产业优势”“人文生态并存的环境优势”；用足三大发展力量，即“激发内力”“借助外力”“凝聚合力”；聚焦四大重点任务，即“产业升级”“环境提升”“城乡统筹”“民生改善”；着力打造五个东阿，即“实力东阿”“活力东阿”“生态东阿”“平安东阿”“幸福东阿”；落实六大保障机制，即“党建保障机制”“科学决策机制”“工作推进机制”“督导落实机制”“考核奖惩机制”“追究问责机制”。

合指数和水环境质量，在聊城市名列前茅。东阿是中国阿胶之乡、中国喜鹊之乡、中国黄河鲤鱼之乡、中国油用牡丹之乡、中国驴肉美食之乡，是全国绿化模范县、国家级生态示范区、中国绿色名县、中国最具幸福感百佳县市，被誉为“万户喜鹊吉祥地，千年阿胶福寿乡”。

（二）历史文化旅游资源丰富

东阿春秋置邑，秦朝设县，距今已有2000多年历史。境内存有大汶口文化、龙山文化遗迹以及上古仓颉墓地、汉代画像石墓等。才高八斗、七步成章的建安文学代表人物曹植曾；封东阿王，并创作了“鱼山梵呗”，使东阿鱼山成为中国佛教音乐发源地，享誉海内外。鱼山曹植墓为全国重点文物保护单位。现有“鱼山梵呗”和“东阿阿胶制作技艺”两项国家级非物质文化遗产、“东阿杂技”等5项省级非物质文化遗产、“东阿下码头王皮戏”等24项市级非物质文化遗产。东阿县拥有国家4A级旅游景区1处、3A级旅游景区3处，近年来游客数量不断攀升，旅游收入逐年增加，并荣获了中国最佳养生休闲旅游名县、中国最佳康养旅居度假名县、山东旅游强县等荣誉称号。

（三）区位优势突出

东阿毗邻京九、京沪、济邯、济馆等交通动脉，国道105、341和三条省道贯穿全境，一个小时可抵达省会济南，四个小时可抵达北京和青岛。青兰高速（东阿段）、高东高速建成通车。青兰高速黄河大桥、平阴黄河大桥连通黄河两岸，建设中的东阿—东平黄河大桥、聊泰铁路公铁两用桥加快建设，G105京澳线东阿黄河大桥和济南—东阿高速前期工作有序推进，郑济高铁加速建设，东阿东融济南、西接聊城的区位优势更加凸显。

（四）阿胶特色康养产业主导明显

东阿是道地正宗阿胶的原产地，素有“中国阿胶之乡”的美誉。阿胶是中华医药瑰宝，对补气养血、美容养颜、提高免疫力等具有独特功效。阿胶也是东阿的城市名片和支柱产业。东阿阿胶股份有限公司是全国最大的阿胶类产品生产企业，拥有中成药、保健品、生物药等多个产业门类，曾荣获“联合国发展目标千年金奖”“全国质量奖”“中国农产品百强标志性品牌”等诸多

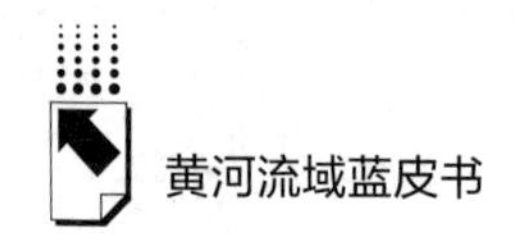

荣誉。以东阿阿胶股份有限公司为引领，目前东阿县阿胶类生产企业达百家，规模以上阿胶生产企业 11 家，阿胶产业年产值突破百亿元。东阿县阿胶产业集群被认定为山东省级产业集群。同时辰康药业、澳润药业等大健康项目正在加快建设，生物医药产业不断发展壮大。

二　东阿的实践与路径

东阿县立足自身独特的生态、文旅、区位和产业优势，抢抓黄河流域生态保护和高质量发展、省会经济圈一体化发展重大机遇，在深入研究以水定城、以水定地、以水定人、以水定产的基础上，突出生态优先发展理念，锚定“阿胶名城、生态强县、康养东阿”目标定位，坚持绿色发展一条主线，实施“五加快、五促进”工程，在沿黄县域层面积极落实黄河流域生态保护和高质量发展战略方面作出了积极探索。

（一）加快生态治理协同，促进绿色基底更坚实

东阿县始终坚持把生态环境保护放在重要位置，“生态立县”、“生态强县”以及“黄河生态建设”等相关内容连续 18 年被列入东阿县政府工作报告。全省平原地区国土绿化现场会、全市创森现场会、全市生态文明现场会和全市国土绿化现场会相继在东阿召开，先后获得“国家级生态示范区”“全省生态文明乡村建设工作先进县”等荣誉称号。一是超前谋划布局，以市场化运作激发活力。2004 年，谋划成立黄河森林公园，2010 年晋升为国家级黄河森林公园，规划建设面积达 2266 公顷，是全国首家平原上建起的国家级黄河森林公园。组建副县级管理机构——东阿黄河森林公园管理服务中心，专职推动黄河沿线生态管理和旅游工作。在此基础上谋划“两步走”发展战略，第一步是开展大规模植树造林活动，提高森林覆盖率，改善生态环境；第二步基于前期生态治理成效，以“森林 + 旅游”为突破口，发展沿黄生态旅游，打造黄河康养度假区，促进绿色发展。探索“管理服务中心 + 公司”管理模式，成立东阿鲁森旅游开发有限公司和东阿鲁林农业开发有限公司两个国有独资企业，管理服务中心和公司形成“两驾马车”，政府管理服务和市场化运营相辅相成，并驾齐驱，推动了黄河流域生态旅游的高质量发展。二是加强总体设

计，创新体制机制。研究制定了《东阿县实施黄河流域生态保护和高质量发展的意见》，与东阿县“十四五”规划同谋划、同部署、同推进。编制了《黄河流域东阿段自然生态保护实施方案》，从“绿、水、洁”三方面入手，做足做细生态环保文章。实行“领导小组 + 指挥部 + 工作专班”机制，下设十大专班，分工负责黄河流域生态保护和高质量发展各项任务。强化考核“指挥棒”作用，将黄河流域生态保护和高质量发展纳入全县年度综合考核体系，与新旧动能转换、乡村振兴等重点工作同考核、同奖惩。大力推行林长制、河长制、湖长制，东阿县林长制经验被省自然资源厅转发。森林资源管理“一张图”年度更新试点工作通过省级验收。三是突出司法保障，推进协同治理。成立东阿县黄河流域生态环境政法保障领导小组，县政法委负责统筹调度、整体推进。县法院、检察院、公安、司法、河务、生态环境等九个部门联合制定《东阿县环境资源保护执法与司法联动机制工作方案》和《关于建立环境资源执法与司法联动机制联席会议制度的意见》，明确部门职责，构建联络机制，加强数据共享，细化工作流程，如遇突发重大疑难案件随时召开联席会议，确保执法、司法密切衔接，全覆盖、无死角。县法院设立了全国首个环境资源巡回法庭和全省黄河流域首个生态环境司法修复基地，切实用法治思维、法治手段为黄河流域生态保护保驾护航。

（二）加快现代农业赋能，促进粮食生产更安全

东阿县作为典型的沿黄农业县，始终把保障粮食安全放在突出位置，毫不放松抓好粮食生产，粮食产量稳定在 50 万吨以上，是全国优质小麦生产基地县、全国基本农田保护先进县、全省粮食生产先进县。一是不断巩固提高粮食产能。把保障粮食安全作为农业现代化的首要任务，全面落实“藏粮于地、藏粮于技”战略，严守耕地红线，严格保护永久基本农田，加强粮食生产功能区和重要农产品生产保护区建设，实施好高标准农田建设。严格落实农业支持保护补贴、农机补贴、农业保险等惠农政策，整治农资市场，鼓励开展多种形式社会化服务，保障了全县粮食安全稳定生产。二是强化现代农业科技和物质装备支撑。为推动引黄灌区为农田高效配水，东阿县实施引黄灌区农业节水项目工程，对河道危桥、漏水闸、阻水闸进行了改建，清除河底垃圾杂草，对河堤进行了硬化、衬砌。解决了引水灌溉难题，打通了农田水利“最后一公

里”，保障了粮食安全生产。大力推进主要农作物全程全面、高质高效机械化，是全国第三批率先基本实现主要农作物生产全程机械化示范县、全省平安农机示范县。以新技术、新品种、新成果的引进转化为核心，强化良种良法配套、农机农艺集合，逐步提升科技推广水平，为农业产业化发展提供了强有力的科技支持。三是推动农业产业化发展和品牌建设。引导扩大粮食、蔬菜、林果、畜牧等种养规模，打造现代高效农业产业集群。2018 年 5 月获批设立东阿省级农业高新技术产业开发区，突出发展以阿胶为主业的一、二、三产高度融合全产业链发展模式。东阿县现代农业产业园被认定为第三批国家现代农业产业园。东阿黑毛驴中国特色农产品优势区成功入选第一批中国特色农产品优势区。围绕“黑白黄绿”[①] 等特色优势产业，不断延伸产业链条，促进农民增收。目前全县拥有全国绿色食品原料标准化生产基地 16.5 万亩，“三品”品牌累计达到 205 个，国家地理标志累计达到 10 个。

（三）加快文旅资源融合，促进黄河生态廊道提质升级

东阿县以国家级全域旅游示范区创建为抓手，以“阿胶养身 · 鱼山养心 · 黄河怡情”旅游品牌为支撑，实施了一批黄河流域生态保护和高质量发展重点工程和项目，高标准规划的黄河康养旅游度假区项目列入省新旧动能转换重大项目库。一是强化规划赋能。高标准编制了《东阿县全域旅游发展总体规划》《东阿县黄河康养旅游度假区总体规划》等十余个专项规划，突出“一体两翼一带”[②] 发展脉络，实现东阿黄河文化旅游业的全域共建、全域共

① 黑，即东阿黑毛驴。以东阿阿胶集团为依托，培植黑毛驴特色养殖、商品驴交易、活体循环开发、屠宰加工、阿胶、生物制药、文旅等一体的全产业链发展模式。白，即油用牡丹。深化二、三产业链条，引进牡丹系列产品加工企业，牡丹籽油、牡丹花蕊茶等产品已上市。东阿县连续多年举办东阿牡丹观光节，走出了一条以养生休闲为核心的特色生态文化旅游发展之路。黄，即黄河鲤鱼。围绕“东阿黄河鲤鱼”这一国家地理标志保护产品，采取“合作社 + 养殖片区 + 农户”发展模式，大力实施“一条鱼”工程，共辐射发展黄河鲤鱼养殖区域 3 万亩，总产值 3 亿元，农户平均亩产综合收入破万元。绿，即绿色优质农产品。东阿是中国优质果品生产基地县，盛产草莓、黄金梨、葡萄等优质果品。全县蔬菜种植面积约 5 万亩，以陆地蔬菜为主，打造了“江北绿”“黑泥巴”等蔬菜绿色品牌。

② 以阿胶世界、阿胶博物馆、阿胶城等已建成项目以及在建的中医药健康产业园为“主体”，以艾山、鱼山、曲山景区和位山灌区沉沙池湿地公园为“两翼”，以济聊一级公路连接济南、聊城形成的休闲体验绿色长廊为“一带”。

融、全域共享。二是强化文化赋能。深入挖掘黄河文化，讲好东阿黄河故事。广泛搜集有关黄河的历史典故、民俗风情、民间艺术等，分类编制黄河文化名录。依托国家级重点文物保护单位、国家级非物质文化遗产保护传承和国家级旅游景区打造，促进文旅深度融合。艾山景区拥有全国单体面积最大的牡丹立体种植园区，是集旅游观光、休闲养生、文化展示于一体的休闲观光产业园区，现已成功举办五届牡丹观光节，创新发展了“景区带村”“企业+农户”等旅游产业模式。三是强化生态赋能。凭借得天独厚的自然资源，生态黄河已成为东阿文化旅游的金字招牌。特别是围绕沉沙池区，量身规划实施的位山湿地生态旅游扶贫开发项目，巧用融资平台，吸引聊城本土企业裕昌集团等社会资本参与，打造以位山湿地公园为中心的连片景区，大力发展生态旅游业，变昔日“风沙滩”为今朝“绿洲地”，进而加速由“绿水青山”到“金山银山”的华丽转身，实现了生态效益、经济效益、社会效益的良性发展。2021 年 3 月，山东省举行沿黄九市一体打造黄河下游绿色生态走廊暨生态保护重点项目集中开工活动，聊城分会场设在东阿县姜楼镇沉沙池区生态修复提升项目现场，山东省、市领导集体观摩了该项目。

（四）加快康养产业集聚，促进新旧动能接续转换

为深度对接融入国家和省重大战略布局、加快构建现代优势特色产业体系，东阿县坚持把发展经济着力点放在实体经济上，以骨干企业为依托、现有园区为载体、重大项目为支撑，大力实施新旧动能转换重大工程，加强产业基础再造和产业链升级，打造具有核心竞争力的优势特色产业集群，提高经济效益和核心竞争力。一是聚焦阿胶产业，大力“培优”。阿胶产业是东阿县的主导产业，为助力产业提质增效，东阿县组建了阿胶产业发展服务中心，全力为阿胶产业集群服务。实施“51510+N”骨干企业培育工程，即利用 5 年时间，培育产值过 200 亿元企业 1 家，产值过 10 亿元企业 5 家，产值过亿元企业 10 家，形成龙头企业带动、骨干企业支撑、中小企业聚集发展的阿胶产业集群。二是聚焦康养产业，着力“提质”。华润生物产业园、常青藤生物产业园等大健康项目正在加快建设，华润医药、武汉红桃 K 等多家知名医药企业落户东阿，东阿中医药大健康产业集聚化集群化态势加速形成。在城市东部大力发展以中医药、生物医药为主的医药产业基地，在城市西部规划建设以医疗、康养

为主的医养产业基地，形成东西部两翼齐飞、“防未病和治已病”同步发展的医养大健康产业格局。三是聚焦省会经济圈，着力“融合”。东阿县与济南市平阴县隔河相望，地理、人文、产业等资源禀赋相似，为加快融入省会经济圈，推动济聊一体化发展，两县签订了《平阴县人民政府东阿县人民政府一体化发展战略合作协议》，在交通设施、文旅康养、生态共建等领域达成合作意向，为促进区域经济融合发展奠定了基础。

（五）加快经济发展与碳排放脱钩，促进“两山”理论落地生根

东阿县深入践行“绿水青山就是金山银山”的发展理念，坚守生态底线，筑牢绿色底色，下大力气保护碧水蓝天，持续打好污染防治攻坚战，坚定不移地走绿色低碳可持续发展道路，努力使天更蓝、水更清、地更洁、环境更优美。一是加快淘汰落后动能。产业发展上严格落实国家环境保护、产能转移政策，调整优化产业发展战略，逐步淘汰高耗能、高污染的传统资源消耗型企业和产业。以东昌焦化和鑫华特钢为例，两家企业作为全县的税收大户，对东阿县的税收、下游企业带动和就业都起着举足轻重的作用，但出于环保需要、煤炭压减和去产能要求，东阿县以“壮士断腕”的勇气，将每年纳税 1.4 亿元左右的东昌焦化关停，对 2020 年纳税 4.38 亿元的鑫华特钢即将实施产能转移。二是深入开展专项治理。以中央和省环保督察反馈问题整改为契机，深入开展扬尘、尾气、燃煤等专项治理，扎实推进“四减四增”专项行动。关停了上市公司鲁西化工的核心企业第二化肥厂和近 400 家砂石料厂，清理取缔散、乱、污企业 261 家，整顿提升 151 家，全县空气质量明显好转，连续三年空气质量综合指数、PM2.5 指标列全市第一位。三是做好能耗双控工作。按照“要素跟着项目走”的机制要求，着力调整能耗指标向大项目、好项目倾斜，增强高质量发展动力。2020 年万元地区生产总值能耗（强度）累计下降 32.36%，超额完成“十三五”的目标任务。

三　提升沿黄县域发展能力的几点思考

习近平总书记在黄河流域生态保护和高质量发展座谈会上指出，沿黄河各地区要从实际出发，宜水则水、宜山则山，宜粮则粮、宜农则农，宜工则工、

宜商则商，积极探索富有地域特色的高质量发展新路子。[①] 全国沿黄县域情况不同，特色各异，要牢固树立“一盘棋”思想，注重保护和治理的系统性、整体性、协同性，坚持中央统筹、省负总责、市县落实的工作机制，不断提升发展能力，力争在黄河流域生态保护和高质量发展中发挥重要作用。

（一）强化县域黄河生态修复治理主体责任

中共中央政治局会议审议《黄河流域生态保护和高质量发展规划纲要》时强调，要以抓铁有痕、踏石留印的作风推动各项工作落实，加强统筹协调，落实沿黄各省区和有关部门主体责任，加快制定实施具体规划、实施方案和政策体系，努力在“十四五”期间取得明显进展。沿黄县域是落实黄河流域生态保护和高质量发展战略的基础载体和关键主体，是战略落地落实的第一线，责任重大，又大有可为。但是从目前黄河流域的战略规划上来看，落脚点大多是在市级层面，而沿黄县域在实施黄河战略规划时，无法有效地与上级政策对接，缺少推动工作的主动性和抓手。建议在战略规划制定实施方面，突出县域黄河生态修复治理具体落实者的主体责任地位，充分考量沿黄县域在黄河生态修复治理中做出的牺牲和贡献，建立沿黄县域激励补偿机制，相关专项资金向沿黄县域倾斜，给予其更大自主权，最大限度地调动沿黄县域的积极性、主动性和创造性。

（二）开展黄河流域生态产品价值实现机制县域试点

当生态优势转化为经济优势时，绿水青山就成了金山银山。践行“绿水青山就是金山银山”的理念，关键在于促进生态优势向经济优势转化，也就是经济学意义上的生态产品的价值实现。[②] 习近平总书记指出，“要积极探索推广绿水青山转化为金山银山的路径，选择具备条件的地区开展生态产品价值实现机制试点，探索政府主导、企业和社会各界参与、市场化运作、可持续的

① 《习近平总书记在黄河流域生态保护和高质量发展座谈会上的讲话》，《山西水利》2020 年第 9 期，第 1 ~ 3 页。

② 石敏俊：《生态产品价值实现的理论内涵和经济学机制》，《光明日报》2020 年 8 月 25 日，第 11 版。

生态产品价值实现路径”。[①] 近年来，许多地方积极探索生态产品价值实现，取得了积极成效，形成了一批典型做法。自然资源部组织编写了《生态产品价值实现典型案例》，这些典型案例值得我们学习。对沿黄县域，尤其是沿黄农业县来说，更要在黄河流域生态产品价值实现机制上有所突破，努力将生态优势转化为经济优势。建议开展黄河流域生态产品价值实现机制县域试点工作，有效破解生态产品提供地区陷入“守着绿水青山饿肚子”窘境问题，为推动当地经济社会高质量发展探索经验做法，同时能够为全省乃至全国生态产品价值实现提供可复制、可推广的试点经验。

（三）提升沿黄县域生态科技战略融入能力

创新是引领发展的第一动力，无论是保护生态环境、改善人民生活条件，还是改造提升传统产业、培育新动能、发展新兴产业都离不开科技创新的战略支撑。对于沿黄县域来说，自身科技力量薄弱，自主创新的能力较差，必须积极主动地融入国家重大战略，找准适合黄河流域特色的科技创新之路。建议构建以黄河流域为主，全国支持的大保护大治理科研支撑平台，实现优势互补、资源协同、数据共享；统筹协调各区域的技术创新主体，建立共同参与、利益共享、风险共担的产学研用协同创新机制；在黄河流域尤其是沿黄县域布局国家实验室、国家技术创新中心、国家工程中心等，提升沿黄县域的科技创新水平，并通过上述平台汇集各类高层次人才，形成科技创新和高层次人才的聚集地。

（四）建立沿黄县域间合作交流常态化机制

习近平总书记强调，要坚持上下游、干支流、左右岸统筹谋划，共同抓好大保护，协同推进大治理。[②] 黄河流域生态保护和高质量发展要将横跨九省区的黄河流域当作一个整体，统一进行安排部署，合力做好统筹规划和协调配合。当前，就沿黄县域来说，互相联系交流合作较少，在一定程度上存在各自

---

① 刘奇：《积极探索生态产品价值实现路径（深入学习贯彻习近平新时代中国特色社会主义思想）》，《人民日报》2021 年 6 月 3 日，第 14 版。

② 《习近平总书记在黄河流域生态保护和高质量发展座谈会上的讲话》，《山西水利》2020 年第 9 期，第 1 ~ 3 页。

为政、无序发展的情况。因此建议在国家和省级层面建立完善黄河流域生态保护和高质量发展领导体制和工作机制，统筹安排跨区域合作、生态治理与环境保护、规划建设、重大基础设施、品牌构建与宣传等重大事宜。通过定期召开区域联动发展会议等方式，搭建沿黄县域之间的交流合作平台。从政府、企业、社会组织等多层面探索建立沿黄县域合作和利益共享机制，发挥好沿黄县域主体功能，协同推动黄河流域生态保护和高质量发展，共同将黄河建设成为水清、河畅、岸绿、景美的生态河、幸福河。

参考文献

《中共中央政治局召开会议 审议〈黄河流域生态保护和高质量发展规划纲要〉和〈关于十九届中央第五轮巡视情况的综合报告〉中共中央总书记习近平主持会议》，《中国纪检监察》2020 年第 17 期。

林永然、张万里：《协同治理：黄河流域生态保护的实践路径》，《区域经济评论》2021 年第 2 期。

于海东、郝飚：《黄河几字弯文化旅游高质量发展研讨会在乌海召开》，《内蒙古日报（汉）》2020 年 9 月 23 日第 5 版。

《黄河流域生态保护和高质量发展协作区第三十一次联席会议召开》，《水利经济》2020 年第 5 期。

《深入贯彻落实习近平总书记重要讲话精神》，《中国水利》2020 年第 24 期。

王厚军：《新时代黄河文化的价值转变及实现路径浅析》，《出版参考》2021 年第 1 期。

王慧：《水利部、发展改革委组织启动黄河立法起草工作》，《中国水利》2020 年第 23 期。

张月友：《把长江经济带建成双循环主动脉》，《南京日报》2020 年 11 月 18 日第 B02 版。

附　　录

Appendix

B.28
黄河流域生态保护和高质量发展大事记

卢庆华*

2020年

七月

4日，黄河水利委员会会商防御大洪水实战演练工作，分析研判黄河流域水雨情形势和上游龙羊峡、刘家峡防洪运用情况，统筹黄河上、中、下游和干支流，进一步优化调整小浪底水库泄流排沙调度，重点部署做好主汛期黄河流域水旱灾害防御工作。

14日，为贯彻落实习近平总书记对进一步做好防汛救灾工作的重要指示精神，黄河水利委员会在2020年委务会议上再次专题传达学习中央领导同志重要指示批示精神以及水利部相关工作部署，要求认真贯彻落实习近平总书记关于进一步做好防汛救灾工作的重要指示，进一步做好黄河流域水旱灾害防御工作。

* 卢庆华，山东社会科学院科研组织处助理研究员，主要研究方向为国际经济、产业经济等。

19日，河南河务局召开2019年局务会议，强调全局干部职工要牢记治黄初心使命，积极践行新时代水利精神，全面落实“维护黄河健康生命，促进流域人水和谐”治黄思路和“规范管理，加快发展”总体要求，攻坚克难，务实求进，圆满完成全年各项目标任务，以新担当、新作为、新业绩向中华人民共和国成立70周年献礼。

八月

5日，由光明日报社和中共河南省委宣传部主办、河南大学承办的“扛稳保护传承弘扬黄河文化的历史责任推动黄河文化在新时代发扬光大”理论研讨会在河南大学成功举办。来自中国社科院、山东大学、陕西师范大学、河南大学等黄河文化研究重镇的知名专家学者和省社科联、省发展改革委、省文旅厅、省社科院以及有关高校的专家代表，从考古发现实证、挖掘时代价值、讲好黄河故事、推动文旅融合、打造黄河文化品牌等方面进行了深入专业的研讨，为推进黄河文化遗产系统保护，黄河文化创造性转化、创新性发展，彰显新时代黄河文化魅力，提出了不少富有见地的观点和建议。

13日，黄河水利委员会召开专题会议，学习贯彻水利部关于开展黄河流域生产建设项目水土保持专项整治行动文件精神，研究部署相关工作。这是践行习近平总书记在黄河流域生态保护和高质量发展座谈上讲话精神的一次重要行动，是贯彻落实《中华人民共和国水土保持法》的具体实践，也是履行流域机构监管职能、维护流域生态环境的客观需要。

17～19日，中国科协“青年人才托举工程”学术沙龙暨纪念黄科院成立70周年青年论坛在河南济源召开。本次论坛由中国水利学会和黄科院共同主办，主题聚焦黄河流域生态保护和高质量发展，内容涉及黄河流域生态保护与水沙调控、黄河流域水工程创新发展等多个议题。论坛期间，多位水利专家围绕宜居黄河科学构想、流域系统科学体系构建、黄河流域生态保护和高质量发展水战略思考、黄河流域水循环与全球变化等主题作特邀报告，并有16位来自全国相关研究领域的优秀青年专家、入选中国科协“青年人才托举工程”的被托举人分享了水库泥沙调控关键技术、梯级水库多目标协同调度、新型材料和技术在黄河水利工程中的应用等方面的最新研究成果。

24日，“中国水之行—黄河行”科普公益活动在青海玉树市正式启动。在习近平总书记在黄河流域生态保护和高质量发展座谈会上的重要讲话发表一周年之际，在中国科协的指导下，中国科协环境生态产学联合体于近期开展了为期一周的黄河源科考和科普活动。“中国水之行—黄河行”科普公益活动走进了青海省玉树市第一完全小学，通过科普讲座、书刊赠阅等活动，为在校师生普及水生态文明理念，传播水文化，唤醒大家的敬水、爱水、护水意识。

25 日，在水利部组织召开的黄河流域完善河长制、湖长制组织体系工作推进会上，黄河水利委员会与黄河流域九省（区）共同签署了《黄河流域河湖管理流域统筹与区域协调合作备忘录》，携手将黄河流域河湖管理保护进一步推向有实有效。

31 日，中共中央政治局召开会议，审议《黄河流域生态保护和高质量发展规划纲要》，中共中央总书记习近平主持会议。会议指出，黄河是中华民族的母亲河，要把黄河流域生态保护和高质量发展作为事关中华民族伟大复兴的千秋大计，贯彻新发展理念，遵循自然规律和客观规律，统筹推进山水林田湖草沙综合治理、系统治理、源头治理，改善黄河流域生态环境，优化水资源配置，促进全流域高质量发展，改善人民群众生活，保护传承弘扬黄河文化，让黄河成为造福人民的幸福河。

31 日，黄河流域生产建设项目水土保持专项整治行动启动会在郑州召开，这是贯彻落实习近平总书记重要讲话精神，推动黄河流域生态保护和高质量发展的重要举措，是深入践行“水利工程补短板、水利行业强监管”水利改革发展总基调的实际行动，是推动解决黄河流域人为水土流失严重问题的有效手段。

九月

3 ~ 4 日，黄河生态保护与文化发展论坛在河南省新乡市举行。该论坛由中国民主促进会中央委员会人口资源环境委员会、河南黄河河务局、黄河水利科学研究院主办，中国民主促进会河南省委员会、河南省文化和旅游厅、河南省气象局、新乡市人民政府承办。论坛期间，有关专家、学者围绕黄河流域生态保护和高质量发展、后疫情时代文旅重启、黄河历史文化传承与发展等进行了交流研讨。

16 日，为纪念习近平总书记在黄河流域生态保护和高质量发展座谈会上

讲话一周年，促进黄河流域生态保护和高质量发展重大国家战略实施，由中国科学技术协会主办的黄河流域生态保护和高质量发展高层科技论坛分论坛之一——黄河流域产业高质量发展大会在河南新乡平原示范区召开。

18 日，在习近平总书记主持召开黄河流域生态保护和高质量发展座谈会并发表重要讲话一周年之际，黄河流域生态保护和高质量发展协作区第三十一次联席会议在陕西省西安市召开，主题为“协同推进大保护大治理，建设造福人民的幸福河”。这也是黄河流域生态保护和高质量发展上升为重大国家战略后的第一次流域盛会。会议通过了《黄河流域生态保护和高质量发展协作区第三十一次联席会议联合共识》，协作区各方将坚持以习近平新时代中国特色社会主义思想为指导，牢固树立新发展理念，深入贯彻落实黄河流域生态保护和高质量发展战略，在推进生态保护联防联治、强化产业发展合作联动、推动科技创新合作、推进基础设施互联互通、扩大对外开放合作、保护传承弘扬黄河文化等方面深化合作，共同抓好大保护，协同推进大治理，共同建设造福人民的幸福河。

18 日，由宁夏社会科学院主办，其他黄河流域省区社会科学院共同协办的首届“黄河流域生态保护和高质量发展理论研讨会”在银川召开。与会领导、专家学者围绕如何建设黄河流域生态保护和高质量发展先行区、黄河流域如何走出一条经济高质量发展新路子、黄河流域水资源与环境治理以及弘扬黄河文化讲好黄河故事等议题展开分组研讨。会议审议通过了《黄河流域新型综合智库合作倡议》，根据倡议，“黄河流域生态保护和高质量发展理论研讨会”自 2020 年起每年举办一次，由黄河流域各省区社科院轮流主办。

22 日，由内蒙古自治区党委宣传部、自治区文化旅游厅与自治区沿黄 7 盟市党委、政府共同主办的几字弯黄河文化与铸牢中华民族共同体意识——黄河几字弯文化旅游高质量发展研讨会在乌海市召开。本次研讨会紧紧围绕深入挖掘黄河文化蕴含的时代价值，保护、传承和弘扬好黄河文化，讲好黄河几字弯故事，铸牢中华民族共同体意识，推动文化旅游产业深度融合发展，坚定不移地走好以生态优先、绿色发展为导向的高质量发展新路子这一主题。15 位来自区内外的专家学者分别结合各自研究领域为自治区科学制定“十四五”规划、讲好黄河文化故事、推动黄河几字弯文化旅游高质量发展建言献计。

24日，黄河文化高层论坛在郑州举行。来自12个省区社科院、高等院校及文博文化部门的专家180余人相聚黄河之滨，共论黄河文化传承与弘扬。

十月

20日，第十五届中国生态健康论坛在北京举行。论坛主题为“黄河流域生态保护和高质量发展”。十多位专家、学者参加论坛并围绕论坛主题作报告。

21日，由中国水利学会主办，黄河勘测规划设计研究院有限公司、华北水利水电大学和河南省水力发电工程学会联合承办的中国水利学会2020学术年会·黄河流域生态保护和高质量发展分会在郑州召开。本次年会以“强化科技支撑，建设幸福河湖”为主题，采用“会+赛”的模式，突出多学科、多领域的交叉融合，设置有流域发展战略、黄河流域生态保护和高质量发展、水生态、水资源等16个分会场。

29日，黄河博物馆被命名为全国和河南省关心下一代党史国史教育基地。黄河博物馆作为宣传黄河的前沿阵地，在讲好黄河故事，传播好黄河声音，教育引导青少年爱党爱国爱黄河，做中国特色社会主义事业的合格建设者和可靠接班人方面发挥了重要作用。

十一月

3日，黄河标志和吉祥物全球征集活动启动仪式在郑州举行，即日起至2021年2月3日，面向国内外征集黄河标志和吉祥物创作设计方案。黄河标志和吉祥物设计方案选拔出来之后，将创新话语表达方式，深入挖掘黄河文化蕴含的时代价值，对“黄河故事”进行深度创作转化，并通过多种载体、多种语言普及应用，实现黄河文化、中国精神的创新现代表达，使黄河文化焕发出新的活力和勃勃生机。

7日，由中国社会科学院学部主席团、山东省人民政府主办的黄河流域生态保护和高质量发展国际论坛在济南举行，构建共谋共治共建共享新格局，谱写黄河流域生态保护和高质量发展新篇章。会议期间，还举办了黄河文化论坛、黄河流域国家战略理论研讨会、黄河流域脱贫攻坚与生态振兴研讨会等分

论坛。

20日，为贯彻落实党中央、国务院决策部署，加快黄河立法起草工作，水利部、发展改革委牵头成立黄河立法起草工作小组并召开黄河立法起草工作小组第一次会议，启动黄河立法起草工作。开展黄河立法，是深入贯彻习近平总书记重要讲话和指示批示精神的内在要求，是贯彻落实黄河流域生态保护和高质量发展战略的重要举措，是系统解决黄河流域突出问题的迫切需要。

25日，黄河流域（片）汛后水旱灾害防御工作座谈会在陕西省西安市召开。会议深入贯彻落实党的十九届五中全会、习近平总书记在黄河流域生态保护和高质量发展座谈会重要讲话精神以及《黄河流域生态保护和高质量发展规划纲要》的要求，总结交流水旱灾害防御工作经验，分析研判形势和存在的问题，预筹明年和今后一段时间水旱灾害防御工作。

28日，黄河研究会第五届会员代表大会暨五届一次理事会议以“现场+视频”形式召开。来自黄河水利委员会所属单位，沿黄省（区）水行政主管部门，国内有关高等院校、科研院所、大型企业和国家级学会等40家理事单位的理事和代表出席会议。黄河研究会1993年经民政部批准并注册成立，主要从事组织或受托对黄河重大问题开展技术评估、技术论证、咨询服务等业务，组织举办系列对话交流和研讨活动，积极参与国内外有关水事活动，促进海峡两岸水利界学术交流，大力配合办好黄河讲坛，在黄河治理保护、水资源管理、黄河治理经验与成就宣传、学术交流与协作等方面做出了积极贡献。

29日，黄河流域生态保护和高质量发展法治保障论坛在郑州开幕。来自中国社会科学院、黄河流域省（区）社会科学院及部分高校、政府部门、司法部门的代表和专家近200人出席会议，围绕黄河流域立法、执法、司法问题和黄河流域法治智库建设主题，从不同侧面展开深入研讨，交流各自观点，提出思路和建议，为推进黄河流域生态保护和高质量发展提供有力的法治保障。

十二月

9日，中共中央政治局常委、国务院副总理、推动黄河流域生态保护和高质量发展领导小组组长韩正主持召开推动黄河流域生态保护和高质量发展领导小组全体会议，深入学习贯彻习近平总书记有关重要讲话和指示批示精神，贯彻落实党的十九届五中全会精神，落实《黄河流域生态保护和高质量发展规

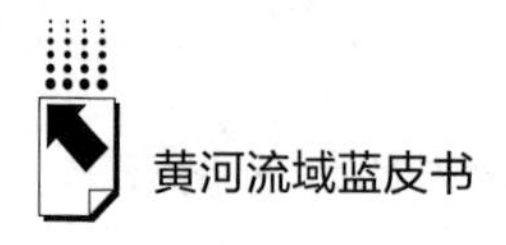

划纲要》，审议有关文件，研究部署下一阶段重点工作。

8~11日，水利部、发展改革委会同黄河立法起草工作小组成员单位，组成两个调研组开展立法起草工作综合调研。调研组到郑州、封丘、济南、兰州、榆林、西安等地，调研黄河博物馆、下游生态廊道建设、湿地保护、滩区治理、水资源利用、济南新旧动能转换先行区，以及黄河兰州段岸线保护利用、兰州新区现代农业示范园和石化工业园区、榆林粗泥沙治理及淤地坝建设、陕西省博物馆等，内容涉及黄河生态保护、防洪保安、水资源节约利用、高质量发展和黄河文化。

13日，由中国科协、山东省人民政府指导，中国区域经济50人论坛、山东大学主办的首届黄河发展论坛、中国区域经济50人论坛第18次研讨会、第四届鲁青论坛在济南山东大厦举行，会议主题为“黄河流域生态保护和高质量发展”。与会专家学者深入学习习近平总书记关于黄河流域生态保护和高质量发展的重要讲话和指示批示精神，紧扣重大国家战略内涵，为促进黄河流域生态保护和高质量发展、助力山东省“走在前列、全面开创”建言献策。

17日，水利部在北京召开会议，审查通过了黄河水利委员会编制的《黄河流域生态保护和高质量发展水安全保障规划》。规划以习近平总书记重要讲话和指示批示精神为遵循，深入贯彻落实《黄河流域生态保护和高质量发展规划纲要》，坚持“节水优先、空间均衡、系统治理、两手发力”的治水思路，践行“水利工程补短板、水利行业强监管”水利改革发展总基调，以实现“让黄河成为造福人民的幸福河”为目标，在深入分析评价黄河流域水安全现状问题的基础上，提出水安全保障的主要目标、总体布局，系统谋划水资源安全保障、防洪安全保障、水土保持等方面的思路和措施。

17~18日，黄河流域（片）水土流失动态监测研讨会采取线上、线下相结合的形式召开，进一步贯彻落实习近平总书记在黄河流域生态保护和高质量发展座谈会上的重要讲话精神，对照水利部关于做好2020年度水土流失动态监测工作的要求，总结交流一年来的工作经验，汇集做好下一阶段水土流失动态监测和水土保持监测站点优化工作的建议。

29日，河南省黄河流域生态环境保护与修复重点实验室揭牌运行，这将有力地推进黄科院水生态环境科研水平、创新能力再上新台阶，促进黄河科研服务流域和区域经济社会发展、产学研深度融合，推进黄科院全学科全链条的

黄河智库建设，将为河南省乃至整个黄河流域生态文明建设、实现经济与生态协同发展提供技术支撑。

29 日，河南黄河保护治理方略研讨会暨河南黄河勘测设计研究院建院四十周年纪念活动在郑州举行。专家学者齐聚一堂，共同探讨河南黄河保护治理方略，以推动黄河流域生态保护和高质量发展行稳致远。

2021年

一月

1 日，由 25 家环保组织共同发起的黄河流域生态保护行动网络宣布成立。新成立的黄河流域生态保护行动网络将以民间的视角，以流域生态问题为导向，密切联络流域内的相关政府职能部门、企事业单位、高校科研机构、环保社会组织、社区公众以及媒体等，形成广泛合力，构筑守护黄河生态的绿色防线，讲述黄河生态故事。

5 日至 7 日，黄河全流域出现低温严寒天气，黄河内蒙古河段全线封冻，山东河段出现首封，黄河水利委员会细化应对措施以确保防凌安全。

12 日，济南市第十七届人民代表大会第三次会议提出要加快打造黄河绿色生态走廊，统筹河道水域、岸线和滩区生态建设，打造 183 公里黄河生态风貌带。

14 日，黄河水利委员会召开黄河防凌会商会，分析当前凌情形势，研判近期发展态势，统筹部署抓好防凌安全、水库调度、引黄供水等相关工作。

18 日，河南省第十三届人民代表大会第四次会议提出，“十四五”时期，河南将以黄河流域生态保护和高质量发展为引领，加快生态强省建设。

19 日，黄河水利委员会召开专题办公会议，研究部署 2021 年黄河生态调度工作。

20 日至 22 日，水利部河湖司带队、黄河上中游管理局参加，完成了黄河内蒙古河段滩区有关问题的现场调查。

26 日，兰州与白银、临夏、武威签订黄河流域跨界河流联防联控合作协议。兰州分别与白银市、临夏州、武威市签订了《兰州—白银黄河干流联防联控合作协议》《兰州—临夏黄河干流联防联控合作协议》《兰州—临夏湟水联防联控合作协议》《兰州—武威庄浪河联防联控合作协议》《兰州—武威大通河联防联控合作协议》。合作双方就建立跨界河流汛期和枯水期突发环境事件联动机制、加强预警信息发布、协同处置突发环境事件、定期开展联合会商达成了共识。

27 日，2021 年全河工作会议在郑州召开。会议深入贯彻习近平总书记关于黄河保护治理的重要论述精神、党的十九届五中全会精神和全国水利工作会议精神，总结 2020 年工作及“十三五”治黄成就，分析治黄改革发展形势，谋划《黄河流域生态保护和高质量发展规划纲要》落实措施，安排“十四五”及 2021 年重点任务。

30 日，由中国保护黄河基金会、中国华文教育基金会、中国绿化基金会及庄希泉基金会等联合发起组织的“种下一棵树保护母亲河”大型公益活动在郑州举行。

二月

1 日，黄河水利委员会召开重大项目前期工作推进会议，贯彻落实 2021 年全国水利工作会议、全河工作会议精神，总结 2020 年工作，安排部署 2021 年重大项目前期工作。

2 日，黄河水利委员会召开黄河水利工程建设推进会，贯彻落实全国水利工作会议和全河工作会议精神，总结 2020 年黄河水利委员会水利工程建设工作，分析当前工作形势，安排部署 2021 年工程建设任务。

3 日，黄河水利委员会召开专题办公会议研究，决定分别编制《智慧黄河实施方案》及《智慧黄河顶层设计》。计划 4 月底完成《智慧黄河实施方案》编制，明确两年内的建设任务和建设目标；6 月底完成《智慧黄河顶层设计》编制，规划智慧黄河建设长远目标。

7 日，山西省林业和草原工作视频会议决定将聚焦服务黄河流域生态保护和高质量发展战略，大力推进“林长制”改革，确保全年完成 400 万亩营造林任务。

9 日，内蒙古自治区推动黄河流域生态保护和高质量发展领导小组召开第一次会议，深入学习贯彻习近平总书记关于推动黄河流域生态保护和高质量发

展的重要论述。

20日，为加强防汛能力建设，促进防汛工作高质量开展，进一步健全山东黄河防汛工作考核机制，山东河务局修订印发了《山东黄河防汛工作考核办法》，持续提升山东黄河防汛能力。

24日，黄河水利委员会与郑州市委座谈加快推进黄河国家博物馆项目。建设黄河国家博物馆是推进黄河流域生态保护和高质量发展重大国家战略、保护传承弘扬黄河文化的重要举措。黄河国家博物馆将成为展示黄河文明的重要窗口、黄河文明寻根胜地，也将为郑州建设具有黄河流域生态保护和高质量发展鲜明特征的国家中心城市提供文化支撑。

三月

2~3日，黄河上中游管理局两次召开专题办公会，研究九省（区）黄河流域水土保持率推进工作，商讨确定工作路径、组织形式、时间安排和人员调度等。九省（区）黄河流域水土保持率研究，是水利部水土保持司安排黄河上中游管理局的2021年8项水土保持重点工作任务之一。

3日，水利部会同国家电投集团与国家自然科学基金委员会签订合作协议，共同设立黄河水科学研究联合基金。

7日，中共中央总书记、国家主席、中央军委主席习近平在参加十三届全国人大四次会议青海代表团审议时强调，青海对国家生态安全、民族永续发展负有重大责任，必须承担好维护生态安全、保护三江源、保护“中华水塔”的重大使命，对国家、对民族、对子孙后代负责。

17日，黄河水利委员会召开2021年水利监督工作会议，要求根据水利部水利监督工作会议部署狠抓落实，不断深化黄河流域（片）水利行业监督，努力开创黄河水利委员会水利监督工作的新局面。

18日，“山东黄河保护治理和高质量发展”首场宣贯讲座在聊城河务局举行。宣贯活动于3月启动，计划利用4个月时间，运用专题讲座、交流座谈、会议培训、督导检查等多种形式，紧紧围绕贯彻落实黄河流域生态保护和高质量发展重大国家战略等12个方面选题进行具体宣贯解读。

19日，由水利部办公厅组织报送、中国水利水电出版传媒集团策划申报的《中国黄河文化大典》丛书项目成功获得2021年度国家出版基金资助。

《中国黄河文化大典》丛书以时间轴为脉络，对古近代黄河重要典籍进行了全面梳理、系统收录和科学整理，既是梳理黄河流域治水脉络、服务当代水利的出版工程，也是传承治水文明、弘扬黄河文化精神的重要文化工程。

23 日，由黄河水资源保护科学研究院编制完成的《黄河下游“十四五”防洪工程环境影响报告书》获得生态环境部批复，标志着黄河下游“十四五”防洪工程环境影响评价阶段性工作结束，为工程可研顺利通过国家发展和改革委员会核准奠定了坚实基础。

24 日，河南河务局召开重大项目前期工作推进会，安排 2021 年河南黄河规划研究及重大工程、基础设施项目前期等工作。

26 日，为贯彻落实黄河流域生态保护和高质量发展重大国家战略，保护传承弘扬黄河文化，山东河务局召开落实“黄河战略”山东治黄文化宣传推介会，并发布山东黄河文化品牌——“河润山东”。此次推介会是山东河务局从落实“黄河战略”大局出发，为宣传推介治黄文化采取的创新实践，旨在联合社会各界，共同推动治黄文化创造性转化、创新性发展，持续打响“河润山东”治黄文化品牌，积极推进山东治黄文化遗产的系统保护，深入挖掘山东治黄文化的时代价值和精神内涵，不断扩大黄河文化的影响力和感召力。

四月

2 日，黄河水利委员会与华为技术有限公司签署战略合作协议，双方将在水利智能、“智慧黄河”建设等方面展开全方位、深层次合作。

6 日，黄河水利委员会在北京与国务院发展研究中心签署战略合作协议。双方将贯彻习近平新时代生态文明思想，在黄河保护治理重大战略决策理论、流域发展质量评估等前沿性、基础性和战略性课题研究方面，携起手来，共同助力幸福河建设。此次签约是双方落实习近平总书记“共同抓好大保护、协同推进大治理”要求的具体行动，是携手建设幸福河的生动实践。

13 日，中共中央政治局常委、全国人大常委会委员长栗战书在陕西西安主持召开黄河保护立法座谈会时强调，要以习近平新时代中国特色社会主义思想为指导，全面贯彻习近平总书记关于黄河流域生态保护和高质量发展的重要指示精神和党中央决策部署，进一步凝聚立法共识，加快立法进程，制定一部保护黄河的良法、促进发展的善法、造福人民的好法。栗战书指出，黄河保护

立法要始终强调和集中突出两点：一是黄河流域的生态保护和治理，二是黄河流域高质量发展。黄河保护立法，主基调是保护和治理。保护和治理是前提、是基础，只有保护好黄河、治理好黄河，才能为高质量发展提供最基本的保障，才谈得上高质量发展。传承和保护黄河文化是黄河流域高质量发展的重要内容，要在法律中加强对黄河文化的传承保护。

25~26日，由中国区域经济50人论坛、河南省发展和改革委员会、洛阳市人民政府共同主办，洛阳市发展和改革委员会承办的黄河流域生态保护和郑洛西高质量发展合作带建设座谈会在洛阳举行。这次座谈会也是中国区域经济50人论坛第19次专题会议、首届黄河流域和郑洛西高质量发展会议。中国区域经济50人论坛多位知名专家以及郑州、西安、运城等黄河流域沿线城市的有关负责同志等参加了此次座谈会。

26日，黄委召开会议，研究部署加快黄河保护立法工作。会议传达水利部党组会议精神和关于黄河保护立法工作的指示精神，汇报《黄河保护立法草案（征求意见稿）》条文起草、专题研究、立法资料整编等工作进展情况。会议指出黄河保护立法工作正向纵深推进，要精准对标对表习近平总书记关于治水重要讲话精神，聚焦黄河流域突出问题，建立系统协调、务实管用的制度措施，把习近平总书记关于黄河保护治理的重要讲话精神和党中央决策部署以法律形式予以贯彻落实。

29日，由宁夏文化和旅游厅、中卫市人民政府共同主办的“2021中国宁夏（沙坡头）第十一届丝绸之路大漠黄河国际文化旅游节”康养旅游发展论坛在沙坡头景区星空剧场举办。来自国内文化旅游和康养医疗等相关领域专家学者、非物质文化遗产传承人，以及宁夏、河南、山西、陕西等9省（区）和重点旅游城市文旅系统、文旅企业相关负责人参加论坛。

五月

7日，黄河水利委员会召开黄河流域水土保持专项整治行动和《黄河流域生态保护和高质量发展规划纲要》落实推进会。黄河流域9省（区）分别汇报专项整治行动推进和《规划纲要》落实情况。

10~14日，为更好地凝聚水利部门和沿黄地（市）政府的共识和力量，进一步做好《黄河流域生态保护和高质量发展规划纲要》的贯彻落实，推进黄河流域生态保护和高质量发展重大国家战略实施，黄河流域生态保护和高质量发展专题研究班在郑州举办。研究班紧扣“黄河流域生态保护和高质量发展”主题，重点对习近平总书记在黄河流域生态保护和高质量发展座谈会上的重要讲话精神、《黄河流域生态保护和高质量发展规划纲要》、“节水优先、空间均衡、系统治理、两手发力”的治水思路与“十四五”时期水利重点任务、黄河流域水资源管理和水生态建设、水资源集约节约利用等内容，进行了讲授和研讨。

14 日，中共中央总书记、国家主席、中央军委主席习近平在河南省南阳市主持召开推进南水北调后续工程高质量发展座谈会并发表重要讲话。他强调，南水北调工程事关战略全局、事关长远发展、事关人民福祉。进入新发展阶段、贯彻新发展理念、构建新发展格局，形成全国统一大市场和畅通的国内大循环，促进南北方协调发展，需要水资源的有力支撑。要深入分析南水北调工程面临的新形势新任务，完整、准确、全面贯彻新发展理念，按照高质量发展要求，统筹发展和安全，坚持节水优先、空间均衡、系统治理、两手发力的治水思路，遵循确有需要、生态安全、可以持续的重大水利工程论证原则，立足流域整体和水资源空间均衡配置，科学推进工程规划建设，提高水资源集约节约利用水平。

28 日，黄河流域水土保持生态环境监测中心成立 20 周年座谈会召开。20 年来，监测中心发挥作风、技术、人才、数据等方面优势，担当作为、开拓创新，助力黄河流域水土保持监测事业高质量发展，彰显行业领跑者的地位，展现科研单位的社会担当，树立了品牌。

六月

1 日，水利部政策法规司、国家发展改革委农村经济司组织召开黄河立法起草工作第三次联络员会议，通报黄河保护法草案征求意见情况，讨论修改草案，研究下一步工作。

4 日，黄河流域省（区）水利厅办公室主任座谈会在河南省郑州市召开。会议指出，黄河流域生态保护和高质量发展上升为重大国家战略以来，黄河备受社会关注，人民对幸福河建设的期盼为治黄工作提出了更高要求。黄河流域 9 省（区）水利厅办公室负责人交流讨论了《黄河流域生态保护和高质量发展规划纲要》和保护传承弘扬黄河文化落实情况。

6~7 日，由中国民主促进会与黄委联合发起的“2021 · 黄河保护与发展论坛”

在山东济南举办。论坛以“黄河流域生态保护和高质量发展”为主题，与会专家、学者重点围绕论坛主题和区域生态保护与自然保护地建设，黄河保护立法，黄河文化的保护、传承与弘扬，区域高质量发展与结构转型升级等议题开展研讨。

27 日，黄河标志和吉祥物全球征集活动组委会办公室发布公告，黄河标志和吉祥物将于 7 月 5 日在河南郑州正式发布。黄河标志和吉祥物于 2020 年 11 月 3 日面向全球征集，凝聚了众多海内外专家、学者和设计工作者的热情和心血，黄河标志和吉祥物的发布是保护传承弘扬黄河文化的一个重要里程碑，在助推黄河文化创造性转化、创新性发展方面必将发挥其独特作用。

（根据中国水利部官网、黄河网和沿黄九省区社科院官网整理）

Abstract

The Yellow River Basin Blue Book is a comprehensive annual research report on the reform and development of the Yellow River basin jointly organized by experts and scholars of the social Sciences of Qinghai, Sichuan, Gansu, Ningxia, Inner Mongolia, Shaanxi, Shanxi, Henan and Shandong provinces. It is an important scientific research achievement on the major theoretical and practical problems faced in the construction of economic, political, social, cultural and ecological civilization in the Yellow River Basin.

The Yellow River Basin Blue Book: Report on Ecological Protection and High-quality Development of the Yellow River Basin (2021) is edited by Shandong Academy of Social Sciences and consists of eight parts: general report, comprehensive strategy, watershed situation, ecological protection, economy, culture, case and appendix.

The year 2021 is the 100th anniversary of the founding of the CPC, the first year of the implementation of the 14th Five – Year Plan and the new journey of building a modern socialist country in an all-round way. It is also a key start year for the implementation of the Plan for Ecological Protection and High-quality Development of the Yellow River Basin in The Provinces and regions along the Yellow River. Always report to this great article of "the Yellow River national strategy", review of combing the development of ecological protection in the Yellow River and the high quality rise for the national major development strategy, the central and local in promoting the progress and present situation of the Yellow River national strategy and put forward the Yellow River basin system from the perspective of the whole basin ecological protection and high quality development carried forward countermeasures and Suggestions. The comprehensive strategy focuses on the strategic position and development strategy of each province in the Yellow River basin and the new thinking of ecological civilization in the National strategy of the Yellow River. The watershed situation section mainly analyzes the status quo of ecological protection and high-quality development in the region from 2020 to 2021. Ecological protection focuses on the ecological environment change and protection of Fenhe River basin, and the challenges of ecological protection and high-quality development in Shaanxi Province. The economic chapter focuses on the integration of the Yellow River basin into the domestic and international circulation, the urban belt along the middle reaches of the Yellow River, and the creation of the Yellow River basin as a source of scientific and technological innovation. The cultural section shows the development of qinghai intangible cultural heritage in the Yellow River basin, the innovative integration of museums and tourism in the Yellow River Basin (ganqingning section), the digital protection and inheritance of intangible cultural heritage in the upper reaches of the Yellow River, and the regional culture of the Yellow River in Inner Mongolia. The case studies at the city level and county level respectively, and introduces the Yellow River culture, ecological protection and high-quality development of the Yellow River basin in Jinan city, Dongying City and Dong'e County.

Keywords: National Strategy; Ecological Protection and High-quality Development; Yellow River Basin

Contents

Ⅰ General Report

Abstract: This report reviews the progress and status of the central and local governments in promoting the national strategy of the Yellow River Basin since ecological protection and high-quality development of the Yellow River basin was promoted as a major national development strategy, and puts forward countermeasures and suggestions for the deeper promotion of ecological protection and high-quality development of the Yellow River Basin from the perspective of the whole basin. In terms of ecological protection, how to consolidate the ecological foundation and promote the green development of the Yellow River basin are put forward. In terms of industrial development, it analyzes how to promote the high-quality industrial development of the Yellow River Basin based on the goal of "carbon peak and carbon neutral" . In terms of agricultural and rural development, the paper puts forward how to give play to regional comparative advantages and create a characteristic model of rural revitalization in the Yellow River Basin. In the aspect of urban agglomeration construction, the paper studies how to strengthen complementary cooperation and build a new pattern of coordinated development of urban agglomeration in the Yellow River Basin. In terms of cultural development, it analyzes how to continue the history and culture of the Yellow River and carry forward the Yellow River culture. In the aspect of opening to the outside world, it puts forward how to insist on land and sea coordination, east and west mutual aid, build the Yellow River basin new door to the outside world; In terms of safeguard measures, the paper studies how to strengthen financial coordination support to ensure the smooth implementation of the Yellow River national strategy.

Keywords: Yellow River National Strategy; Regional Cooperation; High Quality Development

Ⅱ Comprehensive Strategy

Abstract: The ecological protection and high-quality development strategy of the Yellow River Basin is a major strategy in China, and the biggest development opportunity for the provinces and cities in the basin during the 14th Five-Year Plan period. It is an urgent task to study the economic and ecological situation of the 9 provinces in the basin, to analyze the pain points and difficulties in their development, and to propose a path to promote ecological restoration and industrial transformation. This paper discusses the four major problems limiting the development of the basin, and proposes workable implementation strategies by province.

Keywords: Yellow River Basin; Ecological Restoration; High-quality Synergy

Abstract: The Yellow River National Strategy plays a key role in China's economic and social development and ecological security, but for a long time, the Yellow River Basin has been faced with the problems of the Yellow River flood and ecological restoration, which is rooted in the internal conflict between environment and development under the traditional industrialization model. We should establish a mutually promoting relationship between the ecological environment and high-quality development with the new thinking of ecological civilization, reshape the economic system and regional economic pattern of the Yellow River Basin from the perspective of ecological civilization, and truly contribute to the ecological protection and high-quality development of the Yellow River Basin.

Keywords: Yellow River Basin; Economic Perspective; National Strategy

B.4 Strengthen Urban Agglomeration to Lead and Promote the Ecological Protection and High Quality Development of Yellow River Basin in Shandong *Hao Xianyin* / 062

Abstract: Ecological protection and high-quality development of the Yellow River Basin is a major national development strategy. General Secretary Xi Jinping requires Shandong Peninsula city cluster to play a leading role in ecological protection and high-quality development of the Yellow River Basin. This report makes an in-depth analysis of the advantages and disadvantages of Shandong Peninsula urban agglomeration under the Yellow River National Strategy. By drawing on the advanced experience of the Yangtze River Delta urban agglomeration and the Pearl River Delta urban agglomeration, it puts forward the specific path of the Shandong Peninsula urban agglomeration to play the "leading role" from the two aspects of "leading shaping" and "leading leading". Studies suggest that play a leading role in shandong peninsula urban agglomeration in the Yellow River basin, the key is to practice internal work, to focus on leading shape fluctuation kongfu, center city development level through ascension, to speed up the formation of "a group of three times two hearts" leading development pattern, and in terms of ecological protection, the county economy provide demonstration for all along. At the same time, we should give full play to the role of leading and driving forces, strengthen regional coordination, and promote the spread of factors of production and industries to neighboring areas, so as to better fulfill the responsibilities and missions of serving national strategy, promoting regional development, and participating in the global division of labor.

Keywords: Yellow River National Strategy; Regional Cooperation; Shandong Peninsula Urban Agglomeration

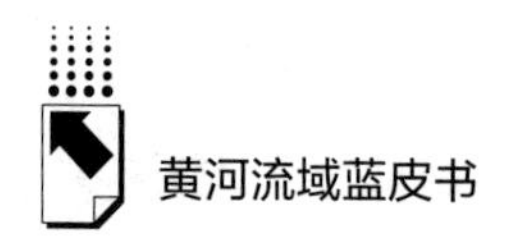

Ⅲ Situation of the Yellow River Basin

B.5 2020 –2021 Study Report on Ecological Protection and High-quality Development of the Yellow River Basin in Qinghai

Dai Xin, Li Jingmei / 073

Abstract: As the source area and main stream area of the Yellow River Basin, Qinghai Province has an irreplaceable strategic position in the Yellow River Basin. Qinghai's ecological protection and high-quality development have a certain foundation in its resource endowment, ecological environment protection and construction, economic development, people's lives, and technological innovation. In 2020, Qinghai has achieved certain results in ecological protection and high-quality development under the guidance of the construction of "five demonstration provinces" and the "four economic forms". Its ecological dividends continue to be released, economic and social development is orderly, people's livelihood and well-being continue to strengthen, and the development of new energy is attracting worldwide attention. However, there are still some difficulties in the construction of ecological civilization, the continuous optimization of the industrial structure, and the support of high-quality development. In the next step, Qinghai's ecological protection and high-quality development can be accelerated through the establishment and improvement of the main function zone system, online and offline-internal and external joint efforts to drive industrial development, and explore ways to realize the value of diversified ecological products.

Keywords: Ecological Protect and High-quality Development; Yellow River Basin; Qinghai Province

B.6 2020 –2021 Study Report on Ecological Protection and High-quality Development of the Yellow River Basin in Sichuan

Jin Xiaoqin, Liao Chongxu and Huang Jin / 092

Abstract: As an important ecological barrier of the Yellow River Basin and an important part of " China Water Tower", ecological protection and high-quality development of the Yellow River Basin in Sichuan plays a pivotal role. Through summarizing the main measures of ecological protection and high quality development in Sichuan , and based on systematic analysis the problems such as insufficient internal driving force for economic development, industries with distinctive advantages developed slowly, insufficient innovation ability , etc. Then it puts forward the countermeasures and suggestions of seizing policy opportunities, increasing investment, cultivating ecological industry, innovating system and mechanism, to promote the Yellow River basin ecological protection and high quality development in Sichuan province.

Keywords: Sichuan Yellow River Basin; Ecological Protection; High Quality Development

Abstract: Since the ecological protection and high-quality development of the Yellow River Basin have been promoted as a major national strategy, Gansu has seized this important strategic opportunity, accelerated the implementation of green and low-carbon development, and promoted ecological protection and high-quality development to a deeper level, with remarkable results. Facing the new situation and new problems, Gansu should take the transformation and upgrading as the driving force to promote high-quality development in the basin, strengthen the support of various factors, tap the protection and development potential of Gansu section of the Yellow River basin, and promote the high-quality development of the regional economy.

Keywords: Ecological Protection and High-quality Development; Yellow River Basin; Gansu

Abstract: Ningxia leads to the construction of ecological protection and economic high quality development in the leading area of the Yellow River Basin, with the protection and governance of "one river three mountain", the overall layout of "one belt three district" ecological production life, and ecological environmental protection and treatment have achieved remarkable results. In response to the problem of regional industries, the ecological compensation mechanism is not sound, etc. , it is proposed to adhere to the green development concept, enhance the bearing capacity along the yellow urban group, establish the ecological environment compensation mechanism of the Yellow River Basin, and promote the ecological protection and economic high quality development of the whole basin.

Keywords: First area of Yellow River Basin; High-quality Development; Ecological Conservation; Ning Xia

Abstract: In 2020, the Yellow River Basin in Inner Mongolia has made gratifying achievements in ecological protection and environmental governance, construction of agricultural and livestock production bases, resource conservation and green transformation, structural adjustment and improvement of people's livelihood. But There are still many problems that affect the completion of the above tasks. In the future, we must take up enough courage and determination to pay close attention to ecological protection and environmental governance, combine resource conservation with industrial transformation and upgrading, and take the construction of talent team as the first task of regional, industrial and enterprise development. At the same time, We must explore ecological compensation mechanism which is vertical and horizontal to realizing the high-quality development of the Yellow River Basin in Inner Mongolia.

Keywords: Ecological Safety Barrier; Talent Team Construction; Yellow Rever Basin; Inner Mongolia

Abstract: The Yellow River Basin is the core region of ecological protection and economic and social development in Shaanxi. In 2020, the situation of Shaanxi's economic was stable and progressive, and the social development was harmonious and prosperous, and the reform and innovation continued to make efforts, all of which had laid a solid foundation for the ecological protection and the high-quality development for the Yellow River Basin. In 2020, the ecological security barrier of the Yellow River Basin in Shaanxi was stronger, the protection of the Yellow River culture was paid more attention, with the relevant policy system and the promotion mechanism continuously being improved, and the interaction and cooperation inside and outside from Shaanxi province being strengthened. In the view of the existing problems in the ecological protection and economic and social development of the Yellow River Basin in Shaanxi Province, the report puts forward some countermeasures and suggestions, such as promoting the restoration and management of the ecological environment, strengthening the economical and intensive utilization of water resources, enhancing the comprehensive management of mining subsidence area, cultivating new energy for the industrial development of the cities and counties along the Yellow River, and improving the quality of cultural tourism of the yellow river continuously. In promoting the ecological protection and high-quality development of the Yellow River Basin in Shaanxi, the coordination of ecological protection and economic development, the systematicness of cultural heritage protection, and the sustainability of poverty risk prevention will continuously to be

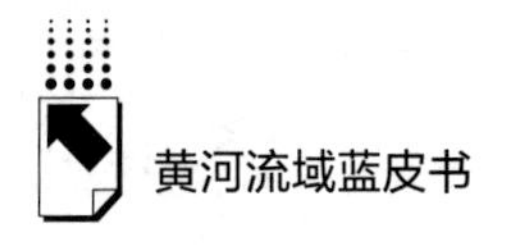

concerned.

Keywords: Ecological Protection; High-quality Development; Yellow River Basin; Shaanxi

Abstract: Ecological protection and high-quality development of the Yellow River Basin is a major strategy established by the CPC Central Committee with General Secretary Xi Jinping as the core. Coordinating ecological protection and high-quality development is the only way to achieve sustainable economic and social development in the Yellow River basin. Located in the middle reaches of the Yellow River Basin, Shanxi Province has an important geographical position and shoulders great historical responsibility and mission. Since 2020, Shanxi has actively explored and implemented measures on ecological protection and high-quality development path of the Yellow River Basin, with remarkable results. However, at the same time, there are still some problems, such as the heavy task of ecological restoration and governance, the contradiction between the call of high-quality era and the congenital deficiency of industry, the contradiction between the fragile ecological background and the serious industrial pollution, and the competitiveness and influence of cultural tourism industry still to be strengthened. In the next step, Shanxi will continue to deeply implement the concept of green development. Centering on the "two mountains seven rivers and one basin", Shanxi will further strengthen the restoration and management of the ecological environment, speed up the transformation and upgrading of high-quality industries, protect, inherit and carry forward the Yellow River culture, and promote the high-quality and high-speed development of the Yellow River basin to a new level.

Keywords: Ecological Protection; High Quality Development; Yellow River Basin; Shanxi

Abstract: Since the Yellow River basin ecological protection and high-quality development has become a national strategy, Henan has shouldered the mission bravely, given full play to its comparative advantages, accurately grasped the "Four Relations", and started from many aspects, such as stepping up top-level planning and design, coordinating supply and demand, accelerating the collection of development momentum, and vigorously promoting the Yellow River culture, that has made many new explorations for the ecological protection and high-quality development of the Yellow River Basin. The report analyzes the measures and achievements of ecological protection and high-quality development in Henan Province, and combs and analyzes the main problems faced by the current work. Based on these analyses, some suggestions are put forward to promote the ecological protection and high-quality development of the Yellow River Basin in Henan Province.

Keywords: Ecological Protection; High Quality Development; Yellow River Basin; Henan

Ⅳ Ecological Protection

Abstract: As an important part of the China Water Tower, the Yellow River Basin in Sichuan has an important strategic position in the overall ecological security of the Yellow River Basin. To promote the modernization of the harmonious symbiosis between human and nature in the Yellow River Basin of Sichuan, it is necessary to coordinate the ecological protection and high-quality development of the region, and promote the co-governance of ecology and the livelihoods of farmers and herdsmen.

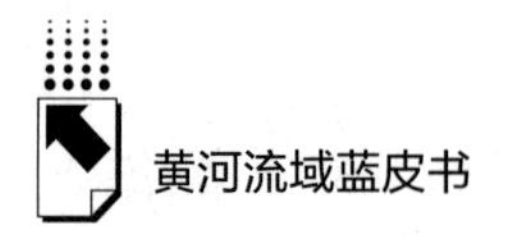

This paper constructs an evaluation system for the harmonious coexistence of man and nature, quantitatively evaluates the area, and evaluates the effectiveness of existing problems and related supporting policies, and proposes a path for the implementation of modernization that promotes the harmonious coexistence of human and nature.

Keywords: Harmonious Symbiosis; Yellow River Basio; Sichuan

Abstract: Under the development concept of "great protection, great opening, and high quality", breaking through the shackles of the ecological environment and realizing sustainable and high-quality development have become the top priority of Shaanxi's economic and social development in the new era. In order to analyze the coordination between ecological protection and high-quality economic development in Shaanxi, the entropy TOPSIS method was used to comprehensively score the level of ecological protection and high-quality economic development in Shaanxi, and a calculation model for coupling coordination degree was constructed to identify the evolution characteristics of the coupling coordination degree. The degree of coupling coordination between ecological protection and high-quality economic development in Shaanxi has surpassed the low-level antagonistic stage and the primary coordination stage, and has entered the intermediate coordination stage in an all-round way. Shaanxi should accelerate the conversion of new and old kinetic energy, realize the integrated development of production, life and ecological environmental protection, and achieve high-quality development under the limitations of the ecological environment.

Keywords: Ecological Protection; High Quality; Coupling; Shaanxi

Abstract: The Fen river is the longest river in Shanxi province and the second longest tributary of the Yellow River. In history, as the Shanxi people's mother river has benefited the land of the three Jin with the benefit of irrigation and river transportation. Later, the settlement , deforestation and industrial waste water pollution, caused drought in Shanxi province frequently , intensified soil erosion, forest vegetation destroyed constantly. Production and life are affected. In order to implement the spirit of General Secretary Xi Jin ping's important speech at the symposium on ecological protection and high-quality development of the Yellow River Basin in Zhengzhou, it is urgent to discuss the ecological changes of the Fen River Basin and draw lessons from history. This is very beneficial to the protection of precious water and soil resources and the high-quality development of economy and society of Shanxi province.

Keywords: Environmental Change; Ecological Protection; High-quality Development; The Fen River Basin

Abstract: Xi Jinping's speech at the Symposium on ecological protection and high quality development of the the Yellow River River Basin pointed out that the ecological protection and high quality development of the the Yellow River river basin is a major national strategy. The decision of the Central Committee of the Communist Party of China and the general instructions of general secretary Xi Jinping have pointed out the direction and provided the following directions for us to study the the Yellow River issue in depth and plan the Yellow River's work conscientiously. To promote development and build a well-off society in an all-round way, we must rely on the rule of law. The rule of law is civilization, order, authority and sunshine. As a key province in the Yellow River Basin, Henan Province has carried out a series of work mechanism construction, implemented a series of specific practical exploration measures, and contributed to the national strategy of ecological protection and high-quality development of the Yellow River Basin.

Keywords: The Yellow River Basin; Legal Guarantee; Henan Province

Ⅴ Economical Articles

B.17 Clean Energy Boosts Qinghai Province's High-quality Development

Wei Zhen, *Du Qinghua* / 235

Abstract: Qinghai province has the natural resource endowment conditions for the development of clean energy. As a national clean energy demonstration province, the development and practice of clean energy in Qinghai is at the forefront of the country, which has made a significant contribution to economic and social development, and provided a lot of support and experiences for the development of Chinese clean energy industry. This article takes Qinghai's clean energy as the research object, and summarizes its clean energy development and utilization. It also analyzes some urgent problems and challenges facing the development of clean energy. In order to achieve clean energy promote the high-quality development of Qinghai, this article proposes countermeasures and suggestions from improving the industrial development plan, improving the local absorption capacity of the region, optimizing the industrial development environment, expanding financing channels, and continuously reducing non-technical costs.

Keywords: Clean Energy; High-Quality Development; Qinghai

Abstract: The integration of the Yellow River Basin into the new development pattern of domestic and international Dual Circulation will help promote the high-quality development of the Yellow River Basin, and contribute regional strength to accelerating the construction of a new development pattern with domestic major cycles as the main body and mutually reinforcing domestic and international dual circulation. This report analyzes the situation related to the economic and social development of the Yellow River Basin, and studies the strategic opportunities and challenges brought by the integration of the Yellow River Basin into the new development pattern of domestic and international dual circulation. The integration of the Yellow River Basin into the new development pattern of dual circulation will bring new impetus to the optimal allocation of resources, promote the formation of regional industrial and economic layout that meets the requirements of high-quality development, and promote the new-type urbanization construction and rural revitalization of the basin. The integration of the Yellow River Basin into the new development pattern of dual circulation is still faced with problems such as the need to improve the compatibility between supply and demand, low income and consumption level of residents and low degree of opening to the outside world. This report puts forward relevant countermeasures and suggestions to solve these problems.

Keywords: Dual Circulation; New Development Pattern; The Yellow River Basin's

Abstract: Regional cooperation was an important breakthrough to solve the problem of high-quality development of Urban belt along the middle reaches of the Yellow River. Taking the urban belt along the middle reaches of the Yellow River as the research object, the effects of government cooperation in underdeveloped areas were discussed, including strengthening cooperation and co construction in the field of "public goods", promoting win-win cooperation in the industrial field, and expanding the space for enterprise exchanges and cooperation. Based on the analysis of the natural geography, resource endowment, economic and social development of the urban belt along the middle reaches of the Yellow River, the problems of industrial development, infrastructure, ecological protection and residents' income of the urban belt along the middle reaches of the Yellow River were summarized. On the basis of that, the countermeasures and suggestions to promote the high-quality development of urban belt along the middle reaches of the Yellow River were put forward.

Keywords: The Middle Reaches of the Yellow River; Urban Belt ; High Quality Development

Abstract: To play the leading role of Shandong peninsula city group in the Yellow River basin, the key is to practice internal skills, and to highlight the core position of scientific and technological innovation in building the "Yellow River leading" . Around the Yellow River basin ecological protection and high quality development strategy needs, around the shandong economic and social development needs, strengthen the basic research, focus on original innovation, and fully draw lessons from Shanghai, Jiangsu, Zhejiang and other places also make science and technology innovation experience, comprehensively enhance the shandong's capacity for independent innovation, improve the scientific and technological innovation system, to be the pioneer of science and technology innovation in the Yellow River valley bravely.

Keywords: Scientific and Technological Innovation; Yellow River Basin; Shandong Peninsula Urban Agglomeration

Ⅵ Cultural Articles

Abstract: Based on the advantages of intangible cultural heritage resources, Qinghai has adopted a series of effective measures to continuously increase the influence of regional characteristic cultural brands in the Yellow River and Qinghai basin, especially in boosting rural revitalization, increasing rural incomes, and promoting the construction of rural civilization. But facing the new situation and new requirements, there are also some problems. Therefore, in the experience summary of the achievements, this article proposes a perfect mechanism to solidly promote the consolidation and expansion of the effective connection between the poverty alleviation achievements and the rural revitalization; lay a solid foundation to lay a foundation for the promotion and development of intangible cultural heritage; features are embedded in the strategy of rural revitalization to fulfill the integrated development; first try and first explore the integration and win-win development model of cultural and ecological protection areas and tourism; coordinate and link to create an interactive integration system of intangible cultural heritage and other cultures, including six development suggestions.

Keywords: Rural Revitalization Strategy; The Yellow River Basin; Intangible Cultural Heritage Resources; Qinghai

B.22 Research on the Innovation and Integration of Museum and Tourism in the Yellow River Valley (Gansu-Qinghai-Ningxia Section)

Jin Rong / 293

Abstract: The museum is not only an important place for displaying cultural resources, but also an important A-class tourist attraction. Promoting the innovative and integrated development of the Yellow River Basin's museums and tourism will be conducive to the protection, development and utilization of the Yellow River Basin's cultural relics, it is also an important direction for the development of cultural tourism resources. The Yellow River Basin (Gansu-Qinghai-Ningxia section) has a large number of museums with wide range and high grade. It has the resource base for the integrated development of tourism innovation. To find the right starting point for the integration of innovation, strengthen the development and marketing of museum tourism products, promote the coordinated development of museums and tourism is an important way to promote the high-quality development of the Yellow River Basin.

Keywords: Museum Innovation; Museum Tourism; Yellow River Valley (Gansu, Qinghai and Ningxia Section)

B.23 Research on the Digital Protection and Inheritance of the Intangible Cultural Heritage in the Upper Reaches of the Yellow River

Wei Xuehong / 307

Abstract: The digital protection of the intangible cultural heritage in the upper reaches of the Yellow River has made some achievements. The government has made scientific plans and issued a series of policies to train the digital talents. At the same time, databases and data platform for ICH has been built. However, there are still some problems for digital protection of ICH, such as insufficient diversification of forms of digital protection, lack of sufficient financial support, lack of full utilization of advanced technologies and equipment, lack of database construction and lack of professional talents, imbalance in regional construction, lack of awareness of publicity and promotion, etc. To improve these conditions, we need to make full use of state support policies, strengthen the construction of effective mechanisms for the protection of the intangible cultural heritage, build a database of the ICH, build a digital museum of the ICH, and enrich the means of protection with advanced science and technology, increase financial support, focus on training digital technology personnel and professional team.

Keywords: Upper Yellow River; Intangible Cultural Heritage (ICH); Digitalization Conservation

Abstract: The Yellow River culture in Inner Mongolia is the regional culture in the region through which the Yellow River flows. The research object is the sum of the material culture and the intangible cultural heritage within the region. Therefore, "cultural heritage" is the object and core of our research. The regional culture of Inner Mongolia Yellow River is not only the regional culture of Inner Mongolia, but also an important component of the whole Yellow River culture. To do a good job in the study of Inner Mongolia Yellow River culture, we must first deal with the relationship between the Yellow River culture and Inner Mongolia, deal with the relationship between the regional characteristics of the Yellow River culture and the overall relationship, deal with the relationship between Inner Mongolia Yellow River culture and Inner Mongolia regional culture, deal with the relationship between the influence within the Yellow River culture region and the external exchange.

Keywords: The Yellow River Culture; The Grass Land Culture; Inner Mongolia

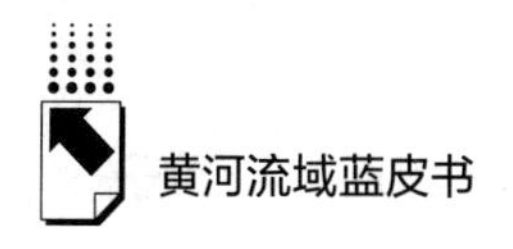

Ⅶ Cases

Abstract: Jinan as a central city in the Yellow River basin, it should strive to create a national Yellow River cultural leading city. Three ways must be done, that is, trace the Jiluo culture and Qinghe culture, highlight the thickness and characteristics of Jinan Yellow River culture; Create a hundred miles Yellow River landscape belt, concentrated in Jinan specialty Yellow River culture; Integration and highlight cultural resources in Jinan and even Shandong, and strive to support the "four poles" of the Yellow River cultural faucet——the axis of Chinese civilization, the capital of Qilu culture, the city of landscape gardens, the door of opening up.

Keywords: Yellow River Culture; Lead City; Jinan

Abstract: The major national strategy of ecological protection and high-quality development of the Yellow River Basin has brought historical opportunities to Dongying. This article summarizes the four important measures of Dongying City to promote the ecological protection and high-quality development of the Yellow River Basin. Measures include doing a good job in the ecological protection of the Yellow River Delta, implementing the restoration of wetland ecosystem, promoting the high-quality development of the Yellow River Delta, and strengthening the protection and inheritance of the culture of the Yellow River entering the sea. The problems of the sensitive and fragile ecological environment, the significant contradiction of water resource supply and demand, the heavy task of industrial transformation, and the insufficient integration of cultural tourism resources are point out. Combining with Dongying's positioning, the next stage of development of Dongying has made prospects.

Keywords: Yellow River Delta; Ecological Protection and High-Quality Development; Dongying City

Abstract: Countries along the Yellow River are the basic carrier and key subject to implement the ecological protection and high-quality development strategy of the Yellow River Basin. Dong'e County is located in the lower reaches of the Yellow River, and has relatively prominent advantages in ecology, cultural tourism, location, and industrial foundation. Under the guidance of the Yellow River Basin ecological protection and high-quality development strategy, Dong'e County has re-understood its own basic advantages, re-optimized the plan, guided by the ecological priority development concept, correctly handle the "giving and gain" relationship between short-term and long-term, local and overall, and focusing on the "five acceleration and five promotion" project, Dong'e Country has achieved remarkable achievements in promoting ecological protection and high-quality development of counties along the Yellow River, and has accumulated valuable experience for the development of counties along the Yellow River nationwide. The report recommends that the main responsibility for ecological restoration and governance of the Yellow River in the county should be further strengthened, and the county pilots of the ecological product value realization mechanism in the Yellow River Basin should be actively carried out, and the ability to integrate ecological technology strategies along the Yellow River should be accelerated.

Keywords: Countries along the Yellow River; Ecological Protection and High-Quality Development; Dong'e County

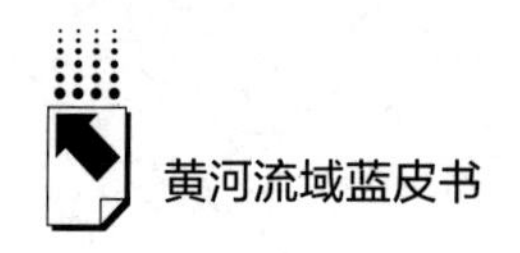

Ⅷ Appendix

S基本子库
UB DATABASE

中国社会发展数据库（下设 12 个子库）

整合国内外中国社会发展研究成果，汇聚独家统计数据、深度分析报告，涉及社会、人口、政治、教育、法律等 12 个领域，为了解中国社会发展动态、跟踪社会核心热点、分析社会发展趋势提供一站式资源搜索和数据服务。

中国经济发展数据库（下设 12 个子库）

围绕国内外中国经济发展主题研究报告、学术资讯、基础数据等资料构建，内容涵盖宏观经济、农业经济、工业经济、产业经济等 12 个重点经济领域，为实时掌控经济运行态势、把握经济发展规律、洞察经济形势、进行经济决策提供参考和依据。

中国行业发展数据库（下设 17 个子库）

以中国国民经济行业分类为依据，覆盖金融业、旅游、医疗卫生、交通运输、能源矿产等 100 多个行业，跟踪分析国民经济相关行业市场运行状况和政策导向，汇集行业发展前沿资讯，为投资、从业及各种经济决策提供理论基础和实践指导。

中国区域发展数据库（下设 6 个子库）

对中国特定区域内的经济、社会、文化等领域现状与发展情况进行深度分析和预测，研究层级至县及县以下行政区，涉及省份、区域经济体、城市、农村等不同维度，为地方经济社会宏观态势研究、发展经验研究、案例分析提供数据服务。

中国文化传媒数据库（下设 18 个子库）

汇聚文化传媒领域专家观点、热点资讯，梳理国内外中国文化发展相关学术研究成果、一手统计数据，涵盖文化产业、新闻传播、电影娱乐、文学艺术、群众文化等 18 个重点研究领域。为文化传媒研究提供相关数据、研究报告和综合分析服务。

世界经济与国际关系数据库（下设 6 个子库）

立足“皮书系列”世界经济、国际关系相关学术资源，整合世界经济、国际政治、世界文化与科技、全球性问题、国际组织与国际法、区域研究 6 大领域研究成果，为世界经济与国际关系研究提供全方位数据分析，为决策和形势研判提供参考。

法律声明